21世纪高等教育计算机规划教材

COMPUTER

C++语言程序设计

C++ Programming

蒋爱军 刘红梅 王泳 吴维刚 编著

人民邮电出版社

北京

图书在版编目（CIP）数据

C++语言程序设计 / 蒋爱军等编著. -- 北京 : 人民邮电出版社, 2014.10
21世纪高等教育计算机规划教材
ISBN 978-7-115-33075-8

Ⅰ. ①C… Ⅱ. ①蒋… Ⅲ. ①C语言－程序设计－高等学校－教材 Ⅳ. ①TP312

中国版本图书馆CIP数据核字(2014)第031392号

内容提要

本书紧密结合C++语言的新标准，以C++语言为工具讲述面向对象程序设计方法。全书分为两个部分：第一部分介绍C++语言基础内容及结构化程序设计方法，包括基本类型、表达式、语句、函数、数组、指针等；第二部分介绍面向对象程序设计方法及C++语言中支持面向对象程序设计的主要机制，包括类、继承、多态、模板、命名空间、异常处理、标准库及泛型算法等。书中每章都包括丰富的代码和习题，供读者分析和练习。

本书既可作为计算机专业本科生程序设计课程的入门教材，也可以作为相关专业高年级学生面向对象程序设计的教材，还可供软件开发人员参考。

本书适合作为高等院校“C++语言程序设计”课程的教学用书，还可作为C++语言的自学或教学参考书。

◆ 编　　著　蒋爱军　刘红梅　王　泳　吴维刚
　责任编辑　武恩玉
　责任印制　彭志环　焦志炜

◆ 人民邮电出版社出版发行　　北京市丰台区成寿寺路11号
　邮编　100164　　电子邮件　315@ptpress.com.cn
　网址　http://www.ptpress.com.cn
　大厂聚鑫印刷有限责任公司印刷

◆ 开本：787×1092　1/16
　印张：24　　　　2014年10月第1版
　字数：669千字　　2014年10月河北第1次印刷

定价：49.80元

读者服务热线：(010)81055256　印装质量热线：(010)81055316
反盗版热线：(010)81055315

前　言

本书以 C++语言为工具，循序渐进地向读者介绍程序设计的基本方法与理念，重点介绍目前的主流程序设计方法——面向对象程序设计（Object-Oriented Programming）。

本书在体系结构的安排上，将程序设计的基本理念和 C++语言的基础知识有机地结合在一起；在选材上，充分考虑读者知识结构、能力结构的形成规律，使得知识点布局合理，内容难度、深度和广度安排恰当。

全书内容包括 14 章和 6 个附录。

在内容编排上，本书以程序设计的思想方法和程序设计语言的知识要点为线索，以 C++标准（International Standard ISO/IEC 14882）为依托，既注重内容的完整性，又注意对 C++语言介绍的精简性，对实际应用中很少使用的内容尽量不涉及，从而避免让读者过多地陷入语法细节；既注重理论知识的介绍，又强调实际的应用，力求提高读者利用面向对象程序设计方法和 C++语言解决实际问题的能力。

学习程序设计一要自己动手多编程序并上机调试，二要多阅读并评价别人编写的程序。因此，本书每一章都包含丰富的代码实例（本书中给出的程序代码均在 Microsoft Visual C++ .NET 2003 中编译通过），并在每一章都给出了一个具有应用背景的综合性编程实例，通过该实例深化应用该章的主要内容，讲解如何使用 C++语言解决具体问题，从而提高读者的编程与动手能力，为进行软件开发及学习其他相关课程打下良好基础；同时，每一章均提供具有针对性的典型习题，以帮助读者掌握该章内容。

本书注重培养读者对面向对象程序设计方法和 C++语言的实际运用能力，给出了大量的“提示”和“注意”类内容，旨在强调重要的知识点、提醒常犯的错误、引导读者深入思考。书中经常对不同程序设计方法进行比较探讨、对 C++语言特征上的优缺点进行描述，以期拓宽读者的专业视野。

本书作者从事程序设计课程教学多年，积累了一些经验，作为主要作者出版了多本译著和教材。其中，译著《C++ Primer（第 4 版）》及其习题解答在读者中反响较好，《C++程序设计实验教程》被教育部评为 2007 年度普通高等教育精品教材。本书正是在这些工作的基础上，根据作者多年的教学实践经验，并对国内外同类教材进行了深入的比较研究而形成的。

程序设计的世界非常广阔，没有一本教材能够囊括程序设计的所有相关知识，更多时候是要靠学习者的探索和发挥。但是，入门和兴趣是最重要的，本教材正是这样一本可以将读者引入 C++程序设计殿堂的书。

本书的形成得到了中山大学信息科学与技术学院相关老师的帮助，在此表示衷心的感谢！

由于作者水平所限，书中不当之处在所难免，恳请读者批评指正。

作　者

2013 年 6 月

目 录

第 1 章 程序设计与 C++语言入门 ····· 1
1.1 程序及相关概念 ····· 1
1.1.1 计算机与用户（人） ····· 1
1.1.2 算法 ····· 2
1.1.3 程序 ····· 3
1.2 程序设计 ····· 3
1.2.1 程序设计的基本概念 ····· 3
1.2.2 程序设计过程 ····· 4
1.2.3 程序设计方法 ····· 4
1.3 程序设计语言 ····· 7
1.3.1 机器语言 ····· 8
1.3.2 汇编语言 ····· 8
1.3.3 高级语言 ····· 8
1.3.4 编译型语言与解释型语言 ····· 8
1.3.5 C++语言 ····· 9
1.4 C++程序的结构 ····· 9
1.4.1 注释 ····· 9
1.4.2 预处理指示 ····· 9
1.4.3 以函数为单位的程序结构 ····· 10
1.4.4 以类为单位的程序结构 ····· 11
1.5 C++程序的实现过程 ····· 13
习题 ····· 14
第 2 章 内置数据类型与基本输入输出 ····· 15
2.1 数据类型概述 ····· 15
2.1.1 数据类型的基本概念 ····· 15
2.1.2 C++语言类型系统的基本特点 ····· 15
2.2 标识符概述 ····· 16
2.2.1 C++语言中的基本记号 ····· 16
2.2.2 标识符 ····· 17
2.3 常量和变量 ····· 18
2.3.1 变量和变量的声明 ····· 18
2.3.2 常量和常量的声明 ····· 19
2.4 内置数据类型 ····· 20
2.4.1 内置数据类型概述 ····· 20
2.4.2 字符类型常量和变量 ····· 21
2.4.3 整数类型常量和变量 ····· 22
2.4.4 浮点类型常量和变量 ····· 23
2.4.5 布尔类型常量和变量 ····· 23
2.4.6 字符串类型常量和变量 ····· 24
2.5 操作符与表达式 ····· 24
2.5.1 操作符与表达式的基本概念 ····· 24
2.5.2 各种操作符和表达式详解 ····· 26
2.6 类型之间的关系 ····· 29
2.6.1 隐式类型转换 ····· 30
2.6.2 显式（强制）类型转换 ····· 30
2.7 标准库的使用和简单的输入输出 ····· 31
2.7.1 输出 ····· 31
2.7.2 输入 ····· 31
2.8 应用举例 ····· 32
习题 ····· 32
第 3 章 语句与基本控制结构 ····· 34
3.1 语句及分类 ····· 34
3.1.1 声明语句 ····· 34
3.1.2 表达式语句 ····· 35
3.1.3 转移语句 ····· 35
3.1.4 块语句 ····· 36
3.1.5 空语句 ····· 37
3.2 选择结构 ····· 37
3.2.1 三种基本控制结构 ····· 37
3.2.2 if 语句 ····· 38
3.2.3 switch 语句 ····· 40
3.3 循环结构 ····· 41
3.3.1 while 语句 ····· 42
3.3.2 do-while 语句 ····· 43
3.3.3 for 语句 ····· 43
3.3.4 循环中的 break 语句 ····· 44
3.3.5 continue 语句 ····· 45
3.4 应用举例 ····· 46
习题 ····· 48
第 4 章 函数 ····· 51
4.1 概述 ····· 51
4.2 函数定义与函数原型 ····· 53
4.2.1 函数定义 ····· 53
4.2.2 函数原型 ····· 54
4.3 函数调用与参数传递 ····· 55
4.3.1 函数调用 ····· 55
4.3.2 参数传递 ····· 57
4.4 标识符的作用域 ····· 62
4.4.1 作用域的基本概念 ····· 62
4.4.2 作用域的具体规则 ····· 63
4.4.3 变量的声明与定义 ····· 64
4.4.4 名字空间 ····· 65
4.5 变量的生命期 ····· 66

4.6　预处理指示……69
4.6.1　文件包含……69
4.6.2　宏定义……69
4.6.3　条件编译……70
4.7　标准库函数……70
4.8　函数的接口设计和注释……71
4.8.1　前置条件和后置条件……71
4.8.2　函数的注释……71
4.8.3　函数的接口与实现……71
4.8.4　函数接口的设计……72
4.9　递归……73
4.9.1　什么是递归……73
4.9.2　递归的实现……74
4.9.3　汉诺塔问题……75
4.10　应用举例……76
习题……77

第5章　枚举、结构与类……79

5.1　简单数据类型与构造式数据类型……79
5.2　枚举类型……79
5.3　结构类型……81
5.3.1　结构类型的定义及其变量的声明和使用……81
5.3.2　结构变量的整体操作……83
5.3.3　层次结构……84
5.3.4　匿名结构类型……85
5.4　抽象、封装与信息隐藏……85
5.4.1　抽象……85
5.4.2　数据封装与隐藏……86
5.5　类与对象……89
5.5.1　类……89
5.5.2　对象的创建……94
5.5.3　对象的初始化……94
5.6　关于面向对象程序设计的若干基本问题……98
5.6.1　面向过程与面向对象……98
5.6.2　术语……102
5.7　应用举例……102
习题……105

第6章　数组与指针……107

6.1　数组类型……107
6.1.1　一维数组……107
6.1.2　二维数组……113
6.2　指针类型……120
6.2.1　基本概念……120
6.2.2　指针常量与指针变量……121
6.2.3　指针的运用……124
6.3　指针类型与数组……128
6.3.1　通过指针引用数组元素……128
6.3.2　数组作函数参数的进一步讨论……131
6.3.3　动态分配内存……133
6.3.4　二维数组与指针……136
6.4　main 函数的形参……138
6.5　指向结构变量的指针……139
6.6　对象指针……140
6.6.1　基本概念……140
6.6.2　对象的动态创建和撤销……141
6.6.3　对象的复制……142
6.7　函数指针……143
6.8　应用举例……144
习题……149

第7章　字符串……151

7.1　C 风格字符串……151
7.1.1　字符串常量……151
7.1.2　字符数组……151
7.2　C 字符串操作……153
7.2.1　获得字符串长度……153
7.2.2　C 字符串的复制……153
7.2.3　C 字符串的比较……154
7.2.4　C 字符串的连接……154
7.2.5　C 字符串的类型转换……155
7.2.6　处理单个字符……156
7.3　string 对象字符串……156
7.3.1　string 对象的声明、初始化与赋值……157
7.3.2　**string** 字符串的输入和输出……157
7.3.3　string 字符串的长度……158
7.3.4　string 字符串的比较……158
7.3.5　string 字符串的子串……158
7.3.6　**string** 字符串的连接……159
7.3.7　**string** 对象转换成 C 字符串……159
7.4　应用举例……160
习题……161

第8章　继承与组合……164

8.1　继承的概念……164
8.2　C++中的继承……165
8.2.1　基本概念……165
8.2.2　继承实例……167
8.2.3　派生类中继承成员函数的重定义……172
8.2.4　继承层次中的构造函数和析构函数……172
8.3　组合……176
8.3.1　组合的语法和图形表示……176
8.3.2　组合与构造函数和析构函数……177
8.3.3　组合的实例……178
8.4　继承与组合的比较……182

8.5 多重继承与重复继承 182
8.5.1 多重继承 182
8.5.2 多重继承的构造函数 185
8.5.3 多重继承中存在的问题：名字冲突 186
8.5.4 重复继承 187
8.6 应用举例 189
习题 201
第 9 章 重载 205
9.1 函数重载 205
9.1.1 什么是函数重载 205
9.1.2 为什么要使用函数重载 209
9.1.3 使用函数重载时需要注意的问题 209
9.2 复制构造函数 213
9.2.1 复制构造函数的语法形式 213
9.2.2 复制构造函数的使用场合 213
9.3 操作符重载 224
9.3.1 C++操作符的函数特性 224
9.3.2 操作符重载的规则 224
9.3.3 类成员操作符重载 225
9.3.4 友元操作符重载 229
9.4 应用举例 232
习题 238
第 10 章 I/O 流与文件 240
10.1 概述 240
10.1.1 何为 I/O 240
10.1.2 应用程序、操作系统与 I/O 240
10.1.3 标准 I/O 流 cin 和 cout 241
10.1.4 文件 I/O 流 242
10.2 二进制文件 I/O 245
10.2.1 文本文件 I/O Vs.二进制文件 I/O 245
10.2.2 二进制文件 I/O 245
10.3 应用举例 248
习题 251
第 11 章 多态性与虚函数 252
11.1 绑定方式与多态性 252
11.1.1 基本概念 252
11.1.2 多态性的作用 253
11.2 虚函数 254
11.2.1 虚函数举例 254
11.2.2 使用虚函数的特定版本 256
11.2.3 虚析构函数 257
11.3 纯虚函数和抽象类 258
11.3.1 纯虚函数 258
11.3.2 抽象类 259
11.4 应用举例 259
习题 269
第 12 章 异常处理 271
12.1 异常处理概述 271
12.2 C++语言中的异常处理 272
12.2.1 throw 语句 272
12.2.2 try 块与异常的捕获及处理 273
12.2.3 标准库异常类 285
12.2.4 异常说明（exception specification） 286
12.3 应用举例 287
习题 298
第 13 章 模板 300
13.1 泛型编程概述 300
13.2 函数模板 300
13.2.1 函数模板的定义 301
13.2.2 函数模板的实例化 301
13.2.3 函数模板与重载 303
13.3 类模板 305
13.3.1 类模板的定义 306
13.3.2 类模板的实例化 309
13.3.3 模板编译与类模板的实现 310
13.4 非类型模板形参 313
13.4.1 函数模板的非类型形参 313
13.4.2 类模板的非类型形参 313
13.5 应用举例 314
习题 326
第 14 章 标准模板库 328
14.1 概述 328
14.2 迭代器 329
14.3 容器 330
14.3.1 顺序容器 330
14.3.2 关联容器 341
14.3.3 容器适配器 348
14.4 泛型算法 351
14.4.1 算法简介 351
14.4.2 算法举例 354
14.5 应用举例 356
习题 364
附录 A C++保留字表 366
附录 B 标准 ASCII 代码表 367
附录 C 常用数学函数 368
附录 D C++标准库头文件 369
附录 E 标准库泛型算法简介 370
附录 F 主要术语英汉对照表 376
参考文献 378

第 1 章 程序设计与 C++语言入门

C++语言是目前广泛应用的一门程序设计语言。本章将介绍与程序设计相关的基本概念，介绍 C++程序的基本结构，讨论使用 C++语言构造程序的基本方法和步骤。

1.1 程序及相关概念

1.1.1 计算机与用户（人）

电子计算机简称**计算机**（computer），是一种电子设备，也被称为“智力工具”，是一种能够接受输入、存储和处理数据并产生输出数据的设备。

遵循冯·诺依曼①体系结构的现代计算机由以下 5 个部分构成。

- 运算器——又称**算术逻辑单元**，简称 **ALU**（arithmetic and logic unit），主要完成各种算术运算和逻辑运算；
- 控制器——对各部件加以控制，使得各部件能够协调工作；
- 存储器②——存储数据和程序；
- 输入设备——接收数据和程序；
- 输出设备——将处理结果呈现给用户。

各部分的关系如图 1-1 所示。

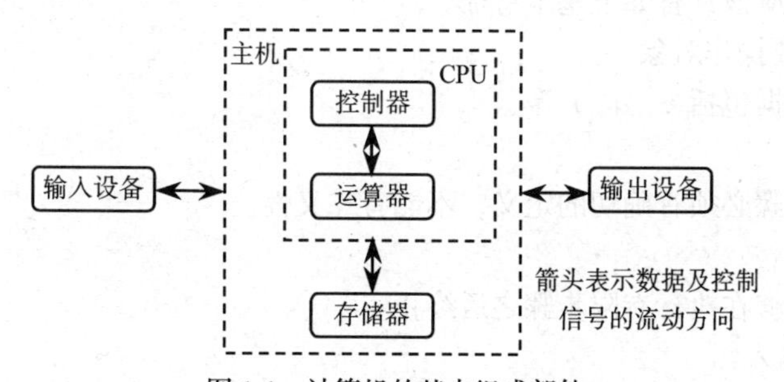

图 1-1 计算机的基本组成部件

其中，运算器和控制器统称为中央处理器（central processing unit，**CPU**），而 CPU 和存储器通常又统称为主机。

冯·诺依曼体系结构的主要思想为：

- 计算机由五大基本部件构成（见图 1-1）；

① 冯·诺依曼[Von Neumann (1903—1957)]，美籍匈牙利数学家，公认的现代计算机之父。

② 严格来说，这里的存储器指的是内存。一般而言，存储器包括内存（主存储器）和外存（辅助存储器）。

- 计算机内部采用二进制数表示指令和数据；
- 将程序（由一系列指令组成）和数据存放在计算机内部（内存）中，并让计算机自动执行。

计算机要能够工作，必须具备硬件和软件两个方面的条件。硬件就是计算机本身的构成部分，也就是上面提及的五大部件。软件就是计算机系统中的程序及相关支持文件。

计算机的使用者称为“用户”，也就是人。计算机是电子设备、是机器，无法与人进行直接交流。也就是说，如果我们需要用计算机计算“5+8”，直接对着一台计算机说“嗨，告诉我 5+8 等于多少！”是没有用的，而必须有一个**程序**（例如一个计算器程序），人通过这个程序来操纵计算机硬件，进行相关计算并获得计算结果。计算机是人们用来解决问题的通用工具，而程序则是解决某一特定问题的专用工具。因此，计算机用户实际上就是程序的用户，通过各种各样的程序来使用计算机完成工作。

1.1.2 算法

算法（**algorithm**）一词源于算术（algorism），原意指一个由已知推求未知的计算过程。后来人们把它加以推广，将解决问题的过程（方法和步骤）的描述统称为算法。

例如，判断任意给定自然数 *n* 是否为素数的算法为：

步骤 1：令 d = 2
步骤 2：令 r = （n 除以 d 的余数）
步骤 3：如果 r 等于 0 且 d 不等于 n，则断定 n 不是素数并终止；
　　　　否则，转步骤 4
步骤 4：令 d 值加 1 并转步骤 5
步骤 5：如果 d 大于 n 的平方根，则断定 n 是素数并终止；
　　　　否则，转步骤 2

其中，*d* 表示 divisor，除数；*r* 表示 remainder，余数。

根据上述步骤，对于任意给定的自然数，我们都可以判定它是不是一个素数。

1. 算法的特征

任意一个算法都应该具有如下基本特征。

- 以数据为主要操作对象

上述算法中的数据包括 *n*、*d*、*r* 等。

- 确定性

算法中的每一步骤必须有确切的定义，不能有二义性。

- 有穷性

一个算法必须能够在执行有限步骤之后终止。

- 0 个或多个输入

输入是指执行算法时从外界取得的数据。例如，上述算法的输入为 *n*。具有 0 个输入的算法在执行时不需要从外界获取数据。

- 一个或多个输出

算法的输出就是算法所求解问题的“解”，用以反映对输入数据进行处理之后的结果。上述算法的输出为对 *n* 是否为素数的判定。没有输出的算法是无意义的。

- 有效性

算法中的每一步骤都必须能够有效地执行且得到确定的结果。对上述算法而言，若 *d* 为 0，则步骤 2 不能有效执行（当然，事实上该算法中的 *d* 不可能为 0）。

2. 算法的表示

算法有各种各样的表示方法，上文中给出的素数判定算法是用自然语言描述的，但同一算法也可以用其他方式描述，常用的有流程图、N-S 图、PAD 图、伪代码、UML 活动图等。这里所说的算法表示指的是人与人之间交流算法思想而采用的表示方式。实际上，程序是对算法最精确的表示，通常称为算法的实现。

1.1.3　程序

如果要判断给定自然数是否为素数，可以用纸笔作为工具执行 1.1.2 小节中的算法得到结果，也可以用计算机作为工具完成上述计算。二者在本质上没有什么区别，但执行的效率是有区别的。一般而言，对于较为复杂的计算问题，计算机的执行效率远比人类要高。这也是人们经常选用计算机来完成某些工作的原因。

如果要以计算机为工具解决某个问题（例如判断某自然数是否为素数），则必须将解决问题的步骤（即算法）告诉计算机，即使用程序将算法表示成计算机能够理解的形式（这一过程通常称为算法的实现），然后让计算机执行程序来完成指定的任务。

程序（**program**）是由计算机执行的指令序列，用来表示程序员要求计算机执行的操作。也就是说，程序是算法在计算机系统中的表示①。

1.2　程序设计

1.2.1　程序设计的基本概念

程序设计（**programming**）是指编制程序的活动，也就是用计算机能够理解的形式表达算法的过程。

一般而言，进行程序设计的人员必须具备 4 个方面的知识。

- 应用领域的知识

这是构造问题解决方案的基础。例如，要解决素数判断问题，就必须了解素数的概念（即除了 1 和它本身之外没有其他约数的自然数）以及素数判断的相关知识（即不能被 2 至 $\sqrt{n}$ 之间的任意整数所整除的自然数 n 就是素数），而这些就是应用领域的知识。如果程序设计员不具备应用领域的知识，当然就不可能开发出解决应用问题的程序。

- 程序设计方法

在具有应用领域知识的基础上，还必须掌握某种程序设计方法，才能运用适当的思维方式构造出问题的解决方案。

- 程序设计语言

要使用计算机来解决问题，必须将解决方案转换为程序，才能被计算机理解和执行，因此程序设计人员需要掌握程序设计语言（如 C++语言）这一工具。

- 程序设计环境与工具

程序设计环境与工具可以提供许多可重用的基本程序让程序员在设计程序时使用。因此，开发程序（尤其是大型程序）时，通常需要利用程序设计环境和工具，以便提高程序开发的效率及程序的质量。例如，当我们用 C++语言开发程序时，可以选 Microsoft 公司的 Visual C++为工具，

① 后文会谈到，程序也是实体在计算机系统中的表示。实体用于对算法进行有效的组织。

也可以选 Boland 公司的 C++ Builder 为工具。

1.2.2 程序设计过程

程序设计过程可以分为 4 个阶段：分析阶段、设计阶段、实现阶段和测试阶段。

分析阶段的主要任务是理解问题，弄清楚要解决的问题是什么，即所开发的程序需要做什么。例如，要开发一个素数判断程序，则分析阶段的任务就是明确该程序需要做什么。如该程序可能要“判断用户从键盘输入的一个自然数是否为素数”，也有另一种可能，即该程序要“判断某个文件中存放的所有自然数是否为素数”，这就是两个有区别的需求，与此相对应的解决方案也有所不同。分析阶段就是要明确程序到底要“做什么”。

在分析阶段对问题加以明确定义之后，就进入设计阶段。设计阶段的目标是针对问题的要求开发出相应的解决方案。也就是要开发出解决问题的逻辑步骤序列，即通常所说的算法。一般而言，得出问题的解决方案之后，还需要对方案进行验证和确认，确保该方案的确能解决对应的问题。

确定了问题的解决方案之后，就需要用某种程序设计语言对方案进行严格的描述，这一过程称为实现。实现阶段的主要任务就是将算法转换为程序。

获得程序之后，需要对程序进行测试[①]，通过测试之后的程序才能发布给用户使用。

任何程序都是人的智力产品，而任何人都有可能犯错误，故很难保证一个实用程序是完全正确的。所以，程序发布之后，用户在使用的过程中也有可能发现程序中的错误，这时就需要对程序进行修改；此外，随着时间的推移，用户对程序的功能可能会产生新的要求，为了满足用户的新要求，往往也需要对程序进行修改，这一类修改工作我们通常称为对程序的“维护”。因此，程序在发布之后就进入了维护阶段。

程序设计初学者常犯的一个错误是：一拿到问题就开始编写代码，也就是直接进入实现阶段，忽略了程序设计过程中的分析和设计阶段。这会严重影响程序设计的质量，甚至导致开发项目的失败，尤其对大型程序的开发更是如此。分析阶段、设计阶段要与实现阶段分开，在开始学习某门具体程序设计语言之前，可以针对一些简单问题设计算法，以此作为学习程序设计的入门方法。

1.2.3 程序设计方法

程序设计方法是指用什么方法来组织程序内部的数据和逻辑。自从 1946 年世界上诞生第一台电子计算机 ENIAC 开始，程序设计方法及程序设计语言就在不断地发展。随着计算机及通信、网络等相关技术的不断发展，计算机的应用越来越普及，程序的规模也越来越大。程序设计的目标不再是片面的高效率，而是对程序的可理解性、可扩充性、可靠性、可重用性等因素的综合考虑，从而使程序设计方法和程序设计语言得到了极大的发展。

1. 早期程序设计

在计算机诞生之初，受硬件技术的限制，计算机的内存空间极为有限，运算速度也较慢。因此在开发程序时，程序员更多地注重程序的执行效率，而程序的可理解性、可扩充性等质量因素往往只能作为次要因素考虑，甚至为了追求效率而被牺牲掉。在这段时期，基本上没有成型的程序设计方法，程序员主要依赖个人技巧和天分进行编程，致使编程成为一种“艺术”，编出来的程序往往在可理解性、可维护性和通用性等方面都比较差。

2. 结构化程序设计

随着计算机硬件技术及相关信息技术的发展，计算机的应用范围越来越广，要开发的程序也

① 严格来说，对大型程序的开发，在每个阶段都需要进行相关测试，以保证程序的质量。

越来越大，越来越复杂，单纯依靠个人的编程技巧已难以编制出能满足应用要求的程序。为适应这一需要，20 世纪 60 年代出现了**结构化程序设计**（structured programming，SP）方法，又称为**过程式程序设计**（procedural programming）方法。

SP 方法的主要思想是：自顶向下、逐步求精、模块化编程，以及采用单入口/单出口的控制结构构造程序。所谓“自顶向下”，是一种问题分解技术，指的是将复杂问题分解为一系列复杂性相对较低的子问题，逐个解决这些子问题，整个问题也就得到了解决；“逐步求精”指的是对问题进行连续分解，直至最后的子问题小到易于解决，最终可用 3 种基本控制结构（顺序结构、选择结构、循环结构）来表示；“模块化编程”是指将较大的程序划分成若干子程序，每个子程序称为一个模块，较复杂的模块可以继续划分为更小的子模块，从而使得程序具有层次结构。

假设我们要编一个程序解决如下问题：判断用户从键盘输入的一个自然数是否为素数。采用 SP 方法，设计过程如下：

首先将该问题分解为 3 个子问题，对应算法的如下 3 个步骤。

步骤 1：输入自然数 n

步骤 2：判断 n 是否为素数

步骤 3：输出判断结果并终止

其中步骤 1 和步骤 3 比较简单，基本上可直接解决；而步骤 2 则需要进一步细化，如可细化为如下子步骤：

步骤 2.1：令 d = 2

步骤 2.2：令 r =（n 除以 d 的余数）

步骤 2.3：如果 r 等于 0，则将结果置为“是”并转步骤 3；
　　　　　否则，转步骤 2.4

步骤 2.4：令 d 值加 1 并转步骤 2.5

步骤 2.5：如果 d 大于 n 的平方根，则将结果置为“否”并转步骤 3；
　　　　　否则，转步骤 2.2

至此，就解决问题的算法而言已经比较详细，只要掌握了某门程序设计语言，就可以编制出相应的程序。

结构化程序设计方法将程序看作对数据的一系列处理过程，将数据和对数据的处理过程分开，**以过程为中心**，从程序的功能出发进行分解，其结果是一个程序由若干过程组成，每个过程完成一个确定的功能。C++语言中用**函数**（function）来表示过程。

3. 面向对象程序设计

结构化程序设计方法的思想符合人们处理问题的一般习惯，为处理复杂问题提供了有力的手段，结构化程序相比于非结构化程序更容易理解和修改，因此结构化程序设计方法得到了广泛应用。

但是，结构化程序设计将数据和对数据的处理分开，程序中的某一数据可能会被许多过程处理，该数据发生变化将影响到所有相关过程（例如，如果对某数据的结构进行了修改，则所有使用到该数据的过程通常也必须修改）。因此，当程序规模较大、数据量较大时，数据和处理的这种分离状态将使得程序难以被人理解，从而难以维护。针对这一情况，出现了**面向对象程序设计**（object-oriented programming，OOP）方法，并于 20 世纪 80 年代开始逐渐成为主流程序设计方法。

OOP 的基本概念是**对象**（object）和**类**（class）。所谓“对象”指的是客观存在的单个事物[又称为**实体**（entity）][①]，例如一个人、一辆汽车、一架飞机、一个银行账户等，都是对象。对象一

① 对象可以是现实世界的事物，如一辆汽车；也可以是思维世界的事物，如堆栈这种数据结构。

般都具有属性和行为，属性用来描述对象的特征和状态，例如汽车具有发动机、传动系统、燃料系统等属性，银行账户具有账号、户名、存款余额等属性；行为用于改变对象的状态，例如汽车具有启动、加速、刹车等行为，这些行为可以改变汽车的状态。比如，启动行为可以让汽车的发动机从非工作状态转变为工作状态；银行账户的存款、取款等行为可以改变账户的存款余额。对象就是属性和行为的统一体。

对象可以归类，例如张三是一个人，李四也是一个人，则这两个人是同类对象，可以归入“人”这个“类”。类描述了同类对象的共性，例如“汽车”是一个描述某类交通工具的类，而你的汽车和我的汽车都是汽车的实际例子，因此都具有发动机等属性，也都具有启动、刹车等行为。因此，类是描述同类对象共同具有的属性和行为的模型，对象则可以看作根据这个模型制造出来的实际事物，因此又称为类的“实例”。

在程序当中，对象的属性通常用数据来表示，而对象的行为通常用操作来表示。面向对象程序设计以结构化程序设计为基础，最大的改变是将数据和对数据的操作（即数据处理）当作一个整体对象来对待，从而使得在对数据的结构进行改变时，所涉及程序的修改仅限于有限的范围（即对象的范围，具体而言是该对象所属的类的范围）。

OOP 方法以“对象”为中心进行程序设计，程序就是实体在计算机系统中的表示。采用 OOP 方法设计的程序中包含一系列对象，由这些对象的相互协作完成程序的功能。对象是类的实例，因此，面向对象程序的基本构造单位是类。OOP 方法包括封装（即信息隐藏）、继承、多态性等基本特征。

- **封装**（encapsulation）

封装是面向对象方法的重要原则，有两个重要作用：一是把对象的属性和行为结合在一起成为不可分割的独立单位；二是使得对象内部的实现细节可以尽可能隐藏起来不被外界所见，外界只能通过对象所提供的对外接口与对象发生联系。

封装的例子在现实生活当中非常常见。例如，当我们购买一台冰箱时，获得的就是一个冰箱的封装体，生产厂家将冰箱内部的压缩机、控制电路等都隐藏起来，只提供一些控制按钮（接口）给我们，而我们通过这些按钮来使用这台冰箱。

封装的优点包括：

实现信息隐藏。例如，冰箱的内部细节不会暴露给外界。

更容易使用。用户只需了解怎样访问接口就能直接使用，无须考虑实现细节。例如，使用冰箱的人只要知道哪个按钮控制哪项功能，根本无须了解冰箱的内部工作原理，就能顺利操作。

更容易变更内部实现。可以在不考虑用户的情况下变更（只需保持接口不变），因为内部的实现细节对用户的使用没有直接影响。例如，为了更省电，可以改变冰箱的内部设计，但只要保持按钮的设置不变，则不会对用户的使用方式产生任何影响。

C++语言用类来支持封装，类封装了由同类对象所共享的属性和行为。C++中提供访问控制方式 private 和 protected 来隐藏内部信息，并提供 public 访问控制方式来定义公共接口。

- **继承**（inheritance）

客观事物中普遍存在着一种关系：一般和特殊的关系，也就是所谓的“是一种（is a）”关系。例如，梨是一种水果，莱阳梨是一种梨；汽车是一种交通工具，吉普车是一种汽车。针对这种一般和特殊的关系，如果有了关于一般概念的定义，我们在定义新的特殊概念时就不必一切从头做起。例如，有了水果的概念之后，在定义梨的概念时，就不必将梨所具有的水果的一般特征（如多汁、可以生食等）一一列举，而只需简单地说明：梨是一种水果，然后对梨不同于其他水果的特征加以描述即可。在这里，我们定义梨的概念时，使用了已经存在的水果这一概念，这就是**重用**（reuse）。重用了“水果”这一概念之后，定义“梨”这一概念的工作就简化了，因为只需要描述梨这种水果不同于其他种类水果的特点；同时，对于已经知道了“水果”这一概念的人而言，理解梨这一新概念也就简单了，因为只需要了解梨与其他种类水果的不同之处。

在现实生活中重用的例子极为常见。例如，以前的电视机功能比较单一，只要能收看电视节目就可以了，而随着计算机的普及，许多家庭有了将电视机与计算机相连的需求，以便利用电视机的大屏幕播放视频文件。为了满足这种需求，生产电视机的厂家就推出了新的产品，这种新产品往往就是在原有产品的基础上增加新的部件，使得它可以与计算机连接。这样就不必一切从头做起，从而可以大大加速新产品的推出速度。

面向对象程序设计中继承机制的主要作用就是支持软件重用。利用继承机制，程序员可以通过对现有的类进行扩充（增加新的成员）而定义新的类，用这种方式定义的新类称为**派生类**（derived class），被继承的类称为**基类**（base class）。派生类自动具有基类中定义的所有成员，在此基础上可以定义一些新的成员来满足新的需要。这样一来，定义基类成员的代码得到了重用，从而大大简化了定义派生类的工作量，提高了程序开发效率。

C++语言直接支持继承机制。

- **多态性**（polymorphism）

多态由两个希腊词组成：“poly”意为“多”，“morph”是代表形态的后缀，合起来表示“多种形态”。它通常指一件东西具有很多形态。在面向对象程序设计中，多态是指“同一名字，多种含义”，或者“同一接口，多种实现”，通常指函数和方法（即对象的行为）具有相同的名字，但有不同的行为特征。

在日常生活中我们使用许多东西时，往往只关注它们的功能和使用方法，至于产品的实现方法并不会太关注。例如，当我们使用全自动洗衣机时，只会关心当我们按下开始按钮时，洗衣机是否能按我们事先设定的模式把衣服洗好，至于洗衣机内部采用哪种电机、哪种控制电路则并不关心。可能有采用不同电机的洗衣机，但它们的使用方法是相同的。同样的使用方法（接口），不同的内部实现，这就是多态性。

在面向对象程序设计中，程序员可以为同一函数名定义多种不同的函数实现（称为函数重载），也可以在派生类中对基类中定义的行为提供不同的实现（称为重定义），以适应不同的使用场合，由此实现多态性。

在 C++语言中，通过函数重载、模板、虚函数结合继承等机制来实现多态性。

本书后续章节将进一步介绍 OOP 的上述特征。

1.3　程序设计语言

程序设计语言（programming language）又称编程语言，就是编制程序时使用的语言，用于实现人与计算机之间的交流。程序设计语言是人造语言，一般具有明确的语法和语义，不像人类所使用的自然语言（如汉语、英语等）那样容易产生歧义。

程序设计离不开程序设计语言的支持。任何问题的解决方案（算法）最终都必须用某种程序设计语言加以实现，才能获得可由计算机执行的程序。

同一算法可以采用不同的程序设计语言、编制不同的程序来实现。例如，1.1.2 小节给出的素数判定算法既可以用 C++语言编程实现，也可以用 Java 语言编程实现。不同的程序设计语言有不同的特征，可能支持不同的程序设计方法。例如，C++语言支持面向对象程序设计方法，而 C 语言则仅支持结构化程序设计方法，不能直接支持 OOP。

随着计算机硬件技术和程序设计方法的发展，出现了数以百计的程序设计语言，根据其与人类自然语言的接近程度，可以分为高级语言与低级语言[1]。

1.3.1 机器语言

在计算机出现初期，程序员使用**机器语言**（machine language）编制程序。机器语言就是计算机的指令集，是唯一能被计算机直接理解和执行的语言。用机器语言编写的程序称为**可执行程序**（executable program），又称**机器代码**（machine code）。机器指令由二进制数字串表示，即每一条指令都是一个由若干个 0 和 1 构成的串。这样的机器语言显然难以记忆和使用，因此使用机器语言编程是一件麻烦而困难的事情。

1.3.2 汇编语言

使用机器语言的程序既难以编制又难以阅读，因此人们使用一些容易记忆和阅读的助记符来表示机器指令中的操作。例如，用 ADD 表示加，SUB 表示减，JMP 表示转向等，这种以一系列助记符为主体构成的语言称为**汇编语言**（assembly language）。汇编语言与机器语言基本上一一对应，用汇编语言编制的程序通常用一个程序自动转换为机器语言程序，完成这一转换工作的程序称为**汇编程序**（assembly program）。

1.3.3 高级语言

机器语言和汇编语言都是面向计算机的语言，通常称为**低级语言**（low-level language）。使用低级语言编程必须涉及机器硬件细节，其表达方式与人类的思维方式相去甚远，编程烦琐而困难；而且低级语言与计算机的 CPU 紧密相关，每种 CPU 的指令集各不相同，相应的低级语言也各不相同，因而用低级语言编写的程序不便于移植[2]。为了改进低级语言的不足，满足计算机广泛应用的需求，人们设计出了**高级语言**（high-level language）。高级语言的表达方式比较接近人类的自然语言（英语），比低级语言使用方便、表达简洁。用高级语言编写的程序称为**源程序**（source program），又称**源代码**（source code）。高级语言一般与具体计算机无关，使用高级语言编制的程序可以在多种计算机上运行。到目前为止，人们已设计出百余种高级语言。

1.3.4 编译型语言与解释型语言

使用高级语言编制的源程序必须转换为机器代码（二进制代码）才能被计算机所理解和执行，这一代码转换过程通常也用程序来完成。根据完成转换过程的不同方式，高级语言可以区分为如下两大类。

- **编译型语言**（compiled language）

使用这类高级语言编制的源程序首先要完整地转换为可执行程序，然后才能执行。完成代码转换工作的程序称为**编译器**（compiler）。C++语言就是典型的编译型语言。

- **解释型语言**（interpreted language）

使用这类高级语言编制的源程序不需要事先完整地转换为可执行程序，而是在执行时逐条语句进行转换（称为解释），解释一条语句就执行一条语句。完成代码转换工作的程序称为**解释器**（interpreter）。BASIC 语言就是典型的解释型语言。

---

① 除此之外，还有其他的分类方式，如可分为过程式语言和说明性语言。

② 移植就是将在某种计算机上编制的程序放在另一种计算机上运行。

1.3.5 C++语言

C++语言由贝尔实验室的 Bjarne Stroustrup 设计，是目前广泛应用的一种面向对象程序设计语言。1998 年形成了 ISO C++标准，并于 2003 年进行了一次修订，成为目前的 C++，并不断发展。

C++语言以结构化程序设计语言 C 为基础，包含 C 语言的所有内容，并在类型检查、代码重用、数据抽象等方面进行了扩充。除此之外，还增加了对 OOP 的支持机制。因此，C++语言是一种混合型面向对象语言[①]，使用 C++语言既可以开发面向对象程序，也可以开发结构化程序。

1.4 C++程序的结构

任何 C++程序都必须包含一个特殊的函数：main 函数，又称**主函数**（main function）。主函数是 C++程序的执行起点，任何 C++程序都是从主函数开始执行的。

一般而言，C++程序中的主要成分是完成程序功能的语句，这些语句被组织成函数或类。前文已提及，C++语言是一种混合型面向对象程序设计语言，既可用于开发面向对象程序，亦可用于开发结构化程序。因此，用 C++语言编制的程序就有两种基本形式，分别以类和函数为构成单位。

除此之外，C++程序中通常还包括 3 种成分，那就是**空白**、**注释**（comment）和**预处理指示**（preprocessing directive），又称为**预编译指示**（pre-compile directive）。

空白就是程序中出现的空格、空行、制表符等，用于形成程序的格式。例如，同一层次的语句列对齐、内层语句相对于外层语句向右缩进等。恰当地使用空白可使程序结构清楚、层次分明、易于阅读，从而提高程序的可理解性。

1.4.1 注释

注释就是在程序语句上添加的注解，一般源程序中都应该有注释。注释的作用是提高源程序的可理解性，只对阅读程序的人有用。对执行程序的计算机而言，注释毫无作用，因为编译器对源程序进行编译时将忽略其中的所有注释，可执行程序中根本不包含注释的内容。虽然注释对计算机无用，但我们在编制程序时却不能忽视注释，因为很多情况下我们需要阅读源程序。例如，要对某个程序进行修改，我们就必须首先读懂原来的程序，才有可能修改它；对于大型程序而言，往往需要多个开发人员合作开发，因此我们的程序能被人理解就更为重要。初学者很容易犯的一个错误就是：整个程序完全没有注释，或者形式上有注释，但注释根本无法说明程序的编程思路。这样的程序即使是自己编的，但过一两个星期以后也很难保证能看懂。

C++程序中的注释有两种形式：一种以双斜线“//”为标记，称为“行注释”，表示从“//”开始直到本行末尾的内容都是注释；另一种以“/*”开头，以“*/”结尾，称为“块注释”，表示从“/*”开始直到“*/”之间的内容都是注释。行注释的形式比较简单，无需注意头尾标记的匹配，使用起来不容易出错；而块注释无需每行都带双斜线标记，比较适合大块的注释文本，但如果注释文本与程序语句夹杂在一起就不适合采用。

1.4.2 预处理指示

编译器在对源程序进行编译之前会首先对其进行预处理（例如去掉其中的所有注释），这一过程又称为预编译。预处理指示就是在预编译过程中处理的指令，最常用的预处理指示是#include，

① 相对于“纯”面向对象语言（如 Eiffel）而言。

用于将指定头文件的内容插入程序中的当前位置。

我们在编程时，经常需要用到由其他人开发的代码，这就好像一个厨师要做炒鸡蛋时，需要用到鸡蛋、盐、味精等原材料和调味品，但厨师一般不会自己去制造这些东西，也没有这个必要。常规的做法是，厨师使用从市场上购买的这些材料来制作自己的菜式。在现实生活中，这种使用已有产品来构造自己产品的例子比比皆是。例如，生产汽车的企业往往会使用其他企业生产的发动机，制造飞机的企业也大多不会自己去制造每一枚螺丝钉。编程也一样，并不需要每一行代码、每一个功能细节都由自己来完成。例如，输入数据和输出结果是一般程序都有的功能，进行输入/输出时，需要与计算机硬件打交道，对相同输入/输出设备进行控制的程序是类似的，如果每个程序员都自己编写控制键盘或显示器的程序，就会造成大量人力资源的浪费；相反，如果由少数程序员开发公共的控制程序，而其他大多数程序员使用这些公共程序来完成自己特定的输入/输出，则可以大大节省资源且提高开发效率。

使用C++语言编制程序时，如果要用到他人编制的代码，一般形式是由代码提供者给出相关的头文件（也是一种源代码文件），然后用预处理指示#include将其包含到自己的程序中。C++标准中包含一个内容丰富的标准库的定义，C++标准库是使用C++语言编程时最经常用到的公共程序。要使用C++标准库，就需要用#include将相应的头文件包含进来。例如，<iostream>就是最经常使用的头文件，用于进行标准输入/输出。

预处理指示将在第4章中进一步介绍。

1.4.3 以函数为单位的程序结构

以函数为单位的C++程序由一个主函数和若干个其他函数构成。这样的程序结构主要对应于结构化程序设计方法。下面是这种程序的实例。

```
// ******************************************************************
// prime.cpp
// 功能：判断用户从键盘输入的一个自然数是否为素数
// ******************************************************************
#include <iostream>              // 使用其中的cout和cin
#include <cmath>                 // 使用其中的平方根函数sqrt

using namespace std;             // 使用名字空间std

bool primeNumber(unsigned);      // 函数原型

// 主函数
int main()
{
    unsigned value;    // value记录用户输入的自然数
    cout << "Enter a natural number:" << endl;
    cin >> value;

    if (primeNumber(value))
        cout << value << " is a prime number."
             << endl;
    else
        cout << value << " is not a prime number."
             << endl;

    return 0;
}

bool primeNumber(unsigned n)
// 判断n是否为素数
// 前置条件：
//      n已赋值
// 后置条件：
//      如果n是素数，则函数返回值为true
```

```
//      否则，函数返回值为 false
{
    unsigned divisor = 2;       // 除数
    unsigned remainder;         // 余数

    while (true) {
        // 求 value 除以 divisor 的余数
        remainder = n % divisor;

        if (remainder == 0 && divisor != n)
            // n 能被不等于 n 的 divisor 整除
            return false;

        divisor++;              // 除数加 1
        if (divisor > sqrt(n))  // 除数大于 n 的平方根
            return true;
    }
}
```

上述程序包含两个函数：主函数 main 和素数判断函数 primeNumber。using namespace std；表示后面要使用名字空间 std，没有这一句，则后面用到的 cin，cout 和 endl 都必须带上前缀 std::，如使用 cout 必须写成 std::cout。使用函数原型 bool primeNumber(unsigned)，是因为此处 main 函数中用到的函数 primeNumber 定义在 main 函数之后。相信读者参照程序中的注释能够大致理解该程序。

假设用户输入的自然数为 37，则运行上述程序的屏幕显示为：

```
Enter a natural number:
37<回车>
37 is a prime number.
```

其中，带下画线的部分是用户从键盘输入的数据，<回车>表示按下键盘上的回车键。

1.4.4　以类为单位的程序结构

采用面向对象程序设计方法设计的 C++程序一般由一个主函数和若干个类构成。一个类对应着某种对象类别，类中的**数据成员**（data member）对应着对象的属性，类中的**成员函数**（member function）对应着对象的行为。

在这样的程序中，由主函数创建某个（或某些）对象并激活对象的某一行为（即调用对象的成员函数），该对象又可以激活其他对象的行为，从而由多个对象共同合作来完成程序的功能。下面给出相应的实例。

```
// ***************************************************************
// dateToWeek.cpp
// 功能：求用户从键盘输入的一个日期对应的是星期几
// ***************************************************************

#include <iostream>   // 使用其中的 cout 和 cin
#include <string>     // 使用类 string

using namespace std;  // 使用名字空间 std

class Date {
public:
    Date(int y, int m, int d)
    // 创建 Date 对象
    // 前置条件：
    //      y 年 m 月 d 日必须是 1582 年 10 月 15 日之后的某日
    {
        year = y;
        month = m;
        day = d;
    }

    int toWeek()
    // 计算日期所对应的星期数
    // 使用公式 W = [C/4] - 2C + Y + [Y/4] + [13 * (M+1) / 5] + D - 1
    // 其中，W 为星期；C 为世纪-1；Y 为年份（两位数）；M 为月份；
```

```
    // D为日数; [ ]表示取整
    // W除以7的余数即为该日的星期数, 余数为0则为星期日
    // 如果月份为1或2, 则M分别取13或14, 这时C和Y按上一年取值
    // 即, 1月和2月要按上一年的13月和 14月来算
    // 例如2003年1月1日要看作2002年的13月1日来计算
    {
        int w, c, y, m, d;

        // 确定C、M、D的取值
        c = year / 100;
        y = year % 100;
        m = month;
        d = day;

        if (month == 1 || month == 2) { // 月份为1或2
            c = (year - 1) / 100;
            y = (year - 1) % 100;
             m = month + 12;
        }

        // 计算W
        w = (c/4) - 2 * c + y + (y / 4) + (13 * (m + 1) / 5) + d - 1;

        // 对W为负数的情况进行特殊处理:
        // 对其不断加7直至W为正数。以便W%7的结果符合数论中余数的定义
        while (w < 0) {
            w += 7;
        }

        return (w % 7);      // 返回W除以7的余数
    }

    void display()
    // 显示日期
    {
        cout << year << '-' << month << '-' << day;
    }

private:
    int year;                   // 年份
    int month;                  // 月份
     int day;                   // 日期
};

// 主函数
int main()
{
    int year, month, day;  // 年, 月, 日
    int week;              // 星期数
    string weekName;       // 星期数对应的单词

    cout << "Enter a date after the day of 1582-10-15 "
        << "and use a blank as spliter:" << endl;
    cin >> year >> month >> day;     // 输入年、月、日

    Date date(year, month, day);     // 创建Date对象date

    week = date.toWeek();            // 计算对应的星期数

    // 将整数0—6转换为星期数对应的单词
    switch (week) {
        case 0:
            weekName = "Sunday";
            break;
        case 1:
            weekName = "Monday";
            break;
        case 2:
            weekName = "Tuesday";
            break;
        case 3:
```

```
            weekName = "Wednesday";
            break;
        case 4:
            weekName = "Thursday";
            break;
        case 5:
            weekName = "Friday";
            break;
        case 6:
            weekName = "Saturday";
            break;
    }

    // 输出结果
    cout << "The day of ";
    date.display();
    cout << " is " << weekName << endl;

    return 0;
}
```

该程序主要由主函数和类 Date 构成。在主函数中使用用户输入的数据创建一个 Date 对象 date，然后通过对象 date 的行为（toWeek 和 display）完成程序的功能。虽然我们现在还无法完全理解这个程序，但可以从中看出 C++程序的基本结构。

假设用户输入的日期为 2020 年 2 月 29 日，则运行上述程序的屏幕显示为：

```
Enter a date after the day of 1582-10-15 and use a blank as spliter:
2020 2 29<回车>
The day of 2020-2-29 is Saturday
```

其中，带下画线的部分是用户从键盘输入的数据。

上述程序中使用的计算公式称为蔡勒公式[①]，由德国数学家克里斯蒂安·蔡勒（Christian Zeller, 1822—1899）在 1886 年提出。

此处为了简化程序代码，将 Date 类的定义和主函数放在同一文件中。实际上，更为规范的代码组织方式是：将 Date 类的内容分放在两个文件中（一个称为头文件，一个称为实现文件），主函数放在另一文件中，在主函数所在的文件中使用#include 包含 Date 类的头文件。类定义的相关知识将在后续章节中详细介绍。另外，要达到实用，程序中还应该对用户输入的年月日能否构成一个合法的日期进行检查。

1.5　C++程序的实现过程

如果选择 C++语言进行程序开发，那么，要将一个问题解决方案实现为程序，必须经过**编辑**、**编译**、**链接**过程，才能得到可由计算机执行的程序（称为**可执行程序**）。

获得解决问题的方案（算法）后，首先要使用编辑工具（软件）和 C++语言编制程序，编好的程序以文本文件的形式存储起来，这种文件称为**源代码文件**（source code file，简称源文件），文件名后缀通常为.cpp[②]。然后要使用编译器将源代码转换为计算机能理解的二进制代码，对应于每个源代码文件形成一个二进制代码文件，这种文件称为**目标代码文件**（objective code file，简称目标文件），文件名后缀为.obj。最后将目标代码和已存在的库（如标准库）的二进制代码链接起来，生成一个**可执行代码文件**（executable code file，简称可执行文件），文件名后缀为.exe。可执

① 公式的推导参见 http://www.blogjava.net/realsmy/archive/2007/05/10/116475.aspx

② 也可以采用其他后缀，由编译器决定。

行文件又称为可执行程序，可以在计算机上运行。

1.4 节曾提到 C++程序的构成单位可以是类，也可以是函数，并给出了两个程序实例。那两个程序都由单个源文件构成：一个是文件 `prime.cpp`，另一个是文件 `dateToWeek.cpp`。事实上，小程序可以由单个源文件构成，但较大的程序通常会划分为多个源文件。之所以进行这样的划分，一是按逻辑关系划分源代码可以使程序更容易管理，且便于多人合作开发程序；二是可以提高程序**调试**（debug）的效率。

我们在编制程序时一般都会犯错误，有的是因违反了 C++语言语法要求而导致的语法错误；有的是因对算法的实现有误，甚至因算法设计不妥而导致的逻辑错误。发生前一类错误将使得编译器无法生成目标文件，发生后一类错误将使得程序无法完成预期功能，但不管发生哪类错误，都必须对源文件进行修改，然后重新进行编译和链接。因此，在程序实现过程中，一般需要经历发现错误、修改源文件、试运行程序、再发现错误、再修改源文件……这样一个往复的过程，这个过程就称为程序的调试。C++语言编译器以源文件作为编译单位。所谓编译单位就是只要源文件中任意一行代码发生了变化（也就是被修改了），编译器就会对整个文件进行一次重新编译，才能获得修改之后的目标程序。在调试过程中被修改的往往是源代码的某个部分，因此，将大程序划分为多个源文件可以有效地节约重新编译所花费的时间，从而提高程序调试的效率。

编辑、编译、链接的整个过程如图 1-2 所示。

上述过程是 C++程序的一般实现过程，在不同的开发环境中，完成该过程的具体方式也会有一些差异。例如，在 Windows 操作系统中，我们通常会选用某种集成化开发环境（integrated development environment，IDE），如 Microsoft 公司的 Visual C++或 Boland 公司的 Turbo C++，C++ Builder 等。在这些 IDE 中，程序的编辑、编译、链接以及运行都可以在同一环境中完成，且通常采用菜单方式进行操作，使用起来非常方便。

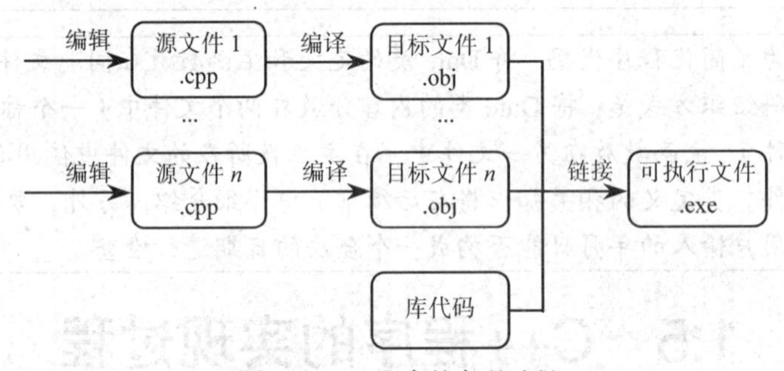

图 1-2　C++程序的实现过程

在 IDE 中，一般用**项目**（project，又称工程）来表示一个程序，一个项目中可以包含若干个源文件，这些源文件经编译、链接之后形成以项目名字命名的一个可执行程序。

习　题

1-1 写一个算法，找出 1~1000 的所有水仙花数。所谓水仙花数就是这样的 n 位正整数：该数的各位数字的 n 次方之和等于该数本身。例如，$153=1^3+5^3+3^3$ 就是一个三位的水仙花数。

1-2 解释术语：算法，程序，程序设计，程序设计方法，程序设计语言。

1-3 结构化程序设计方法和面向对象程序设计方法的基本思想各是什么？二者有何区别与联系？

1-4 选择一个 IDE 作为自己的开发工具，熟悉该 IDE 的使用，并对本章中的两个例题程序进行编辑、编译、链接和运行。

第 2 章 内置数据类型与基本输入输出

在程序设计中，**数据类型**（data type）具有重要的意义。在程序中，每个数据都属于特定的数据类型。C++语言中的数据类型有**内置数据类型**（built-in data type）、标准库（standard library）提供的数据类型和用户自定义的数据类型。本章主要介绍内置数据类型以及与类型相关的基本概念，特别是类型与类型之间的关系，同时也会简单介绍 C++程序设计环境中标准库的基本概念与用法。重点介绍程序设计语言中最基本的概念：数据类型、标识符、常量与变量、表达式、操作符等。

2.1 数据类型概述

2.1.1 数据类型的基本概念

计算机程序包含两个重要的方面：算法集（a collection of algorithm）和数据集（a collection of data）。其中数据包括存储在内存或外存中的数据，或由外部设备（键盘、鼠标、音视频采集设备等）输入的数据。在程序中，每一个数据都有它自己的数据类型。

数据类型是指数据的取值范围以及在该数据上可以进行的操作（operation）。数据类型决定了数据在计算机中的表示形式及计算机可以对其进行的处理。本章主要介绍整型、浮点类型及字符类型。

2.1.2 C++语言类型系统的基本特点

C++中的数据类型可以分为**基本数据类型**（fundamental type）和**复合数据类型**（compound type），如图 2-1 所示。基本数据类型又称为内置数据类型，其数据不可再分割，具有原子特性，如字符“A”。而复合数据类型的数据则由可分割的部分组成，如字符串“ABCD”，可以分割成多个字符。后续章节我们会陆续讲到各种数据类型。

C++中的数据类型又可分为内置数据类型、C++标准库提供的数据类型和用户自定义数据类型。C++**内置数据类型**（见图 2-1）的基本数据类型，包括整型（表示整数）、浮点类型（表示实数）、字符类型（表示字符）、布尔类型[1]（表示真、假条件）和空值类型。C++标准库中提供的数据类型虽然不是基本数据类型，但对于程序员来说也非常重要，可以看作内置数据类型的扩展。虽然内置类型和标准库类型已经提供了非常丰富的数据类型，但仍有可能无法满足实际程序开发的需要。因此，C++语言提供了强大的机制支持程序员定义新的数据类型，这种由程序员定义的类型称为用户自定义数据类型。

C++程序由各种记号（token）组成。本节主要介绍 C++程序中的基本记号及其使用方法。

---

[1] 字符类型和布尔类型在计算机内部通常是用整数来表示的，因此，C++标准中将其归为整型。

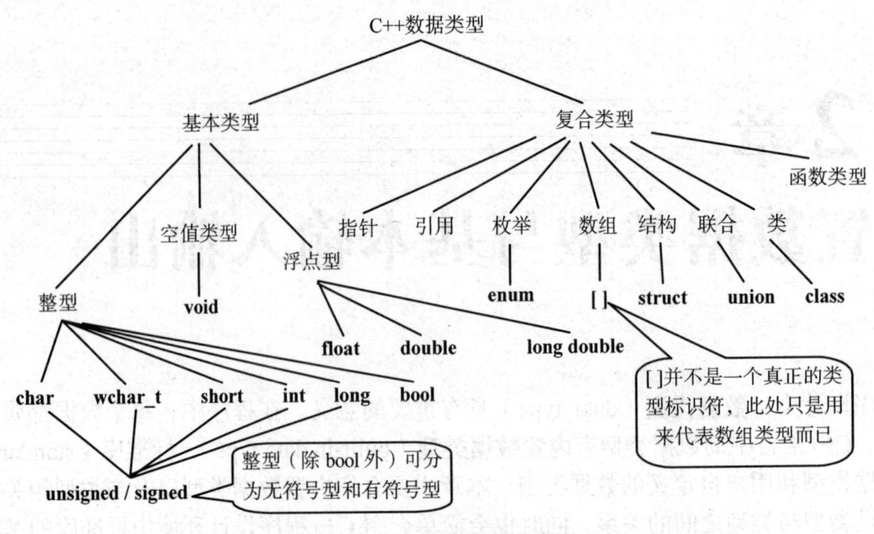

图 2-1　C++数据类型示意图

2.2　标识符概述

2.2.1　C++语言中的基本记号

组成 C++程序的基本记号包括：**关键字**（keyword，又称**保留字**（reserved word））、**标识符**（identifier）、字面值（literal）、**操作符**（operator）和**分隔符（separator）**。在基本记号之间通常还会用到空白（white space），包括空格（blank）、制表符（tab）、回车换行符和注释。空白的主要作用是使程序的层次分明、可读性更强。但在程序编译时，空白会被编译器忽略。下面以例【2-1】为例，来分析程序中的基本记号及空白的主要作用。

例【2-1】：程序中基本记号和空白的作用。

程序段 1：`int mgAge; float myWeight; myAge=10;myWeight=30.1;`

程序段 2：

```
int mgAge;
float myWeight;
myAge=10;
myWeight=30.1;
```

程序段 3：

```
int mgAge;
float myWeight;
myAge=10;
myWeight=30.1; //单位为千克
```

这 3 段程序内容是一样的，但在程序段 2 和程序段 3 中使用了空白后，程序变得比较清晰易读。在程序段 3 中增加了相应的注释使程序的内容更加明确。表 2-1 是程序段中的基本记号。

表 2-1　　例【2-1】程序段中的记号

int	保留字
myAge	标识符
;	分隔符
float	保留字
myWeight	标识符

续表

=	操作符（赋值操作符）
10	字面值
30.1	字面值

2.2.2 标识符

在例【2-1】中我们已经接触到了两个标识符，myAge 和 myWeight。那么，标识符在程序中的作用是什么呢？

标识符是程序员为自己定义的类型名、函数或数据对象（data object）起的名字，用于引用该类型、函数或数据对象。标识符对应于现实世界中事物的名字，用于区分和指代（引用）不同的事物。在例【2-1】中的 myAge 和 myWeight 分别是两个数据对象的名字，在程序中使用它们来引用这两个数据对象，如 myAge=10 中用到 myAge，计算机能够使用这个名字将该数据对象和其他数据对象加以区分。

在 C++中，程序员定义标识符时需要遵循以下的语法（syntax）：标识符是以字母或下画线开头的，由字符、数字与下画线组成的序列。

根据标识符的语法规则，以下标识符是合法的：

```
myAge  myWeight  y2000  _t  s2i  bookTitle  BookTitle
```

以下则不是合法的标识符：

```
40pigs         标识符不能以数字开头
My money       标识符中不能出现空格
Length-10      标识符中不能出现连字号
my@hotmail     标识符中不能出现@字符
int            是保留字，由系统使用，程序员不能重复定义该标识符
```

在程序中使用标识符时需要注意以下几点。

（1）保留字不能作为程序中的标识符。保留字是 C++语言系统使用的单词，有特殊的含义和作用。C++中的保留字见附录 1。

（2）标识符对字母的大小写敏感。大小写不同的标识符不同，如 myAge，MyAge，mYaGe 表示不同的标识符。

（3）使用有意义的、可读性较强的标识符。在程序中使用的名字对于计算机来说是完全无意义的。例如，你在程序中把 3.1415926 叫作 Pi 还是叫作 pI，pi，或 a，对计算机的计算并不产生影响，然而如果程序中采用有意义的、易读的标识符将有助于阅读者对程序的理解。一个很有趣的说法是：别人的程序读起来像垃圾，自己的程序在三个月之后也会变成别人的程序。采用有意义的标识符对增强程序的可读性是非常重要的。

（4）在程序中采用一致的命名规范，这将有助于提高程序的可读性。本书采用并建议的标识符命名规则是：

① 常量名：全部字母大写，多个单词之间用下画线连接。

② 其他标识符

- 若一个名字由多个单词构成，除第一个单词之外，其余各词首字母大写，非首字母小写。
- 第一个单词：

a. 类型名：首字母大写、其余字母小写

b. 变量（对象）名：所有字母小写

c. 函数名：命名规则同变量名

（5）必须以字母（a-z, A-Z）或下画线（_）开头。但由于 C++语言标准库中一般采用以下画线开头的标识符作为名字，所以当编写程序时，尽量避免使用以下画线开头的标识符，以免发生

名字冲突。

（6）当标识符过长时，通常采用缩写形式。

2.3 常量和变量

C++程序中的数据可以分为常量和变量两大类。常量和变量统称为数据对象。标识符可以用于命名常量和变量。对程序员来说，标识符代表数据对象的名字；对计算机系统来说，标识符经过编译后对应内存中存储位置的名字。如例【2-1】程序段中的 myAge 对程序员来说表示的是一个代表年龄的数据对象，而经过编译后，myAge 将对应内存中一个存储位置（例如从地址编号1101000110 开始的 4 个字节的名字）。如果该存储位置处存放的数据内容在程序运行过程中容许改变，则对应数据对象称为**变量**（variable），否则称为**常量**（constant）。那么，程序员如何告诉计算机一个标识符代表的是什么呢?

在程序中，通过**声明**（declaration）可以命名标识符并表明它代表什么。声明是将标识符与一个数据对象、一个函数或一种数据类型相联系的语句，它使得程序员能够用名字来引用数据对象、函数或数据类型。

例【2-2】：数据对象的声明。

```
const double PI = 3.14159;
int myAge;
```

从以上声明语句中，我们知道了以下内容：

（1）命名了两个标识符 myAge 和 PI；

（2）myAge 是一个变量的名字，PI 是一个常量（3.14159）的名字；

（3）myAge 的数据类型是 int，PI 的数据类型是 double。

编译器在编译时，会在内存中选择合适的存储位置和该标识符相联系。程序员不需要知道该变量的实际存储地址，而由系统自动进行管理。

在 C++中，标识符在使用前必须声明，以便编译器确定对标识符的使用和声明相一致。例如，如果声明某标识符是常量而在使用时试图修改其值，编译器就会检测到不一致从而报错。

在 C++中，数据对象、函数和数据类型的声明方式不同。本章介绍常量和变量的声明。函数和数据类型的声明在以后的章节中进行介绍

2.3.1 变量和变量的声明

在程序运行过程中，程序处理的数据存储在计算机的内存中。每一个内存单元都有一个独一无二的地址（一个二进制数）。读取数据时，需要知道存放该数据的内存单元的地址。在 C++程序中，变量必须在声明之后才能使用。变量声明用于定义变量，也就是将一个标识符和一个内存位置相关联（该内存位置存储一个可以被修改的数据值）。该内存位置的内容被称为**变量的值**（variable value），该标识符被称为**变量名**或**变量标识符**。变量声明的语法形式是：

数据类型 标识符[=初值] {，标识符[=初值]}；

其中，[]表示任选，即其中的内容可以出现一次或不出现；{}表示重复，即其中的内容可以出现零次或任意多次。本书后续章节将多次使用这种表示方式，并不再重复说明。

例【2-3】变量及其声明。

```
char response='Y';
```

通过该声明语句：

（1）命名了一个变量标识符 response；

（2）编译器将分配 1 个字节的内存单元，该单元用标识符 response 来引用；

（3）规定该内存单元存储 char 数据类型的数据，且在程序运行时容许改变；

（4）将 response 所对应内存单元的内容，即变量 response 的值置为字符‘Y’。

图 2-2 给出了上述变量声明语句的示意（假定 response 所分配到的内存单元的地址为二进制数 1101100011）。

在 C++中，变量由 4 个部分组成：变量名、数据类型、内存地址和变量值。

变量名　response

对应内存位置　1101100011

变量的值 → 'Y'

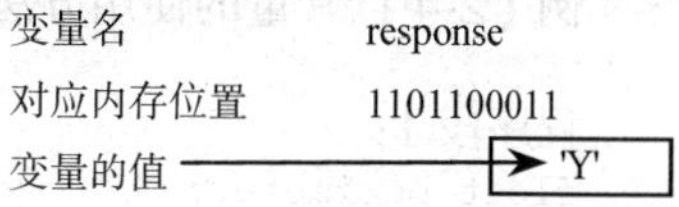

图 2-2　变量声明示意图

变量名和数据类型由程序员根据需要自己确定，变量的内存地址在编译时由编译器确定。变量值可用以下两种方式确定。

（1）在声明时进行初始化。其语法为：

数据类型 标识符 = 初值;

（2）声明后，在程序中通过赋值语句进行修改：

标识符 = 表达式;

赋值语句和表达式的概念稍后介绍。变量值的数据类型必须和变量声明时指定的数据类型一致。如果不一致，C++编译器会进行类型转换并在无法转换时报错。

根据变量声明的语法，以下是有效的变量声明语句：

```
int totalScore=0;                    // 总的得分
float accountBalance, taxRate;       // 存款及税率
char response;                       // 用户响应（'Y' or 'N'）
bool found = false;                  // 是否找到相应的账号
```

以上声明语句定义了 5 个数据对象： totalScore, accountBalance, taxRate, response, found。它们的数据类型分别是整型、浮点类型、字符类型和布尔类型。而且变量 totalScore 和 found 的值在声明时进行了初始化。

进行变量声明时需注意以下事项。

（1）声明语句必须由；结束。

（2）可以在一个语句中声明多个具有相同数据类型的变量。

（3）声明语句中若不带初值，则该变量的值未确定。在变量声明时设置初始值是一个良好的程序设计习惯。用未确定值的变量参与操作是初学者容易犯的一个错误。

（4）在声明变量时加适当的注释将有助于对程序的理解。

2.3.2　常量和常量的声明

在例【2-1】中我们已经见到了两个常量：myAge = 10；中的 10 和 myWeight = 30.1 中的 30.1。常量分为两种，**字面常量**（literal constant）和**命名常量**（named constant）。

字面常量由数据的字面形式定义它的数据类型和值。如‘Z’和‘9’表示字符常量，9 和 12 表示整型数值常量，30.1 和 0.23e-2 表示浮点型数值常量，“hello”和“Good morning”表示字符串常量。在程序中直接使用的常量值称为**字面值**（literal value 或 literal）。

在程序中也可以对常量加以命名。其命名的方法和变量类似，常量名是存储常量值的内存单元的名字。在 C++程序中，命名常量也与变量一样需要遵循“先声明，后使用”的原则，但和变量不同的是命名常量的值不能被修改。命名常量的声明格式为：

const 数据类型 标识符 = 常量值;

其中 const 是保留字，标识符是常量名，要符合标识符的语法。常量值可以是字面常量或常量表达式。以下是正确的常量定义：

```
const int AGE_MATURE = 18;
const float PI = 3.14159;
```

命名常量的主要作用是：

（1）使程序的可读性更强。

（2）当常量使用比较频繁时，修改常量的值比较容易。如果一个程序有20处使用圆周率，当认为圆周率的精度不够、需要提高精度并修改圆周率的值时，如果使用命名常量，只需要修改一个地方（即命名常量的声明）；如果使用字面常量，则需要修改20处。

例【2-4】:常量的使用方法。

程序段1：

```
float perimeter;
float radius;
radius = 2.0;
perimeter = 2 * 3.14159 * radius;     // 求半径为radius的圆的周长
                                      // 使用直接常量
```

程序段2：

```
const float PI = 3.14259;             // 声明命名常量，将圆周率命名为PI
float perimeter;
float radius;
radius = 2.0;
perimeter = 2 * PI * radius;          // 求半径为radius的圆的周长，使用命名常量PI
```

在例【2-4】中程序段2和程序段1的内容相同，但程序段2采用了命名常量使程序的可读性更强。

使用命名常量时常见的错误包括在程序段中对命名常量进行修改或对命名常量进行重定义。另外在声明命名常量时，一定要给出常量的数据类型。这一点很容易被忽视，从而导致错误的程序结果。

例【2-5】：使用命名常量的常见错误。

程序段1：

```
const float PI = 3.14259;
float perimeter;
float radius;
radius = 2.0;
// const float PI = 3.14;             // 对命名常量进行重定义会出现编译错误
 perimeter = 2 * PI * radius;         // 求半径为radius的圆的周长
```

程序段2：

```
const float PI = 3.14259;
float perimeter;
float radius;
radius = 2.0;
PI = 3.14;  // 对命名常量的值进行修改会出现编译错误
perimeter = 2 * PI * radius;          // 求半径为radius的圆的周长
```

2.4 内置数据类型

2.4.1 内置数据类型概述

C++中的内置数据类型包括整型、浮点类型、空值类型，如图2-1所示。整型中包含以**char**，**short**，**int**，**long**，**bool**等保留字作为类型名的数据类型。浮点类型中包含以**float**，**double**，**long double**等保留字作为类型名的数据类型。

每一种数据类型都规定了该类型数据的存储方式、取值范围以及可以对数据进行的操作。掌握各种数据类型的这些性质对于程序设计至关重要。例如，当整型变量ival的值为9时，ival /2的值（即ival的一半）是多少呢？小学数学告诉我们，9的一半为4.5，但是在C++程序中上述表达式ival / 2的计算结果却是4。原因何在？因为C++语言中规定两个整型数据的除法运算是整除，因此 9 / 2 得到的结果是 4，而不是 4.5。如果我们要得到正确的结果 4.5，就必须将变量 ival 声明为浮点型[①]。

数据类型的存储方式和取值范围与计算机的硬件结构，主要是机器字长密切相关。表 2-2 以 32 位字长的机器为例，给出了 C++中基本数据类型的描述，在机器字长不同的机器上，其数值范围和精度也会不同。

表 2-2　　C++中的内置数据类型[②]

类 型 名	说　明	占用字节	取 值 范 围
char[③]	字符型	1	-128 ~ 127
signed char	有符号字符型	1	-128 ~ 127
unsigned char	无符号字符型	1	0 ~ 255
wchar_t	宽字符型	2	-32768 ~ 32767
short[int]	短整型	2	-32768 ~ 32767
signed short [int]	有符号短整型	2	-32768 ~ 32767
unsigned short [int]	无符号短整型	2	0 ~ 65535
int	整型	4	-2 147 483 648 ~ 2 147 483 647
signed int	有符号整型	4	-2 147 483 648 ~ 2 147 483 647
unsigned int	无符号整型	4	0 ~ 4 294 967 295
long [int]	长整型	4	-2 147 483 648 ~ 2 147 483 647
signed long [int]	有符号长整型	4	-2 147 483 648 ~ 2 147 483 647
unsigned long [int]	无符号长整型	4	0 ~ 4 294 967 295
float	单精度浮点型	4	大致为±（3.4E-38 ~ 3.4E+38）约 7 位有效位
double	双精度浮点型	8	大致为±（1.7E-308 ~ 1.7E+308）约 15 位有效位
long double	长双精度浮点型	10	大致为±（3.4E-4932 ~ 1.1E-4932）约 19 位有效位

其中 signed（有符号）和 unsigned（无符号），short（短的）和 long（长的）称为类型修饰符。

2.4.2　字符类型常量和变量

在 C++中，字符类型的数据在计算机内部存储的是该字符的编码值，是一个整数。常用的字符编码标准有 ASCII 和 EBCDIC 两种。在不同的编码方式中，同一字符的内部表示是不同的，如字符‘A’在 ASCII 中编码为 65，在 EBCDIC 中编码为 193；字符‘a’在 ASCII 中编码为 97，在 EBCDIC 中编码为 129。

1. 字符常量[④]

括在单引号中的字符被称为字符常量（字面常量），如'A', 'a', '3', '@ ', '– '等。在编辑程序时，字符两边的单引号是相同的，在键盘上用分号右边的键输入。

从附录 2 的 ASCII 编码表中，我们可以看到编码为 00-31 及 127 的字符是不可打印的控制字

① 也可以使用 2.6 节介绍的强制类型转换。

② 不同编译器中，该表的内容可能会有所不同。

③ 对于 char 类型，有的编译器默认为有符号类型（见表 2-2），有的编译器则默认为无符号类型，使用时应参考编译器的使用手册或联机帮助。

④ 各种类型的命名常量的声明形式类似，参见 2.3.2 小节。

符，无法从键盘输入。那么，这些字符在程序中如何表示？单引号有特殊的作用，它自己又怎么表示？在 C++中，采用转义字符表示这些字符号。转义意味着转变其他字符的意义用以表示这些特殊字符。转义字符由单引号括起来，由反斜杠'\'开头。由于反斜杠本身具有特殊的作用，它的表示也需要用到转义字符。表 2-3 给出了 C++提供的转义字符。

表 2-3　　C++中提供的转义字符

转义字符	ASCII 码	字符意义
\0	0x00	空字符，字符串结束符（NUL）
\a	0x07	响铃符（BEL）
\b	0x08	退格符（BS）
\t	0x09	水平制表符（HT）
\n	0x0A	换行符（LF）
\v	0x0B	垂直制表符（VT）
\f	0x0C	换页符（FF）
\r	0x0D	回车符（CR）
\”	0x22	双引号（“）
\’	0x27	单引号（’）
\?	0x3F	问号（？）
\\	0x5C	反斜杠（\）
\ddd	$(ddd)_8$	1 到 3 位八进制 ASCII 码 ddd 所代表的字符
\xhh	$(hh)_{16}$	1 到 2 位十六进制 ASCII 码 hh 所代表的字符

字符常量'A'可以表示为：'A'，'\101'(八进制数 101 的十进制值是 65)，'\x41'（十六进制数 41 的十进制值是 65）。也可以直接用它的 ASCII 码值表示，如 65，0101，0x41。

2. 字符变量

字符变量和其他变量一样，必须先声明后使用。字符变量的声明方法是：

[unsigned | signed] char 标识符 [=字符型字面常量] {，标识符 [=字符型字面常量] }；

以下是合法的字符变量声明语句：

```
char letter = 'A';  // 声明了一个字符变量 letter并赋初值为字符‘A’
unsigned char pixelValue = 255; // 声明了一个无符号字符变量 pixelValue
                                // 并赋初值为 255
char responseA = '\x59', responseB = '\116' ;
// 声明了两个无符号字符变量 responseA 和 responseB，并分别赋初值为‘Y’和‘N’
```

2.4.3　整数类型常量和变量

整数类型简称整型[①]。因为计算机的表示能力是有限的，因此整数类型所表示的是数学中整数的一个有限子集。

1. 整数常量

C++中整数字面常量有 3 种表示方式：十进制、八进制和十六进制。其中以 0 开头的数使用的是八进制表示法，以 0x 开头的数使用的是十六进制表示法，而没有特殊性的数使用的是十进制表示法。八进制表示法中使用的数字是 0-7，十六进制表示法中使用的数字包括 0-9,A-F（大小写均可）。

① 在 C++标准中，“整型（integral type）”和“整数类型（integer type）”是有区别的，整型包括整数类型、字符类型和布尔类型。这里是一种通常的说法。

例【2-6】：整数字面常量的表示。

十进制	八进制	十六进制
0	0	0x0
5	05	0x5
9	011	0x09
82	0122	0x52
123	0173	0x7B

整型字面常量的类型默认为 int 或 long，由整数值所属的范围决定，C++编译程序会将其类型确定为能存储该数的最小类型。程序员也可以通过添加后缀的方式显式地确定整数常量的类型。后缀有 L/l，U/u，分别用于表示长整型和无符号整数，两者可以组合使用。假设 int 类型的最大值是 32767，则 1658 被认为是 int 数据类型，53100 被认为是 long 数据类型。421L 被显式地指定为 long 数据类型。78778899UL 被显式地指定为 unsigned long 数据类型。65535U 被显式地指定为 unsigned int 数据类型。

2. 整数变量

整数变量和其他变量一样，必须先声明后使用。整数变量的声明方法是：

[unsigned | signed] [long [int] | short [int] | int] 标识符 [= 初始值] {，标识符 [= 初始值]}；

以下是合法的整数变量声明语句：

```
int   age, workDays ; // 声明两个整数变量 age, workDays
long  factorial = 8L; // 声明一个长整数量 factorial，并置初始值为 8L
short  row, colomn  ;// 声明两个短整数变量 row,colomn
```

2.4.4　浮点类型常量和变量

浮点类型中包括 float 类型（单精度浮点类型）、double（双精度浮点类型）和 long double（长双精度浮点类型），可用于表示实数。同样因为计算机表示能力是有限的，因此浮点类型只能表示数学中实数的一个有限子集。

1. 浮点类型常量

浮点类型字面常量有两种表示法：带小数点的表示法和科学计数法。

带小数点的表示法中小数点前后有一个十进制（不能是其他进制）数字即可，如 .5　.025　2. 625.　-3.88　+7.56 等。

科学计数法：以 10 的幂表示的数，通常用于表示非常大或非常小的数，如 2.5E-28　-27E18　18e10　1e-10 分别表示 2.5×10^{-28}，-27×10^{-18}，18×10^{10}，1×10^{-10}。

浮点类型字面常量被默认为是 double 数据类型。程序员也可以通过添加后缀的形式显式地指明它的数据类型。这些后缀包括：f/F 和 l/L，分别表示 float 类型和 long double 类型，如 3.14F。

2. 浮点类型变量

浮点类型变量和其他变量一样，必须先声明后使用。浮点类型变量的声明方法是：

float | double | long double 标识符 [= 初始值] {，标识符 [= 初始值]}；

以下是合法的浮点类型变量声明语句：

```
float  average;                  //声明一个 float 类型变量 average
double  power;                   //声明一个 float 类型变量 power
long double  distance=0 ;        //声明一个 float 类型变量 distance
```

2.4.5　布尔类型常量和变量

布尔类型数据的取值只有两个，一个是 false，一个是 true。true 和 false 是 C++中的保留字，分别表示逻辑值“真”和“假”。在图 2-1 中我们将 bool 类型也划归整型，这是因为它的内部表示和整型相似，true 表示为 1，false 表示为 0。布尔类型和整型之间有一定的转换规则：非 0 的整数表示 true, 0 表示 false。

布尔常量有两种表示法:true/false 表示法,整数表示法。整数会根据转换规则转换为 true 或 false。

布尔变量和其他变量一样，必须先声明后使用。布尔变量的声明方法是：

bool 标识符 [= 初始值] {，标识符 [= 初始值] }；

以下是合法的布尔变量声明语句：

```
bool  flag = true;      // 声明一个布尔变量 flag 并初始化为 true
bool  marker = 0;       // 声明一个布尔变量 marker 并初始化为 0，也即 false
```

2.4.6 字符串类型常量和变量[①]

字符串是程序设计中常用的数据类型。所谓字符串就是一个由若干字符构成的序列，在计算机内部这若干个字符连续存放。

1. 字符串常量

前面我们讲过了字符类型字面常量，但它仅限于表示一个字符。那么，由若干个字符组成的字符串又是如何表示的呢？在 C++中，字符串字面常量由双引号括起来的字符序列表示。两边的双引号是相同的，在键盘上由单引号键加 Shift 键输入。字符串中可以包括字母、数字、转义字符等。

以下是合法的字符串字面常量：

```
"My name is Jones \n"  "12345"  "Hi, \x7come on"  " "  "quality"
```

双引号并不是字符串的一部分，它主要用来区分字符串和 C++程序中的其他部分。如 " 12345 " 表示这是一个由数字 1，2，3，4 和 5 组成的字符串，如果没有双引号，表示的是整数 12345。 " quality " 表示由字符 q，u，a，l，i，t 和 y 按顺序组成的字符串，而如果没有双引号，编译器会将 quality 当作标识符。

在 " My name is Jones \n " 和 " Hi, \x7come on " 中用到了转义字符。 " Hi, \x7come on " 表示的是 " Hi, |come on "，这是因为在 C++ 中规定：在字符串中使用八进制或十六进制转义字符时，按最长有效长度对该转义字符进行解释。在字符常量的转义字符表示法中，我们知道十六进制表示法用 1 ~ 2 个十六进制数字表示一个字符，由于 7c 是有效的十六进制数，因此\x7c 被解释为一个字符|。

" " 是由空格符组成的字符串。需要和空字符串（null string）区别开来，空字符串的表示方法是两个双引号紧挨着输入，双引号之间什么也没有。

2. 字符串变量

字符串变量有两种常见的声明方式：一种是将一个字符串变量声明为一个字符数组或一个字符指针；另一种是将一个字符串变量声明为一个标准库 string 类的对象。

有关字符串变量的声明和使用将在第 7 章详细介绍。

2.5 操作符与表达式

2.5.1 操作符与表达式的基本概念

我们已经知道了 C++的基本数据类型以及各种类型的常量和变量的定义方法；同时强调了数据类型决定数据的存储方法、取值范围和可以执行的操作。在 C++中，对数据的操作由**操作符**

① 严格来说，字符串类型并不属于基本数据类型，而是一种复合数据类型。

（operator）表示。操作符按所操作的数据的个数分为**一元操作符**、**二元操作符**和**三元操作符**。操作符操作的数据被称为**操作数**（operand）。**表达式**（expression）是将操作符和操作数按照一定语法形式组成的符号序列，该符号序列可以计算得到属于某种数据类型的值，称为**表达式的值**。表达式的值的数据类型由操作符和操作数的数据类型决定。

最简单的表达式是常量或变量标识符，表达式的值是常量或变量的值。以下是最简单的表达式：

```
3.14159(字面常量)
myAge（变量）
RATE(命名常量)
```

一个表达式也可以作为另一个操作的操作数，从而构造更复杂的表达，如：

```
3. 14159 * radius
x * y / z
a + ((a - c) * 6)
```

简单表达式的值容易计算，那么复杂表达式的值是按照怎样的次序计算的呢？在数学课上我们学过先乘除，后加减（优先级）；如果都是乘除或都是加减，先左后右（结合性）；但如果有括号，先进行括号内的运算。这些规则描述了一个算式的计算顺序。在 C++中，也约定了一些规则，用于确定表达式的求值顺序。这些规则包含了操作符的优先级及结合性。表达式的求值顺序由表达式中的操作符的优先级和结合性决定：优先级高的操作先做，优先级低的操作后做，括号具有最高的优先级；相同优先级的操作按结合性从左到右（左结合）或从右到左（右结合）进行。

C++中的操作符非常丰富，表 2-4 按照优先级由高到低的顺序给出了 C++中提供的常用操作符。

表 2-4　　操作符的优先级和结合性

优先级	类型	操作符	操作符名称	操作数个数	结合性
1	初等操作	() [] -> .	圆括号 下标操作符 成员访问操作符 成员访问操作符	1	左结合
2	一元操作	! ~ ++ -- - (类型) * & Sizeof new delete	逻辑非操作符 位取反操作符 自增操作符 自减操作符 负号操作符 类型转换操作符 指针操作符 地址操作符 长度操作符 申请内存空间 释放内存空间	1	右结合
3	算术操作	* / %	乘法操作符 除法操作符 求余操作符	2	左结合
4	算术操作	+ -	加法操作符 减法操作符	2	左结合
5	位操作	<< >>	左移操作符 右移操作符	2	左结合
6	关系操作	< <= > >=	关系操作符	2	左结合

续表

优先级	类型	操作符	操作符名称	操作数个数	结合性
7	关系操作	== !=	等于操作符 不等于操作符	2	左结合
8	位操作	&	位与操作符	2	左结合
9	位操作	^	位异或操作符	2	左结合
10	位操作	|	位或操作符	2	左结合
11	逻辑操作	&&	逻辑与操作符	2	左结合
12	逻辑操作	||	逻辑或操作符	2	左结合
13	条件操作	? :	条件操作符	3	右结合
14	赋值操作	= += -= *= /= %= >>= <<= &= ^= |=	=为赋值操作符，其余称为复合赋值操作符	2	右结合
15	逗号操作	,	逗号操作符		左结合

2.5.2 各种操作符和表达式详解

1. 赋值操作符和赋值表达式

赋值操作符（=）是一个二元操作符，其使用格式是：

变量 = 表达式

表示将右操作数（一个表达式）的值赋给左操作数，由于在赋值的过程中需要知道左操作数的地址并修改左操作数的值，因此赋值操作的左操作数必须是变量。设已经在程序中做了如下声明：

```
int myAge;
int yourAge;
```

可以构造以下的赋值表达式：

```
myAge = 10              // 将10赋值给myAge变量
myAge = yourAge + 3     // 将表达式yourAge + 3的值赋给myAge变量
yourAge = myAge         // 将myAge的当前值赋给yourAge变量
```

赋值操作符的右操作数也可以是一个赋值表达式，这时需要注意：

- 赋值表达式的求值结果是被赋值的变量在赋值操作之后所具有的值；
- 赋值操作符是右结合的。

例如：

```
myAge = yourAge = 10
```

其中包含两个赋值操作符，根据赋值操作符的右结合性，该表达式相当于以下表达式：

```
myAge = (yourAge = 10)
```

即首先将10赋值给变量yourAge，然后将表达式yourAge = 10的值赋给变量myAge，而表达式yourAge = 10的值就是变量yourAge被赋值后具有的值（10），所以myAge变量所获得的值就是10。

2. 算术操作符和算术表达式

通过算术操作符做算术运算的表达式称为算术表达式。我们首先看一下简单的算术表达式，即只包含一个操作符[-（负号），+，-（减号），*，/，%]的表达式。下面给出了一些简单算术表达式及其值：

表达式	值	表达式类型
5 / 10	0	int
5 / 10.0	0.5	double
5 / 0	错（除数不能为0）	
2 * 3	6	int
2 * 3.0	6.0	double
5 + 5.0	10.0	double
5 + 5	10	int
7 - 9.0	-2.0	double

```
7 - 9          -2          int
5 % 10          5          int
5.0 % 10       错（两个操作数必须都是整型的）
```

如果操作符/的两个操作数都是整数类型，则进行整除，结果中没有小数部分；否则进行浮点型除法，结果中有小数部分。在使用除法和求余操作时要格外小心。

设已经在程序中进行了如下声明：

```
int numInt;
float numFloat;
```

我们可以构造以下的表达式：

```
numInt + numFloat
numInt - numFloat
numInt / 2;
numInt % 2
numInt * 3.0
numFloat / 5.0
```

将以上表达式和赋值操作符结合起来，可以构造以下的复合表达式（见表 2-5）。设 numInt 的当前值为 5，numFloat 的当前值为 7.0。

表 2-5　将赋值操作符和算术操作符结合起来的复合表达式求值

复合表达式	表达式的值	求值顺序
numFloat = numInt + numFloat	12.0 (numFloat 的值)	根据表 2-4 中的优先级，先计算 numInt + numFloat 的值，然后将该值赋值给 numFloat；numInt + numFloat 的值为 5+7.0（12.0），赋值后 numFloat 的值将变为 12.0
numFloat = numInt - numFloat	-2.0(numFloat 的值)	根据表 2-4 中的优先级，先计算 numInt - numFloat 的值，然后将该值赋值给 numFloat；numInt - numFloat 的值为 5-7.0（-2.0），赋值后 numFloat 的值将变为-2.0
numInt = numInt / 2;	2 (numInt 的值)	根据表 2-4 中的优先级，先计算 numInt / 2 的值，然后将该值赋值给 numInt；numInt / 2 的值为 2，赋值后 numInt 的值将变为 2
numInt = numInt % 2	1(numInt 的值)	根据表 2-4 中的优先级，先计算 numInt % 2 的值，然后将该值赋值给 numInt；numInt % 2 的值为 1，赋值后 numInt 的值将变为 1
numFloat = numInt * 3.0	15.0(numFloat 的值)	根据表 2-4 中的优先级，先计算 numInt * 3.0 的值，然后将该值赋值给 numFloat；numInt * 3.0 的值为 15.0，赋值后 numFloat 的值将变为 15.0
numFloat = numFloat / 5.0	1.4(numFloat 的值)	根据表 2-4 中的优先级，先计算 numFloat / 5.0 的值，然后将该值赋值给 numFloat；numFloat / 5.0 的值为 1.4，赋值后 numFloat 的值将变为 1.4

将多个算术操作放在一个表达式中可以构造更复杂的算术表达式，如：

3 * 2 / 3，根据表 2-4 中的优先级，*和/具有相同的优先级，因此由结合性确定求值顺序，由于*和/是左结合的，因此求值的顺序是先乘后除。

5.0 + 2.0 / (5.0 * 2.0)，根据表 2-4 中的优先级，表达式中()具有最高优先级，/的优先级次之，+的优先级最低。因此先计算(5.0 * 2.0)，再计算 2.0 / 10.0，最后计算 5.0 + 0.2，得到表达式的值是 5.2。

采用一类特殊的操作符（称为**复合赋值操作符**），可以用更为简洁的方式来表示表 2-5 中给出的复合表达式。例如，numFloat = numInt + numFloat 可以表示为 numFloat += numInt。复合赋值操作符是赋值操作符与算术操作符的结合，包括 += -= *= /= %=，均为二元操作符。其操作含义分别为：将左操作数与右操作数进行 + - * / % 等操作，再将操作结果赋值给左操作数。例如，x *= y 表示将 x * y 的结果赋值给变量 x。复合赋值操作符的左操作数必须是变量（或对象），而右操作数可以是任意类型与左操作数兼容的表达式。

3. 关系操作符和关系表达式

关系操作符包括<（小于），<=（小于或等于），>（大于），>=（大于或等于），==（等于），!=（不等于）。通过关系操作符进行两个操作数比较的表达式称为**关系表达式**（relational expression）。关系表达式的值的数据类型是 bool。计算以下关系表达式的值：

表达式 **值**
```
3 > 2          true
3 < 2          false
2 == 0         false
2 != 0         true
3.0 < 4.0      true
```

在使用关系操作符时不要把==（比较两个操作数是否相等）操作符误写为=（赋值操作符）。

关系操作符的操作数可以是算术类型（即可以进行算术运算的类型）或指针类型。字符类型的数据在计算机内部用整数编码表示，本质上也属于算术类型，因此也可以进行关系操作。关系操作符用于字符比较时，< 表示在字符集中先出现。在广泛使用的 ASCII 表中字符 'M' 出现在 'R'之前，因此表达式 'M' < 'R' 的值为 true。

4. 逻辑操作符和逻辑表达式

C++中的逻辑操作符包括!（非），&&（与），||（或）。通过逻辑操作符进行两个操作数的逻辑运算的表达式称为**逻辑表达式**（logical expression）。逻辑表达式的值的数据类型是 bool。

在进行逻辑操作时，表达式的值依赖于表 2-6 给出的逻辑操作 "真值表"，其中 a,b 代表 bool 型操作数（或者是其值可以转换为 bool 型的表达式）。

表 2-6 逻辑操作的"真值表"

a	b	!a	!b	a || b	a && b
true	true	false	false	true	true
true	false	false	true	true	false
false	true	true	false	true	false
false	false	true	true	false	false

仔细分析一下表 2-6 我们会发现，对于逻辑或操作||，只要有一个操作数的值为 true，则表达式的值为 true；而对于逻辑与操作&&，只要有一个操作数的值是 false，则表达式的值为 false。

假定 int 型变量 x，y，z 的值分别为 3，4，0，下面给出一些逻辑表达式的例子：

表达式 **值**
```
!(x > y)                     true
x && y                       true
x && z                       false
y || z                       true
!(x < y) && (y == z) || z    false（注意参照表 2-4 给出的操作符优先级）
```

5. 其他操作符

（1）**sizeof 操作符。**用于计算操作数所占内存空间的大小，计算结果以字节为单位。注意 sizeof 计算的是操作数所属数据类型的单个数据所占内存空间的大小，和操作数的值没有关系。sizeof 的操作数可以是表达式也可以是数据类型，如 sizeof(char)。

假设 ival 和 dval 分别为 int 和 double，下面给出一些使用 sizeof 操作符的例子：

表达式 **值**

```
sizeof(ival)                     4
sizeof(dval)                     8
sizeof(ival + 3)                 4（表达式 ival + 3 的类型为 int）
sizeof(long double)              10
```

在不同的编译器中，上述表达式的值可能会有区别，因为 C++标准中并没有规定各种数据类型对应的存储字节数。

（2）**三元操作符。**条件操作符?:是 C++中仅有的一个三元操作符。它的语法是：

表达式 1 ? 表达式 2 : 表达式 3

求值的过程是：先求表达式 1 的值，如果值为 true，则整个表达式的值为表达式 2 的值；否则整个表达式的值为表达式 3 的值。例如，可以用下列表达式得到两个数中较大的数：

```
(x > y) ? x : y;
```

如果 x > y 成立，则表达式的值为 x，否则表达式的值为 y。

（3）**位操作符。**C++语言中提供了一类**位操作符**（bitwise operator），用于对操作数进行二进制位操作。共有六个位操作符：

~　　位取反（位非）　　将操作数的每一个二进制位取反：1 变为 0，0 变为 1

&　　位与　　将两个操作数的对应二进制位进行“与”操作，如果两个二进制位均为 1，则结果中该位为 1，否则为 0

|　　位或　　将两个操作数的对应二进制位进行“或”操作，如果两个二进制位均为 0，则结果中该位为 0，否则为 1

^　　位异或　　将两个操作数的对应二进制位进行“异或”操作，如果两个二进制位不相同，则结果中该位为 1，否则为 0

<<　　左移　　将左操作数按二进制位向左移动若干位，右边空出的位补 0。移动的位数由右操作数指定

>>　　右移　　将左操作数按二进制位向右移动若干位，对于左边空出的位，如果左操作数是无符号数，则补 0；如果左操作数是有符号数，则按原数的最高位（即符号位）补充空位。移动的位数由右操作数指定

左移和右移操作并不会改变左操作数本身。

位操作符的操作数均为整型，除 ~ 为一元操作符外，其余位操作符均为二元操作符。因为对操作数符号位的处理与机器相关，所以位操作符的操作数最好使用无符号整型，以提高程序的可移植性。另外，左移和右移操作符的右操作数不能是负数，且应该小于左操作数的位数；否则，操作的行为是未定义的。

下面给出一些使用位操作符的例子：

```
unsigned char x = 026;      // x 的值为二进制数 00010110
unsigned char y, z;
y = ~x;                     // y 的值为二进制数 11101001
z = x & y;                  // z 的值为二进制数 00000000
z = x | y;                  // z 的值为二进制数 11111111
z = z ^ y;                  // z 的值为二进制数 00010110
z = x << 2;                 // z 的值为二进制数 01011000
z = y >> 3;                 // z 的值为二进制数 00011101
```

2.6　类型之间的关系

在对数据进行操作的过程中，常常会遇到不同数据类型的操作数，这时就会涉及数据类型之

间的转换。C++中支持两种类型转换：**隐式类型转换**（implicit type conversion）和**显式类型转换**（explicit type conversion，又称**强制类型转换**)。

2.6.1 隐式类型转换

当表达式中存在不同类型的操作数时，编译器会自动对某些操作数进行类型转换，使二元操作符的两个操作数的数据类型一致。这种由系统自动进行的类型转换称为**隐式类型转换**。如在表 2-5 中有这样的表达式：numFloat = numInt – numFloat，- 操作符左右两边的操作数的类型不同，一个是 int 类型，一个是 float 类型，编译器首先自动将 numInt 的数据类型转换为 float，然后再求表达式的值，得到的结果也是 float 类型。= 号两边的数据类型相同，因此将计算结果直接赋值给 numFloat。

C++的隐式类型转换遵循两套规则，一套用于算术表达式、关系表达式和逻辑表达式；另一套用于赋值操作符（包括复合赋值操作符）、函数的参数传递和返回值。

1. 算术和关系表达式中的隐式类型转换

第一步：每个 char,short,bool 类型的数据被转换为 int 类型。如果两个操作数都是 int 类型，则表达式的值为 int 类型。

第二步：如果第一步转换之后，仍然存在二元操作符的两个操作数类型不同的情况，则按照以下数据类型的大小进行转换，数据类型从小到大排列的顺序是：

`int，unsigned int，long，unsigned long，float，double，long double` 在转换时，总是将较“小”的类型转换为较“大”的类型。

以表 2-5 中的表达式 numInt – numFloat 为例，由于表达式中没有 char，short，bool 数据类型，因此跳过第一步进行第二步，numInt 的数据类型是 int, numFloat 的数据类型是 float，而按照上述排序，int 是“小”的类型，而 float 是“大”的类型，因此将 numInt 转换为 float 类型，然后进行计算。

2. 赋值表达式中的隐式类型转换

设有以下的赋值表达式：

```
var = exp
```

其中 var 表示变量，exp 表示表达式，当 var 和 exp 的类型不同时，将 exp 的类型自动转换为 var 的类型，然后进行赋值。如果 var 的类型“小”，而 exp 的类型“大”，则在转换的过程中可能会丢失数据。例如，设 var 的类型为 int，exp 的值是 float 类型的 3.14，则在赋值的过程中，3.14 的小数部分会被舍弃，转换为整数 3，然后赋值给 var。

由于隐式类型转换可能会丢失数据，因此当表达式中存在不同数据类型时，要特别注意。尽量避免隐式类型转换，必要时使用显式类型转换。

除本节所介绍的两类隐式类型转换之外，函数调用过程中也有可能发生隐式类型转换，相关内容将在第 4 章进行介绍。

2.6.2 显式（强制）类型转换

在程序中可以显式地进行类型的转换。显式（强制）类型转换（type casting）由程序员自己控制，不再遵循隐式类型转换中的规则。显式类型转换的语法是：

数据类型 （表达式） 或 **（数据类型）表达式**

将表达式的数据类型转换为指定的数据类型。

例如，有两个整数 num1 和 num2，求这两个数的平均值，如果用：

```
(num1 + num2) / 2
```

有时会产生较大的误差。如 num1 和 num2 的值分别是 1 和 2，则表达式的值为 1，而不是 1.5。这是因为 num1，num2 和 2 都是整数，表达式最后的值就是整数，小数部分被舍弃了。显然如果你期待结果是 1.5 的话，会觉得差别太大。改进上述计算的方法是使用强制类型转换，如：

```
float(num1 + num2) / 2
(num1 + num2 ) / float(2)
(num1 + num2 )/ (float)2
```

2.7 标准库的使用和简单的输入输出

在程序中常常要进行数据的输入和输出，但 C++语言中没有提供直接的输入/输出语句，而是通过**标准库**（standard library）的方法解决输入和输出的问题。标准库中的一个部分是输入/输出库[input/output（I/O）library]，其中所定义的 iostream 库提供了简单的输入和输出方法。使用标准库时需要在程序中（通常在程序起始处）用预处理指示#include 包含与该库相关的头文件[①]。和 iostream 库相关的头文件名为 iostream，因此我们会看到在涉及简单输入和输出的程序中，都会出现以下代码：

```
#include <iostream>          // 说明要使用 iostream 库
using namespace std;         // 说明以下将使用标准名字空间 std
```

其中，指出对名字空间 std 的引用是为了在使用 iostream 库中的相关标识符时，可以简化代码。

2.7.1 输出

用 iostream 库进行输出的语句形式为：

```
cout << 表达式;
```

cout 是标准库中预定义的对象，系统将之与标准输入设备相联系。<<是表示输出操作的操作符。在这里大家可以将 cout 想象成计算机屏幕，而<<想象成数据的流向。其语义是将表达式的值显示在屏幕上。用 cout 可以在一条语句中连续输出若干个表达式的值，如：

```
cout << 表达式 1 << 表达式 2 << …;
```

该语句将表达式 1、表达式 2 和表达式 3 的值依次挨着进行输出，如果表达式是一个字符串，则将该字符串的内容显示在屏幕上。

例如：

```
cout << "my name is Jone"; // 屏幕上出现：my name is Jone
cout << "The average of " << a << "and " << b <<"is " << c;
// 屏幕上出现 The average of 1 and 2 is 1.5
// 设 a，b，c 三个变量的值分别是 1，2，1.5。
```

这两条语句输出的内容紧挨着放在同一行里：

```
my name is JoneThe average of 1 and 2 is 1.5
```

这样的输出看起来很不舒服，如果能一行一行地输出就好了。在 iostream 库中提供了一个常用的控制输出格式的标识符 endl（换行），即结束一行，开始一个新行。上述程序段可以改为：

```
cout << "my name is Jone" << endl;
cout << "The average of " << a << "and " << b <<"is " << c << endl;
```

输出结果将变为：

```
my name is Jone
The average of 1 and 2 is 1.5
```

如果程序中没有 using namespace std；这行代码，我们每次使用 cout 和 endl 时，必须写成 std::cout 和 std::endl，以指出所用的是标准库中定义的标识符 cout 和 endl。

2.7.2 输入

计算机程序处理的数据有些是需要用户在程序运行时输入的。iostream 库中提供的输入方式是：

① 预处理指示 #include 参见第 4 章。

cin >> 变量；（用户从键盘上输入一个值放在变量中，输入以回车结束）

或

cin >> 变量 1 >> 变量 2 >> … ；（用户从键盘上输入若干个值分别放入若干个变量 1，2…中，输入值之间以空格（或 Tab 键或回车键）分开，整个输入以回车结束）。

在程序运行过程中接受用户输入的程序为交互式程序。在交互式程序中需要有友好的用户界面，即提示用户该干什么，或输入怎样的数据。这种提示通常用输出一些字符串来完成。

2.8 应用举例

问题

制作容器时通常需要标注容器的容量，请编制一个可供设计师使用的计算程序，用于计算圆锥形容器的容量。

分析与设计

这个问题可编制一个简单的交互式程序来解决。

首先提示用户输入圆锥形容器的底面半径和高度，然后计算容器的容量并输出结果。

程序代码

```
//*************************************************************
// ConeVol.cpp
// 根据用户输入的圆锥的底的半径、圆锥的高，计算圆锥的体积并输出结果
// ************************************************************
#include<iostream>
using namespace std;

const double PI=3.1415926;

int main()
{
    float radius,height,volume;// 声明变量
    //提示用户输入圆锥的底的半径
    cout << "please input the radius of the cone:";
    //用户输入数值以回车结束
    cin >> radius;
    // 提示用户输入圆锥的高
    cout << endl << "please input the height of the cone:";
    //用户输入数值以回车结束
    cin >> height;
    //计算圆锥的体积
    volume = 1.0 / 3.0 * PI * radius * radius * height;
    //输出结果
    cout << endl << "the volume of the cone is "<< volume << endl;
     return 0;
}
```

程序运行的结果如下：

```
please input the radius of the cone:12.3

please input the height of the cone:23.4

the volume of the cone is 3707.27
```

习 题

2-1 下列哪些是合法的标识符，哪些不是，为什么？

lookAt, const, 2days, second-son, num&, my num, _2lowers

2-2 下列哪些是合法的常量，哪些不是，为什么？

'Look out', "A", 123.5 , .5, 2., 0188, 0123, 0xABCD, 0xLL, 123e-5,1e-5.5

2-3 求下列算术表达式的值

（1）22 + 7/4 -2

（2）20 % 3 + 8.0

（3）5.0/4.0

（4）5/4

（5）12/2.0

（6）设 x=1.0、a=7、y=4.5，求 (x + a/y)*a

2-4 设 isSenior，isHighBlooded，isFever 的值分别是 true，false，true，求下列逻辑表达式的值：

（1）isSenior || isHighBlooded;

（2）isSenior && isFever

（3）!isSenior && !isHighBlooded

（4）isSenior || isHighBlooded && isFever

2-5 设 intNum1，intNum2，intNum3 的值分别是 5，8，10，求下列表达式的值：

（1）intNum1 > intNum2 && intNum2 > intNum3;

（2）intNum1 == intNum2

（3）(intNum1 - intNum2) > intNum3

（4）!(intNum1 < 100)

（5）intNum1 >= intNum2-1 && intNum3 <= intNum1 + 2

2-6 设输入为 2.0，指出下列程序的输出：

```
#include <iostream>
using namespace std;
const float PI = 3.14159;
int main()
{
    float radius;
    float circumference;
    float area;

    cout << "Input the radius of the circle:" <<endl;
    cin >> radius;
    circumference = radius*2*PI;
    area = radius*radius *PI;
    cout << "for the circle with radius " << radius << " , the circumference and area
are  " << circumference << ", " << area <<endl;
    return 0;
}
```

第3章 语句与基本控制结构

语句（statement）是 C++程序的最小执行单位。C++语言的语句是能够完整地表示一项动作、完成一项基本任务的语言单位，例如**声明**、**赋值**和**跳转**。一个语句要符合 C++规定的语法才能被顺利编译和执行。

C++程序是由一系列的语句构成的。程序的执行一般情况下是按照语句在程序中出现的顺序依次逐条执行的。但是除了按照这种基本的顺序执行，C++还提供了两类专门的控制结构语句，即选择语句和循环语句，分别用于表示选择结构和循环结构。因此，C++程序中有 3 种基本的结构：顺序、选择和循环。程序语句执行的默认次序是书写顺序。当执行到选择语句和循环语句时，顺序执行次序会发生相应的改变。基于这 3 种基本的结构，C++可以用于解决各种复杂的问题。此外，转移语句及函数调用也会改变程序语句的执行次序。

3.1 语句及分类

程序是由语句组成的，语句是程序的最小执行单位。在 C++语言中，用一个分号“;”来表示一条语句的结束，也就是说分号是 C++语句的标志，是 C++语句（除了块语句之外）不可或缺的组成部分。特别需要指出的是，换行并不是 C++语句的结束标志。也就是说，一个 C++语句在形式上可以由两行或者更多行的语句字符组成。

C++中的语句类型很多，按照语句的结构形式和功能，大致可以划分为以下几类。

- **声明语句**（declaration statement）；
- **表达式语句**（expression statement）；
- **转移语句**（jump statement）；
- **块语句**（block statement），也称为**复合语句**（compound statement）；
- **空语句**；
- **选择语句**（selection statement），也称为**分支语句**（branch statement）；
- **循环语句**（iteration or loop statement）。

3.1.1 声明语句

声明语句用于描述一个标识符在程序中所代表的含义。声明语句具体包括对常量、变量、对象、数据类型、函数、命名空间的声明。简单的常量和变量的声明在 2.3 节已经介绍过，其他的各类声明将在后续章节进行介绍。

用于变量声明的语句的语法形式如下：

```
[存储类别] 数据类型 变量名[=初始值] {,变量名 = 初始值};
```

其中，存储类别用于指定变量是存在什么样的空间中，是可选项，将在第 4 章进行介绍；数据类型是指变量中所存放的数据类型的名字，可以是 C++中标准的数据类型，也可以是程序员自己定义的类型（见图 2-1）；初始值是指变量声明后所具有的值，可以是一个单个值，也可以是一个可求值的表达式。一条声明语句可以声明多个变量，用逗号隔开。

常量的声明是用于为一个常值指定名字（标识），也就是命名常量，其语句的一般形式如下：

```
[存储类别] const 数据类型 常量名[ = 初始值] {, 常量名 = 初始值};
```

形式上与变量声明非常类似，但是在数据类型前多了一个保留字“const”，以表明这是一个常量的声明，其值是不能改变的。存储类别和数据类型同变量声明，初始值是一个由常量构成的表达式。当存储类别不是 extern 时，常量必须指定初始值。

关于“声明”与“定义”的含义及差别。在 C++程序中，使用到的所有变量都必须有定义，而在使用变量之前必须对该变量进行声明，使得编译器能够对变量的操作进行类型检查。从字面意义上来讲，“声明”（又称为**引用性声明**）是指表明一个变量的存在，而“定义”（又称为**定义性声明**）则是指对一个变量的各个要素，包括类型、名称、初值等进行限定和说明。一般来说，变量定义要给变量分配空间，变量声明则不会；变量定义可以给变量赋初始值（对变量进行初始化），变量声明则不会。在一个程序中，同一个变量的定义只能有一个，而对该变量的声明可以有多个。

C++中并没有对这两种语句进行严格的区分，而是统一称为声明语句。在一个作用域（详见第 4 章）内的变量定义语句同时也是变量声明语句，而当变量的定义不在这个作用域内时，才需要用到该作用域内的变量声明语句，即带 extern 的语句（详见第 4 章）。除了带 extern 的声明语句外，其他的变量声明语句都是变量定义语句。

3.1.2　表达式语句

表达式语句由表达式（可选）和分号组成，其形式为：

```
表达式;
```

表达式语句在 C++程序中用得很多，以完成多种功能，比如运算（算术运算、逻辑运算和关系运算）、赋值、输入和输出等。一般将完成赋值功能的语句称为赋值语句，将完成输入功能的语句称为输入语句，而将完成输出功能的语句称为输出语句。例如：

```
a = (x + y) / z; // 赋值语句
cin >> b; // 输入语句
cout << " Hello world! "<< endl; // 输出语句
```

3.1.3　转移语句

转移语句用于无条件地改变程序语句的执行次序，具体有以下 4 种。

1. break 语句

break 只能用在 switch 语句和循环语句中（详见本章），其作用是终止执行包含该语句的 switch 语句或循环语句。其基本语法形式为：

```
break;
```

当 break 用在 switch 语句和循环语句中的最外层时，一旦 break 语句被执行，则整个 switch 语句和循环语句都会终止。而当 break 语句用在 switch 语句或循环语句中嵌套的（即内层的）switch 语句或循环语句中时，则 break 语句的执行将导致内层的中止，而外层却不受影响。

2. continue 语句

continue 语句只能用在循环语句中，其作用是中止循环的当前这次迭代。其基本语法形式为：

```
continue;
```

当执行到 continue 语句后，其后面的语句都跳过不执行，控制会转移到下一次循环中。

3. return 语句

return 语句只能用在函数中，其作用是结束当前正在执行的函数，将控制权和函数值返回给该函数调用者。其基本语法形式为：

```
return;   或者  return 表达式;
```

当函数执行完毕时，即最后一条语句执行结束时，控制权将返回给调用者。不带表达式的 return 语句用在无返回值函数、构造函数或者析构函数中（详见第 5 章）。带表达式的 return 语句只能用在带返回值的函数中（详见第 4 章）。无返回值的函数中也可以不使用 return 语句（详见第 4 章）。

4. goto 语句

goto 语句是无条件地将控制权转移到带有指定语句标号的语句。其语句的形式为：

```
goto 语句标号;
```

带标号语句的起首是一个标号，由程序员自己定义，只要是合法的标识符即可。带标号语句的基本语法形式为：

```
identifier: statement
```

带标号语句要跟 goto 语句在同一函数内，否则会导致使用未经初始化的变量的错误。

下面为一个求斐波那契数列值的程序，采用了 goto 语句进行跳转。所有带 goto 语句的程序都可以实现为不用 goto 语句的程序。由于 goto 语句使得程序流程难以跟踪和理解，程序维护和修改也异常困难，所以很多年前就开始不主张使用 goto 语句，但在历史遗留代码中仍然会遇到。

```
// ***************************************************************
// 功能：求斐波那契数列值
// ***************************************************************
#include <iostream>
using namespace std;
int main()
{
    int a,b;
    int n,i,f;

    a = 0, b = 1, i = 2, f = 0;

    cout << "Please input an integer number: " << endl;
    cin >> n;
Fctor: f = a+b;
        a = b;
        b = f;
       i++;
       if (i <= n)
   goto Fctor;
   cout << f << endl;
   return 0;
}
```

3.1.4 块语句

块语句也称为复合语句，是由一对花括号“{…}”包含的语句序列，花括号内的语句可以是任何符合语法的 C++语句。其基本形式为：

```
{
    statement1
    statement2
      …
}
```

在语法上，块语句可以被当作单条语句来看待，因此任何单条语句出现的地方，都可以用一个块语句来替代。例如：

```
while (score > 100 or score < 0)
```

```
    cin >> score;
```

可以修改为：

```
while (score > 100 or score < 0){
    cout << " You input the wrong score, please input again!" << endl;
    cin >> score;
}
```

当循环条件为 true 时，循环体中的语句即花括号内的输出提示语句和输入语句都被执行。

3.1.5　空语句

只有一个分号，没有具体内容的语句称为空语句，是 C++中最简单的语句。其形式为：

```
  ; // 空语句
```

当计算机执行空语句时，并不产生任何动作。空语句的作用主要是在语法上，当程序的某处在语法上需要一条语句但是并不需要执行任何动作（不进行任何操作）时，就需要添加空语句。例如下面的循环语句（详见 3.4 节）：

```
int score;
while (cin >> score && (score > 100 or score < 0))
        ; // 空语句
```

上述程序要求输入 0-100 以内的成绩，while 后括号中的表达式先被求值，如果结果为 true，则执行循环体即空语句，循环体执行一次后再求括号中表达式的值。如此循环往复，直至表达式结果为 false 则跳出循环。while 后括号中的表达式被执行时，首先从标准输入中读入一个值并检验读入（从键盘输入）是否成功，然后再检查读入的值是否在 0-100 以内。如果读入成功并且值不在 0-100 以内，则继续读入并且检查，直到输入正确的值为止。

要小心使用空语句。如果由于失误导致正确的语句内容丢失，或者被多余的分号分隔出空语句，将会导致程序的逻辑错误。

例如：

```
int score;
cin >> score;
while (score > 100 or score < 0) ;
     cin >> score;
```

选择语句和循环语句将在下面的控制结构中专门介绍。

3.2　选择结构

3.2.1　三种基本控制结构

如前所述，计算机程序有 3 种基本的控制结构：顺序结构、选择控制结构和循环控制结构。一般情况下，C++程序中的语句都是按照在程序中出现的顺序依次逐条执行的，也就是顺序结构。另外两种基本的控制结构是选择结构和循环结构，分别通过选择语句和循环语句来控制实现。如图 3-1 所示为 3 种基本控制结构的基本执行流程。其中，箭头表示语句执行的顺序，而矩形方框表示语句，菱形框表示判断条件。

选择结构就是根据一定条件来做出选择。当条件满足时执行一些特定语句，条件不满足时则执行另一些语句。因此，会形成依赖于条件的不同分支，如图 3-1 中的（b）所示。当然，两个分支中可能有一个是空的（没有任何语句，即空语句），也就是不执行任何语句。

循环结构是重复执行一定语句的结构，具体循环结构有两种不同的形式，如图 3-1 中的（c）所示。一种是“当”循环，每次循环执行时，先判断循环条件的值，若循环条件的值为 true，则执行循环体，否则跳出该循环控制结构；另一种是“直到”循环，先执行循环体，然后判断循环条件，如果循环条件为 true，则执行下一次循环，否则跳出循环体。

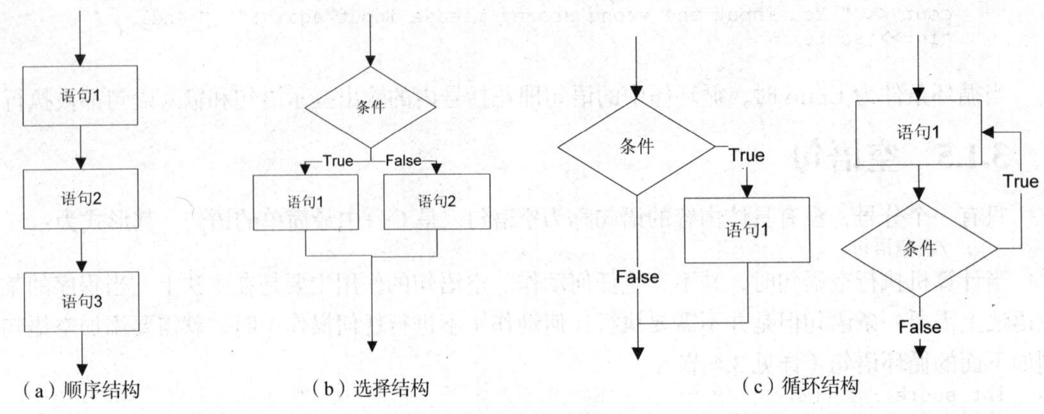

图3-1　基本控制结构

下面先介绍选择结构的实现，然后介绍循环结构的实现。选择结构可以通过两种不同的选择语句实现，也就是 if 语句和 switch 语句。

3.2.2　if 语句

if 语句是最基本的选择语句。if 还可以与 else 进行组合，形成 if-else 语句。if 语句本身也可以进行组合，形成嵌套 if 语句。

1. 简单 if 语句

简单 if 语句的语法形式为：

```
if ( 条件 )
    语句
```

其中条件部分为一个条件表达式，语句可以是空语句、单条语句或者块语句。执行 if 语句时，首先会计算条件的值，并相应地判断条件是成立（true）还是不成立（false）。如果条件表达式的值本身不是 bool 数据类型，则会自动转换为 bool 类型。当对条件求值的结果为 true 时，则会执行跟随的语句；而为 false 时，则不会执行语句（也就是一个空的分支）。例如：

```
int x;
cin >> x;
if (x >= 90) {
    cout << "Excellent!" << endl;//输入的 x 的值如果大于或等于 90，则会执行该语句
}
```

2. if-else 语句

如果条件为 true 和 false 均要指定语句，也就是说两个分支都不为空，则需要使用 if-else 语句。其语法形式为：

```
if (条件)
    语句 1
else
    语句 2
```

条件与语句的含义同上。一般称 else 及其后的语句 2 为 else 子句。当对条件求值的结果为 true 时，执行语句 1；为 false 时，执行语句 2，即 else 子句被执行。例如：

```
int x;
cin >> x;
if (x >= 60) {
    cout << "Pass!" << endl;//输入的 x 的值如果大于或等于 60，则会执行该语句
}
else
    cout << "Fail!" <<endl; //输入的 x 的值如果小于 60，则会执行该语句
```

3. 嵌套 if 语句

if 语句可以嵌套，也就是说 if 语句中的语句部分又可以是其他 if 语句或者 if-else 语句，这样结构的 if 语句称为**嵌套 if 语句**。例如：

```
if (条件 1)
    if (条件 2)
        语句
```

其执行流程是：先判断条件 1，如果为 true，则执行内层 if 语句；如果为 false，则不执行后面的 if 语句，跳出该控制结构。如果内层 if 语句被执行，则进一步判断条件 2，如果为 true，就执行语句部分，否则不执行任何语句，跳出该控制结构。

内层的简单 if 语句可以替换为 if-else 语句，如：

```
if (条件 1)
    if (条件 2)
        语句 1
    else
        语句 2
```

与上一个简单的 if 嵌套不同之处在于，如果条件 1 为 true，则进一步判断条件 2，对应条件 2 的 true 值和 false 值，分别执行语句 1 或语句 2。

垂悬（dangling）else 的问题。在嵌套的 if-else 语句中，if 语句与 else 语句的配对可能会产生歧义。如上例中，有两个 if 语句，但是只有一个 else 语句。那么，这个 else 语句是与哪个 if 语句配对呢？仅从形式上来讲，两个 if 语句都可以与 else 配对，因为在 C++程序中缩进、空格等不作为语句划分的因素。为了消除这样的歧义，C++规定总是将 else 与前面最接近它的、同一层次上的、还没有 else 与之配对的 if 配对。即内层 if 语句（包括其 else 子句）是外层 if 语句的内容，也就是外层 if 语句的语句部分。

因此，就算上面的语句写成如下形式（即特意将 else 与外层 if 在格式上对齐）：

```
if (条件 1)
    if (条件 2)
        语句 1
else
    语句 2
```

其执行的结果也是一样的。

提示

要注意语句的书写格式，包括缩进、对齐和括号的使用等。适宜的代码格式不但可以使形式整齐美观、易读性强，而且还可以方便查错、纠错。

当然，else 语句部分也可以是其他的 if 或者 if-else 语句，如：

```
if (条件 1)
        语句 1
else if (条件 2)
        语句 2
```

各种组合可以形成复杂多样的嵌套 if 语句。特别是嵌套的 if-else 语句可用于实现多于两个分支的选择结构。如：

```
if (条件 1)
    语句 1
else if (条件 2)
    语句 2
else if (条件 3)
    语句 3
    …
else
    语句 n
```

这种多分支的嵌套 if 语句的执行流程是：逐个判断 if（以及“else if”）后面的条件，如果为 true，则执行紧随其后的语句，并结束该整个嵌套 if 结构的执行；如果为 false，则继续判断下一个条件，直到最后的 else 子句。如果没有最后的 else 子句，就直接结束该嵌套 if 语句。

下面是一个简单地通过嵌套 if-else 实现多分支的程序。

```
// ************************************************************
// 功能：通过嵌套 if-else 实现多分支的实例
// ************************************************************
int x;
char result;
cin >> x;
if (x >= 90) {
    cout << " Excellent!" << endl;
    result = 'A';
}
else if (x >= 80) {
    cout << " Good!" << endl;
    result = 'B';
}
else if (x >= 70) {
    cout << " Medium!" << endl;
    result = 'C';
}
else if (x >= 60) {
    cout << " Pass!" << endl;
    result = 'D';
}
else if (x < 60) {
    cout << " Fail!" << endl;
    result = 'E';
}
cout << result << endl;
```

用户从键盘输入成绩值，程序用嵌套 if-else 语句来判断该成绩，给出相应的评语和等级，并将结果输出来。

当用户输入 75 时，该程序片段运行的一个实例如下：

```
75<回车>
Medium!
C
```

3.2.3 switch 语句

switch 语句是专门用于实现多分支选择的分支语句。与嵌套 if-else 语句相比，switch 语句形式更简洁，结构更直接，理解起来更容易。特别是当分支较多时，应该优先考虑用 switch 语句来实现。

switch 语句的语法形式为：

```
switch （条件）
    语句
```

与 if 语句中的条件不同，switch 语句中的条件必须是整型（即 short，int，long 和 char 等）、枚举类型[①]。switch 语句中的语句包含两种带标号语句：case 子句和 default 子句。

case 子句形式为：

```
case 常量表达式 : 语句序列
```

其中常量表达式的类型必须是整数类型、字符类型或枚举类型。

default 子句形式为：

```
default : 语句序列
```

我们来看一个程序片段：

```
// ************************************************************
// 功能：switch 语言应用实例
// ************************************************************
```

① 条件也可以是类类型的，但这时该类必须具有一个将类类型转换成整型或枚举类型的类型转换函数（详见第 5 章）。

```
char answer;
cin>>answer;
switch (answer){
    case 'a':
    case 'A':
        cout << " Wrong answer!" << endl;
        break;
    case 'b':
    case 'B':
        cout << " Wrong answer!" << endl;
        break;
    case 'c':
    case 'C':
        cout << " Wrong answer!" << endl;
        break;
    case 'd':
    case 'D':
        cout << " Correct answer!" << endl;
        break;
    default:
        cout << " Invalid answer!" << endl;
        break;
}
```

如果输入的 answer 的值是字符 d，则输出结果是：

```
Correct answer!
```

如果输入的 answer 的值是字符 e，则输出结果是：

```
Invalid answer!
```

switch 语句的执行流程是：首先计算条件的值，当 switch 条件的值与某一个 case 子句中的常量表达式相匹配时，就执行此 case 子句中的语句序列。如果所有的 case 子句中的常量表达式和 switch 的条件都不匹配，则在有 default 子句的情况下执行 default 子句中的语句序列，没有 default 子句则控制流程会跳出整个 switch 语句。

case 子句一般有多个，但是 default 子句最多只有一个。需要注意的是，每一个 case 子句的常量表达式的结果必须互不相同，否则会出现矛盾。

特别需要说明的是，default 执行的次序不受出现的位置影响。也就是说，即使 default 语句出现在 switch 的第 1 个分支，也是先匹配 case 子句，然后在都不匹配的情况下才执行 default 子句。此外，default 子句在语法上不是必需，一个 switch 结构可以没有 default 语句。但一般情况下还是会有一个 default 子句，用于处理意外情况。

还有一点需要说明，case 子句中的 break 语句用于结束一个 switch 分支的执行，但是 break 也不是语法上必需的。如果某些 case 分支中没有 break 语句，则当执行一个分支时，会一直执行 case 后面的语句，直到一个 break 语句，或者整个 switch 结束。这是因为，每一个 case 符号及其后的常量表达式实际上是语句标号，也就是流程跳转的入口标号，并不能用于确定执行的终止点。

如果把程序清单 3-3 中程序的 break 语句都去掉，且输入的 answer 的值是字符 c，则输出结果是：

```
Wrong answer!
Correct answer!
Invalid answer!
```

由此可以看到，当没有使用 break 语句时，一旦某个 case 子句的常量表达式与 switch 的条件相匹配，则该 case 子句及其后所有的语句都会被执行，因此在每个子句中使用 break 语句是个很好的习惯。

3.3　循环结构

C++提供了 3 种形式的循环语句，分别是 while 语句、do-while 语句和 for 语句。

3.3.1 while 语句

while 语句是形式比较简单的一种循环语句，其基本的语法形式为：

```
while (条件)
      语句 //循环体
```

可见一个 while 循环结构包含两个部分：条件部分和循环的主体语句部分。条件是一个布尔表达式，用于判断循环结构是否继续执行。如果布尔表达式的值为 true，就执行循环的主体语句部分（通常称为**循环体**），然后回到条件的位置，进行再一次判断，如此往复。如果布尔表达式的值为 false，就结束循环结构的执行，跳转去执行循环体后面的语句。与选择结构一样，循环结构中的语句部分可以是空语句、单条语句或者块语句。

显然，条件部分是循环结构的一个关键点，可以控制循环是否继续，也就是判断循环结束的方式。一般来说，有 3 种方法来控制一个循环的结束，即**计数控制**、**哨兵控制**和**用户交互控制**。

计数控制循环是最简单的一个方法。循环体执行的次数是可以事先确定的、已知的，这样就可以使用一个专门的计数变量来记录循环体执行的次数。基于这个计数变量与既定的次数或条件值做比较，可以判断循环是不是要继续执行。在执行循环体的过程中，计数变量必须要进行更新，从而保证循环能够结束。

下面是一个计数控制循环的例子。

```
int count = 1;
int sum = 0;
while (count <= 100) {
   sum += count;
   count++;
}
cout  << sum << endl;
```

上述程序片段完成求 1 ~ 100 自然数之和的功能。程序输出结果为：

```
5050
```

循环的主体部分为加法操作。由于所加的自然数个数是确定的，因此循环执行的次数是确定的，也就是 100 次。通过变量 count 记录循环已经执行的次数，从而能够在完成 100 次循环以后结束。

哨兵控制循环是指通过特定的特殊值的出现来控制循环的结束，而循环的次数是不确定的。这样的特殊值称为哨兵（sentinel）。

下面是一个哨兵控制循环的例子。

```
int score, sum = 0;
cin >> score;
while (score != -1) {
   sum += score;
   cin >> score;
}
cout << " Total score: " << sum << endl;
```

上述程序片段完成对学生成绩求和的功能，要求用户不断输入学生成绩并对其求和。具体有多少个成绩的输入事先并不确定，因此循环的次数是未知的。但设定了特殊的数值-1 作为哨兵，因此一旦输入的成绩值为-1 就认为成绩输入结束，从而终止循环的执行。

假设用户从键盘上输入的数值如下：

```
80 85 70 60 55 -1
```

则程序运行后，输出结果如下：

```
Total score: 350
```

上面的例子中哨兵值是从输入的数据中获取的，哨兵值也可以是其他途径获得的值。比如下面的例子中，哨兵值是经过计算的一个结果。

```
int n = 0, sum = 0;
bool flag = true;
while (sum < 1000) {
```

```
    n++;
    sum += n;
}
cout << n << endl;
```

上述程序片段对 1 ~ n 自然数求和，但 n 的值是不确定的。当所求的和值大于等于 1000 时循环结束，输出 n。这里的哨兵值是 1000。

用户交互控制循环是指通过显式地询问用户的意见来判断要不要继续执行循环的一种控制方式。这种循环的结束由用户的意图决定。

下面是一个用户交互控制的例子。

```
int score, sum = 0;
char ch;
bool continue = true;
while (continue) {
    cin >> score;
    sum += score;
    cout<<"More scores? Y or N: ";
    cin>>ch;
    if(ch == 'N') continue = false;
}
cout << " Total score: " << sum << endl;
```

提示

不同的循环结束控制方式适于不同的情形，要根据具体的问题来选择合适的方式。为了避免出现死循环，循环体中就要有能改变条件值的语句。当然，也可以通过 break，return 等语句终止循环的执行。

3.3.2　do-while 语句

do-while 语句是 while 语句的一个变种。其基本语法形式为：

```
do
    语句
while (条件);
```

do-while 语句与 while 语句的区别在于：while 语句是先判断条件再根据判断的结果决定是否执行循环体语句，而 do-while 语句是先执行循环体语句，然后通过条件判断是否进行下一次循环。显然，do-while 语句至少执行循环体一次，即使条件的值一开始就是 false。两种循环语句形式不同，但功能是等价的。在确定循环至少需要执行一次的情况下，可以采用 do-while 循环。

下面 do-while 语句的例子是对 3.3.1 小节计数控制循环的例子进行修改而得到的：

```
int count = 1;
int sum = 0;
do{
   sum += count;
   count++;
} while (count <= 100);
cout  << sum << endl;
```

3.3.3　for 语句

for 语句的语法形式为：

```
for (初始化式; 条件; 表达式)
    语句
```

它与以下形式的 while 语句是等价的：

```
初始化式
while (条件) {
    语句
    表达式;
}
```

for 语句执行的基本过程为：① 执行初始化式。② 判断条件。如果条件的判断结果为 true，则执行循环体语句；如果条件的判断结果为 false，则结束整个 for 语句，跳出该循环结构。③

对表达式部分进行求值。④ 重复步骤②和③。

初始化式可以是变量声明或表达式，其目的一般是给循环变量赋初值。如果是一个循环变量的声明（同时赋初值），则该变量的作用域是本 for 语句。

当把循环变量的赋初值放在 for 语句之前时，初始化式就可以省略。例如：

```
int sum=0;
for(int i=1; i <= 100; i++) {
   sum=sum+i;
}
cout<<sum<<endl;
```

在功能上等价于

```
int sum=0;
int i=1;
for( ; i <= 100; i++) {
   sum = sum+i;
}
cout<<sum<<endl;
```

以上两个程序虽然功能相同，但是整型变量 *i* 的作用域不同，第一个例子中的 *i* 在 for 语句执行完后，其存储空间会被系统收回；而在第二个例子中，当 for 语句执行完后，*i* 仍然可以被其后的语句使用。

第二部分条件可以是表达式或为空。当条件为空时，则表示条件为 true，即其语句形式为 for（初始化式; true; 表达式）。这种情况下，for 循环将成为死循环，除非有 break 语句。如上例可改写为：

```
int sum=0;
for(int i=1;  ; i++) {
   if (i==100)
      break;
   sum=sum+i;
}
cout<<sum<<endl;
```

当然，一般不建议这么做，因为这对程序的清晰性、可读性没有什么好处。

第三部分表达式通常表示对循环变量进行更新，如果省略该部分，则循环体内应该有相应的对循环变量进行更新的语句或者 break 语句，否则会导致死循环。省略表达式部分，可将上述求和的例子改写为：

```
int sum=0;
for(int i=1; i <= 100; ) {
   sum=sum+i;
   i++;
}
cout<<sum<<endl;
```

当然，一般也不建议这么做，原因同上。

一个极端的情况是 for 后面括号中的 3 个部分即初始化式、条件和表达式都为空。这时要注意两个分号都不可以省略，其语句形式如下：

```
for ( ; ; )
    语句
```

3.3.4 循环中的 break 语句

如前所述，break 语句的作用是终止该语句所在块的执行。如果将 break 语句用于循环体中，则可以终止循环的执行，变成一种循环结束的方式。例如，将 3.3.1 小节中的哨兵控制循环结束的例子改为使用 break 语句的例子：

```
int score, sum = 0;
cin >> score;
while (true) {
   sum += score;
   cin >> score;
   if (score == -1) break;
}
cout << " Total score: " << sum << endl;
```

上述程序的功能与改写前的程序是一样的。当用户输入的成绩为-1 时结束循环的执行，只不过该结束是通过 break 语句实现的。当 score 等于 1 时，执行 break 语句，导致循环结束。

下面是一个相对复杂一些的程序，用于求 1 ~ *n* 的素数，将结果输出到屏幕上。数值 *n* 是由用户输入的。

```
// ************************************************************
// primeNumber.cpp
// 功能：将 1 到 n 之间的所有素数显示在标准输出设备上
// ************************************************************

#include <iostream>
#include <cmath>

using namespace std;

int main()
{
   int i, j, n;
   bool isPrime;
   cin>>n;
   isPrime = true;
   for (i = 1; i <= n; i++){
      if (i == 1 || i == 2 || i == 3)
         cout << i <<endl;
      else{
         for (j = 2 ; j <= int(sqrt(i)); j++){
           if (i % j == 0) {
              isPrime = false;
              break;
           }
         }
         if (isPrime)
           cout << i << endl;
         isPrime = true;
      }
   }

   return 0;
}
```

素数是只能被 1 和它自己整除的整数，因此当某整数可被 1 和它自己以外的某个整数整除时，则该整数不是素数，这时候会执行 break 语句。break 语句位于嵌套循环中的内循环即第二个 for 语句中，一旦 break 语句被执行，则第二个 for 语句循环结束，程序继续执行外循环即第一个 for 循环体部分。

如果输入的 *n* 值为 20，则程序运行结果如下：

```
1
2
3
5
7
11
13
17
19
```

break 语句只是结束当前所在循环的执行。在嵌套循环中，内层循环中的 break 只能导致内层循环的结束，而外层循环仍然继续执行。

3.3.5 continue 语句

continue 语句是专门用于循环控制的语句，其作用是终止循环中当次循环（迭代）的执行，转而进行下一次循环。显然，当次迭代中 continue 语句后面的语句统统不被执行。

下面的程序求输入成绩的平均值，如果输入的成绩大于 100，则提示成绩无效，需要继续输入；如果输入的成绩为负数，则表示输入成绩完成。

```
// ***********************************************************
// avgScore.cpp
// 功能：计算输入成绩的平均值
// ***********************************************************

#include <iostream>

using namespace std;

int main()
{
   int count=0;
   float sum=0, socre=0;

   while (true) {
      cin >> score;
      if(score < 0)
         break;
      if(score > 100){
         cout << " Invalid number! Please input score again! " << endl;
         continue;
      }
      sum += score;
      count++;
   }
   cout << "  Average score: " << sum/count << endl;

  return 0;
}
```

设用户从键盘上输入的数值如下：

```
100 85 80 88 101 58 -1
```

则程序运行后，输出结果如下：

```
Invalid number! Please input score again!
Average score: 82.2
```

在上述程序中，当用户输入 101 时，则输出成绩无效信息，然后 continue 语句被执行，其后的语句都不被执行。即本次迭代到此终止，而直接转入执行内循环的下一次迭代。

3.4 应用举例

问题

这是一个猜数字的小游戏。在每一局游戏中，系统随机产生 1 个 1～99 的数字，然后让游戏者去猜这个数字。具体玩法是：游戏者从键盘输入所猜数字，系统根据游戏者的输入反馈它与答案之间的关系。游戏者最多有 10 次机会去猜，10 次机会内如果猜中，则游戏者获胜，本局游戏结束；10 次机会用完后还猜不中，则游戏者失败，本局游戏结束。

编程要求

在游戏开始前系统会给出游戏规则说明信息。在每一局游戏中，系统会根据游戏者输入的数字，给出答案和数字所在范围的提示信息。游戏者最多有 10 次输入答案的机会，如果 10 次输入都未猜中，系统则会给出失败信息；如果猜中，则会给出祝贺信息，本局结束。每局游戏结束后，系统会给出询问游戏者是否继续玩下一局的信息，游戏者输入 Y 或 y，则开始新一局游戏，输入其他字符则游戏结束。

分析与设计

这是一个好玩的游戏。由于游戏需要不断进行，因而需要使用循环语句。程序设计思想步骤如下：

首先，输出游戏规则的提示信息。

其次，生成 1 个 1～99 的随机数。在 C++语言中，可以使用标准库 `cstdlib` 中的函数 `srand(seed)` 和 `rand()`，以及标准库 `ctime` 中的函数 `time()` 来产生伪随机数。

再次，提示游戏者有 10 次输入机会，并让游戏者开始输入答案。使用计数控制循环限制游戏者这 10 次机会，当游戏者猜中时，则给出获胜提示，使用 `break` 语句跳出循环。

又次，如果游戏者 10 次猜不对，则揭晓答案并给出失败提示。

最后，询问游戏者是否继续玩这个游戏，判断游戏者输入的字符并作相应处理。

在程序实现中，涉及判断的部分可以考虑使用选择语句来进行。

该程序的运行逻辑如图 3-2 所示。

这是一个 UML 活动图。其中，圆角矩形表示动作；带有一个入流（入箭头）和多个出流的菱形称为选定，又称分支，表示条件判断行为；黑色实心圆形叫作初始节点，表示程序活动的开始；带框的黑色实心圆形叫作结束节点，表示程序活动的结束；带箭头的线称为流或边，表示动作之间的连接。

游戏说明
循环标志
标志为true?
[否]
[是]
生成1个伪随机数
获取所猜数字
两数比较
猜中?
[是]
询问是否再玩一局
获取输入字符
[否]
提示范围
[否]
输入满10次?
[是]
提示失败、给出答案
游戏结束

图 3-2　猜数字游戏程序的活动图

程序代码如下：

```
// ***************************************************
// guessGame.cpp
// 功能：这是一个猜数游戏程序，主要用来演示控制结构的使用
// ***************************************************

#include <iostream>
#include <cstdlib>      // 使用函数 rand()和 srand(seed)
#include <ctime>        // 使用其中的函数 time()获取系统时间,作为 srand(seed)中的 seed

using namespace std;

int main( )
{
    int result;         // 系统随机生成的数字
    int count;          // 用于游戏者输入答案的循环
    bool flag;          // 用于事件控制循环
    int n=10;           // 游戏者可以猜数字的个数
    int gNumber;        // 游戏者输入的数字
    int maxN, minN;     //提示数字所在范围的最大值最小值
    char c;             // 游戏者输入的是否进行下一局游戏的答案

    // 游戏说明与提示
    cout << "This is a guessing game!" << endl;
    cout << "The system generates a random number from 1 to 99, ";
    cout << "please guess the right number! " << endl;
    cout << "Note that you have " << n << " times to guess at most." << endl;

    flag = true;
    // 最外层的循环判断是否再来一局游戏
    while (flag) {
        cout << "Now the game begin!!!" << endl;
        // 生成 1-99 的随机数
        srand((unsigned)time(NULL));     // time 函数获取系统时间
        result = rand() % 99 + 1;        // rand 函数生成 1-99 之间的随机数

        minN = 0;
        maxN = 100;
```

```
    // 游戏者最多有 n 次机会输入答案
    for (count = 0; count < n; count++) {
      cout << "Please enter the number you guess: ";
      cin >> gNumber;
      if (gNumber <= minN || gNumber >= maxN) {      //游戏者所猜数字不在范围之内
        cout << "Invalid number!" << endl;
        count--;
        continue;
      }
      else if (gNumber < result) {                   //游戏者所猜数字比结果小
        minN = gNumber;
        cout << "The answer is in (" << minN << "," << maxN << ")."<<endl;
      }
      else if (gNumber > result) {      //游戏者所猜数字比结果大
        maxN = gNumber;
        cout << "The answer is in ( " << minN << "," << maxN << ")."<<endl;
      }
      else{
        cout << "YOU WIN!!!" << endl;
        break;
      }
    }

    // 揭晓答案并给出失败提示
    if (count == n) {
      cout << endl;
      cout << "Sorry, You lose!" << endl;
      cout << "The right number is " << result << "!" <<endl;
    }

    // 询问是否再玩一局
    cout << endl << "Do you want to play the game again? " << endl;
    cout << "Please enter Y or y to play again, enter other letter to exit the game:"
  << endl;
    cin >> c;
    if (c == 'Y' || c == 'y')
      flag = true;
    else
      flag = false;
  }

  return 0;
}
```

该程序的一次执行实例如下：

```
This is a guessing game!
The system generates a random number from 1 to 99, please guess the right number!
Note that you have 10 times to guess at most.
Now the game begin!!!
Please enter the number you guess: 35
The answer is in (0,35).
Please enter the number you guess: 13
The answer is in (13,35).
Please enter the number you guess: 36
Invalid number!
Please enter the number you guess: 24
YOU WIN!!!
Do you want to play the game again?
Please enter Y or y to play again, enter other letter to exit the game:
n
```

习　题

3-1 参考图 3-1（b）分别画出 if-else 语句和 switch 语句（该语句带有 3 个 case 子句和 1 个 default 子句）的控制流程图。

3-2 参考图 3-1（c）分别画出 while 语句、do-while 语句和 for 语句的控制流程图。

3-3 指出如下程序中的错误，并重写程序，使之实现读入的 3 个数按照降序排序输出。

```
//**************************************************************
// Numbers Comparison Program
// This program sorts three input numbers in descending order..
//**************************************************************
#include <iostream>
using namespace std;
int main()
{
    int a, b, c;  // a,b,c 3个数据
     int max, min, median; // 最大数、最小数、中间数

     // 输入数据
     cout << "Please enter three numbers. " << endl;
     cin >> a >> b >> c;

    // 比较数据
     if (a > b)
          max = a; min = b;
     else max = b; min = a;
     if (max < c)
          median = max; max = c;
     else if (min > c)
          min = c; median = min;
     else
         median = c;

    // 输出排序后的数据
    cout << "After sorting three numbers, the numbers are: " << endl;
    cout << max << ", " << median << "," << min << endl;

    return 0;
}
```

3-4　下面的程序片段将输出什么？为什么没有将两个语句都输出？

```
int score = 90
if (score = 0)
    cout << "Zero!" << endl;
if (score = 100)
    cout << "Full marks!" << endl;
```

3-5　如果变量 fruit 的值为'B'，那么下面的程序片段将输出什么？如果变量 fruit 的值为'E'，则又将输出什么呢？

```
switch (fruit){
    case 'A': cout << "Apple" << endl;
    case 'B': cout << "Banana" << endl;
    case 'C': cout << "Cherry" << endl;
    case 'D': cout << "Durian" << endl;
              break;
    case 'F': cout << "Fig" << endl;
    default : cout << "Wrong!" << endl;
}
```

3-6　下面的程序片段将输出什么？

```
int num = 1;
int n = 18;
while (num <= n){
    int count = 1;
     while (count <= (n+1-num)/2){
          cout << " ";
          count++;
     }
     count = 1;
     while (count <= num){
          cout << "+";
          count++;
     }
     cout << endl;
     num+=2;
}
```

3-7　下面的程序片段将输出什么？

```
int i, j;
```

```
i = 1;
do{
    j = 3;
    do{
        cout << i + j << endl;
        j++;
    } while (j < 5);
    i++;
} while(i < 3);
```

3-8 下面的程序片段将输出什么?

```
for (int i = 1; i< 4; i++)
   for (int j = 3; j > 0; j--)
      if(i != j)
              cout << i * j << endl;
```

3-9 下面的程序片段将输出什么?

```
for (int num = 0; num <= 4; num++)
   switch (num){
        case 2: cout << "two"; break;
        case 3: cout << "three"; break;
        case 1: cout << "one"; break;
        case 4: cout << "four"; break;
        default : cout << "Mistake!";
}
```

3-10 编写一个计算某年中日期是星期几的程序，要求从键盘中输入年份和这一年的第一天是星期几（取值范围 1 ~ 7，其中 7 表示星期日，1 表示星期一，依此类推），然后程序在显示器上输出该年中每个月的最后一天是星期几。例如：

```
Please enter year and day of week:  2013  2
Please enter month and day:  2 20
Wednesday
```

3-11 这是一个模仿掷骰子猜数字之和的小游戏。在每一局游戏中，系统模仿掷骰子随机产生 3 个 1 ~ 6 的数字，然后让游戏者去猜这 3 个数字之和。游戏者从键盘输入所猜数字，系统根据游戏者的输入反馈它与答案之间的关系。游戏者最多有 3 次机会去猜，3 次机会内如果猜中，则游戏者获胜，本局游戏结束；3 次机会用完后还未猜中，则游戏者失败，本局游戏结束。

3-12 编写一个显示时间的程序，要求从键盘中读入数字形式的时间，然后在显示器上输出该时间的英文显示方式。时间采用 24 小时制，只要求输入小时和分钟，中间用空格隔开。输出采用 12 小时 AM/PM 的形式，中午、午夜的输出要求较为特殊，详细输出形式如下：

```
Input time please: 4 32
Four thirty two AM

Input time please:  19 12
Seven twelve PM

Input tiem please: 11 00
Eleven o'clock AM

Input time please:  0 00
Midnight

Input time please: 12 00
Noon
```

第4章 函数

在 C++中，**函数**（function）是一个重要的概念。通过定义一个函数来对应要解决问题中的某一组逻辑上相关的动作，可以使我们的程序更容易编写、调试、修改和重用。

本章将重点介绍函数的声明与调用、函数的参数传递方式以及与之关系密切的其他问题。

4.1 概述

我们在解决一个复杂的问题时，总是习惯于把它分解为若干个较为简单的子问题，并逐一解决，从而解决整个问题。这种逐步分解、逐一击破的方法，在程序设计中称为模块化程序设计。即在设计一个复杂的应用程序时，把整个程序分解为若干个功能比较单一的程序模块，并分别实现。

在 C++中，每个程序都是由若干个函数组成的，所以函数是程序的基本组成单位。也正因此，在模块化程序设计中分解得到的“模块”可以对应于程序中的函数，这样就可以很方便地使用函数来实现一个 C++程序。

例如，假设要编写一个程序，令其运行输出一行“=”号，计算并输出两个整数乘积的平方根，再输出一行“=”号。其中，若两整数乘积为负，则输出 Error。

相较于复杂的程序，本程序的要求相对比较简单，代码也应该较少，因此完全可以把所有代码都写在 main 函数中。但经过仔细分析，我们却发现：

（1）计算两个整数乘积的平方根并非简单的一两条语句即可完成。其中要包括判断、计算等动作，因此若把这个计算过程规划到一个模块（函数）中，而 main 函数仅负责调用这个函数，那么 main 函数就会显得非常简洁。本程序要求前后输出两行“=”号，也就是说要进行两次相同的动作。如果把这个输出也规划到一个函数中，main 函数仅负责调用这个函数，也会有同样的效果。

（2）程序在其开发和使用过程中，经常会因用户需求的变化而需要改动。假如日后要求多次计算两个整数乘积的平方根，那么只需要调用已编写好的函数即可，而无须在 main 中反复多次出现相同的计算代码；并且这些函数还可以应用在别的场合，如别的程序中。这样，便可以节省重复编写代码的工作量。

经过上述分析，我们可以设计如图 4-1 所示的模块，并相应编写出图中所示程序。

```
// ********************************************************
// functions.cpp
// 功能：介绍函数的基本机制
// ********************************************************
#include <cmath>
#include <iostream>

using namespace std;
```

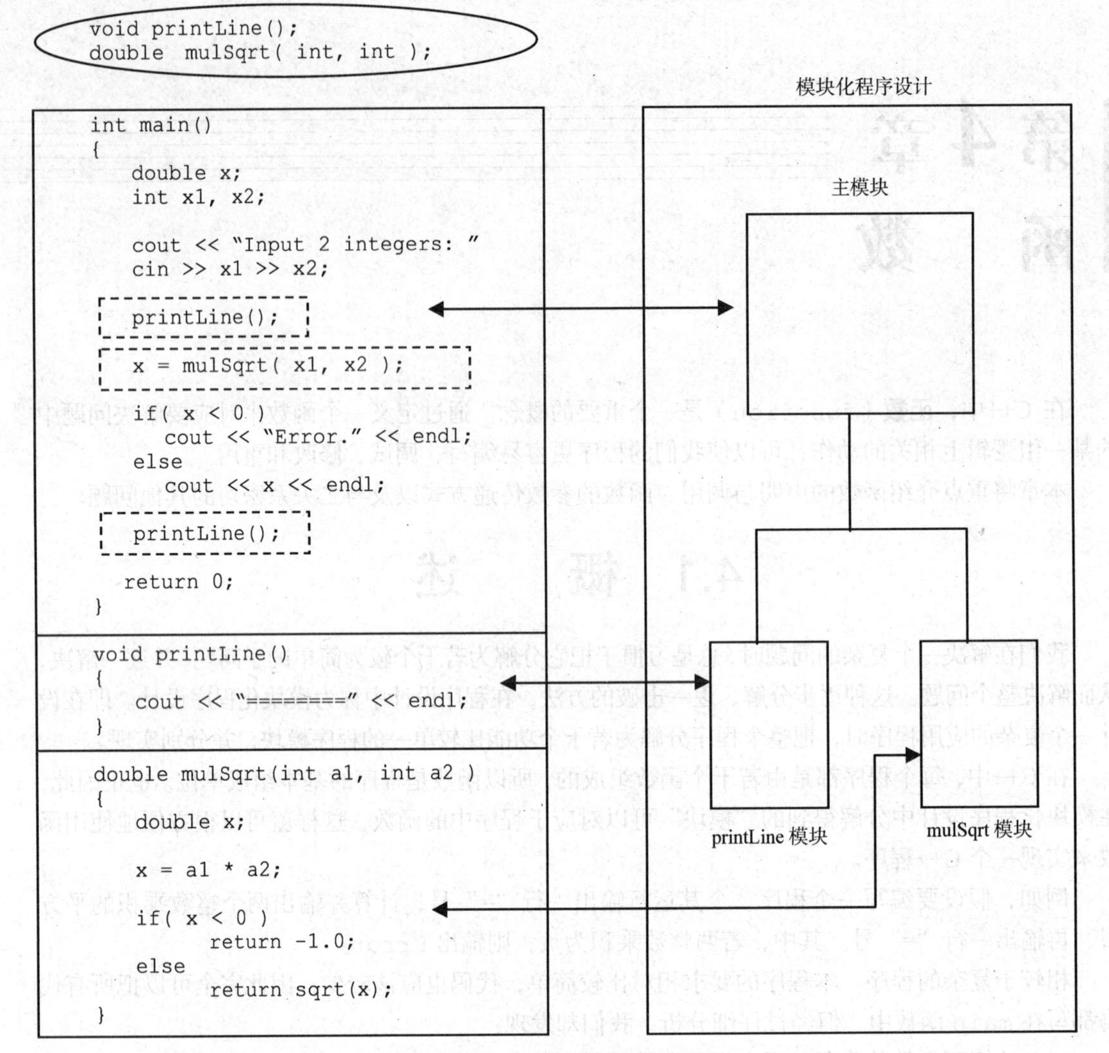

图 4-1　函数模块设计示意图

运行程序，屏幕将会出现提示　Input 2 integers:
假如我们输入 2，3，屏幕将显示：

```
========
3.46410
========
```

若输入两个整数中有一个为负，则将显示：

```
========
Error.
========
```

撇开语法细节，我们看到整个程序并没有把所有代码都写在 main 函数中，而是把输出"="号及计算两整数之积的平方根设计为两个函数，而 main 函数则负责调用这些函数。我们从中可以领略到使用函数的如下好处。

（1）符合人类解决问题的思维方式。函数并非无中生有，而是根据我们对问题的理解，将问题的解分解为解决问题的若干模块，并对应这些模块而设计出函数（请对照图 4-1 的模块和具体的函数）。

（2）便于程序的调试和修改。只要函数的接口不变，函数实现的修改就不影响使用该函数的代码。

（3）函数代码可以重用，以减少重复编写程序的工作量。

关于函数，我们需要关注以下几点：

（1）模块化程序设计的思路。

（2）针对某个程序模块，如何设计（创建）一个函数（即函数定义），此时程序员是函数的创建者。

（3）若函数已经存在，如何使用这个函数（即函数调用），此时程序员是函数的使用者。

（4）函数从被调用到返回的流程——程序运行时的执行流程。

（5）其他的语法细节。

在探讨以上问题前，先说明以下几个名词：**例程**（routine）、**子程序**（subprogram）、**过程**（procedure）和函数。实际上，它们都表示一组逻辑上相关的动作，将这些动作组合在一起并赋予一个特定的名字，然后可以在需要这组动作的地方用这个名字来表示执行这一组动作。在计算机术语中，可以统称为例程，有一些书籍也称为子程序。在一些编程语言中（例如 Foxpro），如果某个例程只完成动作而最后不返回一个值，则称这个例程为过程；如果例程有返回值，则称为函数。但在 C++语言中，过程和函数统称为函数。也就是说，C++函数可以有返回值（如上例中的 mulSqrt 函数），也可以没有返回值（如上例中的 printLine 函数）。所以在 C++中，“例程”和“函数”这两个词意思一致，但约定俗成称为 C++函数。

4.2 函数定义与函数原型

在图 4-1 中，三个实线框中分别是三个**函数的定义**（function definition）；椭圆框中是**函数原型**（function prototype）；而虚线框中则是**函数调用**（fucntion call）。下面将分别介绍这些概念。

4.2.1 函数定义

函数定义即函数本身。我们创建一个函数，或更通俗地说“写”一个函数，实际上就是编写函数定义。函数定义由**函数首部**（function heading）和**函数体**（Function body）两部分组成。

```
返回值类型 函数名(形式参数列表)  // 函数首部部
{
        C++语句                  // 函数体
}
```

返回值类型：前面介绍过，C++函数分为 2 种：不返回值的函数和返回一个值的函数。前者称为**无返回值函数**（void function）；后者称为**带返回值函数**（value-returning function）。对于 void 函数，其返回值类型即为 void，例如 printLine 函数的返回值类型。而带返回值函数的函数体中必有 return 语句，其返回值即为 return 后面那个表达式的值。例如在 mulSqrt 函数中，return 后面是-1.0 或 x 的开方值，两者的数据类型都是 double，与函数首部中指定的返回值类型相同。又如 main 函数，其返回值类型是 int，return 后面是 int 型值 0，因此返回 0 值。

若 return 后面那个表达式的类型与函数首部中指定的返回值类型不同，则进行隐式类型转换，将表达式的值转换为指定类型的值。

函数名：除了 main 函数外，其他所有函数的函数名都是用户自定义的标识符。因此，在语法上必须遵循合法标识符的规则。main 是特殊的，每个 C++程序都必须有一个 main 函数。函数名应该是可读性强且有意义的字母组合。例如，负责输出一行信息的函数可选择的名称：printOneLine，PrintOneLine，print_one_line 等，都是容易辨识、具有一定字面意义的组合，也是提倡的风格。而 printoneline，PRINTONELINE，pRinToNeliNe 明显看起来不清晰、不舒服，当然也不提倡；而以 a，b 或 p 等过于简单且毫无字面意义的字母组合作为函数名，也是不合适的。

形式参数表（parameter list）：函数可以有形式参数列表，如 mulSqrt 函数；也可以没有，如 printLine 函数。这取决于函数是否需要与外界进行数据交流。例如，mulSqrt 函数需要外界传递两个整数值进来，才能进行判断和运算，因此需要设置两个形式参数。**形式参数肯定是变量**，而变量是需要先定义再使用的，因此形式参数列表实际上就是定义这些用作形式参数的变量。如果有多个形式参数，中间应该用“,”分隔。如果函数不需要与外界进行数据交流，则无须形式参数。

函数体：由花括号{}及其中的 C++语句组成。这是函数的实现部分，也是编写函数的重点部分。对于带返回值函数，函数体中必须含有至少一条 return 语句：

return 表达式;

而对于 void 函数，函数体中则没有 return 语句，或含有：

return;

关于这一点，后面再叙述。

至此我们知道，若编写了一个函数的定义，就是创建了这个函数；换言之，这个函数就是已经存在的函数，当然也就可以使用了（即进行函数调用）。例如，在 main 函数中就可以调用 printLine 函数和 mulSqrt 函数（虚线框内）。但在探讨函数调用前，先介绍函数原型的概念和作用。

4.2.2 函数原型

如图 4-1 所示，椭圆框中给出的是函数原型。那么，函数原型有什么作用呢？

前面已介绍过，除了 main 外，其他的函数名都是程序员自定义的标识符。而在 C++中，所有标识符都应该遵循“先声明再使用”的原则，否则编译器将无法识别，从而使编译无法进行下去；同时在 C++中，对于一段程序，编译器是按从上到下逐条语句的顺序进行编译的。仔细观察一下上例，我们发现：printLine 和 MulSqrt 两个函数的定义是在 main 函数之后，但在 main 函数中却已经出现了调用这两个函数的语句（虚线框）。如果没有椭圆框中给出函数原型的语句，编译器编译到 main 函数中虚线框内的语句时，将无法识别 printLine 和 MulSqrt 这两个标识符，从而导致编译错误。

因此，函数原型的作用就是为编译器提供相关函数的信息，令编译器在编译后面的函数调用语句时可以成功。在 C++中，编译器需要函数原型提供以下信息：**返回值类型、函数名、各形式参数的数据类型**。因此，函数原型的格式如下：

返回值类型 函数名(形参 1 的数据类型，形参 2 的数据类型，…)；

当然，如果函数定义中没有形参，那么其函数原型中圆括号()里面就是空的。关于函数原型有以下几点需要注意。

（1）函数原型与函数首部非常相似。事实上，只要在函数首部后加一个“;”，就成为函数原型。当然，函数首部中如果有形参，那么肯定是要出现形参名的；但函数原型中却不必出现形参名，因为编译器并不需要这一信息。因此，在函数原型中即使出现形参名（或者是其他名称），且没有语法错误，编译器也不会理会这些名称，最终效果与没有形参名是一模一样的。例如，mulSqrt 的函数原型可以如下：

```
double mulSqrt ( int , int );        // 无形参名
```

也可以如下：

```
double mulSqrt ( int a1, int a2 ); // 有形参名
```

还可以如下：

```
double mulSqrt ( int x1, int x2 ); // 其他名称
```

我们列出第三种写法，只是想说明它在语法上没有问题，编译器会把它处理为第一种写法。但这种写法在语义上毫无意义，因此并不提倡。第二种写法列出了形参名，而形参名一般来说是有意义的标识符，因此一看函数原型，就可以大概猜测到函数的用途，因此有些程序员喜欢采用这种方式。而究竟采用哪种，还取决于各人的习惯。

（2）函数原型一般放在程序的开头，起全局作用。这样，其后的函数定义与函数调用无论位置谁前谁后，都不会有编译问题。另外，程序员有时希望一下子大概知道程序中都有哪些函数，因此函数原型集中放在前面，可以方便程序员作“快速阅览”。

（3）如果函数定义出现在函数调用语句之前，那么可以省略函数原型。例如，mulSqrt 函数定义放在 main 函数之前，那么可以不用 mulSqrt 的函数原型。这是因为，函数定义本身已经为编译器提供了足够的信息。

（4）函数原型也称为函数声明（function declaration），因为它仅是声明一些信息而已，实际代码在函数定义中。正因如此，函数原型在程序中可以出现多次，当然，一般情况下在程序开头声明一次足矣。

4.3　函数调用与参数传递

4.3.1　函数调用

1．函数调用中的控制流程

在位置上，虽然 main 函数一般是作为程序的第一个函数，但实际上各个函数定义的位置可以按任意顺序排列。编译的时候，编译器也是按照位置上的前后顺序进行编译的。但当程序执行的时候，整个控制流程总是从 main 函数的第一条语句开始，按照逻辑顺序往下执行。当遇到函数调用时，控制权就传递给被调用函数中的第一条语句。接着，按逻辑顺序执行被调用函数中的语句。直到执行完被调用函数的最后一条语句，控制权就返回到函数调用后的语句上。由于函数调用改变了代码执行的逻辑顺序，因此也被认为是控制结构中的一种。例如，图 4-1 中给出的程序例子，其执行过程如图 4-2 所示。

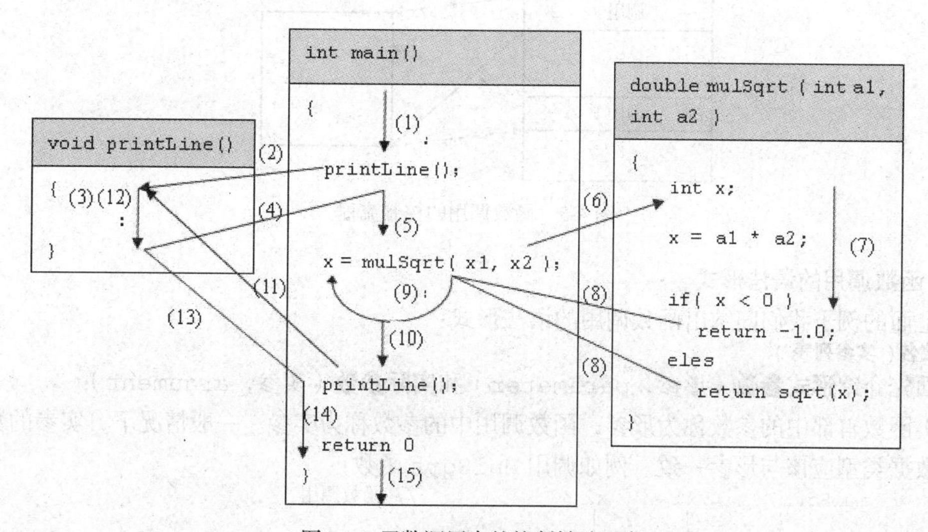

图 4-2　函数调用中的控制转移示意

我们看到整个程序从 main 函数开始执行，遇到函数调用时，即从调用处转移到被调用函数里面执行。对于 void 函数，若函数体里面没有

```
return;
```

语句，则执行完最后一条语句后返回，并接着执行调用语句后的语句。对于带返回值的函数，则执行完 return 语句后返回。在 mulSqrt 函数中，可能从

```
return sqrt(x);
```

返回，也可能从

```
return -1.0;
```

返回。然后在 main 函数中，使用 mulSqrt 函数返回的值赋值给 x，因此 x 的值可能为-1.0，也可能为平方根值。

若 return 语句中 return 之后给出的表达式类型与函数所声明的返回值类型不同，则执行隐式类型转换，将该表达式的值转换为函数所声明的返回值类型的值。

一般来说，整个程序的执行从 main 函数开始，也在 main 函数中结束。main 函数中的 return 语句就是结束整个程序的语句。那么，它把 0 返回哪里呢？返回给操作系统。在 C++程序中，main 函数与一般函数的不同之处就在于：一般函数都是被别的函数调用的，而 main 函数则没有被任何别的函数调用。或者说，main 函数是被操作系统调用，这是因为任何用户程序都在操作系统的管理下运行，因此 main 函数中的返回值当然是返回给操作系统。至于操作系统接收到这个返回值以后会有何反应，这点已经超出了本书的探讨范围，因此不再赘述。

从程序员的角度，我们只想指出：在 main 函数中我们一般用

```
return 0;
```

表示程序顺利完成预定任务；而用

```
return 1; // 或其他整数值;
```

表示程序由于遇到了某种情况而没有顺利完成预定任务，只好“无奈”结束。因此，main 函数中究竟返回 0 还是其他整数值，其作用只是提示程序员注意各种情况而已，在程序本身的执行上并没有什么区别。也就是说，总是返回 0 也不会有任何问题。后面将会介绍很多这方面的例子。

图 4-3 所示为函数调用的**控制流程**（flow of control）。

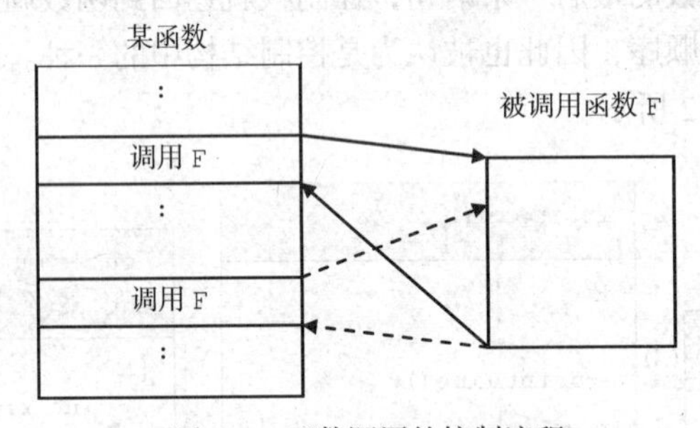

图 4-3　函数调用的控制流程

2. **函数调用的语法形式**

从上面的例子我们归纳出函数调用的语法形式：

函数名（实参列表）

下面先介绍**形式参数**（形参，parameter）和**实际参数**（实参，argument）：

（1）函数首部中的参数称为形参；函数调用中的参数称为实参。一般情况下，实参的数量、位置与数据类型应该与形参一致。例如调用 MulSqrt 函数：

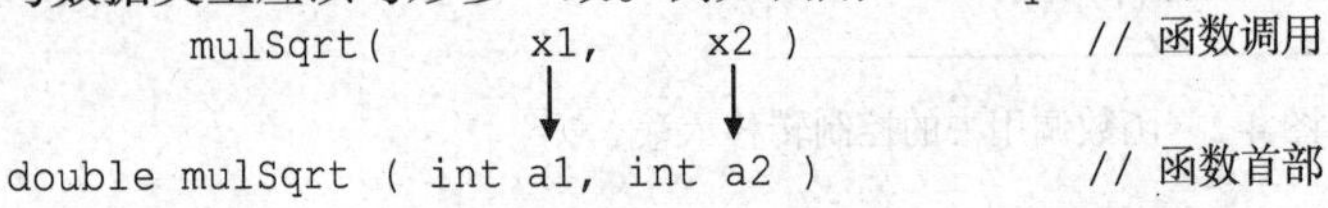

```
         mulSqrt(      x1,     x2 )              // 函数调用
                        ↓        ↓
double mulSqrt ( int a1, int a2 )              // 函数首部
```

（2）若函数首部中没有形参，则函数调用也没有实参。例如调用 printLine 函数：

```
printLine( )            // 函数调用
void printLine()        // 函数首部
```

从调用形式看，void 函数的调用语句是一条单独的语句（请注意 printLine 函数的调用），这是因为 void 函数并不会返回一个值，调用 void 函数是为了进行该函数的动作。而带返回值函数的调用一般被使用在表达式中，这是因为需要使用该函数返回来的值。因此，void 函数的调用就像一条命令；而返回值函数的调用一般是表达式的组成部分。

4.3.2 参数传递

在 C++中，根据实参与形参之间的数据传递关系，形参可以分为**值形参**（value parameter）和**引用形参**（reference parameter）。声明形参时没有在数据类型后加&，则这个形参是值形参，它接收实参的值；声明形参时在数据类型后加&，则这个形参是引用形参，它接收实参的内存地址。例如，函数 f 的函数首部如下：

```
void f( int&    param1,          // param1 是引用形参
        int     param2,          // param2 是值形参
        float&   param3 )        // param3 是引用形参
```

1. 值形参

由于值形参接收实参的值，因此它对应的实参可以是任何具有一个值的项目，如常量、变量和表达式[①]，都可以作为实参（如果实参是表达式，会先对表达式进行求值，然后该值传递给值形参）。上例中的 MulSqrt 函数的调用可以是：

```
mulSqrt( 3, 4 )             // 常量作实参
mulSqrt( x1, x2 )           // 变量作实参
mulSqrt( x1, 4 )            // 常量、变量作实参
mulSqrt( 2*3+1, x2 )        // 表达式、变量作实参
```

关于值形参，有以下几点需要注意。

（1）每个实参的数据类型应该与相应位置形参的数据类型一致，否则会引起隐式类型转换。例如，若 mulSqrt 的函数调用如下：

```
mulSqrt( 2.1, 3.4 )
```

则 2.1 和 3.4 自动转换成 2 和 3 并传递给 mulSqrt 函数的形参 a1 和 a2，从而令 a1 和 a2 的值为 2 和 3。所以，这个调用返回的值是 sqrt(6) 即 2.44949。

（2）使用值形参时，实参与其相对应的形参是两个不同的数据项。若实参是常量或表达式，则它们的值与作为变量的形参当然是不同的数据项；而若实参是变量，则它与其相对应的形参在内存中占据不同的内存块。也就是说，它们是两个不同的变量。上例中，main 中的实参 x1 与 mulSqrt 中的形参 a1 是两个不同的变量。它们之间唯一的联系是在函数调用时（即控制权从调用处转移到 mulSqrt 时），x1 的值传递给 a1，从而令 a1 的值与 x1 的值相同，如图 4-4 所示。**然后，它们就没有任何关系**。

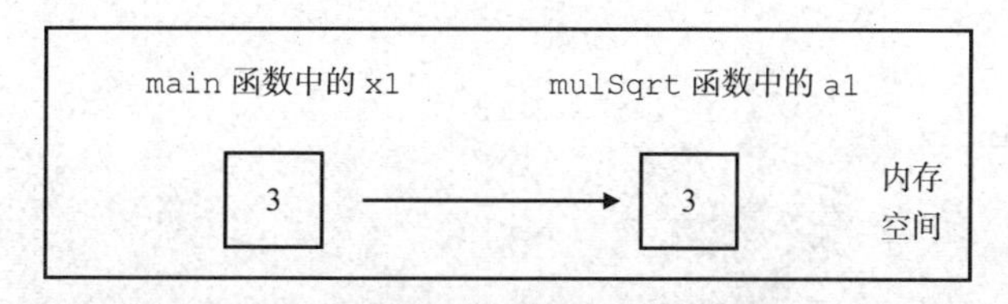

图 4-4　值形参与对应实参的关系

因此，即使在 mulSqrt 函数中修改了 a1 的值，main 函数中 x1 的值仍为 3。

---

① 实际上，常量和变量是最简单的表达式。

（3）两个变量是否为同一变量，并不是看它们的变量名是否一样，而是看它们是否对应同一块内存。例如，若 main 函数修改如下：

```
int x, a1, a2;
    .
    .
    .
x = mulSqrt( a1, a2 );
```

那么 main 中的 a1 与 mulSqrt 函数中的形参 a1 仍然是不同的变量（a2 同理），因为它们对应内存中两个不同的内存块；它们的关系仍是在函数调用时（即控制权从调用处转移到 mulSqrt 时），main 中 a1 的值传递给 mulSqrt 中的 a1，如图 4-5 所示。然后，它们就没有任何关系。

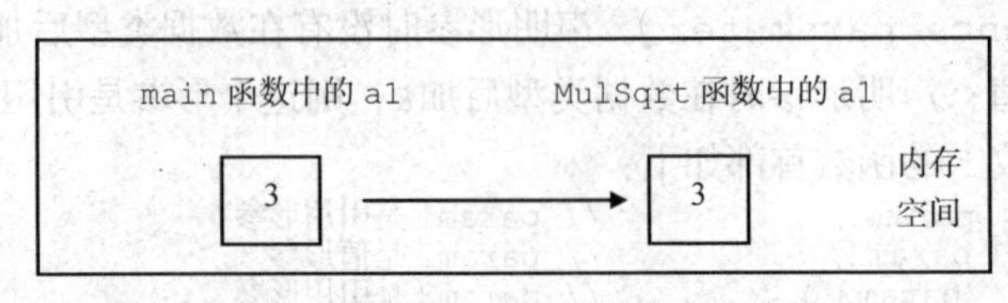

图 4-5　值形参与对应同名实参的关系

2. 引用形参

在详细探讨引用形参前，先看看以下例子会输出什么结果：

```
// ****************************************************
// refValPar.cpp
// 功能：演示引用形参与值形参的比较
// ****************************************************

#include <cmath>
#include <iostream>

using namespace std;

void valPara( int );
void refPara( int& );

int main()
{
    int x1, x2;

    x1 = 1;
    x2 = 1;

    valPara( x1 );
    refPara( x2 );

    cout << "x1 = " << x1 << endl;
    cout << "x2 = " << x2 << endl;

    return 0;
}

void valPara( int x )
{
    x++;
}

void refPara( int& x )
{
    x++;
}
```

运行程序屏幕将输出：

```
x1 = 1
x2 = 2
```

我们看到调用 valPara 后，x1 的值仍为 1；而调用 refPara 后，x2 的值变成了 2。对于前者，正如前面所述，由于 valPara 中的形参 x 是值形参，因此 main 中的实参变量 x1 与 valPara 中的 x 是两个不同的变量。它们的关系只是在调用时，x1 的值（即 1）传递给 valPara 中的 x，令 x 的值为 1，然后它们就没有任何关系了。因此虽然接着在 valPara 中修改了 x 的值，但与 main 函数中的 x1 没有任何关系，所以 x1 仍保持为 1，如图 4-6 所示。

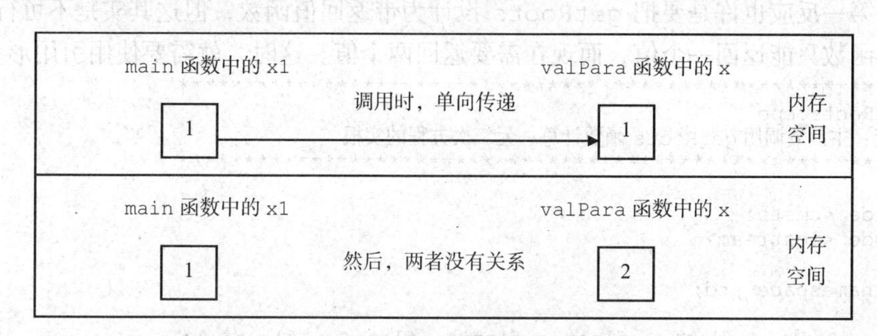

图 4-6 值形参与实参的关系

而对于后者，由于引用形参接收的是实参变量的地址空间，因此引用形参与实参占据相同的内存空间；换言之，**引用形参与实参是同一变量**。所以在上例中，main 函数中的 x2 与 refPara 中的形参变量 x 是同一个变量。既然如此，在 refPara 中修改了 x 的值当然就相当于修改了 main 里面的 x2 的值，如图 4-7 所示。

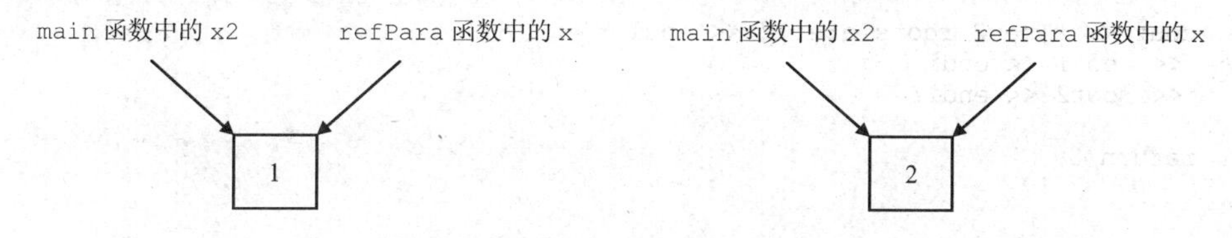

图 4-7 引用形参与实参的关系

我们可以对比值形参来理解引用形参。

（1）引用形参所对应的实参一定是变量。这是因为引用形参自身就是一个变量，而实参与它对应同一内存块，因此也一定是一个变量。这与值形参是不同的。值形参需要额外的内存块，且实参值单向传递到这个内存块中，因此实参本身可以是常量、变量或表达式等具有一个值的项目。

（2）如果值形参对应的实参是变量，那么值形参与引用形参的区别就在于实参与形参是否同一变量（即是否对应同一内存块）：值形参—实参与形参不是同一变量；引用形参—实参与形参是同一变量。

（3）对于引用形参，函数原型中应该注意有“&”这个符号。例如：

```
void refPara( int& );
```

否则会出现编译错误。

经过以上分析，现在应该不难理解为何 x1 的值维持为 1，而 x2 的值变成了 2。这是值形参与引用形参的语法现象。但问题在于，引用形参究竟有什么用呢？或者说，什么时候使用引用形参，什么时候使用值形参呢？

3. 引用形参、值形参的应用，函数的返回值

先看以下例子：假设我们要编写一个 getRoots 函数，用来计算一元二次方程 $ax^2+bx+c=0$ 的根。经过分析，我们认为该函数需要 a，b，c 三个形参，并且将返回两个根的值，故可以画出图 4-8。

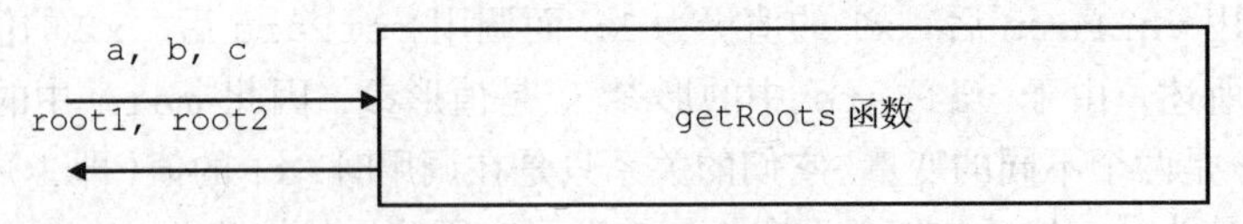

图 4-8 getRoots 函数的接口示意

我们的第一反应也许是要把 getRoots 设计为带返回值函数，但这其实是不可行的[①]。因为带返回值的函数只能返回一个值，而现在需要返回两个值。这时，就需要使用引用形参。

```
// ****************************************************
// getRoots.cpp
// 功能：主函数调用 getRoots 函数计算一元二次方程的实根
// ****************************************************

#include <cmath>
#include <iostream>

using namespace std;

void getRoots ( float , float , float , float& , float& );

int main()
{
    float a, b, c, root1, root2;

    cout << "Please enter the 3 coefficients of a, b and c :" ;
    cin >> a >> b >> c;

    getRoots( a, b, c, root1, root2 );

    cout << "The 2 roots are: " << endl
     << root1 << endl
     << root2 << endl;

    return 0;
}

void getRoots( float a, float b, float c, float& root1, float& root2)
// 计算系数为 a,b,c 的一元二次方程的实根
// 前置条件:
//     a,b,c 已赋值,且 b * b - 4.0 * a * c >= 0
// 后置条件:
//     root1 和 root2 分别存放两个实根的值
{
     float temp;

     temp = b * b - 4.0 * a * c;

     root1 = (-b + sqrt(temp) ) / ( 2.0 * a );
     root2 = (-b - sqrt(temp) ) / ( 2.0 * a );
}
```

从上例可看到 getRoots 函数中：

（1）由于 a，b 和 c 仅是接收从调用处传递进来的值，而无须往调用处返回值，因此设计为值形参；

（2）由于需要返回两个根的值，因此把 root1 和 root2 设计为引用形参，从而令 main 函数中的 root1 和 root2 与 getRoots 函数中的 root1 和 root2 为同一变量。因此 getRoots 函数返回后，main 函数中的 root1 和 root2 的值即为在 getRoots 中计算得到的 root1 和 root2 的值。

[①] 学习了结构类型之后，就会发现这是可以做到的。

再看一个例子：编写函数 swap，将两个变量的值互换。分析后画出图 4-9（括号中是变量的值）和程序代码。

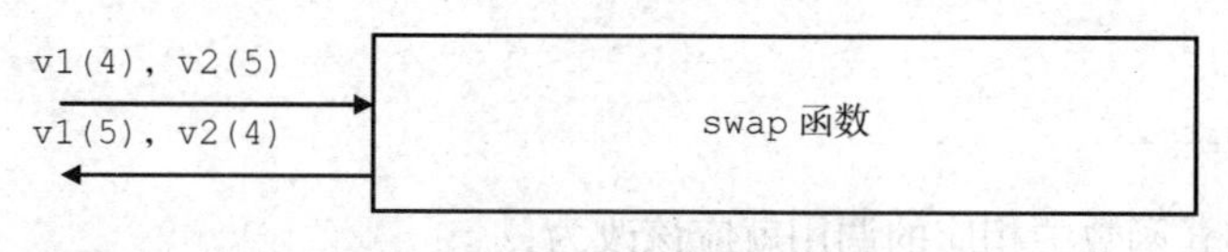

图 4-9　swap 函数的接口示意

```
// ******************************************************
// swap.cpp
// 功能：主函数调用 swap 函数置换两变量的值
// ******************************************************

#include < iostream >
using namespace std;

void swap( int&,  int& );

int main()
{
   int v1, v2;

   cout << "Please enter 2 values for the 2 variables: " ;
   cin  >> v1 >> v2;

   swap( v1, v2 );

   cout << "The 2 variables after swapping are "
        << v1 << " and "<< v2 << endl;

   return 0;
}

void  swap( int&   firstInt,  int&   secondInt )
{
    int  temporaryInt ;

    temporaryInt = firstInt ;
    firstInt = secondInt ;
    secondInt = temporaryInt ;
}
```

运行这段程序，我们为 v1 和 v2 输入 4 和 5，就会发现输出如下（可见两个变量的值已被交换）：

```
The 2 variables after swapping are 5 and 4
```

因此，使用值形参还是引用形参取决于数据的传递方向，如图 4-10 所示。

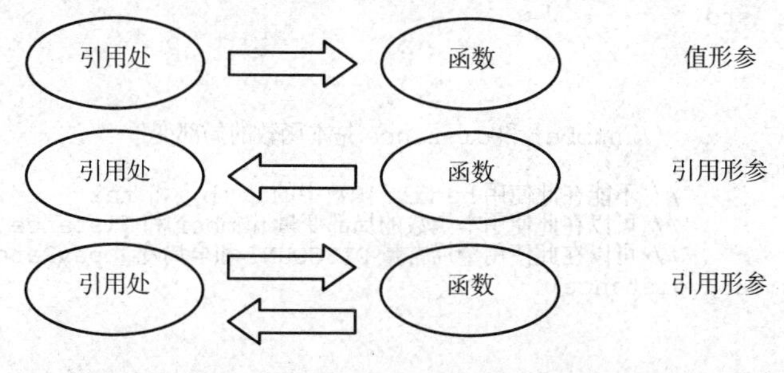

图 4-10　形参与数据的传递方向

另外，由于具有引用形参这个机制，任何函数都是可以编写成 void 函数的。例如，mulSqrt 函数可改写成：

```
void mulSqrt ( int a1, int a2, double& x )
```

```
{
   x = a1 * a2;

   if( x < 0 )
      x = -1.0
   eles
      x = sqrt(x);
}
```

当然，在 main 函数中相应的调用就应该改为：

```
int x, x1, x2;
   ...
MulSqrt( x1, x2, x );   // 调用语句相应改变

if( x < 0 )
   cout << "Error." << endl;
 else
   cout << x << endl;
```

在 C++中仍保留带返回值函数，主要是考虑到很多场合希望调用形式与数学公式的习惯吻合。例如，数学上我们经常写 $y = \sin x$ 或 $t = \sqrt{del}$ ，若把 sin、平方根等设计为带返回值函数，那么调用形式 y=sin(x)、t=sqrt(del) 就非常符合这样的书写习惯。

4.4 标识符的作用域

4.4.1 作用域的基本概念

程序越大越复杂，标识符的数量就会越多。某标识符的**作用域**（scope）就是：在程序代码中可以合法引用（使用）该标识符的区域。作用域可分为如下两部分。

1. 局部作用域（local scope）

在块中声明的标识符，其作用域是从声明处到该块结尾。注意：函数的形参的作用域是从声明处到函数结尾，故形参具有局部作用域。

2. 全局作用域（global scope）

在所有块（包括函数、类和控制结构中的块）以外声明的标识符，其作用域是从声明处到文件结尾。

如下述代码：

```
const   float   DISCOUNT = 0.05 ;             // 全局常量
float   payRate ;                             // 全局变量
void    calculate ( int,  float ) ;           // 函数原型
using  namespace  std ;

int  main (  )
{
    int number ;        // number 和 distance 是本函数的局部变量
    float distance ;
        .               // 不能在此使用 handle 函数中的 a, b, 和 tax
        .               // 可以在此使用本函数的局部变量 number 和 distance
        .               // 可以在此使用全局常量 DISCOUNT 和全局变量 payRate
    calculate(number, distance) ;

    return 0 ;
}

void calculate(int a,  float b)
{
    float bill ;        // a, b 和 bill 是本函数的局部变量
        .               // 不能在此使用 main 函数中的 number 和 distance
        .               // 可以在此使用本函数的 a, b 和 bill
        .               // 可以在此使用全局常量 DISCOUNT 和全局变量 payRate
```

```
}
```

4.4.2 作用域的具体规则

给定标识符的声明位置后，决定在代码中哪里可以访问该标识符的规则就是**作用域的规则**（scope rule）。从上节例子中我们已经体会到一些作用域的规则，现总结如下。

（1）全局变量和全局常量的作用域是从其声明处至文件结尾，除非出现第（5）点情况。

（2）局部变量和局部常量的作用域是从其声明处至块结尾，除非出现第（5）点情况。

（3）函数形参的作用域是从声明处开始至函数体结尾。

（4）函数名具有全局作用域。函数定义中不能嵌套出现函数定义。

（5）若在块中声明的标识符与在块外声明的标识符一样，则在该块内所引用的标识符是指块中声明的标识符，而非块外声明的标识符。故此时块外声明的标识符的作用域不包括该块。

下面用一个具体例子说明上述规则。

```
// ********************************************************
// scope.cpp
// 功能：演示各类全局标识符、局部标识符的作用域
// ********************************************************

#include <iostream>
using namespace std;

void block1( int, char );
void block2();

int a1;
char a2;

int main()
{
    a1 = 0;                     // 使用全局变量 a1
    a2 = 'A';                   // 使用全局变量 a2

    // 输出全局变量 a1 和 a2
    cout << "Global a1 and a2 in main are: "
         << a1 << ' '<< a2 << endl << endl;

    block1( 3, a2 );            // 使用全局变量 a2
    block2();

    return 0;
}

void block1( int a1, char b2 )   // block1 中的局部变量 a1 和 b2
{
    int c1;  // block1 的局部变量
    int d2;  // block1 的局部变量

    // block1 中的局部变量 b2
    cout << "b2 in Block1 is: " << b2 << endl;
    // block1 中的局部变量 a1,而非全局变量 a1
    cout << "a1 in Block1 is: " << a1 << endl;
    // block1 中的局部变量 c1 和 d2,未经赋值
    cout << "c1 in Block1 is: " << c1 << endl;
    cout << "d2 in Block1 is: " << d2 << endl;
}

void block2()
{
    int a1;                           // block2 的局部变量
    int b2;                           // block2 的局部变量

    // block2 的局部变量 a1，而非全局变量 a1，也不是 block1 中的 a1
    a1 = 1;
```

```
        b2 = 1;                      // block2 的局部变量 b2
        cout << "b2 in Block2 is: " << b2 << endl << endl;

        while( a1 <= 3 )             // block3（块）
        {
            int b2;  // block3 的局部变量

            b2 = 2;  // block3 的局部变量 b2，而非 block2 的局部变量 b2
            b2++;  // block3 的局部变量 b2，而非 block2 的局部变量 b2

            // block3 的局部变量 b2，而非 block2 的局部变量 b2
            cout << "b2 in Block3 is:" << b2 << endl;
            a1++;   // block2 的局部变量 a1
        }

        // block2 的局部变量 b2,而非 block3 的局部变量 b2
        cout << endl << "b2 in Block2 is:" << b2 << endl;
    }
```

运行该程序的结果如下[①]：

```
Global a1 and a2 in main are: 0 and A

b2 in Block1 is: A
a1 in Block1 is: 3
c1 in Block1 is: -858993460
d2 in Block1 is: -858993460

b2 in Block2 is: 1

b2 in Block3 is:3
b2 in Block3 is:3
b2 in Block3 is:3

b2 in Block2 is:1
```

4.4.3 变量的声明与定义

变量的声明有两个作用：一是将某个变量的名字引入一个编译单元中；二是重新声明某个之前已由某个声明引入的变量的名字。起前一种作用的声明通常被称为“定义性声明”，简称“定义”；起后一种作用的声明通常被称为“引用性声明”，有的教材上也直接称为“声明”。

变量的引用性声明通过在普通变量声明之前加上保留字 extern 来表示。参见下例：

```
// ****************************************************************
// externDemo.cpp
// 演示 extern 的作用，说明变量引用性声明的概念
// ****************************************************************

#include <iostream>
using namespace std;

int main()
{
    extern int someInt;// ①变量的引用性声明
    cout << "someInt=" << someInt << endl;
    return 0;
}
int someInt = 3;        // ②变量的定义性声明
```

运行该程序，屏幕上将输出：

```
someInt=3
```

可见，在 main 函数中所引用的 someInt 就是在②处所定义的变量 someInt。根据全局变量的作用域规则，someInt 的作用域不应包括 main 函数。出现这样的结果，是因为在 main 中①处出现了变量的引用性声明：

[①] 这是在 VC6.0 中的运行结果。在不同的编译器中对未赋值就使用变量的处理也许有些区别。

```
extern int someInt;
```

extern 是 C++的保留字，它表示其后所声明的变量是在其他地方定义的变量。该声明语句后，在 main 函数中可以引用变量 someInt。

因此，变量的定义与声明的不同在于：前者是创建变量，即在内存中分配一块空间作为该变量的存储空间；而后者不创建变量，它只是声明该变量是一个在别处定义了的变量，从而扩展该变量的作用域。

extern 还可以把某个文件中定义的全局变量的作用域扩展到同一程序的另一个文件中。例如，假设某程序中有 2 个文件：oneFile.cpp 和 anotherFile.cpp。代码如下：

```
// ******************************************
// oneFile.cpp
// ******************************************

#include <iostream>
using namespace std;

int main()
{
   extern int someInt;
   cout << someInt << endl;
   return 0;
}

// ******************************************
// anotherFile.cpp
// ******************************************

int someInt = 10;

void someFunc()
{
   return;
}
```

运行该程序屏幕将输出：

```
10
```

可见在 main 中的 someInt 应该就是 anotherFile.cpp 中定义的全局变量 someInt。这是因为在 main 中使用了 extern 声明语句，令编译器在别处寻找该变量的定义：在本文件中找不到全局变量与之同名，则在其他文件的全局变量中寻找。

实际上，在往后的学习中将会知道，从编程规范的角度来看，并不提倡使用全局变量。因此，extern 也不会经常使用（最好不用）。这里介绍它只是希望当大家碰到别人所写代码中出现这些情况时，知道该如何分析。

4.4.4 名字空间

在前面的例子程序中总是出现以下语句：

```
using namespace std;
```

其作用是引入名字空间 std。

那么，究竟什么是**名字空间**（namespace）呢？它有什么作用呢？在 C++中，名字空间是一种机制，程序员可以通过它创建一个有名称的作用域。其目的是使得不同的名字空间中可以定义相同的名字，以便在多人开发同一程序时减少名字冲突[①]。

例如，在头文件 cstlib 中代码如下：

```
namespace std
{
```

① 名字冲突指的是在同一作用域中存在对同一名字的多个定义。

```
    //…其他代码略去
    int abs( int );
    //…其他代码略去
}
```

那么，我们在自己的文件中加入预编译指令#include< cstlib >意味着把 cstlib 中的代码插入该指令处替换掉该指令。如图 4-11 所示，左侧代码会扩展为右侧代码。

```
#include< cstlib >
int main()
{     :
    c = abs( c );
     :
}
```

⇨

```
namespace std
{    :
    int abs( int );
     :
}
int main()
{    :
    c = abs( c );
     :
}
```

图 4-11　#include 的效果（：表示其他代码省略）

根据作用域的规则，abs 是在名字空间 std 这个块里面声明的，因此其作用域应如箭头所示：从声明处开始至块结尾；不包括 main 函数。所以，main 函数中调用 abs 的语句会导致语法错误。这就需要使用

```
using namespace std;
```

语句来引入名字空间 std 中定义的名字，即把 std 中定义的标识符的作用域扩展到该 using 语句所在的作用域中（从该语句开始，直至包含该语句的作用域末尾）。std 是标准库的名字空间。

使用某个名字空间中的标识符一共有如下 3 种方式：

```
(1) c = std :: abs( c );     // 通过作用域分辨操作符::引用
(2) using  std::abs ;        // 使用 using 声明语句
    c  = abs( c );
(3) using  namespace  std ;  // 使用 using 指示语句
    c  =  abs( c );
```

using 声明（using declaration）用于引入某名字空间中定义的单个标识符，**using 指示**（using directive）用于将某名字空间中定义的所有标识符全部引入。

当程序中使用多个库时，第 3 种方式仍然容易引起名字冲突（为什么？请读者思考）。但在目前的学习中，我们均使用第 3 种方式，这是因为所写程序都比较简单，通常只使用 C++标准库。所以为了简单起见，仍将使用第 3 种方式。

4.5　变量的生命期

在程序的整个运行过程中，一个变量并非时刻存在。变量"存在"的意思是：确实在内存中占据存储空间；而当某个变量的存储空间被释放掉（从而该存储空间可以用于存储别的数据项）时，这个变量就不存在了。或者说，这个变量被撤销了。变量的**生命期**（lifetime）就是在程序执行过程中，变量实际占据内存空间的时间段。

从生命期的角度来看，C++程序中的变量可以分为：具有**局部生命期**的变量和具有**全局生命期**的变量。变量的生命期由声明变量时指定的存储类别决定。变量声明的一般形式如下：

[存储类别] 数据类型 变量名[= 初值] {，变量名 = 初值}

其中，存储类别指数据在内存中存放的方式，是可选的。

变量可选择以下存储类别[①]之一：

auto　　在动态存储区分配存储单元

register　在 CPU 的寄存器中分配存储单元[②]

static　　在静态存储区分配存储单元

extern　　声明外部变量

其中，auto 和 register 只能用于局部变量。auto，register 和 static 三种存储类别只能用于变量的定义（即定义性声明）中。extern 既可用于变量的定义性声明，又可用于变量的引用性声明，被声明的变量称为**外部变量**（extern variable）。带初始化表达式的外部变量声明为定义性声明，不带初始化表达式的外部变量声明为引用性声明。外部变量的定义性声明只能出现在全局作用域中（即所定义的外部变量必须是全局变量）。外部变量的引用性声明既可以出现在全局作用域中，也可以出现在局部作用域中，但都表示**对程序中其他地方已定义的全局变量的引用**。如果声明全局变量时没有指定存储类别，则默认类别为 extern，且该声明是定义性声明；若此时没有给出初始化表达式，则自动初始化为 0 值。因此，extern 保留字主要用于对全局变量的引用性声明。

通常，声明时未在类型之前加上 `static` 保留字修饰的局部变量具有局部生命期，称为自动变量[③]。自动变量在进入声明该变量的块时被创建，在离开该块时被撤销。其生命期是执行程序时控制进入该块至离开该块的这段时间。因此当程序在执行该块外的代码时，该块内的自动变量是不存在的。若多次进入和离开该块，则自动变量会多次被创建和撤销。每次创建自动变量时，均与其上次被撤销的那个变量没有任何关系，因为上次的那个变量早已不存在。

局部变量的默认存储类别为 auto，全局变量的默认存储类别为 extern。

具有全局生命期的变量在程序开始执行时创建，在程序运行结束时撤销，其生命期与程序的执行时间等长。这样的变量包括全局变量和静态局部变量。

声明时在类型之前加上 `static` 保留字修饰的局部变量称为**静态局部变量**（`static local variable`）。

局部静态变量是局部变量。虽然该变量具有全局生命期，但是在其作用域之外是无法访问它的。

声明全局变量时也可以在类型之前加上 `static` 保留字修饰，这样的全局变量称为**静态全局变量**（`static global variable`）。静态局部变量和静态全局变量统称为**静态变量**（`static variable`）。需要注意的是，在整个程序运行期间，静态变量的初始化只进行一次。静态变量的初始化在程序运行时执行 `main` 函数之前进行。若声明静态变量时没有进行显式初始化，则自动初始化为该类型的 0 值。

下面给出一个例子：

```
// ************************************************************
// lifetimeDemo.cpp
```

---

① 还有一种存储类别是 multable，只用来声明类的数据成员为可变数据成员，使其永远都不能为 const。

② 现代的 C++编译器都具备代码优化功能，能够自动判断将哪些变量保存在寄存器中以提高程序的执行速度，因此 register 存储类别通常比较少用。

③ 声明自动变量时，也可以在类型之前加上 auto 保留字修饰，效果与不加 auto 一样。

```
// 演示不同变量的生命期
// ***********************************************************

#include <iostream>
using namespace std;

void test();
int  k = 0;          // k为全局变量

int main()
{
    test();
    test();
    test();

    return 0;
}
void test()
{
    int i = 0;                  // i为自动变量
    static int j = 0;           // j为静态局部变量
                                // 注意其初始化在整个程序执行期间仅执行一次

    k++;
    i++;
    j++;

    cout << "i = "<< i << "  " << "j = " << j << "  "
         << "k = " << k << endl;
}
```

执行上述程序将输出：

```
i = 1  j = 1 k = 1
i = 1  j = 2 k = 2
i = 1  j = 3 k = 3
```

从中可以看到如下3点。

（1）定义局部变量时没有 static 修饰，则是自动变量，例如 i。它在每次进入 test()时被创建，离开 test()时被撤销。因此，每次输出的值都为 1。

（2）定义局部变量时有 static 修饰，则是静态变量，例如 j。它在程序一执行时就被创建，并在第一次进入 test()经过其声明语句时被初始化，且在离开 test()时不会被撤销。因此在下一次进入 test()时，保留了上一次离开时的值，且不会再执行初始化。所以，j 每次都在上一次的基础上自增 1；而且在离开 test()后，虽然变量 j 是存在的，但在函数 test 外是无法访问它的。

（3）定义全局变量时无论有没有 static，都是静态变量，例如 k。它在程序一执行时就被创建并被初始化为 1；它在离开 test()时不会被撤销。所以，k 每次都在上一次的基础上自增 1；而且在离开 test()后，虽然该变量是存在的，但在该函数外是无法访问它的。

全局变量都具有全局生命期，因此，定义全局变量时加上 static 修饰。其作用并不是指定该变量具有全局生命期，而是限制该全局变量不会被别的文件引用，即把该全局变量的作用域限制在本文件中。此时的 static 是限制作用域，与生命期无关。例如运行下列程序，将会出现编译错误：unresolved externals，即无法解释外部变量。原因在于，全局变量 someInt 的作用域被限制在文件 anotherFile.cpp 中。

```
// ***************************************************
// oneFile.cpp
// ***************************************************

#include <iostream>
using namespace std;

int main()
```

```
{
    extern int someInt;
    cout << someInt << endl;

    return 0;
}

// ****************************************************
// anotherFile.cpp
// ****************************************************

static int someInt = 10;

void someFunc()
{
    return;
}
```

我们不提倡使用全局变量，因此静态全局变量用得并不多。这里介绍它只是希望当大家碰到别人所写代码中出现这些情况时，知道该如何分析。

4.6　预处理指示

预处理指的是在编译之前对程序源代码进行的相关处理。**预处理指示**（preprocessing directive）又称为**预处理指令**，就是用来指导预处理器[①]进行何种预处理的命令。所有的预处理指示均以 # 开头。常用的预处理指示包括：文件包含、宏定义和条件编译。

4.6.1　文件包含

文件包含预处理指示 #include 的作用是通知预处理器进行文本替换，用指定文件的内容替换相应的#include 指示。文件包含有如下两种形式。

（1）**#include <文件名>**
（2）**#include "文件名"**

前者用于包含系统文件，文件名用尖括号括住，预处理器将在系统目录（通常是 C++系统安装目录中的 include 子目录）中查找指定文件；后者用于包含用户自定义的文件，文件名用双引号括住，预处理器将首先在当前工作目录下查找指定文件，如果找不到，再到系统目录中查找。

本书前面出现的程序例子中，大多有这样一行代码：

```
#include <iostream>
```

其作用就是：告诉预编译器将文件名为 iostream 的系统文件的内容插入当前程序文件中，代替上面这行代码本身。

注意，#include 指示中指定的文件名必须符合操作系统的要求。尤其要注意的是，如果在双引号中给定的是文件的完整路径，其中的反斜杠字符必须使用两个反斜杠，因为反斜杠字符在 C++语言中是作为转义符使用的，要表示反斜杠本身，就必须使用两个反斜杠。

例如：

```
#include "c:\\workspace\\myprog.h"
```

表示要包含的是 C 盘根目录下子目录 workspace 中的文件 myprog.h。

4.6.2　宏定义

宏定义预处理指示 #define 也用于实现文本替换。常用形式如下：

#define 宏名 字符串

① 预处理器也像编译器一样，是一个程序。

其作用是定义一个宏，当预处理器在后续源代码中遇到与宏名相同的标识符时，就用相应的字符串替换该标识符。其中，字符串也可以不指定（为空串）。

例如，如果源代码中出现这样的宏定义：

```
#define  PI  3.1416
```

则预处理器会将后续源代码中所有的 PI 替换成 3.1416。

4.6.3 条件编译

条件编译预处理指示用于通知预处理器根据某个条件决定某段源代码是否参加编译。常见形式为：

```
1. #ifdef 标识符
        代码段
   #endif
```

如果 #ifdef 后面指定的标识符是一个已经用 #define 定义了的宏，则#ifdef 与#endif 之间的代码段就会在编译时参加编译（成为目标代码中的组成部分）；否则，预处理器将使得相应代码段不参加编译。

```
2. #ifdef 标识符
        代码段 A
   #else
        代码段 B
   #endif
```

如果 #ifdef 后面指定的标识符是一个已经用 #define 定义了的宏，则代码段 A 就会在编译时参加编译；否则，代码段 B 在编译时参加编译。

```
3. #ifndef 标识符
        代码段
   #endif
4. #ifndef 标识符
        代码段 A
   #else
        代码段 B
   #endif
```

#ifndef 与 #ifdef 的情况相反，只有在没用 #define 定义指定标识符的情况下，相应代码段参加编译的条件才成立。

4.7 标准库函数

我们可以调用一个自己编写的函数，也可以调用已经收编到标准库中的函数，只需使用 #include 将相应头文件加入程序中即可。例如，头文件 cmath 中包括以下函数。

函数调用形式	返回值
fabs(x)	double，x 的绝对值
cos(x) //x 是弧度	double，x 的余弦值
acos(x) // $-1.0 \leqslant x \leqslant 1.0$	double，x 的 Arc 余弦值[0.0, π]
log(x) // $x \geqslant 0.0$	double，x 的自然对数值
sqrt(x) // $x \geqslant 0.0$	double，x 的开方

C++标准库中还有很多实用的函数可供使用。关于常用的数学函数可参照附录 3，而其他的标准库函数可查阅 C++标准及相应编译器的联机帮助。

4.8　函数的接口设计和注释

4.8.1　前置条件和后置条件

函数的前置条件（precondition）是指调用该函数之前应该满足的条件。函数的后置条件（postcondition）是调用完函数后必定会满足的条件。例如，getRoots 函数的前置条件是：a，b 和 c 应该已经赋值且 $b^2-4ac\geqslant 0$；而其后置条件是：root1 和 root2 是这个方程的两个实根。因此通俗地说，前置条件就是告诉我们调用该函数之前应该先做的工作及注意事项；而后置条件就是该函数所做工作的结果，我们可以把它们作为程序的注释。

4.8.2　函数的注释

程序中除了代码外，同时也应该给出清晰规范的注释，这是良好而基本的编程习惯。那么对于函数，怎样的注释才是“清晰规范”的呢？看下面的例子：

```
void  getRoots(   /*in*/    float a,          //一元二次方程系数
                  /*in*/    float b,          //一元二次方程系数
                  /*in*/    float c,          //一元二次方程系数
                  /*out*/   float& root1,  //一元二次方程第一个实根
                  /*out*/   float& root2)  //一元二次方程第二个实根
// 求以 a, b, c 为系数的一元二次方程的两个实根
// 前置条件：
//     a, b 和 c 已赋值且 b*b - 4*a*c >= 0
// 后置条件：
//     root1 = (-b + sqrt(b*b - 4*a*c)) / (2*a)
//     root2 = (-b - sqrt(b*b - 4*a*c)) / (2*a)
{
    float temp;                          // 求根过程中的 b*b - 4*a*c

    temp = b * b - 4.0 * a * c;     // 求 b*b - 4*a*c

    root1 = (-b + sqrt(temp) ) / ( 2.0 * a );  // 求两实根
    root2 = (-b - sqrt(temp) ) / ( 2.0 * a );
}
```

又如：

```
void  swap( /*inout*/int& firstInt,  /*inout*/int& secondInt )
// 交换两个 int 型变量 firstInt 和 secondInt 的值
// 前置条件：
//     firstInt, secondInt 已经赋值
// 后置条件：
//     firstInt = secondInt@entry;
//     secondInt = firstInt@entry
{
      // ...函数体代码略
}
```

可见函数的注释应该包括：函数的功能介绍、各个形参的数据流向以及物理含义、前置条件、后置条件、各个局部变量的物理含义以及对各语句（特别是比较复杂的语句）的解释。当然不同的软件开发组织会对注释的格式有不同要求，不同的程序员也会有不同的注释习惯。上面的例子是各种比较规范格式中的一种，它包含了需要注释的基本事项。

4.8.3　函数的接口与实现

函数接口的内容可表示如下：

接口 ┌ 函数首部（声明）+ 前置条件：如何调用该函数
　　 └ 后置条件 + 目的：该函数是用来干什么的

而函数设计的工作可表示如下：

设计函数：
- 设计接口：接口说明了函数要实现的功能及如何调用该函数
- 设计实现部分

设计者、用户与函数的关系如图 4-12 所示。

从图 4-12 中可以看到，函数的设计者与使用者所关注的问题是不一样的。前者关注接口和实现部分；而后者仅关心接口部分。这是因为对于后者而言，只需要知道并理解接口部分，即可判断是否需要调用以及如何调用这个函数。

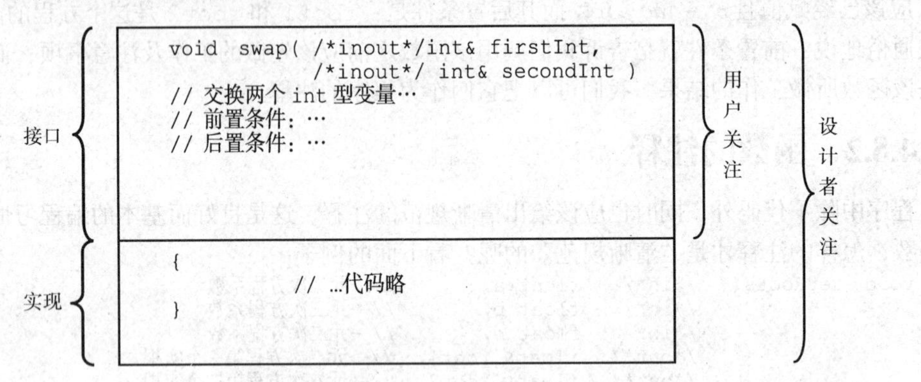

图 4-12　设计者、用户与函数

4.8.4　函数接口的设计

在学习了全局变量后，很多人都企图使用全局变量来达到函数之间的数据交流。例如求一元二次方程的实根，初学者往往容易写出以下代码：

```
// ****************************************************************
// getRootsGlobal.cpp
// 利用全局变量求一元二次方程的实根
// ****************************************************************

#include <iostream>
#include <cmath>
using namespace std;

void getRoots( float a, float b, float c );

float root1, root2;

int main()
{
    float a, b, c;

    cout << "Please enter the 3 coefficients of a, b and c :" ;
    cin  >> a >> b >> c;

    getRoots( a, b, c );

    cout << "The 2 roots are: " << root1 << "  " << root2 << endl;

    return 0;
}

void  getRoots( float a, float b, float c )
{
    float temp;

    temp = b * b - 4.0 * a * c;
```

```
    root1 = (-b + sqrt(temp) ) / ( 2.0 * a );
    root2 = (-b - sqrt(temp) ) / ( 2.0 * a );
}
```

很明显，main 函数与 getRoots 函数之间的数据交流如图 4-13 所示。

确实，通过使用全局变量来达到函数之间的交流，从而忽略接口的设计似乎很诱人；而且以上代码在语法和运行上也都没有问题。但是千万别这样做！这是一种不好的编程方式，因为程序中的任意一行代码都可以修改全局变量的值。因此，当程序中存在错误时，会因难以把握全局变量的值变化而导致难以定位出错的代码。正因如此，我们反对滥用全局变量。

正确的做法应该是仔细设计函数接口，令函数间的数据交流仅通过实参⇔形参来进行（见图 4-14）或通过 return 语句来进行。

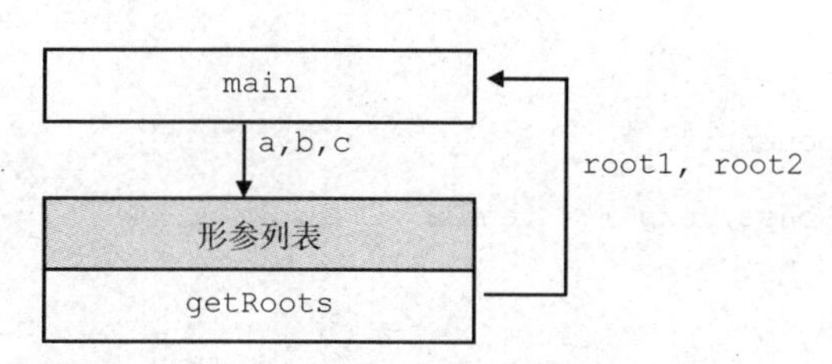

图 4-13 main 与 getRoots 之间的数据交流

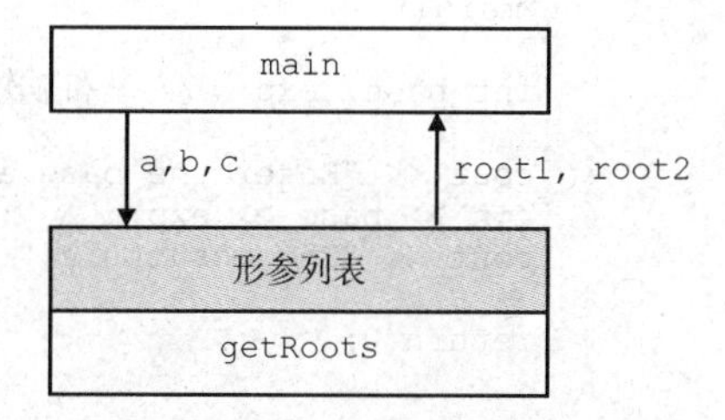

图 4-14 通过参数进行函数间数据交流

总之，如果不使用全局变量，两个函数之间的数据交流就必定要靠参数列表或 return 语句来进行。而接口设计的重点就是设计形参列表，以作为函数与外界的数据接口。因此，我们一定要养成仔细设计函数接口的良好习惯。

4.9 递 归

4.9.1 什么是递归

我们知道可以通过以下公式计算 X^K：

$X^K = X^{K-1} * X$；

而 X^{K-1} 又可以通过以下公式计算：

$X^{K-1} = X^{K-2} * X$

同理，X^{K-2} 可以通过以下公式计算：

$X^{K-2} = X^{K-3} * X$

如此下去，这个追溯过程一直持续至达到某一已知条件从而无须再往下追溯为止。这个已知条件称为基本条件。在这个例子中，基本条件就是：

$X^1 = X^0 * X^1 = X$

也就是说，当我们追溯到上面这个条件时，就可以开始回归：通过 X^1 获得 X^2，通过 X^2 获得 X^3，通过 X^3 获得 X^4，…，通过 X^{K-1} 获得 X^K。

可见，**递归**（recursion）有以下特点。

（1）由两个过程组成：追溯和回归。

（2）其每一步的计算方案可以用这个方案的一个更小的版本或基本条件来实现。例如，上面的例子即为：

$$X^K = \begin{cases} X^{K-1} * X & K \neq 1 \\ X & K = 1 \end{cases}$$

4.9.2 递归的实现

经过以上分析，我们可以写出以下程序：

```
// ***********************************************************
// powerRecursion.cpp
// 用递归方式求 x 的 k 次方（k >= 1）
// ***********************************************************

#include <iostream>
using namespace std;

int power( int, int );

int main()
{
    int base, exp;  // 基和幂次

    cout << "Enter the base and the exponent:";
    cin >> base >> exp;
    cout << "The result is " << power( base, exp ) << endl;

    return 0;
}

int power( int x, int k)
{
    if( k == 1 )
        return x;      // 基本条件
    else
        return x * power( x, k-1 );  // 更小版本
}
```

从这段程序中可以得出以下几点。

（1）在语法上，C++允许函数调用别的函数，也允许函数调用自己。这样，这个调用自身的语句就是函数实现代码中的一部分。

（2）对于可以用递归公式表示的问题，可以参照公式写出程序中递归的实现。例如只要参照公式，就不难写出 power 函数中的 if-else 结构。

（3）正确的递归程序必须是可终止的。所有递归程序都必须至少拥有一个基本条件，而且必须确保它们最终会达到某个基本分支；否则，程序将永远运行下去，直到程序缺少内存或者栈空间。

（4）对于整个递归过程的数据变化需要仔细分析。如图 4-15 所示（假设 base=2，exp=4），可以看到整个递归过程先是不断“往下”调用（即追溯），直到 k==1 为止，然后开始返回（即回归）。

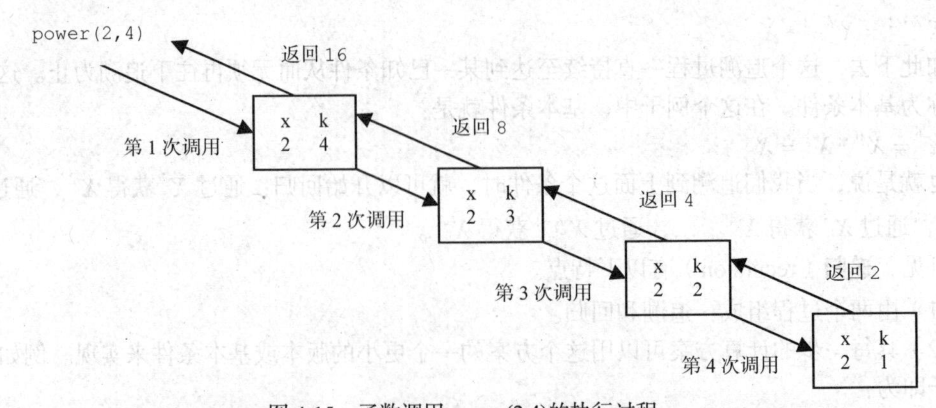

图 4-15　函数调用 power(2,4)的执行过程

4.9.3 汉诺塔问题

传说 19 世纪末，Bramah 神庙的教士在玩一种称为汉诺塔（Tower of Hanoi）的游戏。游戏方式如下：共有三个木柱和 n 个大小各异、能套进木柱的盘。盘按由小到大的顺序标上号码 1 ~ n。开始时 n 个盘全套在 A 柱上，且小的放在大的上面，如图 4-16 所示。游戏规则如下：

- 将所有的盘从 A 柱移到 C 柱，在移动过程中可以借助 B 柱；
- 每次只能移动任意木柱最上面的一个盘；
- 任何盘都不能放在比它小的盘上。

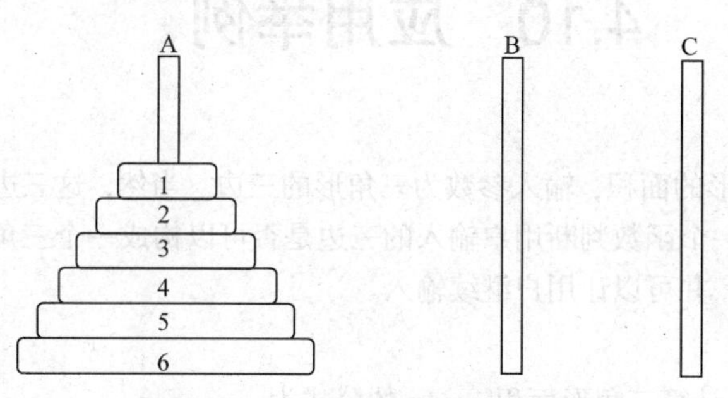

图 4-16 汉诺塔游戏的初始状态（n=6）

汉诺塔问题看似复杂，但仔细分析一下，要将 n 个盘从 A 柱移到 C 柱，可将此问题分解为 3 个子问题。

（1）将 n-1 个盘从 A 柱移到 B 柱。

（2）将第 n 个盘从 A 柱移到 C 柱。

（3）将 n-1 个盘从 B 柱移到 C 柱。

其中 1 和 3 的解决方法与问题本身的解决方法相同，只是盘数和柱子不同，因此可使用递归技术。程序如下：

```
// ***************************************************************
// hanoi.cpp
// 用递归方式解决汉诺塔问题
// ***************************************************************

#include <iostream>
using namespace std;

//moveDisk 函数将 diskNum 个盘从 from 柱移到 to 柱，可以借助 aux 柱
void moveDisk(int diskNum, char from, char to, char aux)
{
    if (diskNum == 1) { // 仅有一个盘时，直接从 from 柱移到 to 柱
        cout << "Move disk1 from " << from
             << " to " << to << "\n";
    }
    else {
        // 将 diskNum - 1 个盘从 from 柱移到 aux 柱，借助于 to 柱
        moveDisk(diskNum - 1, from, aux, to);
        // 将最下面的盘从 from 柱移到 to 柱
        cout << "Move disk" << diskNum
             << " from " << from << " to " << to << "\n";
        // 将 diskNum - 1 个盘从 aux 柱移到 to 柱，借助于 from 柱
        moveDisk(diskNum - 1, aux, to, from);
    }
}

int main()
{
    // 将 6 个盘从 A 柱移到 C 柱，移动时利用 B 柱
    moveDisk(6, 'A', 'C', 'B');
```

```
    return 0;
}
```

我们会发现，递归程序一般都具有简洁的形式，但形式的简洁有时却代表内涵的深刻。事实上，对于很多人而言，递归算法往往是很难想出来的。那么，难在哪里呢？首先要求能够洞察出某个问题具有递归的本质，其次要求能够抓住这个本质推导出如公式(1)或汉诺塔那样的递归公式，然后才能写出相应的递归程序。这就要求程序员具备清晰的头脑、理性的推导能力和丰富的经验，有时还需要一点天分。

4.10 应用举例

问题

编写函数 area 求三角形的面积，输入参数为三角形的三边。当然，这三边可能无法形成一个三角形，因此需要编写另一个函数判断用户输入的三边是否可以构成一个三角形。如果不可以，则应该提示用户输入错误，并可以让用户继续输入。

分析与设计

已知三边 a，b 和 c，计算三角形面积 area 的公式为：

```
s =(a+b+c)/2.0;
area = sqrt(s*(s-a)*(s-b)*(s-c));
```

把计算面积的函数设计为带返回值函数，参数为三边长度，如图 4-17 所示。

可以利用“两边相加大于第三边”的条件来判断用户输入的三边是否可构成三角形。由于如果用户输入的数据无法构成三角形，应该让用户重新输入，因此在程序中应该利用一个循环，使得数据无效时可让用户再次输入。利用这样的循环便可以保证在循环结束后，用户输入的三边一定可以构成一个三角形。

图 4-17　函数 area 的参数

可见，数据的输入并非容易的事情，而需要输入、判断、再输入（输入数据无效情况下）等步骤，因此比较复杂。我们可以把这些步骤集中在一个函数中（例如该函数名为 input），在该函数中利用循环判断获得有效的三边。可见，该函数需要返回用户输入的三边，因此应该设计为 void 函数，且作为三边的三个形参应该为引用形参。

整个程序的结构如图 4-18 所示。

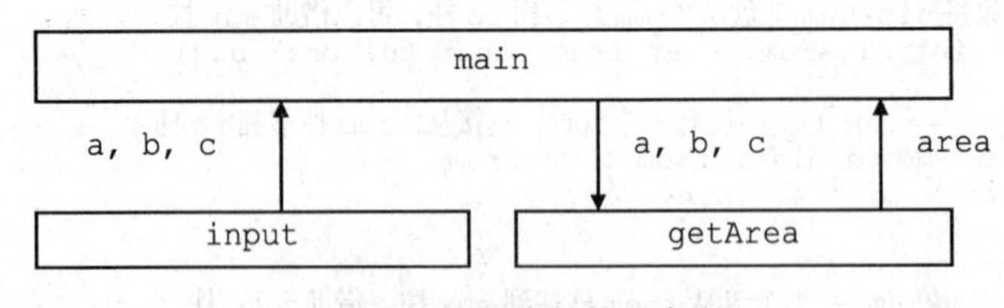

图 4-18　程序结构示意图

程序代码

```
// ****************************************************************
// area.cpp
// 功能：根据用户输入的三条边的边长求三角形的面积
// ****************************************************************

#include<iostream>
#include<cmath>
using namespace std;

void input( int&, int&, int& );
```

```
double area(int a,int b,int c);

int main()
{
    int a,b,c;

    input( a, b, c );

    cout << "The area is: " << area( a, b, c ) << endl;

    return 0;
}

void input( int& a, int& b, int& c )
{
     do{
        cout << "Please enter the 3 lines of the triangle. " << endl;
        cout << "The first line: ";
        cin >> a;
        cout << endl;
        cout << "The second line: ";
        cin >> b;
        cout << endl;
        cout << "The third line: ";
        cin >> c;

        if( a+b <= c || b+c <= a || c+a <= b )
            cout << "The data you entered are not valid. Please enter again." << endl;
    }while ( a+b <= c || b+c <= a || c+a <= b );
}

double area(int a,int b,int c)
{
    double s,area;

    s=(a+b+c)/2.0;
    area=sqrt(s*(s-a)*(s-b)*(s-c));

    return area;
}
```

input 函数中利用 do-while 保证了用户最终会输入有效的数据。这是保证输入有效数据很有用的方法，大家应该掌握并懂得运用。

同时也说明，在实际的应用环境中，由用户负责输入数据并非一件简单的事情，因为用户由于有意或无意，总是很有可能输入无效数据。因此，我们应该从两方面入手。

（1）给出明确的提示，提示用户应该如何输入。例如要输入的数据是分数（0~100 分），就要提示用户不能输入负数，也不能输入大于 100 的数据。

（2）在程序中要有诸如 input 函数里面的 do-while 这样的代码，来判断数据的有效性，并让用户在输入了无效数据时可重新输入。如果能够判断数据无效的原因，还可以将其提示给用户看，让用户知道犯了什么错误。这样的界面就是十分友好的。

习 题

4-1 函数定义、函数声明、函数调用之间的关系是什么？对于函数而言，程序员是一个什么角色？

4-2 值形参与引用形参有什么相同和不同之处？为什么需要引用形参这种机制？在具有引用形参机制后，带返回值函数还有存在的价值吗？

4-3 为什么我们反对使用全局变量？使用它有什么坏处？

4-4 编写 getRoots 函数，使其能求解并输出一元二次方程的实根或复根。

4-5 编写函数 getStandardDeviation。在这个函数里面输入指定数量的整数值，并求这些数值的标准方差。例如调用语句

```
getStandardDeviation(5, standardDeviation);
```

即表示在 getStandardDeviation 中输入了 5 个数值,且方差值保存到 standardDeviation 中。

方差公式：$\delta=\sqrt{\dfrac{\sum_{i=1}^{N}\left(x_i-\bar{x}\right)^2}{N-1}}$。其中 δ 是标准方差，$\bar{x}$ 是平均值。

4-6 编写函数 printLines，负责输出若干行、每行长度一致。行数、行长度和组成这一行的字母都是由调用语句指定。例如调用语句

```
printLines( 3, 10, '*');
```

将会输出：

```
**********
**********
**********
```

4-7 求一年中的两个日期之间相差的天数。这就要求我们编写函数 day，它负责计算某年某月某日在该年是第几天。这样两个日期传递给 day 以后，就可以知道它们在该年分别是第几天，两者再相减，即为相差的天数。例如，2003 年 4 月 5 日与 2003 年 8 月 20 日之间的天数可以这样求得：day(2003,4,5) - day(2003,8,20)。编写时需要注意闰年非闰年、大月小月之分。

4-8 编写函数 isPrime，判断给定的整数是否为素数，是则返回 true，否则返回 false。

4-9 实现一个将十进制数转化为罗马数字串的转换器。今天普遍使用的减法式罗马记数法(例如 IV 表示 4）在过去的罗马帝国时代是很少使用的。过去经常使用的是一种简单的加法记数法，即把一个罗马字母序列（即罗马数字）中每个字母所代表的数值相加即为它所代表的数值。这些字母的顺序是从表示最高值的字母开始，以表示最低值的字母结束。它们所代表的数值分别为：

```
I(1), V(5), X(10), L(50), C(100), D(500), M(1000)
```

例如，3718 表示为 MMDDDCCXVIII，而 1998 表示为 MDCCCCLXXXXVIII。

编写一个函数，负责把十进制数转化为罗马数字串。由于罗马数字实质为字符串，而我们尚未学习能表示字符串的数据类型。因此放松要求，即允许在所编写的函数中逐一输出字符。

第 5 章 枚举、结构与类

在 C++中，**枚举类型**（enumeration type）、**结构类型**（structure type）与**类类型**（class type）是 3 种用户自定义的复合数据类型。本章将重点介绍这 3 种数据类型的定义和使用，以及与之关系密切的一些问题。

5.1 简单数据类型与构造式数据类型

前面各章所学习的数据类型，例如 int，float，char 等都属于**基本数据类型**，或者称为**简单数据类型**（simple data type）。这些类型的数据就是单一的一个值，不可再细分为若干组成部分，因此这样的数据就是“原子的”，也称为**原子数据类型**（atomic data type）。

如果数据内部具有多个组成部分，可以分别访问这些组成部分，那么该数据就属于某种**构造式（结构化）数据类型**（structured data type）。也就是说，构造式数据类型的数据并非单一的值，而是由其内部各成分组成的一个具有一定结构的数据。当然，这些成分的组成方式不同，就会有不同的构造式数据类型，如图 5-1 所示。

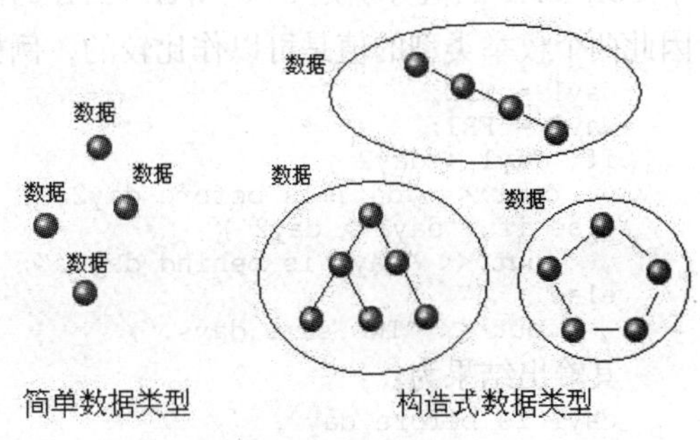

图 5-1 简单数据类型与构造式数据类型

由于 C++的**内置数据类型**（built-in data type）都是简单数据类型，因此如果我们要使用构造式数据类型，就必须先定义这种数据类型（可能需要自己定义，也可能已定义好并收集在标准库中），然后再用这种类型定义相应的变量，最后使用的是变量。下面将介绍的三种构造式数据类型——枚举、结构和类，都遵循这一模式。

5.2 枚举类型

char 类型的值域是-128~127 中的整数；假如 int 类型占 2 字节，其值域是-32768~32867 中的整数，这都是我们已经学习过的内容。问题是，这些数据类型的值域并非由程序员来决定，而是取决于计算机的硬件及编译器的实现。有时，如果可以创建一种数据类型，其值域由程序员自定义，使用起来会方便很多。例如表示一周中某天的数据类型，其值域应该是：{SUN, MON, TUE, WED, THU, FRI, SAT}；表示比赛输赢结果的数据类型，其值域可以是：{WIN, LOSS, TIE}；表示剪刀石头布游戏的数据类型，其值域可以是：{SCISSORS, ROCK, PAPER}。在 C++中，我们可以用 enum 定义这样的数据类型：

```
enum Day{ SUN, MON, TUE, WED, THU, FRI, SAT};
enum Result{ WIN, LOSS, TIE};
```

```
enum Play{ SCISSORS, ROCK, PAPER};
```

其中，enum是保留字，用以定义枚举类型。Day，Result和Play就是程序员自定义的枚举类型，它们的值域是由程序员指定的，在{}中给出。{}中给出的值域的各数值称为**枚举元素**（enumerator），是属于该枚举类型的常量。例如常量SUN的数据类型就是Day，常量TIE的数据类型就是Result。这就像常量'A'的数据类型是char,常量3.14的数据类型是double一样。{}中的值域就是这种类型的数据可取值的范围。例如Day类型的变量，其值就应该是SUN~SAT中的某一个。

与一般的简单数据类型一样，我们可以用这些枚举类型来定义变量，并把相同数据类型的值赋值给这个变量，例如：

```
Day day1, day2;
day1 = WED;     // 正确，Day常量WED赋值给Day变量day1
day2 = FRI;     // 正确，Day常量FRI赋值给Day变量day2
day2 = day1;    // 正确，Day变量day1赋值给Day变量day2
MON = SUN;      // 错误！MON是常量，不能被赋值
```

关于枚举类型，需要指出：

（1）枚举类型使得程序员可以自定义数据值域，这个域中的数据值数量是有限的，例如一年内的12个月、一周内的7天、男女2种性别、学校里面的6个年级等，所以当然可以“一个一个数完”，故称为“枚举”。

（2）使用枚举类型的目的是增强代码的可读性。你也可以使用整型0、1、2表示3种比赛结果。但当看到代码中比赛结果为1时，你就需要翻查相关的注释或备案材料，才能知道这是表示“输”。如果用了枚举类型，比赛结果表达为LOSS，就大大增强了可读性。

（3）从语法角度来看，枚举元素是命名常量，它们的实际值是0、1、2...依此类推。如上例中SUN~SAT的值分别是0~6，WIN~TIE的值分别是0~2，SCISSORS~PAPER的值分别是0~2。因此两个枚举类型的值是可以作比较的，例如以下代码段：

```
day1 = WED;
day2 = FRI;
if( day1 < day2 )
    cout << "day1 is before day2.";
else if ( day1 > day2 )
    cout << "day1 is behind day2.";
else
    cout << "Two same days.";
```

其输出结果为：

```
day1 is before day2.
```

（4）从应用角度来看，可以将枚举元素视作字面常量。就像3.14是double型的字面常量一样，SUN就是Day型的字面常量。事实上，把命名常量视作命名常量还是字面常量，取决于我们所关心的内容。若关心的是该常量的实际数值，那么它就是一个命名常量；若不关心其实际数值，而是直接将其看成属于某种数据类型的值，那么它就是那种数据类型的字面常量。例如把SUN直接看成属于Day这种类型的值，那么它就是Day这种类型的字面常量；至于SUN的实际数值到底是多少，我们并不关心。

（5）C++规定，枚举类型的值可以直接赋值给整型变量，赋值过程中会发生自动类型转换；然而整型数值不能直接赋值给枚举类型变量，但可以通过强制类型转换后再赋值给枚举类型变量。枚举类型变量也不能直接自增，还需要通过强制类型转换来自增。例如（假设变量someInt是int类型）：

```
someInt = TUE;              // 正确，赋值后someInt为2
day1 = 2;                   // 错误，不能直接赋值
day1 = Day(2);              // 正确，强制类型转换赋值后，day1的值为TUE
day1++;                     // 错误，不能直接自增
day1 = Day( day1 + 1 );     // 正确
```

（6）不能通过cin和cout直接输入或输出枚举元素值；只能通过判断，另行赋值或输出。例

如：

```
Play set = LOSS;
cout << set;  // 错误，不能直接输出
```

正确的做法应该是通过判断 set 的值，输出相应的信息：

```
switch( set ){
   case WIN:
      cout << "Win" ; break;
   case LOSS:
      cout << "Loss"; break;
   case TIE:
      cout << "Tie"; break;
}
```

输入也是如此：

```
cin >> set;  // 错误，不能直接输入
```

正确的做法是判断用户的输入，然后再为枚举类型变量赋值：

```
int k;
cout << "Enter the result( 0 for Win, 1 for Loss, 2 for Tie): " ;
cin >> k;
switch( k ){
    case 0:
          set = WIN;  break;
    case 1:
          set = LOSS;  break;
    case 2:
          set = TIE;   break;
    default:
          cout << "Invalid data is entered";
}
```

5.3　结构类型

5.3.1　结构类型的定义及其变量的声明和使用

如表 5-1 所示，内容为考生的学号、姓名、成绩和录取情况。

表 5-1　考生情况表

编　号	姓　名	专业课 1	专业课 2	是否录取
0001	Zhang San	90	80	是
0002	Li Si	60	100	否
0003	Wang Wu	80	70	否
0004	Zhao Liu	80	90	是

如果需要变量来记录某个考生的各项资料，例如编号为 0002 的考生资料，我们可以定义 5 个变量（如下所示），然后再分别对这些变量进行赋值。

```
string[1] StuNum;        // 用来记录考生编号
string StuName;          // 用来记录考生姓名
int Score1;              // 用来记录考生课程 1 成绩
int Score2;              // 用来记录考生课程 2 成绩
bool Admit;              // 用来记录考生的录取情况
```

但这样的做法不太方便：①如果还要记录另外一名考生的资料，那么就必须再定义另外 5 个变量；②人们一般的思维习惯是：既然这 5 个变量是属于同一个人的资料，那么最好把它们组合起来，归结到某个统一的变量中，而不是分离开来作为 5 个独立的变量。

[1] 标准库类 string，参见第 7 章。

这时就可以借助结构类型：

```
struct  StudentRec{                 // ①声明结构类型 StudentRec
     string stuNum;                 // ②定义结构类型的成员变量
     string stuName;                // ②
     int score1;                    // ②
     int score2;                    // ②
     bool admit;                    // ②
} ;

StudentRec stu1, stu2;              // ③用结构类型声明变量 stu1 和 stu2

stu1.stuNum = "0001";               // ④访问结构变量 stu1 中的成员
stu2.stuNum = "0002";               // ⑤访问结构变量 stu2 中的成员
stu2.stuName = "Li Si";
stu1.score1 = 90;
stu2.admit = false;
cout << stu1.stuName;
```

说明：

（1）①是声明结构类型，或说：定义结构类型。可见结构类型是用户自定义的，而不是 C++ 的内置数据类型。

（2）在声明中，struct 是关键字，StudentRec 是该结构类型的名字；而{}内列出的变量称为结构的成员。成员的定义形式与一般变量的定义形式相同。因此，结构类型的声明形式如下：

struct 类型名
{　定义成员变量的列表 };

（3）StudentRec 只是一种数据类型，必须用它声明（定义）变量后，这些变量才是真正可以被使用的数据。③就是定义了两个 StudentRec 类型的变量 stu1 和 stu2。它们都分别拥有 5 个成员变量，如图 5-2 所示。

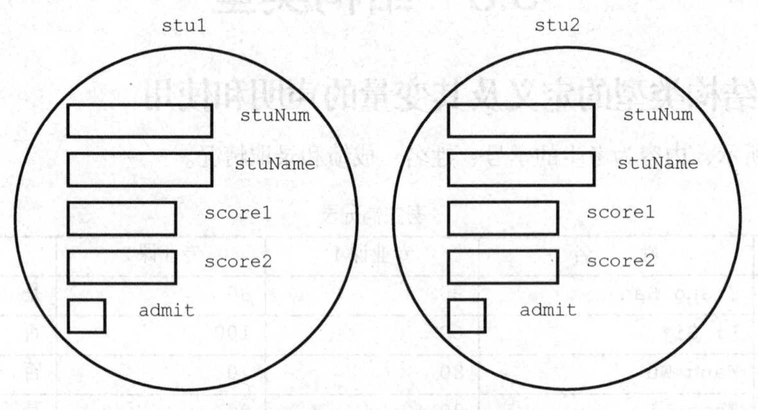

图 5-2　结构类型变量的存储示意图

（4）访问结构变量中的成员可用成员选择符“.”，例如③以后的语句。因此，访问某个成员的形式如下：

结构变量.成员名

（5）成员变量可以参与在该成员变量类型上可进行的任何操作。例如输入 stu1 的两门课程成绩，然后若平均分<60，就不录取，否则就录取。可有如下代码：

```
cin >> stu1.socre1 >> stu1.score2;         // I/O
mean = ( stu1.score1 + stu1.score2 ) / 2;  // 算术操作
if( mean < 60 )
    stu1.admit = false;                    // 赋值
else
    stu1.admit = true;
```

5.3.2　结构变量的整体操作

上节中的例子都是访问结构变量里面的成员，那么结构变量作为整体可以和不可以参与哪些操作呢？

1. I/O、算术和比较操作

结构变量不能作为整体进行 I/O、算术和比较操作。例如要输出 stu1 的内容，不能用

```
cout << stu1;  // 错误，不能整体输出
```

应该逐个成员输出：

```
cout << stu1.stuNum << stu1.stuName << stu1.score1 << stu1.score2;
```

也不能整体输入：

```
cin >> stu1;  //错误，不能整体输入
```

同样，应该逐个成员输入：

```
cin >> stu1.stuNum >> stu1.stuName >> stu1.score1 >> stu1.score2;
```

另外容易理解：结构变量整体作算术和比较操作毫无意义，而且也是语法错误。例如：

```
stu1 = stu1 * stu2;   // 错误
if( stu1 < stu2 )     // 错误
```

2. 赋值操作

结构变量可以整体赋值给相同类型的另一个变量，例如 stu1 和 stu2 的数据类型相同，可以进行如下赋值：

```
stu2 = stu1;
```

经过这样的赋值，stu2 内的各个成员变量的值将与 stu1 的相应成员变量的值相等。当然，如果两个结构变量的类型不一样，就不能进行整体赋值。

3. 结构变量作函数参数

结构变量可作函数参数，形式可以是值形参，也可以是引用形参。在值形参形式下，实参与形参是两个变量，调用时实参各成员的值传递给形参的相应成员。在引用形参形式下，实参与形参是同一变量。这一点与前面的非结构变量是一样的。因此，若需要在被调用函数中修改实参结构变量成员的值，就应该使用引用形参；否则两者均可使用。当然，结构变量并非单一的一个值，而是由若干个成员组成的一个复合体，若成员变量很多，结构变量所占内存空间也会很大，所以有时会倾向于使用引用形参。

例如，上节中提及的考生资料，如果全部在 input 函数用键盘输入，那么可能出现错误。比如学生两科成绩平均分不及格，但录取情况却误输入为 true。这时可用 check 函数检查是否有这样的错误，如下述代码：

```
// ***************************************************************
// studentRec.h
// 功能：声明结构类型 StudentRec 的头文件
// ***************************************************************

#include <string>
using namespace std;

struct  StudentRec
{
     string stuNum;
     string stuName;
     int score1;
     int score2;
     bool admit;
} ;

// ***************************************************************
// client.cpp
// 功能：使用结构类型 StudentRec 的客户程序
//       演示结构类型作函数参数的使用方法
```

```
// ****************************************************************

#include "studentRec.h"
#include <iostream>

using namespace std;

void input( StudentRec& student )   // 这里必须使用引用形参
{
   cout << "Please enter the student's name: ";
   cin >> student.stuName;
   cout << "Please enter the student's number: ";
   cin >> student.stuNum;
   cout << "Please enter the student's 2 scores: ";
   cin >> student.score1 >> student. score2;
   cout << "Please enter whether the student is admitted( 0 for No, 1 for Yes): ";
   cin >> student.admit;
}

bool check( StudentRec& student ) // 这里引用形参或值形参均可使用
{
   int mean = (student.score1 + student.score2)/2;

   if( ( mean < 60 && student.admit == false ) ||
      ( mean >= 60 && student.admit == true ) )
      return true;
   else
      return false;
}

int main()
{
   StudentRec stu1;

   input(stu1);

   if(check(stu1))
      cout << "Correct input." << endl;
   else
      cout << "Wrong input." << endl;

   return 0;
}
```

4. 结构变量作函数返回值

结构变量可以作函数返回值。例如上节的 input 函数，可以改写为带返回值函数：

```
StudentRec input ( )   // 返回值类型为 StudentRec
{
   StudentRec student;
   cin >> student.StuNum >> student.StuName;
   cin >> student.Score1 >> student. Score2;
   cin >> student.Admit;

   return student;
}
```

这个 input 函数的调用形式如下：

```
StudentRec stu1 = input();
```

5.3.3 层次结构

若某结构变量的成员也是结构变量，这个变量就是**层次结构**（Hierarchical structure）变量。比如，我们改写 5.3.1 小节的结构类型 StudentRec，往里面增加学生的出生日期，并且把各科成绩改为语文、数学、英语、物理、化学这 5 门课程的成绩。可以修改如下：

```
strcut DateType {
   int day;
   int month;
   int year;
```

```
};
struct ScoreType {
    int chinese;
    int maths;
    int english;
    int physics;
    int chemistry
};
struct StudentRec {
    string stuNum;
    string stuName;
    DateType birthday;
    ScoreType score
    bool admit;
};
StudentRec stu1;                // 结构图示见图 5-3
```

下面就可以利用成员选择操作符“.”引用各成员变量：

```
stu1.stuName = "ZhangSan";
stu1.birthday.day = 12;         // 多次利用成员选择符访问最内层的成员
stu1.birthday.month = 11;
stu1.birthday.year = 1976;
stu1.score.chinese = 100;
```


图 5-3 层次结构变量示意图

5.3.4 匿名结构类型

结构类型也可以是**匿名结构**（anonymous structure），如下：

```
struct {
    string stuNum;
    string stuName;
    int score1;
    int score2;
    bool admit;
} stu1, stu2;
```

使用匿名结构类型定义结构变量的一般形式如下：

```
struct
{
    MemberList
} VariableList;
```

这种方式定义出来的结构变量 stu1 和 stu2 与上几节的例子是一模一样的；不同的是，这里的结构类型没有名字。一般情况下，我们仍倾向于先定义有名字的结构类型，然后再使用这种类型定义变量。

5.4 抽象、封装与信息隐藏

5.4.1 抽象

生活在这个复杂的世界中，我们经常会借助“**抽象**（abstraction）”来理解或解决很多事物。例如很多人都知道汽车中的引擎是用来驱动汽车的装置，但对它究竟是怎样运作从而驱动汽车的原理并不清楚。又如寄信的时候，我们只需把信投入信箱，即做出“投信”的动作，并认为这样就可以把信寄给对方，但对于邮局具体的送信过程却并不关心。

如果把引擎看成一种数据，那么对于引擎的理解就是**数据抽象**（data abstraction）。即我们只关心该数据“是什么”，而不关心它是如何运作的。如果把寄信看成一个过程，那么对于寄信的理解就是一种**控制抽象**（control abstraction）。即我们只关心这个行为能够为我们带来什么，而不关心这个行为的具体实现方法。

这种“抽象”并不是我们思维或行为懒惰，恰恰相反，它是生活中的“必需品”。例如为了达到寄信的目的，你总不可能自己揣着信、长途跋涉到达国外某座房子把信交给对方。

同样在软件设计中，抽象早已证明是开发和管理大型复杂项目的绝对“必需品”。例如，下面的计算就用到了抽象：

```
y = sin(x) + sqrt(x);
```

函数就是一种行为抽象：我们只关心 sin 与 sqrt 这两个函数的功能，所以在决定是否使用它们以及实际使用的时候都只依赖于这两个函数的接口说明，整个过程中无须知晓它们内部的具体实现。

当然，抽象只不过是用户的“权利”。如果你不仅是引擎的使用者，还是其设计师，那么你就必须关注引擎的内部实现；如果你不仅使用某个函数，而且你自己就是该函数的实现者，那么你就必须关注其内部算法和代码。由此可见，被抽象的事物本身，必须具备**说明部分**(specification)用以向用户说明自身以及具备具体的**实现部分**（implementation）。

在程序设计中，对于被抽象的数据，称为**抽象数据类型**（abstract data type, ADT）。一种 ADT 具有说明部分（说明该 ADT 是什么）和实现部分，说明部分描述数据值的特性和作用于这些数据之上的操作。ADT 的用户仅须了解这些说明，而无须知晓其内部实现。下面给出一种日期类型的非正式说明：

类型
　　日期
数据
　　每个日期的值都由年、月、日构成
操作
　　设置日期
　　获取日期
　　日期推进（增加）一天
　　日期后退（减少）一天

这个说明部分只是描述了数据的值以及用户可进行的操作，最终还是需要以代码来实现这个 ADT。为了实现一个 ADT，应该：①为这种 ADT 选择具体的数据表达；②实现每种操作。

例如对于“日期”这种 ADT，其数据可以表达为三个 int 变量，分别表示年、月、日；而各操作就可以分别设计为函数，在函数中利用具体的算法完成这些操作所指定的动作。

5.4.2　数据封装与隐藏

那么，如何以代码来实现一个 ADT 呢？以上节的“日期类型（Date）”为例作分析：

（1）各种操作可以用函数来实现：分别为 set，getYear，getMonth，getDay，increment，decrement 函数。而年月日为三个整型变量 year, month, day。

（2）由于各函数都要处理这 3 个变量，因此应该设计为全局变量。但为了不被这些函数以外的其他函数修改这些变量，我们可以将这个 ADT 所在的文件作为模块，并把这些变量设计为静态全局变量。这样其他文件就无法使用 extern 来访问这些变量，而只能通过这个 ADT 提供的 set，getYear，getMonth，getDay，increment，decrement 等公开的函数来访问 year, month, day 这 3 个变量。

（3）其他程序如何使用 Date 呢？假如直接把实现 Date 的文件（Date.cpp）用 include 包含到别的文件中，那么就无法保护 year, month, day 这些全局变量（思考一下为什么）。因此，应该把 Date 分为 2 个文件：.h 文件中给出 Date 对外公开的函数原型，不涉及内部数据和函数实现；.cpp 文件中包括内部数据及函数定义。这样在别的程序中，只需把.h 文件 include 进去就可以了。

这样代码可作如下组织：

```
// *********************************************************
// date.h
// 功能：利用静态全局变量来实现的 ADT Date 的头文件
// *********************************************************

void set( int, int, int );
int getYear();
int getMonth();
int getDay();
void increment();
void decrement();

// *********************************************************
// date.cpp
// 功能：利用静态全局变量来实现的 ADT Date 的实现
// *********************************************************

#include "date.h"
#include <iostream>

static int year;
static int month;
static int day;

int daysInMonth( int mo, int yr  );

void set( int nYear, int nMonth, int nDay )
{
   year = nYear;
   month = nMonth;
   day = nDay;
}

int getYear()
{
   return year;
}

int getMonth()
{
   return month;
}

int getDay()
{
   return day;
}

void increment()
{
   day++;
   if (day > daysInMonth(month, year))
   {
      day = 1;
      month++;
      if (month > 12)
      {
         month = 1;
         year++;
      }
   }
}

void decrement()
{
   day--;
   if ( day == 0 )
   {
      if( month == 1 )
```

```
        {
            day = 31;
            month = 12;
            year--;
        }
        else
        {
            month--;
            day = daysInMonth( month, year );
        }
    }
}

int daysInMonth( int mo, int yr )
{
    switch (mo) {
        case 1:
        case 3:
        case 5:
        case 7:
        case 8:
        case 10:
        case 12:
            return 31;
        case 4:
        case 6:
        case 9:
        case 11:
            return 30;
        case 2:
            if ((yr % 4 == 0 && yr % 100 != 0) ||yr % 400 == 0)
                return 29;
            else
                return 28;
    }
}

// ************************************************************
// dateDemo.cpp
// 功能：使用Date的客户程序
// ************************************************************

#include "date.h"
#include <iostream>

using namespace std;

int main()
{
    int year, month, day;

    cout << "请输入年、月、日：" << endl;
    cin >> year >> month >> day;

    set( year, month, day );

    cout << "Year: " << getYear()<< "   ";
    cout << "Month: " << getMonth()<< "   ";
    cout << "Day: " << getDay() << endl << endl;

    increment();
    cout << "After incremented 1 day: " << endl;
    cout << "Year: " << getYear() << "   ";
    cout << "Month: " << getMonth()<< "   ";
    cout << "Day: " << getDay() << endl << endl;

    decrement();
    decrement();
    cout << "After decremented 2 days: " << endl;
    cout << "Year: " << getYear()<< "   ";
    cout << "Month: " << getMonth()<< "   ";
```

```
    cout << "Day: " << getDay() << endl << endl;

    return 0;
}
```

我们看到，年、月、日这些内部数据被隐藏在模块中（这里的模块是文件 date.cpp），客户程序（即使用这个模块的代码，例如在 dateDemo.cpp 中的 main 函数）只能通过该模块提供的公开操作来访问这些数据，而不能直接访问。这种保护措施称为**信息隐藏**（information hiding）；而把这些数据与相关操作组织在一起的方式（例如使用.h 与.cpp 以及静态全局变量等相互配合的方式）称为**封装**（encapsulation）。

客户程序只关心 Date 能够提供哪些公开的操作（即提供了哪些函数可被调用），而并不关心这些操作的具体实现。也就是说，用户只关心 Date 能“做什么”，而不关心它内部“如何做”。因此我们就用这种封装的方法，实现了一种 ADT。也可以说，封装就是实现 ADT 的策略，而信息隐藏则是封装的优点之一。

信息隐藏和封装是软件开发的必要技术，亦具商业价值。上例中虽然达到了隐藏和封装，但有如下问题。

（1）无法创建两个日期。例如在 main 中要设置两个日期的值，按这种组织方式是无法实现的。

（2）名字冲突问题。假如在程序中使用的其他模块也有 set 函数，就会与 date.cpp 里面的 set 函数发生名字冲突。这样就会迫使我们使用另外一些名字。

最理想的做法应该是：把 Date 设计为一种数据类型，其内部包含年月日等数据以及在这些数据上可进行的操作；然后用户利用 Date 就可以定义多个变量；用户可调用每个 Date 变量中公开的操作，但无法直接访问每个 Date 变量中被隐藏的内部数据。这样，内部数据就隐藏在变量中，用户也无须关心变量中各操作的具体实现。于是 Date 就是一种封装好的数据类型，达到了信息隐藏和封装的目的。

在 C++中，可以将 Date 实现为一个“**类**（class）”，而使用 Date 定义出来的变量就是这个类的一个“**对象**（object）”。下面我们把学习焦点转向以类和对象为核心的**面向对象程序设计**（object-oriented programming）。

5.5　类与对象

5.5.1　类

从 5.4 节的讨论中我们知道，类是一种用户自定义的数据类型，用来表示一种 ADT。类与结构有点相似，但通常类中的成员既有数据，也有作用于这些数据之上的操作。下面给出 C++中定义类的方法。

与 5.4 节的例子类似，在 C++中定义一个类，通常也是分配在 2 个文件中：.h 文件称为“说明文件”，里面给出类名、类的数据成员以及类的函数成员的原型；而.cpp 文件称为“实现文件”，里面给出各函数成员的定义，即具体实现。如下：

```
// *************************************************************
// date.h
// 类 Date 的说明文件
// *************************************************************

class Date {
public:
    void set( int newMonth, int newDay, int newYear  );
    int getMonth() const;
    int getDay() const;
    int getYear() const;
```

```
    void print() const;
    void increment();
    void decrement();

private:
    int month;
    int day;
    int year;
};
```

对于 date.h 文件，有以下几点需要说明。

（1）class 是保留字，Date 是类名。在{}中列出类的成员。

（2）类的成员既有数据成员，也有函数成员。一般来说，数据成员是需要隐藏的，即外部的程序是不能直接访问这些数据的，应该通过函数成员来访问。所以一般情况下，数据成员通过关键字 private 声明为**私有成员**（private member），而函数成员通过关键字 public 声明为**公有成员**（public member）。外部程序可以通过类的对象访问对象的公有成员，但无法访问私有成员。

（3）类中声明的数据成员不能像普通变量那样在声明时进行初始化（必须通过构造函数进行初始化）。

（4）类的数据成员在声明时不能使用保留字 auto，register 和 extern 进行修饰，但可以使用保留字 static 进行修饰。声明时使用保留字 static 进行修饰的数据成员称为**静态数据成员**（static data member）。静态数据成员存放在公共内存区，由该类的所有实例共享，相当于类中的"全局变量"，可以起到在同类对象间共享信息的作用。静态数据成员必须在类定义体的外部定义一次（且只定义一次），在定义时进行初始化。

例如，如果类 C 的定义体中声明了静态数据成员 sdm：

```
class C {
        static int sdm;
        // …其他成员略
}
```

则针对 sdm 必须在 C 的定义体之外进行这样的定义：

```
int C::sdm = 3;   // 定义并初始化静态数据成员
                  // 注意：此时不再使用保留字 static
```

（5）声明类的成员函数时也可以使用保留字 static 进行修饰，这样的成员函数称为**静态成员函数**（static member function）。静态成员函数没有隐含的 this 指针[①]，它可以直接访问本类的静态数据成员，但不可以直接使用本类的非静态数据成员。静态成员函数也不能声明为虚函数[②]。

（6）对于类的使用者（即用户代码，简称用户）而言，只需获得 date.h 即可调用类对象的公有函数访问其内部的数据成员。使用者无法直接访问私有成员，也无须知晓公有函数的内部实现。

（7）成员函数声明中圆括号之后所带的关键字 const 表明：在该函数的实现中，不能修改本类中数据成员的值，否则将出现语法错误。带 const 的成员函数称为**常量成员函数**（const member function）。静态成员函数不能指定为常量成员函数。

类的公有静态成员可以通过类名及作用域分辨操作符 :: 来访问。

当然，对于类的创建者而言，还需要在.cpp 文件中给出各函数成员的具体实现。

① 参见 9.3.3 小节。

② 参见 11.2 节。

```
// ****************************************************************
// date.cpp
// 类Date的实现文件
// ****************************************************************

#include "date.h"
#include <iostream>

using namespace std;

int daysInMonth( int, int );

void Date::set(int newYear, int newMonth, int newDay )
{
   month = newMonth;
   day = newDay;
   year = newYear;
}

int Date::getMonth() const
{
   return month;
}

int Date::getDay() const
{
   return day;
}

int Date::getYear() const
{
   return year;
}

void Date::print() const
{
   switch (month) {
      case 1 :
         cout << "January";
         break;
      case 2 :
         cout << "February";
         break;
      case 3 :
         cout << "March";
         break;
      case 4 :
         cout << "April";
         break;
      case 5 :
         cout << "May";
         break;
      case 6 :
         cout << "June";
         break;
      case 7 :
         cout << "July";
         break;
      case 8 :
         cout << "August";
         break;
      case 9 :
         cout << "September";
         break;
      case 10 :
         cout << "October";
         break;
      case 11 :
         cout << "November";
         break;
      case 12 :
```

```
            cout << "December";
        }
        cout << ' ' << day << ", " << year << endl;
    }

    void Date::increment()
    {
        day++;
        if (day > daysInMonth(month, year))
        {
            day = 1;
            month++;
            if (month > 12)
            {
                month = 1;
                year++;
            }
        }
    }

    void Date::decrement()
    {
        day--;
        if ( day == 0 )
        {
            if( month == 1 )
            {
                day = 31;
                month = 12;
                year--;
            }
            else
            {
                month--;
                day = daysInMonth( month, year );
            }
        }
    }

    int daysInMonth( int mo, int yr  )
    {
        switch (mo)    {
            case 1: case 3: case 5: case 7: case 8: case 10: case 12:
                return 31;
            case 4: case 6: case 9: case 11:
                return 30;
            case 2:
                if ((yr % 4 == 0 && yr % 100 != 0) ||yr % 400 == 0)
                    return 29;
            else
                    return 28;
        }
    }
```

对于 date.cpp 文件，有以下几点需要说明。

（1）文件开头需要加入预处理命令

```
#include "date.h"
```

这是因为在 date.cpp 中要用到用户自定义的标识符 Date，而它的定义在 date.h 中。

（2）在 date.h 中，各函数原型放在{}中，表示这些函数是类 Date 的成员。在 date.cpp 中需要利用作用域操作符“::”来指明所定义的函数是类 Date 里的成员函数。

（3）date.cpp 中还包括 Date 内部要使用到的函数，例如 daysInMonth。这种函数并非对外公开供用户使用，因此无须将它们声明为类的公有成员。

（4）const 若出现在.h 中的函数原型中，则也必须出现在.cpp 中的函数定义首部里，用来防止函数实现者无意中修改数据成员的值。

下面是使用 Date 类的用户代码：

```
// ***********************************************************
// client.cpp
// 演示类 Date 的使用
// ***********************************************************
#include "Date.h"
#include <iostream>

using namespace std;

int main()
{
    Date date1, date2; //①
    int tmp;

    date1.set( 1976, 12, 20 );
    date1.print();

    date1.increment();
    date1.print();

    date2.set( 1997, 7, 1 );
    date2.print();

    date2.decrement();
    date2.print();

    tmp = date1.getYear();
    tmp++;
    date1.set( tmp, 12, 20 );
    date1.print();

    return 0;
}
```

运行该程序，屏幕上显示：

```
December 20, 1976
December 21, 1976
July 1, 1997
June 30, 1997
December 20, 1977
```

几点说明：

（1）从程序文件的组成来看，类（如 C）的说明文件（如 C.h）和实现文件（如 C.cpp）与用户代码之间的关系如图 5-4 所示。

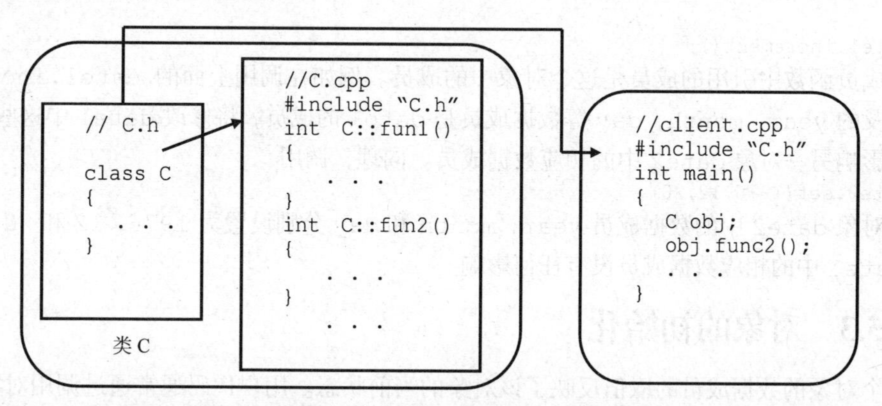

图 5-4　类的说明文件、实现文件及用户代码之间的关系

（2）用户代码中要用到类 C，就需要加入预处理指示：

```
#include "C.h"
```

（3）①语句创建了 2 个 Date 类的对象。这样就可以通过“.”操作符调用这些对象的公有函数成员。相关内容将在下节详细介绍。

5.5.2 对象的创建

1. 创建对象

从上节知道，类（如 Date）是用户自定义的数据类型，用类声明的变量就称为对象。对象的声明与普通变量的声明非常相似。例如：

```
Date date1, date2; // 声明两个 Date 类的对象
```

两个 Date 对象在内存中的存储情况如图 5-5 所示。

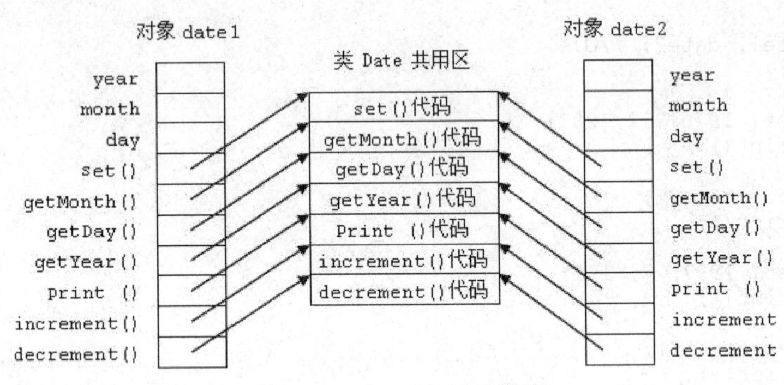

图 5-5　Date 类对象的存储

由于同一个类的不同对象的数据成员不同，所以各对象的数据成员在内存中占据不同的内存空间（静态数据成员例外，也存放在类的共用区）；但同一类对象的成员函数的代码都是相同的，因此成员函数没必要有多个备份，而只需一个即可。各对象的成员函数都使用这一备份，便可节省内存空间。

同一类的多个对象共用同一份成员函数的代码，是 C++中为了节省内存而采用的对象存储的方式。在逻辑上我们仍应该将对象看作独立的个体，每个对象都有自己的数据成员，也有自己的成员函数。

2. 使用对象的成员

对象创建后，便可通过成员选择符“.”访问其public成员。例如访问date1中的increment函数：

```
date1.increment();
```

在成员函数中引用的成员是这个对象中的成员。例如在调用上面的 date1.increment() 时所涉及的 year，month，day 等数据成员是 date1 的成员，将修改 date1 中这些成员的值；这并不影响另一对象 date2 中的相应数据成员。同理，调用

```
date2.set(1976,12,20);
```

将对象 date2 中的数据成员 year，month 和 day 分别设置为 1976，12 和 20，这对另一对象 date1 中的相应数据成员没有任何影响。

5.5.3 对象的初始化

一个对象的数据成员的取值反映了该对象的当前状态。用户代码通常通过调用对象提供的公有函数（如上例中的 set 函数）来设置该对象数据成员的值。但在创建对象后，如果忘记调用这些函数设置正确的值，就开始一些操作，很有可能会导致错误发生。例如，在创建 date1 后，没有调用 set 函数为其赋予明确的值，那么它的数据成员的值都是不确定的；若此时就开始调用 increment 或 decrement，就很容易出现错误的、实际上并不存在的日期。

我们自然希望，在创建一个对象的同时，某个函数就会自动被调用。这样我们只要在这个函

数中写入一些初始化数据成员的代码，就可以保证对象创建完毕后具有确定的值。这种函数就是**构造函数**（constructor）。

1．**构造函数**

构造函数也是类的成员函数，只是它有些特殊之处，与一般的成员函数不尽相同。我们改造 Date 类，使其具备构造函数：

```
// ************************************************************
// date.h
// 类 Date 的说明文件
// ************************************************************

class Date {
public:
    Date( int initYear, int initMonth, int initDay ); // 构造函数
    Date(); // 默认构造函数

    void set( int newMonth, int newDay, int newYear  );
    int getMonth() const;
    int getDay() const;
    int getYear() const;
    void print() const;
    void increment();
    void decrement();

private:
    int month;
    int day;
    int year;
};

// ************************************************************
// date.cpp
// 类 Date 的实现文件
// ************************************************************
#include "date.h"
#include <iostream>

using namespace std;

int daysInMonth( int, int );

Date::Date( int initYear, int initMonth, int initDay )
{
     year = initYear;          // 在构造函数中进行初始化
     month = initMonth;
     day  = initDay;
}

Date::Date()
{
     year = 2000;
     month = 1;
     day = 1;
}
//下面其余各函数的定义与上节相同
//. . .
```

关于构造函数：

（1）构造函数也是一种成员函数，因此也需要在.h 中给出函数原型，在.cpp 中给出函数的实现。

（2）构造函数名必须与类名相同。

（3）构造函数没有返回值，当然也没有返回类型，即使是 void 类型也不允许。所以大家可以看到，在.h 和.cpp 中 Date 类的构造函数 Date()的原型和定义都没有返回类型。

（4）一个类可以有多个构造函数。但由于各个构造函数的名称都一样，所以需要不同的函数

参数列表以作区分。这里的“不同”是指：参数类型不同或参数个数不同。上例中 Date 有两个构造函数，其中没有参数的构造函数称为默认构造函数。在创建对象时，调用的是哪个构造函数取决于实参列表。参见下面的用户代码 client.cpp。

（5）构造函数是在创建对象时自动调用的，而不是通过“.”显式调用。这是与一般成员函数最大的区别。参见下面的用户代码 client.cpp。

```
// *****************************************************************
// client.cpp
// 演示类 Date 的使用
// *****************************************************************

#include "date.h"
#include <iostream>

using namespace std;

int main()
{
    Date date1;                         // ①自动调用默认构造函数
    Date date2( 1976, 12, 20 );         // ②自动调用另一个带参数的构造函数

    date1.print();
    date2.print();

    return 0;
}
```

运行程序，屏幕上显示：

```
January 1, 2000
December 20, 1976
```

从代码和输出结果可见：

（1）在创建 date1 和 date2 时就已经分别自动调用了构造函数。因此尽管没有调用 set 函数进行设置，但两个对象的 year，month，day 已经分别在构造函数中获得了初始赋值。

（2）①中创建 date1 时由于没有给出实参列表，因此自动调用默认构造函数；而②中创建 date2 时由于给出了实参列表，而且与另一个构造函数的形参列表在数据类型和数量上一致，因此自动调用该构造函数。

如果设计的类没有构造函数，C++编译器会自动为该类建立一个默认构造函数。该构造函数没有任何形参，且函数体为空。但我们仍应该养成编写构造函数的习惯，因为这样可以使对象在创建之初便具有一个确定的状态，从而避免不必要的错误。

2. 析构函数

在类中除了构造函数，还有一种特殊的成员函数——析构函数（destructor）。其作用是在撤销对象时执行一些清理任务，如在构造函数中动态分配的内存空间通常在析构函数中释放等。有以下几点需要知道：

（1）C++语言规定析构函数名是类名前加波浪号“~”，以别于构造函数。

（2）析构函数不能有任何返回类型，这点与构造函数相同；但同时析构函数还不能带任何参数，也就是说析构函数一定是无参函数。

（3）在用户代码中，可以通过“.”显式调用析构函数；但在更多情况下，是在对象生存期结束时由系统自动调用析构函数。参看下面的程序：

```
// *****************************************************************
// demoClass.h
// 类 DemoClass 的说明文件
// *****************************************************************

#include <iostream>
#include <string>
using namespace std;
```

```
class DemoClass {
public:
    DemoClass();
    ~DemoClass();
};

// *************************************************************
// DemoClass.cpp
// 类 DemoClass 的实现文件
// *************************************************************

#include "demoClass.h"
#include <iostream>
using namespace std;

DemoClass::DemoClass()
{
    cout << "Now in Constructor. The object is being created." << endl;
}

DemoClass::~DemoClass()
{
    cout << "Now in Deconstructor. The object is deleted" << endl;
}

// *************************************************************
// Client.cpp----客户代码
// *************************************************************

#include "demoClass.h"
#include <iostream>
using namespace std;

int main()
{
    DemoClass obj;

    return 0;
}
```

运行程序，将在屏幕上输出：

```
Now in Constructor. The object is being created.
Now in Deconstructor. The object is deleted
```

第一行是创建对象 obj 时自动调用构造函数所获得的输出；而第二行是程序结束并撤销对象 obj 时，自动调用析构函数所获得的输出。

析构函数最典型的用法是在撤销对象时回收内存空间。参看下面的程序：

```
// *************************************************************
// array.h
// 类 Array 的说明文件
// *************************************************************

class Array {
public:
     Array(int initLenght);     // 构造函数
     ~Array();                  // 析构函数

private:
     int length;
     float* p;
};

// *************************************************************
// array.cpp
// 类 Array 的实现文件
// *************************************************************

#include "array.h"
#include <iostream>
```

```
using namespace std;

Array::Array( int initLength )
{
    length = initLength;
    p = new float[length];
    cout << length << " bytes have already allocated." << endl;
}

Array::~Array()
{
    delete []p;
    cout << length << " bytes have been released. Bye." << endl;
}

// ****************************************************************
// client.cpp
// 使用类Array的用户代码
// ****************************************************************

#include "array.h"
#include <iostream>

using namespace std;

int main()
{
    Array arr(100);
    cout << "This is the end of the program and the object will be destroyed." << endl;

    return 0;
}
```

该程序的运行结果：

```
100 bytes have already allocated.
This is the end of the program and the object will be destroyed.
100 bytes have been released. Bye.
```

由于arr是main函数中的局部变量，其生存期从声明处开始至main函数结束，因此在main函数结束而撤销arr这个变量时，系统自动调用析构函数。在析构函数中释放动态分配的内存，并输出提示语句。

本程序使用了尚未介绍的指针以及动态内存分配。如果读者不理解，可以留待学习完第6章后再回来看这个程序。

5.6 关于面向对象程序设计的若干基本问题

面向对象程序设计首先是一种理念，然后才是某种语言里面支持面向对象的具体机制。前者是思维的问题，后者是程序语言的运用问题。我们的学习基本围绕这两方面展开。

关于后者，本章主要介绍了在C++中支持面向对象的基础——类和对象，包括类的定义和对象的创建。在后面各章中还将介绍C++中以类和对象为核心的各种面向对象机制，包括继承、多态性和模板等。

关于前者，有如下几方面值得我们学习和思考。

5.6.1 面向过程与面向对象

1. 数据vs.操作

在本章之前，数据是操作处理的对象。例如数据作为参数传递给函数，并在函数中得到处理后将结果数据返回，如图5-6（a）所示。这个过程中，数据是一种被动角色，而操作（即函数）

则充当了主动角色。

这种操作与数据的关系并不能很好地与抽象数据类型的概念相对应，因为 ADT 包括了数据和作用于这些数据之上的操作。因此，应把 ADT 看成一种主动的数据结构：它把数据与操作绑定在一起，成为一个多种元素完全结合在一起的单元。操作成为 ADT 的组成部分，如图 5-6（b）所示。ADT 在此扮演了主动角色，而操作则成为一种被动角色。

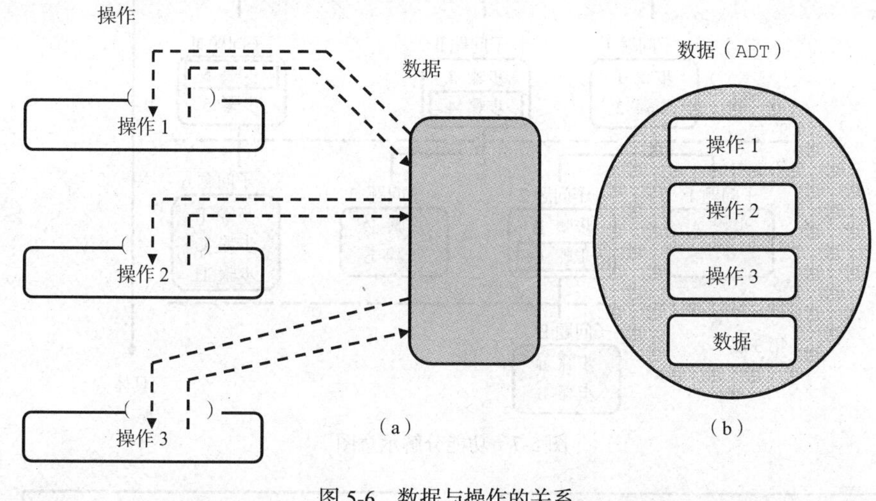

图 5-6　数据与操作的关系

2. 面向过程 vs.面向对象

数据与操作谁主动谁被动，表面上是一个就事论事、并不深刻的概念。但实际上，这种关系反映出人类思考问题、寻求解决方案的两大思路：**面向过程**（procedure-oriented）的思考方式与**面向对象**（object-oriented）的思考方式。而思考方式不同就会导致算法结构不同，最终导致程序结构不同。

面向过程的程序设计方式也称为**功能分解**（functional decomposition）、**结构化程序设计**（structured design）、**模块化编程**（modular programming）或**自上而下逐步求精**（top-down design, stepwise refinement）。

利用这种方式思考问题时，我们会把总问题看成一件“任务”，由若干个步骤组成；每个步骤解决一个问题，解决完所有问题也就解决了总问题。若某个步骤较为简单，就可以直接利用某种程序设计语言（例如 C++）来实现；但若某个步骤较为复杂，就可以将其分解为若干个子步骤，每个子步骤解决一个子问题。如此分解下去，我们会得到一个如图 5-7 所示的多层树型结构图。

其中，白色部分表示该步骤已经可以表达为具体的程序语句；而阴影部分表示该步骤比较复杂，还需要继续往下分解。这个过程实际上就是从抽象到具体的逐步过渡。就像要解决一个问题时，最简单的方法就是将其交给另一个人并对他说：你负责解决这个问题。这就是整个解决方案最抽象的层次：它涵盖了整个问题，但并没有给出任何具体的实现细节。而程序员的工作就是从此处开始，按照图 5-7 所示的思维，自上而下把这个抽象的解决方案逐步转变为具体的程序。

为什么要这样做呢？为什么在解决某个问题时，仍保留某些步骤为抽象？为什么不一次性把所有步骤的细节全部写出来？这是因为人类的思维总是习惯于一次集中解决一个问题。例如我们要计算某一天是当年的第几天，并将这个数值用于某个判断过程中。很明显，这个计算并非本段程序的最终目的，而且也并不简单。如果我们一下子就专注于这个计算的具体实现，那么很可能就会忘记整个判断过程中的其他一些细节。因此，我们就会把这个计算作为一个抽象步骤。当整个判断结构设计完毕后，回过头来再解决这个步骤。于是，就会有如图 5-8 所示的树型结构和相应的实际程序。

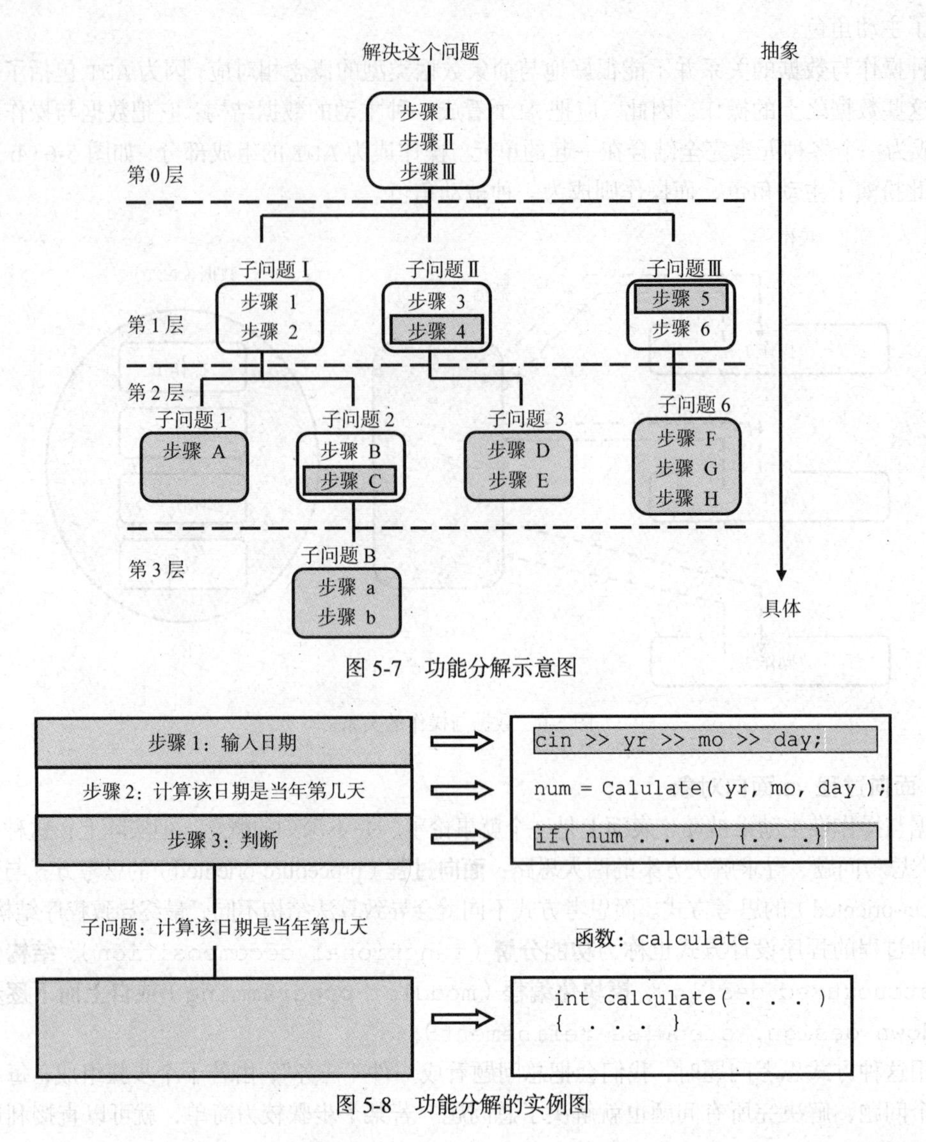

图 5-7　功能分解示意图

图 5-8　功能分解的实例图

我们看到，面向过程的程序设计思想，导致程序以函数为主体，数据作为被函数处理的被动角色，如图 5-9（a）所示。

但在构建大型软件系统时，面向过程的设计往往导致程序有两大致命缺陷。首先，导致程序结构不灵活。若高层算法需要修改，那么可能底层算法也因此需要修改。其次，导致代码难以重用。代码重用的意思是无须做出修改或只需做出微小的修改，代码就可以用在另外的地方，如用在另一个程序中。但在面向过程的程序中，复杂的函数一般总是难以在另一个环境中重用。

面向对象设计（object-oriented design，OOD）已被证明是开发和维护大型软件更好的设计方式，它在程序结构、代码重用、数据封装、信息隐藏等方面有着面向过程设计难以企及的优势。下面我们初步探讨一下 OOD：

什么是对象？一般来说，任何事物都可以被看成对象。我们要考察或研究现实或思维世界中的某个实体，那么它就成为我们的对象。而 OOD 正是把问题视作各类实体（对象）的组合，它关注对象中包含的数据及作用于这些数据之上的操作，也需要关注对象之间的相互作用。

OOD 解决问题的思路一般是：①确认组成问题的各个对象，以及对象之间最基本的相互关系；②精确描述对象的操作；③精确描述对象之间的依赖关系；④描述界面，即区分公有部分、私有部分和受保护部分。

其中，对象之间的相互关系以及②~④提及的步骤，由于涉及很多后面各章的概念，我们留待后面各章再一一介绍。现在需要知道的是，如何确认问题中的对象？

一般来说，我们需要在**问题域**（problem domain）中寻求对象，即仔细研究问题的定义，从中搜索各重要名词和动词。名词很可能就是对象，而动词可能就是对象的操作。例如，下面给出问题描述的一部分：

…程序必须处理学生的图书馆账户。允许学生通过账户借书、还书，允许学生往账户中存钱，逾期罚款从账户中扣除……

我们可以找出重要的名词和动词：

重要名词：学生、账户

重要动词：借书、还书、存钱、扣除

这样，就指示了这个问题中可能存在两类对象：学生 student 和账户 account。而 account 的操作应该包括借书 borrowBooks、还书 returnBooks、存钱 deposit、扣钱 fine。至于 student 应该有哪些操作，需要这个问题的更多信息才能确定。实际上，student 这个对象也有可能是没用的。

这种确定方法并不完美，但它确实能帮助我们确立一个初步的方案。但可能有人仍会问：上面例子中，借书、还书难道不是 student 的操作吗？

对于这个问题，我们暂时只能回答：借书、还书操作应该要修改 account 中的数据，因此把它们归为 account 的操作。至于它们是否为学生的操作，需要更多的信息。但无论如何，“究竟对象中该有哪些操作”这个问题，反映出在运用面向对象方法时，人类思维的跳跃式突变，很多时候绝无面向过程中的“自然而然”。这也是让初学者感到困难的地方。

从本质上说，存在两大类对象：

（1）反映现实和思维世界中的事物或概念的对象：“房子”、“银行账号”、“纳税人”、“计数器”等。

（2）用以实现程序的各种工具对象：各种按钮、对话窗口、浏览器等。

通常第（2）类的对象比较清晰，容易确认并描述它们的数据与操作；在很多开发平台中甚至已经做成标准控件类，开发人员只需要设置各种属性和填写相应的代码片段即可。

但对于第（1）类的对象，要将其翻译为程序中的对象（即确定其数据和操作），绝对不是一个简单的机械性动作。例如“纳税人”，它实质上是被加上了标签、用以在某些系统中区别于其他种类的人的一个抽象概念。这些概念在转化为程序中的对象时，往往会发生剧烈的变异。

因为日常生活中，虽然有一些抽象概念有确切的物质形态与之相对应，但往往我们要转化的仍是这些抽象概念。例如虽然可以用一本看得见摸得着的存折表示你拥有一个“银行账户”，但实际上，存折本身并非你的账户（例如你的钱是存在账户里面，而不是夹在存折里面），它所展示的抽象概念才是你的账户。而如果我们要解决一个银行问题，大概是躲不过“账户”这种对象的。这时你必须思考的仍是“账户”这种抽象概念应该具备什么数据和操作，而非拿着一本存折研究其长宽、厚度和颜色。

另外，有一些对象确实存在于物质世界中，但如果要转化为程序中的对象，就要抽取我们需要的属性。例如“计数器”，有贵有便宜，有各种不同的外形。但要转化到程序中，则往往是抽取其最大最小值、当前值等属性以及增加 1 等操作。

可见，模拟现实世界或思维世界，不能奴隶式地追随我们之所见；而需要有洞察力，用思维的力量直达对象的本质，才能确定对象及其操作。因此，面向对象程序设计需要我们有相当的洞察力和经验。撇除天分，洞察力和经验都需要通过实践来获得。不断实践，是提高面向对象程序设计能力的重要途径。

面向对象设计导致程序以对象为主体，而操作则是集成在对象里面的成员。对象是一种主动的数据结构，如图 5-9（b）所示。

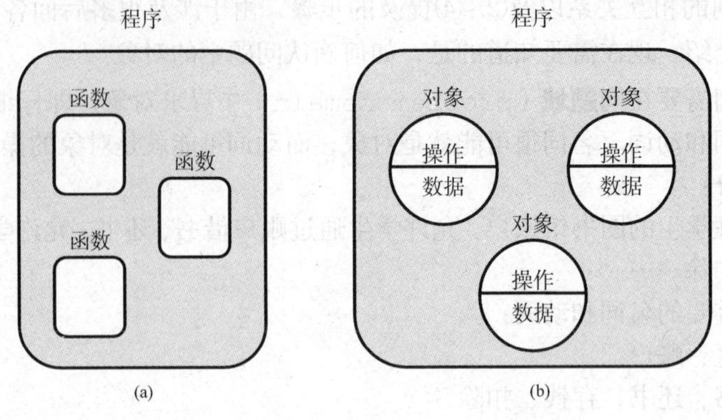

图 5-9 面向过程的程序与面向对象的程序

5.6.2 术语

日常生活中，我们所说的“对象”可能泛指某一类事物，也可能特指某一件事物。例如，“学生应该好好学习”、“房子应该安全环保”里的“学生”和“房子”就是泛指某一类事物；而“这位学生应该好好学习”、“那座房子安全又环保”就是特指某个学生和某座房子。在 5.6.1 小节中讨论的“对象”都是泛指某一类事物。

泛指的对象转化到 C++程序中就称为“类”。它是用户自定义的数据类型，是程序员把现实世界中的某类事物或概念转化到程序中的对应物。因此，5.6.1 小节中的“对象”转化到 C++里就是一个“类”。

在 C++中，“对象”一词是指由类定义出来的变量，也称为类的“**实例**（instance）”，是特指某一实例，而非泛指。例如：

```
Date date1, date2;
```

Date 是一个类，变量 date1 和 date2 就是 Date 的两个实例（对象）。

在前面的学习中，我们是从 ADT 引出“类”这个概念的。现在可以看到，ADT 就是对现实世界中事物或概念的一种描述，而类则是在程序中对这种描述的具体实现。同时，实现方法不一定是唯一的。例如在实现“日期”这种 ADT 时，可以用三个 int 变量表示年月日，也可以用一个 string 变量表示年月日。可见，ADT 相对于类而言是一种抽象描述，而类则是 ADT 的具体实现。同理，一个类可以定义若干个对象，而不同对象可以设置不同的状态（内部数据值不同）。因此类是规定了一种模式，而对象则是具备这种模式的具体实例。因此，ADT、类、对象的关系如图 5-10 所示。

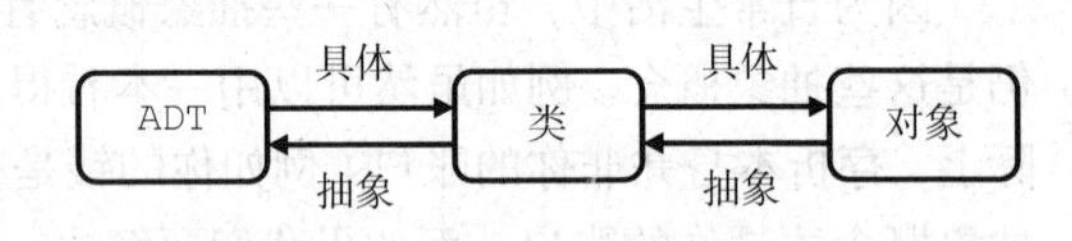

图 5-10 ADT、类、对象的关系

5.7 应用举例

问题

银行业务中一个很重要的方面就是账户管理，设计一个表示银行活期账户的类，就可以利用该类对活期账户进行管理。

分析与设计

利用面向对象程序设计的思路分析这个问题。首先，从问题的描述中得到明确信息：我们需要设计一个类，这个类表示客户的活期账户，可将其命名为 Account。

那么，Account 应该具有什么样的属性和操作呢？从问题域中分析，得知 Account 作为银行活期账户，应具备账号（accountNum）、户名（name）、当前存款余额（balance）等属性。另外使用银行账户通常能够存款、取款和查询余额，因此 Account 应具备存款（deposit）、取款（withdraw）和余额查询（getBalance）三个成员函数。另外，在银行工作过程中，通常需要对账户信息进行核对，所以可设计相关成员函数（getNumber，getName）用于获取账户的相关信息。设计并实现了 Account 类后，可以编写一个客户程序，用以测试 Account 的设计或编写是否正确。

程序代码

```
// *************************************************************
// account.h
// 类 Account 的说明文件
// *************************************************************

#ifndef ACCOUNT_H
#define ACCOUNT_H

#include <string>
using namespace std;

class Account {
public:
   Account(string initAccountNum, string initName,
           double initMoney );
   void deposit( double depositMoney );
   bool withdraw( double drawMoney );
   double getBalance() const;
   string getNumber() const;
   string getName() const;
   void print() const;

private:
   string number;          // 账号
   string name;            // 户名
   double balance;         // 余额
};

#endif

// *************************************************************
// account.cpp
// 类 Account 的实现文件
// *************************************************************

#include "account.h"
#include <iostream>

Account::Account(string initAccountNum, string initName,
                 double initMoney )
{
   number = initAccountNum;
   name = initName;
   balance = initMoney;
}

void Account::deposit( double depositMoney )
{
   balance = balance + depositMoney;
}
```

```
bool Account::withdraw( double drawMoney )
{
    if (balance > drawMoney) {
        balance = balance - drawMoney;
        return true;
    }
    else { // 透支
        return false;
    }
}

string Account::getNumber() const
{
    return number;
}

string Account::getName() const
{
    return name;
}

void Account::print() const
{
    cout << "Number: " << number << "\t"
         << "Name: " << name << "\t"
         << "Balance: " << balance << endl;
}

// ****************************************************************
// client.cpp
// 使用Account类的客户代码
// ****************************************************************

#include "account.h"
#include <iostream>
using namespace std;

int main()
{
    Account act1( "0100", "ZhangSan", 200); // 开设账户1并存入200元
    Account act2( "0101", "LiSi", 101 );    // 开设账户2并存入101元

    // 显示两个账户的信息
    cout << "Account 1:" << endl;
    act1.print();
    cout << "Account 2:" << endl;
    act2.print();

    act1.deposit( 200 );   // 账户1存入200元
    // 账户2取出50元
    if (!act2.withdraw( 150 )) {
        cout << "Overdraft is not permitted." << endl;
    }

    // 再次显示两个账户的信息
    cout << endl << "Account 1:" << endl;
    act1.print();
    cout << "Account 2:" << endl;
    act2.print();

    return 0;
}
```

程序的执行结果如下：

```
Account 1:
Number: 0100    Name: ZhangSan  Balance: 200
```

```
Account 2:
Number: 0101    Name: LiSi      Balance: 101

Account 1:
Number: 0100    Name: ZhangSan  Balance: 400
Account 2:
Number: 0101    Name: LiSi      Balance: 51
```

此处表示字符串所用到的标准库类 string 的介绍详见第 7 章。

因篇幅所限，此处给出的 Account 类仅是对银行活期账户的简单模拟，未涉及利息计算等方面，读者可以对上述设计进行扩充，使得 Account 类更为实用。

习　　题

5-1 设计枚举类型 Animal，假设动物有老虎、狮子、熊猫、牛、马、羊。自行设计一个测试函数，并使用这个 Animal 类型。

5-2 设计一个教师结构类型 Teacher，其成员包括姓名、性别、工号和职称。职称包括助教、讲师、副教授和教授。请用枚举类型实现职称类型 Post。自行设计一个测试函数，并使用这个 Teacher 类型。

5-3 分析以下程序的执行结果：

```
class Sample {
public:
Sample(){x=y=0;}
Sample(int a,int b){x=a;y=b;}
void disp()
{
    cout<<"x="<<x<<",y="<<y<<endl;
}
private:
    int x,y;
};

void main()
{
    Sample s1;
    Sample s2(2,3);
    s1.disp();
    s2.disp();
}
```

5-4 分析以下程序的执行结果：

```
class Sample {
public:
    Sample(){x=y=0;}
    Sample(int a,int b){x=a;y=b;}
    ~Sample()
    {
       if(x==y) cout<<"x=y"<<endl;
       else     cout<<"x!=y"<<endl;
    }
    void disp()
    {
       cout<<"x="<<x<<",y="<<y<<endl;
    }
private:
    int x,y;
};

void main()
{
```

```
    Sample s1(2,3);
    s1.disp();
}
```

5-5 下面是一个类 Test 的用户程序，根据程序的输出结果设计并实现这个 Test 类。

```
void main()
{
    Test a;
    a.init(100,60);
    a.print();
}
```

运行程序，在屏幕上显示：

测试结果：100-60=40

5-6 设计并实现一个圆柱体类 Cylinder，它能让用户设置圆柱体的高、底半径，并能够获取圆柱体的体积和表面积。

5-7 设计并实现一个 Employee 类，包括职员的姓名和入职日期。它能让用户设置姓名和入职日期，也能输出这些资料。

5-8 设计并实现一个 Score 类，它可以输入若干个学生的分数，并可以计算和输出平均分。学生的人数也通过该类的方法来设置。

5-9 在平面几何中，角度的范围是[0，359]。若 359 后再加 1，就要回到 0；如果 0 再减 1 就要到 359。类似情况还有时钟、月份等。这样的计数系统称为循环计数器。现在要求设计一个循环计数器的类。其操作包括设置循环计数的上下限（例如角度下上限分别为 0 和 359，而月份则是 1 和 12）、设置计数器的当前值、获取计数器的当前值、循环计数器加 1 和减 1；当然，也应该有构造函数，能够初始化计数器。如果有一些操作需要在对象撤销的时候进行，则应该设计相应的析构函数。设计并实现这个类，再写一个测试程序，以验证类的设计或编写无误。

第6章 数组与指针

在 C++中，**数组（array）**与**指针（pointer）**是两种重要的数据类型。本章将重点介绍这两种数据类型的结构、声明和使用以及与之关系密切的其他问题。

6.1 数组类型

假设要编写程序，要求输入 1000 名学生的分数，并求总和。或许有人会写出以下代码：

```
float sum = 0.0;
float score0;
float score1;
             :
float score998;
float score999;
             :
cin >> score0;
sum = sum + score0;
cin >> score1;
sum = sum + score1;
            :
cin >> score998;
sum = sum + score998;
cin >> score999;
sum = sum + score999;
```

从语法和运行的角度来看，这个程序没有问题。但整个程序仅定义变量就有 1001 行，而输入和求总和就有 2000 行。如此机械的编辑不仅效率低下而且非常烦人，程序员当然不愿意写这样的代码。何况若要求输入的数量更多，例如 10 万个分数，那么肯定再也没有人愿意做程序员这份工作了！

但只要仔细观察左边代码，就会发现这些分数的变量名有规律可循：都是由 score 和一个数字组成。如果我们能用一个整型变量，例如 num 来代表这些数字，则 num 的值从 0 循环到 999 即可访问所有的分数变量，那不是很方便吗？代码可改成如下：

```
for( num = 0; num < 1000, num ++ ) {
   cin >> score[num];
   sum = sum + score[num];
}
```

这样，原来的 2000 行代码就可以用一个简单的循环代替。其中 score[num]实际上就是一个变量；num 从 0 递增至 999，也就使用了 score[0]至 score[999]这 1000 个变量。实际上，以上代码就使用了 C++中的数组。下面我们先介绍一维数组。

6.1.1 一维数组

1. 一维数组的声明

前面已经提及 score[0]~score[999]乃 1000 个变量；而变量应该遵循“先声明再使用”的原则。在 C++中，其声明语句如下：

```
float score[1000];
```

其含义是声明一个**一维数组**（one-dimensional array），数组的名字为 score，它由 1000 个元素组成（或说：数组长度为 1000），每个元素都是 float 型变量。这 1000 个元素是 score[0]、score[1]、score[2] … score[998]、score[999]。可见，声明一维数组的语法形式如下：

数据类型 数组名[整型常量表达式];

其中，数据类型是指**数组元素（array member）**的数据类型（可见，同一个数组中各元素的数据类型必定是相同的）。数组名是用户自定义的标识符，必须遵循 C++合法标识符的规则。[] 中是整型常量表达式，即该表达式中的操作数只能是整型常量（整型字面常量或整型命名常量），且表达式的值必须是正整数。

声明数组时的方括号是必不可少的。

因此，上面例子的完整代码如下：

```
// *********************************************************
// array1.cpp
// 功能：说明一维数组的声明和引用
// *********************************************************

#include <cmath>
#include <iostream>
using namespace std;

int main()
{
    float score[1000];
    float sum = 0.0;
    int num;

    for( num = 0; num < 1000; num ++ ) {
        cin >> score[num];
        sum = sum + score[num];
    }

    cout << "The result is " << sum << endl;

    return 0;
}
```

2. 数组元素的引用

在 array1.cpp 中我们看到，声明一维数组 score 后，即可引用这个数组的元素。元素的引用形式如下：

数组名[整型表达式]

其中，整型表达式称为**下标（index）**。假设数组长度为 n，则下标值必须在 0~n-1。例如 score 长度为 1000，故其元素是 score[0]~score[999]。所以下标用以指示这个元素是数组中的第几个元素，即这个元素在数组中的位置。

数组元素下标的取值从 0 开始。下标必须用方括号括住。

“引用”的意思就是使用。每个数组元素都是变量，所以使用数组元素与使用一个一般的变量没有区别。例如：

```
score[100] = 90.0;                    // 进行赋值
cin >> score[2];                      // 输入
cout << score[0];                     // 输出
y = score[5]*3/2.0 + score[20];       // 参与运算
```

```
y = floor( score[999] );                    // 作为实参
```

上面例子的下标都是简单的整型常量；也可以用变量或复杂的表达式作为下标。例如（num 为变量）：

```
score[num] = 90;                            // 若 num 为 1，则为 score[1]赋值
score[4*num+7] = 90;                        // 若 num 为 1，则为 score[11]赋值
```

使用数组要注意以下几点。

（1）数组声明中[]里面的长度与引用元素时[]里面的下标是不一样的概念，一定不要混淆。前者必定是常量（假设值为 *n*），指出该数组中有多少个元素；而后者可以是变量或常量，而且值必须是在 0~*n*-1，指出该元素在数组中的位置。

（2）数组声明中的长度之所以要求是常量，是因为在 C++中，编译器要求在编译的时候就确定数组占据内存空间的大小，因此数组有多少个元素就一定要先以常量定下来，而不能等到程序运行的时候才确定。例如，下面的代码会有语法错误：

```
int length;
cin >> length;
float score[length];  // 错误，长度不能是变量。
```

3. 数组在内存中的存储形式、数组名的含义和下标越界的问题

声明数组后，编译器就在内存中分配相应大小的内存块，用以存储这个数组。该内存块中第一个字节的地址称为数组的起始地址，也称为首地址。数组元素在该内存块中按下标顺序连续存放。例如，上面的 score 数组在内存中的存储情况是（假设起始地址为 1000）（见图 6-1）：

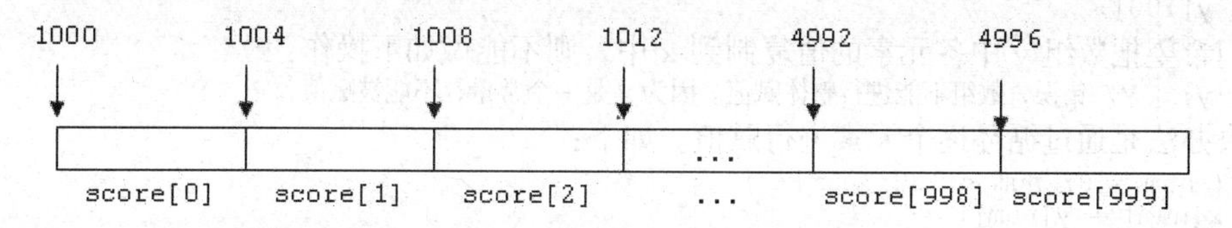

图 6-1　score 数组在内存中的存储示意

由于一个 float 型变量占据 4 字节内存空间，所以 score[0]~score[999]分别占据 4 个字节空间，整个数组占据 4000 字节空间。可见，元素的内存位置就是起始地址加上下标指示的偏移量。例如，score[998]的内存地址是 1000+4*998=4992。在 C++程序中，数组一旦分配了内存空间，其存储位置就不再改变，而数组名实际上就代表该数组的起始地址。起始地址是一个地址常量，因此**数组名就是一个地址常量**。

如果数组长度为 *n*，则元素下标应在 0~*n*-1，否则编译可以通过，但在运行时却会出现“非法访问内存”的错误，这就是下标越界的问题。例如：

```
float score[1000];
for( num = 0; num <= 1000, num ++ ) {
   cin >> score[num];
     ...
}
```

以上这段程序语法没错，编译通过，但运行程序后当 num 变为 1000 时出现内存访问非法的错误，操作系统将强行中止程序的执行。

这是因为编译器在编译数组元素时，是通过首地址（通过数组名获得首地址）加上下标指示的偏移量来确定该元素的位置，而不去理会这个下标是否越界。因此，如果下标越界，那么此时确定的位置就是数组范围以外的存储空间，将被操作系统视为非法访问内存，如图 6-2 所示。

图中斜纹区域为数组范围以外的内存空间。根据编译器确定元素位置的方法，score[1000]的位置是 5000~5003 这 4 个字节空间，已经超出了数组的存储范围。如果仅是读取这些空间内的值，有时会得到操作系统的允许，但也是毫无意义的；如果是往这些空间存放数值（例如赋值或输入），则必定会引起非法访问内存的错误。

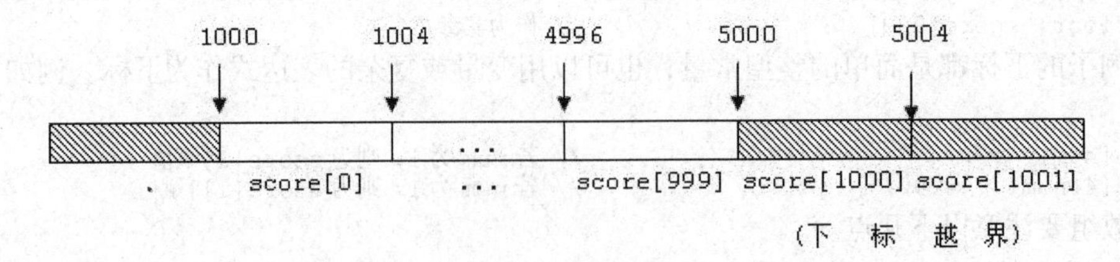

图 6-2 数组下标越界示意

在 C++语言中，程序员必须自己确保不会下标越界，编译器是不会检查这一错误的。

4. 一维数组的初始化

我们可以通过以下方式在声明数组的同时对其元素进行初始化（{}中为初始化列表）：

```
int years[5] = { 1970, 1990, 1921, 1871, 1774 };
float score[4] = { 67.5, 90.0, 100.0, 45 };
```

初始化时也可以不指明数组长度，编译器将用初始化列表的长度作为数组长度。例如：

```
int years[] = { 1970, 1990, 1921, 1871, 1774 };
float score[] = { 67.5, 90.0, 100.0, 45 };
```

其中，数组 years 和 score 的长度分别为 5 和 4。

5. 关于数组的整体操作

假如数组 x 和 y 的声明如下：

```
int x[100];
int y[100];
```

我们希望把数组 y 中各元素的值复制到 x 中，则不能做如下操作：

```
x = y;   // 错误，数组不能进行整体赋值。因为 x 是一个常量，不能被赋值。
```

解决办法是通过循环逐个元素进行赋值。如下：

```
for( num = 0; num < 100; num++ )
    x[num] = y[num];
```

还是上面的 x 和 y。假如要判断它们中对应位置的元素是否完全相等，也不能这样判断：

```
if( x == y )  // 不能这样判断数组整体是否相等
```

正确的做法是逐个元素进行比较。例如：

```
same = true;
for(num = 0; num < 100; num++ ){
    if( x[num] != y[num] ) same = false;
}
```

除 char 类型的数组外，数组是不能整体输入和输出的。例如（上面的 x）：

```
cout << x;  // 输出 x 本身的值，即一个地址值，而非 x 中所有元素的值。
```

正确的做法应该是逐个元素进行输出。例如：

```
for( num = 0; num < 1000, num ++ )
    cout << score[num] << endl;
```

6. 数组作函数参数

先看一个例子：要求编写程序，输入某个班级中 20 人的成绩，求其最高分。其中，输入成绩、求最高分要求设计为 2 个函数。程序如下：

```
// *************************************************************
// score.cpp
// 求从键盘输入的 20 个成绩（分数）中的最高分，
// 演示数组作函数参数的基本机制
// *************************************************************

#include <iomanip>
#include <iostream>

using namespace std ;

void input ( float[ ], int ) ;
void getHighest ( float[ ], int , float& ) ;

const int NUM = 20;
```

```
int main (  )
{
    float score[NUM] ;      // 声明一维数组 score，以存放 20 个成绩
    float highest ;

    // 通过 score 传递数组首地址、通过 NUM 传递数组长度给 input 函数的相应形参
    input( score, NUM ) ;

    getHighest( score, NUM, highest ) ;

    cout  <<  "Highest is:  "  << highest  << endl ;

    return 0 ;
}

void input  (  /* out */  float  array[ ], /* in */  int  number  )
// 输入 number 个学生成绩，存放在数组 array 中
// 前置条件:
//     array 已分配内存，且足以存放 number 个元素；number > 0
// 后置条件:
//     array[ 0..number -1 ]获得用户从键盘输入的值
{
   int  m;

   cout << "Please enter " << number << " scores." << endl;
   for ( m = 0 ; m < number;  m++ ) {
      cout << "Enter a Score(" << m+1 << "): " ;
      cin >>  array[m] ;
   }
}

void  getHighest (  /* in */  float   array[ ] ,
                   /* in */  int    number ,
                   /* out */  float& largest )
// 获取数组 array 中的最大值
// 前置条件:
//     number > 0 且 array [0 . . number -1 ]已赋值
// 后置条件:
//     largest==array[0 . . number-1]中的最大值
{
   int m;

   largest = array[0] ;
   for ( m = 0 ; m < number;  m++ ) {
      if ( array[m]  > largest )
         largest  =  array[m] ;
   }
}
```

通过以上程序可以看到，数组名可以作为实参，而数组名是一个数组的首地址。因此，被调用函数相应的形参可以采用类似数组定义的方式：

```
void input  (  /* out */  float  array[ ], /* in */  int  number  )
```

从而令 array 的值与 score 相等，因此 array 也是实参数组的首地址。这样在被调用函数 input 中 array[n]就是 main 函数中的 score[n]（0<=n<NUM）。当然，被调用函数除了需要知道数组首地址外，还需要知道数组长度，因此要增加一个变量 number 来接收 main 函数传递进来的数组长度。具体如图 6-3 所示。

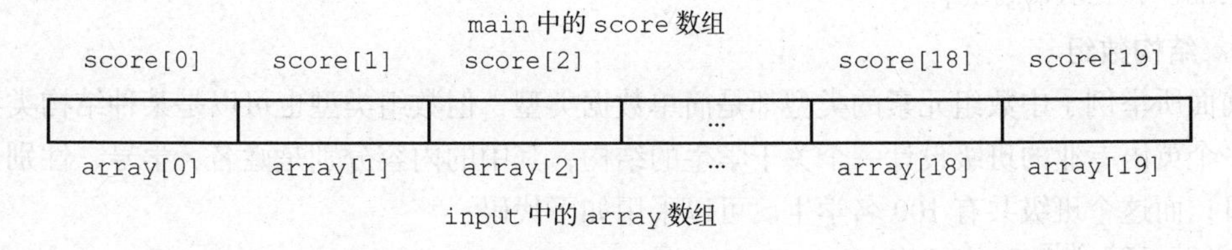

图 6-3　实参数组与形参数组共用同一内存块

我们看到，实际上score[n]与array[n]是使用同一块内存，也就是说它们是同一数组。所以，在input函数中为array数组各元素赋值实质上就是为main函数中的score数组的相应元素赋值；在getHighest函数中使用的array数组各元素即为main函数中score数组的相应元素。

大家可能会以为，函数首部和函数声明中在array后面加上[]表示array是一个数组名。这样理解是错误的。实际上数组名是常量，而此处的array作为形参是一个变量，因此不可能是数组名。这里也并不是定义了一个数组，array实际上是一个**指针变量**，用以接收外部传递进来的地址值。这一点在指针部分再详细叙述。

7. 有字面意义的下标——枚举类型作下标

假如需要一个一维数组存储某个学生语文、数学、英语、物理、化学和历史6门课程的成绩，我们可以如下定义：

```
float score[6];  // score[0..5]分别表示语文、数学、英语、物理、化学
                 // 和历史课程的成绩
```

但是当你看到

```
cout << score[3];
```

时，就必须翻查相关的注释，才能知道该语句是输出物理科的成绩。

如果下标具有字面意义，例如score[PHYSICS]，那么一看就知道这是物理科成绩。为此，可利用枚举类型：

```
enum course{ CHINESE, MATH, ENGLISH, PHYSICS, CHEMISTRY, HISTORY };
```

这样score[CHINESE]就是score[0]，score[HISTORY]就是score[5]。数组元素的物理含义一目了然。

而在循环时，会有类似如下的形式：

```
course c;
for( c = CHINESE; c <= HISTORY; c = course( c+1 ) )
    cout << score[c];
```

枚举类型作下标可以增强代码的可读性。

枚举类型的变量可以与整型量进行运算，结果为整型；但整型量不能直接赋值给枚举类型的变量，需要使用强制类型转换（详见5.2节）。

8. 利用typedef定义一维数组

我们可以把长度相同，元素类型也相同的一维数组看成属于同一种数据类型的数据。那么只需要先创建这种数据类型，就可以用它来定义出多个一维数组。为此，可以借助typedef。如下：

```
typedef float FloatArr[100];    // ①
FloatArr angle;                 // ②
FloatArr velocity;              // ③
```

① 的含义是：FloatArr是数据类型名（不是数组名），表示的是"长度为100、元素类型为float"这种形态的数据类型。所以用FloatArr定义出来的数据angle和velocity分别是长度为100、元素类型为float的一维数组。因此②和③与以下的传统写法完全等价：

```
float angel[100];
float velocity[100];
```

9. 结构数组

前面所举例子中数组元素的类型都是简单数据类型，但数组类型也可以是某种结构类型。例如为一个英语专业的班级设计一个关于学生的结构，其中的内容分别是姓名、学号、性别、出生年月日；而这个班级共有100名学生。可以采用如下代码：

```
const int NUM = 100;
struct Date{
    int year
```

```
        int month;
        int day;
    }
    struct StudentRec{
        string name;
        int no;
        char gender;
        Date Birth;
    }
    StudentRec EnglishClass[100];
```

定义好以上的结构和数组后，便可以引用里面的元素。例如，可以这样输出全班同学的出生年月日：

```
int i;
for( i = 0; i < NUM; i++ ){
    cout << EnglishClass[i].birth.year << endl;
    cout << EnglishClass[i].birth.month << endl;
    cout << EnglishClass[i].birth.day << endl;
}
```

数组 EnglishClass 的结构如图 6-4 所示。

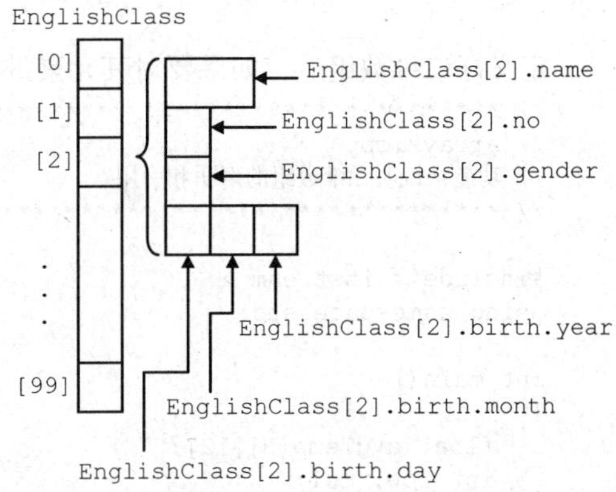

图 6-4　数组 EnglishClass 的结构图

10. 对象数组

创建和使用对象数组与结构数组是很相似的。例如，利用第 5 章的 Date 这个类可以创建一个一维数组 birth：

```
Date birth[10]; // 创建一维数组 birth，长度为
                // 10，元素类型为 Date
```

由于每一个元素都是 Date 的对象，因此可以使用成员选择符“.”来引用对象的公共成员。例如：

```
birth[3].set( 1980, 2, 13 );   // 调用 birth[3]的 set 函数
birth[9].print();              // 调用 birth[9]的 print 函数
birth[10].increment();         // 错误! 下标越界。
```

用上述形式创建对象数组的要求是：若对象具有构造函数，则其中必须至少有一个是默认构造函数。这样在创建数组时，会为所有元素自动调用这个默认构造函数。例如创建 birth 时，会为 birt[0]~birth[9] 自动调用默认构造函数，使得它们内部的年月日都被初始化为 2000 年 1 月 1 日。

6.1.2　二维数组

一维数组代表的是一组类型相同的变量的序列。但在日常生活中，我们经常会碰到很多更复杂的、用一维数组无法解决（或不好解决）的问题。例如，需要某种数据结构来存储若干个地区一年内每个月的平均温度。直观地想象，我们会希望这种数据结构具有以下形式：

```
avgTemp[地区编号][月份]
```

这样，avgTemp[3][0]表示的就是编号为 3 的地区一月份的平均温度；avgTemp[4][11]表示的就是编号为 4 的地区十二月份的平均温度。这种数据结构就是**二维数组**（two-dimensional array）。

1. 二维数组的声明

二维数组也应该遵循“先声明再使用”的原则。以上面记录平均温度的数组为例，其声明语句如下：

```
float avgTemp[9][12]; // 假设共有 9 个地区
```

其含义是声明一个二维数组 avgTemp，它由 9*12=108 个元素组成。每个元素都是 float 型变量。这 108 个元素如图 6-5 所示。

可见，声明二维数组的语法形式如下：

数据类型 数组名[整型常量表达式][整型常量表达式]；

其中，数据类型是指数组元素的数据类型。数组名是用户自定义的标识符，必须遵循 C++合法标识符的规则。左边[]内规定了二维数组的行数，右边[]内规定了二维数组的列数。

avgTemp[0][0]	avgTemp[0][1]	...	avgTemp[0][10]	avgTemp[0][11]
avgTemp[1][0]	avgTemp[1][1]	...	avgTemp[1][10]	avgTemp[1][11]
...	...	...	...	...
avgTemp[7][0]	avgTemp[7][1]	...	avgTemp[7][10]	avgTemp[7][11]
avgTemp[8][0]	avgTemp[8][1]	...	avgTemp[8][10]	avgTemp[8][11]

图 6-5　二维数组 avgTemp

定义好二维数组后，如果要对其元素进行输入赋值，可采用如下代码：

```
// *****************************************************
// array2.cpp
// 功能：说明二维数组的声明和引用
// *****************************************************

#include < iostream >
using namespace std;

int main()
{
    float avgTemp[9][12];
    int row, col;

    for( row = 0; row < 9; row ++ ) {
      for( col = 0; col < 12; col++ ) {
         cin >> avgTemp[row][col];
      }
    }

    return 0;
}
```

2. 二维数组元素的引用

在 array2.cpp 中我们看到，声明二维数组 avgTemp 后，即可引用这个数组的元素。元素的引用形式如下：

数组名[整型表达式][整型表达式]

其中，整型表达式的值就是该元素的下标值，它指出了该元素在数组中的位置。例如，avgTemp[7][10]就是该二维数组行下标为 7 列下标为 10 的元素（见图 6-5）。

与一维数组的元素一样，通常二维数组的元素也是变量[①]，所以使用二维数组元素与使用一个一般的变量没有区别。例如：

```
avgTemp[0][11] = 90.0;                          // 进行赋值
cin >> avgTemp[2][0];                           // 输入
cout << avgTemp[2][0];                          // 输出
y = avgTemp[2][0]*3/2.0 + avgTemp[3][4];        // 参与运算
y = floor( avgTemp[2][0] );                     // 作为实参
```

与一维数组一样，二维数组的声明中[][]里面的值与引用元素时[][]里面的下标是不一样的概念。前者必定是常量，指出该数组的行数和列数；而后者可以是变量或常量，指出该元素在数组中的位置。下标必须在 0 至行数-1 以及 0 至列数-1，否则会出现下标越界的错误。

另外，二维数组声明中的长度要求是常量的原因与一维数组相同。因此，下面的代码会有语法错误：

① 当然也可以声明元素为常量的数组。常量数组中的每个元素都是常量，而不是变量。

```
int row, col;
cin >> row >> col;
float avgTemp[row][col]; // 错误，行数和列数不能是变量。
```

3. 二维数组在内存中的存储形式与下标越界的问题

声明二维数组后，编译器就在内存中分配相应大小的内存空间，用以存储数组元素。数组元素按行下标顺序连续存放，而每行内的元素则按列下标顺序连续存放。例如，上面的 avgTemp 数组在内存中的存储情况是（假设数组起始地址为 1000）（见图 6-6）：

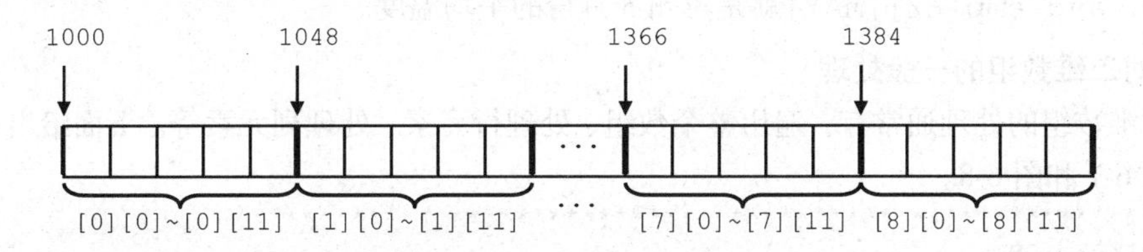

图 6-6　二维数组 avgTemp 的存储示意

可见，第 1 行存储在第 0 行后面，第 2 行存储在第 1 行后面……最后一行存储在最后面。而每行的存储情况则如一维数组：按列下标顺序存放。

根据这样的存放方式，我们可以计算某行的起始地址以及某个元素的地址。假设数组起始地址为 Start，每行共有 COL 个元素，每个元素占内存空间为 SIZE 个字节，那么第 *k* 行的起始地址为 Start+k*COL*SIZE，而下标为[k][n]的元素的地址为 Start+k*COL*SIZE+n*SIZE。如上例 avgTemp 的第 7 行起始地址为 1000+7*12*4=1366。而 avgTemp[7][2]的地址就是 1366+2*4=1374。

如果二维数组行列长度分别为 ROW 和 COL，则元素的行下标和列下标应分别在 0~ROW-1 和 0~COL-1，否则会导致所访问到的元素与实际不符，或者运行时会出现“内存访问非法”的错误，这就是二维数组的下标越界问题。如上例的 avgTemp。若程序中出现 avgTemp[1][12]，那么编译器首先计算第 1 行首地址为 1048，然后再计算 avgTemp[1][12]相对该行首地址的偏移地址，即 12*4=48，相加得 1096。这实际上是 avgTemp[2][0]的地址。因此，avgTemp[1][12]实际上是 avgTemp[2][0]。如果程序中出现 avgTemp[9][0]，则在运行时会访问二维数组范围以外的内存空间，从而引起内存访问非法的错误。

这两种情况都是我们不想碰到的，因此程序员应该注意保证下标不越界，C++编译器是不会检查这一错误的。

4. 二维数组的初始化

我们可以通过以下方式在声明二维数组的同时对其元素进行初始化：

```
int array[3][4] = { {1, 2, 3, 4},{5, 6, 7, 8},{9, 10, 11, 12} };
```

其中，每一行的元素用一对花括号括住[①]。

这样 array 的元素如下：

```
1 2  3 4
5 6  7 8
9 10 11 12
```

如果初始化列表中给出了所有元素的初始值，则声明时可以省略对行数的说明。例如，下述声明与上面声明形式等价：

```
int array[][4] = { {1, 2, 3, 4},{5, 6, 7, 8},{9, 10, 11, 12} };
```

---

① 初始化还有其他形式（例如不用花括号括住每行），这种形式比较好。

5. 枚举类型作二维数组元素的下标

与一维数组类似，二维数组元素的下标使用枚举类型可以增强代码的可读性。例如，假设上面的 avgTemp 代表的是广州、佛山、肇庆、东莞、惠州、深圳、江门、中山和珠海 9 城市 12 个月的平均温度，则可以采用如下代码：

```
enum City{GZ, FS, ZQ, DG, HZ, SZ, JM, ZS, ZH };
enum Month{ JAN, FEB, MAR, APR, MAY, JUN, JUL, AUG, SEP, OCT, NOV, DEC};
float avgTemp[9][12];
```

这样，avgTemp[HZ][MAY]就是惠州 5 月份的平均温度。

6. 对二维数组的一般处理

对二维数组的处理通常有：遍历整个数组、处理行元素、处理列元素等。下面给出一些例子。可参见图 6-7 和图 6-8。

```
// *****************************************************
// array3.cpp
// 求二维数组中所有元素之和。采用两重循环遍历整个数组。
// *****************************************************

#include < iostream >
using namespace std;

const int CITYS = 9;
const int MONTHS = 12;
int main()
{
    float avgTemp[CITYS][MONTHS];
    float sum = 0;
    int row, col;

    for( row = 0; row < CITYS; row ++ ) {  // 注意行列下标都不要越界
        for( col = 0; col < MONTHS; col++ )  {
            cout << "Please enter the value for avgTemp["
                 << row << "][" << col << "]: ";
            cin >> avgTemp[row][col];
            sum = sum + avgTemp[row][col];
        }
    }
    cout << "The summation is " << sum << endl;

    return 0;
}
// *****************************************************
// array4.cpp
// 求二维数组每行之和
// *****************************************************

#include < iostream >
using namespace std;

const int CITYS = 9;
const int MONTHS = 12;

int main()
{
    float avgTemp[CITYS][MONTHS];
    float sum[9] = {0};
    int row, col;

    for( row = 0; row < CITYS; row ++ ) {   //外循环负责行的遍历
        for( col = 0; col < MONTHS; col++ ) {
            //内循环负责计算该行的总和
            cout << "Please enter the value for avgTemp["
                << row << "][" << col << "]: ";
            cin >> avgTemp[row][col];
            sum[row] = sum[row] + avgTemp[row][col];
```

```
        }
    }

    for( row = 0; row < CITYS; row ++ ) {
        cout << "The summation of row " << row << " is "
             << sum[row] << endl;
    }

    return 0;
}
```

对数组进行初始化时，如果初始化列表中给出的初始值数目少于元素数目，则其余元素均初始化为 0 值。例如，上例中数组 sum 的初始化。

```
// ********************************************************
// array5.cpp
// 求二维数组每列之和
// ********************************************************

#include < iostream >
using namespace std;
const int CITYS = 9;
const int MONTHS = 12;

int main()
{
    float avgTemp[CITYS][MONTHS];
    float sum[12] = {0};
    int row, col;

    for( col = 0; col < MONTHS; col++ ) { //外循环负责列的遍历
        for(row = 0; row < CITYS; row++ ) {
            //内循环负责计算该列的总和
            cout << "Please enter the value for avgTemp["
                 << row << "][" << col << "]: ";
            cin >> avgTemp[row][col];
            sum[col] = sum[col] + avgTemp[row][col];
        }
    }

    for( col = 0; col < MONTHS; col ++ )
        cout << "The summation of col" << col << " is "
             << sum[col] << endl;

    return 0;
}
```

7. 定义二维数组的其他方法

如图 6-7 所示，二维数组 avgTemp 也可以看成一维数组：这个一维数组的元素分别是 avgTemp[0..8]，而 avgTemp[0..8]这 9 个元素都是长度为 12 的、元素类型为 float 的一维数组。

avgTemp[0]		…	
avgTemp[1]		…	
⋮		…	
avgTemp[7]		…	
avgTemp[8]		…	
	12 个 float 型元素		

图 6-7　二维数组 avgTemp 可看成元素为一维数组的一维数组

因此，我们可按如下方式定义这个二维数组：

```
typedef float MonthType[12];
MonthType avgTemp[9];
```

还有一种方法：

把行数相同、列数相同、元素类型相同的二维数组看成属于某种数据类型。这样只需要创建出这种数据类型，就可以用它来定义多个二维数组。为此，可以运用 typedef 如下：

```
const int PLACES_NUM = 9;
const int MONTHS_NUM = 12;
typedef float ArrayType[PLACES_NUM][MONTHS_NUM]; // ①
ArrayType avgTemp;                               // ②
```

①的含义是：ArrayType 是数据类型名（不是数组名），表示的是“行列数目分别为 PLACES_NUM 和 MONTHS_NUM、元素类型为 float”这种形态的二维数组的数据类型。所以用 ArrayType 定义出来的数据 avgTemp 就是行列数目为 PLACES_NUM 和 MONTHS_NUM、元素类型为 float 的二维数组。因此，②与以下的传统写法完全等价：

```
float avgTemp[PLACES_NUM][MONTHS_NUM];
```

8. 数组作函数参数

对上面的二维数组 avgTemp，假设我们通过函数 input 为其各元素输入值，并通过函数 getHighest 分别获得各地最高的月平均温度。程序如下：

```
// ************************************************************
// avgTemp.cpp
// 求各地 12 个月中最高的月平均温度；介绍二维数组作函数参数的基本机制
// ************************************************************

#include <iostream>
using  namespace  std ;

const int PLACES_NUM = 9;
const int MONTHS_NUM = 12;

void  input  ( float[ ][MONTHS_NUM], int ) ;
void  getHighest  ( float[ ][MONTHS_NUM],  int , float[] ) ;

int main (   )
{
    float avgTemp[PLACES_NUM][MONTHS_NUM];
    float highest[PLACES_NUM];          // 用于存储各地的最高月平均温度
    int m;

    input( avgTemp, PLACES_NUM ) ;   // ①

    getHighest( avgTemp, PLACES_NUM, highest ) ;  // ②

    cout <<  "Highest temperatures for " << PLACES_NUM
         << " citys were:" << endl;
    for( m = 0; m < PLACES_NUM; m++ )
       cout  << highest[m] << endl ;

    return 0 ;
}

void input  (  /*out*/  float  array[ ][MONTHS_NUM],
               /*in*/   int row )                      // ③
// 输入各地各月的平均温度
{
   int  m, n;

   for ( m = 0 ; m < row;  m++ ) {
      for( n = 0; n < MONTHS_NUM; n++ ) {
         cout << "Enter a value for [" << m << "][" << n << "]: ";
         cin >>  array[m][n] ;
      }
   }
}
```

```
void getHighest (  /* in */     float   array[ ][MONTHS_NUM] ,
                   /* in */     int     row ,
                   /* out */    float   largest[] )  // ④
// 获取二维数组 array 中每一行的最大值
{
    int  m, n;

    for ( m = 0 ; m < row;  m++ ) {
        largest[ m ] = array[ m ][ 0 ];
        for( n = 0; n < MONTHS_NUM; n++ ) {
          if ( array[m][n]  > largest[m] )
              largest[m]  =  array[m][n];
        }
    }
}
```

比较①和③我们看到，二维数组名 avgTemp 可以作为实参，而被调用函数相应的形参 array 必须给出第二维的长度（即列数），无需给出第一维长度（即行数）。那么，array 到底有多少行？这就需要再增加一个形参 row，用以接收从 main 函数传递进来的行数。这样，input 中的 array 的值与 main 中的 avgTemp 相等，且 input 中要处理的行列数均与 main 里面相同。于是 input 中的 array[m][n]与 main 中的 avgTemp[m][n]就是相同的数组，即它们所占的内存空间是一样的，如图 6-8 所示。

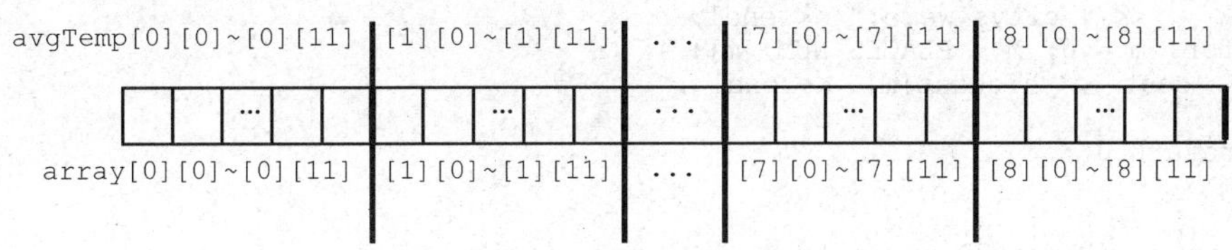

图 6-8　数组作为函数参数图示

因此，在 input 中为 array 的各元素赋值即相当于为 main 中的 avgTemp 各元素赋值。同理，getHighest 中使用的 array 各元素即为 main 中的 avgTemp 各元素。

形参 array 不仅需要给出列长度，而且该长度必须与实参 avgTemp 的列长度相同。这是因为在 input 函数中编译器需要通过列长度计算 array 元素的地址。若该长度与实参的列长度不同，则会发生元素“错位”的现象。

假设上例中的③改成如下：

```
void input (  /*out*/  float  array[ ][10],  //列长度由 12 变成 10
              /*in*/   int    row )
```

那就表明 array 的列长度为 10，即每行有 10 个元素。因此，array 与 avgTemp 的对应关系变成如图 6-9 所示。

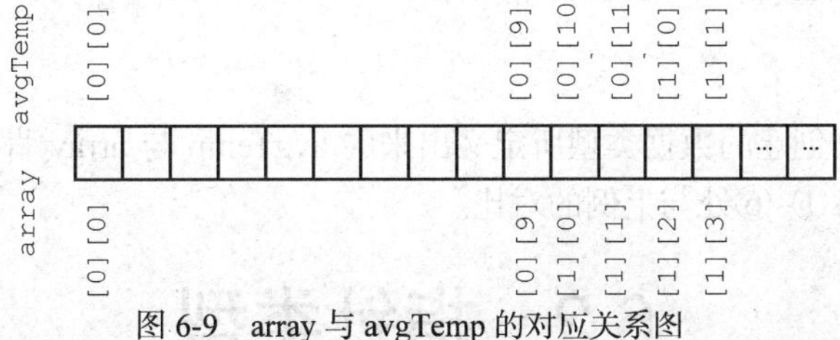

图 6-9　array 与 avgTemp 的对应关系图

可见，从[0][9]后开始出现元素错位，如 array[1][1]实际上是 avgTemp[0][11]。一般而言，这种 array[m][n]≠avgTemp[m][n]的情况是程序员不希望碰到的。为了避免这种情况，我们可以借助上节介绍的利用 typedef 定义数组类型的方法。

```
// ****************************************************************
```

```
// avgTemp2.cpp
// 求各地 12 个月中最高的月平均温度；利用 typedef 定义数组类型
// **********************************************************

#include <iostream>
using  namespace  std ;

const int PLACES_NUM = 2;
const int MONTHS_NUM = 3;

typedef float Array2D[PLACES_NUM][MONTHS_NUM];   // ①
typedef float Array1D[PLACES_NUM];               // ②

void input ( Array2D );
void getHighest ( Array2D, Array1D );

int main (  )
{
    Array2D avgTemp;
    Array1D highest;
    int m;

    input( avgTemp ) ;   // ③
    getHighest( avgTemp, highest ) ; // ④

    cout <<  "Highest temperatures for " << PLACES_NUM
         << " citys were:" << endl;
    for( m = 0; m < PLACES_NUM; m++ )
      cout  << highest[m]  << endl ;

    return 0 ;
}

void input ( Array2D array )                  // ⑤
{
   int  m, n;

   for ( m = 0 ; m < PLACES_NUM;  m++ ) {
      for( n = 0; n < MONTHS_NUM; n++ ) {
         cout << "Enter a value for [" << m << "][" << n << "]: ";
         cin >>  array[m][n] ;
      }
   }
}

void  getHighest  ( Array2D array , Array1D largest )  // ⑥
{
   int  m, n;

   for  ( m = 0 ; m < PLACES_NUM;  m++ ) {
      largest[ m ] = array[ m ][ 0 ];
      for( n = 0; n < MONTHS_NUM; n++ ) {
         if  ( array[m][n]  > largest[m] )
            largest[m]  =  array[m][n];
      }
   }
}
```

这样，利用①和②创建的数据类型所定义出来的 avgTemp 与 array 肯定是行列均相同的二维数组。阅读代码时注意①~⑥处与上例的对比。

6.2 指针类型

6.2.1 基本概念

假如内存大小为 M bytes，即内存空间共有 *M* 个字节。我们可以为这些字节编号，如图 6-10 所示。

我们看到，某个编号指向某个存储块（字节），这就像我们平常所说的“**地址（address）**”一样。例如，“中国广东省广州市××区××路×××号”这样的地址就指向了某座楼房。在 C++中，这样的编号就称为地址。同时，由于地址实际上就是指向某个存储字节的数据，就像“中国广东省广州市××区××路×××号”是指向某座楼房一样。因此在 C++中，地址也称为指针。

考虑下面的程序片断。假设各变量在内存中的存储情况如图 6-11 所示。

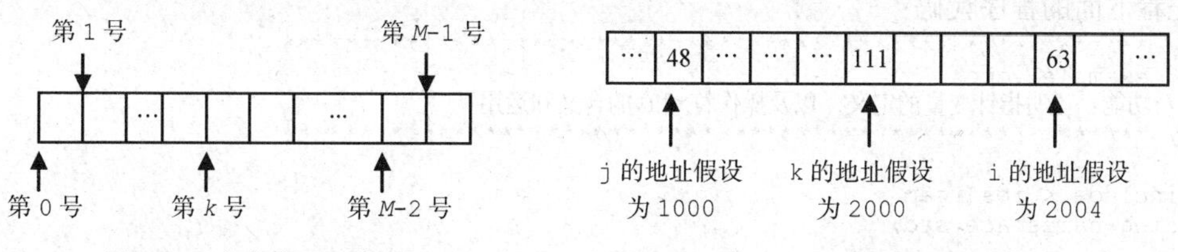

图 6-10　内存编号示意图　　　　图 6-11　变量存储示意图 1

```
char i,j,k;
i = ‘?’;
j = ‘0’;
k = i + j;
```

我们称“变量 j 的地址为 1000”，或“变量 j 的指针为 1000”。

假如程序段改成如下，且各变量在内存中的存储情况如图 6-12 所示（假设一个 int 类型变量占 4 字节）。

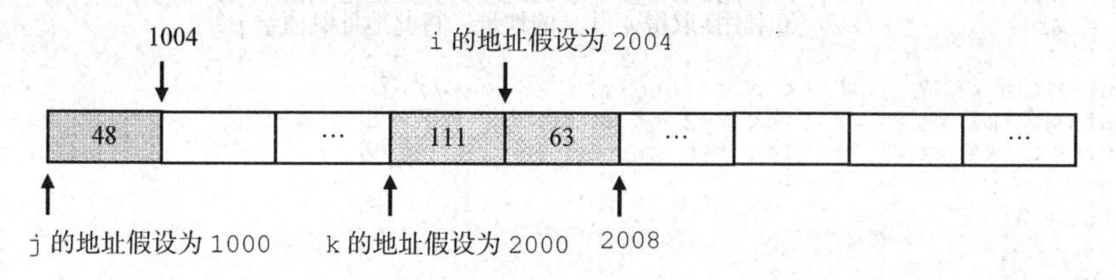

图 6-12　变量存储示意图 2

```
int i,j,k;
i = 63;
j = 48;
k = i + j;
```

此时 j，k，i 所在内存块的起始地址与上例一样，都是 1000、2000 和 2004。但由于现在这三个变量是 int 型，分别占据 4 字节，因此以上两个例子的内存存储情况是不一样的。由此可见，一般情况下，**指针（即地址）这种数据应该包含两方面的信息：①地址值；②所指向数据的数据类型。**在下面的学习中，我们将很清楚地了解到指针的这一特点。

6.2.2　指针常量与指针变量

1. 指针常量与取地址操作符(&)

在上节的各示意图中，我们标出来的地址“1000”、“1004”等实际上只是分析时方便的写法而已，它们不会直接出现在源代码中。这是因为编写程序时，根本不知道程序在运行时会被操作系统载入内存中的什么地方；换言之，根本不知道这些地址是多少。何况在现代通用计算机的构架下，内存空间的分配是完全由操作系统负责的，用户程序根本没有决定权。

但是，当程序载入内存运行时，其数据就确实存在于内存空间中某一确切的内存块中。如果我们能够取得该内存块的地址，那么这个地址就是地址常量（指针常量）。C++提供取地址操作符“&”，可置于某变量名前用以取得存放该变量的内存块的地址。例如，在定义语句

```
int i;
```

之后，&i 就是变量 i 的地址；&i 就是一个指针常量；&i 是指向 int 型变量 i 的指针。它

包含了两方面的信息：地址值（这里是 i 所占内存块的起始地址，如上例的 2004）和所指向数据的数据类型（这里是 int 型）。

当然，地址值具体是多少，作为使用高级语言的程序员是无须考虑的。我们在程序中直接将 &i 作为 i 的地址使用即可。

2. 指针变量的定义、运用以及指针操作符(*)[①]

先看下面的程序代码：

```
// ********************************************************
// example1.cpp
// 功能：说明指针变量的定义，以及操作符*和&的含义和运用
// ********************************************************

#include < iostream >
using namespace std;

int main()
{
    int a;              // 定义整型变量 a
    float b;            // 定义 float 型变量 b
    int* p1;            // ①定义指向整型变量的指针变量 p1
    float* p2;          // ②定义指向 float 型变量的指针变量 p2

    a = 100;            // ③
    b = 3.1;            // ④

    p1 = &a;            // ⑤利用&取得变量 a 的地址，将此地址赋值给 p1
    p2 = &b;            // ⑥利用&取得变量 b 的地址，将此地址赋值给 p2

    cout << a << "    " << b << endl;           // ⑦
    cout << *p1 << "    " << *p2 << endl;       // ⑧
    cout << *&a << "    " << *&b << endl;       // ⑨

    return 0;
}
```

运行结果为：

```
100    3.1
100    3.1
100    3.1
```

⑤与⑥中利用操作符&取得变量 a 和 b 的地址。我们知道它们是指针常量，那么就应该可以赋值给相同数据类型的变量，就像整型常量可以赋值给整型变量、浮点型常量可以赋值给浮点型变量一样。可以接受指针常量赋值的变量就是指针变量。当然，&a 是指向 int 型数据的指针常量，能存储它的当然是指向 int 型数据的指针变量；而能存储&b 的应该是指向 float 型数据的指针变量。可见定义指针变量时不仅要说明该变量是指针变量，还要说明该指针变量所指向数据的数据类型。

定义指针变量的语法形式为：

基数据类型* 指针变量名;

或：

基数据类型 *指针变量名;

当需要在同一语句中定义多个指针变量时，应该采用第二种形式。

其中，“*”表明该变量是指针变量；而基数据类型就是该指针变量所指向数据的数据类型。经过⑤和⑥后，这些变量的关系如图 6-13 所示。

① 又称为解引用操作符（dereference operator）。

图 6-13 所示的关系，我们称之为“p1 指向 a”、“p2 指向 b”，是因为 p1 的值是 a 的地址、p2 的值是 b 的地址，从而可以通过 p1 访问 a、通过 p2 访问 b。请看语句⑧：

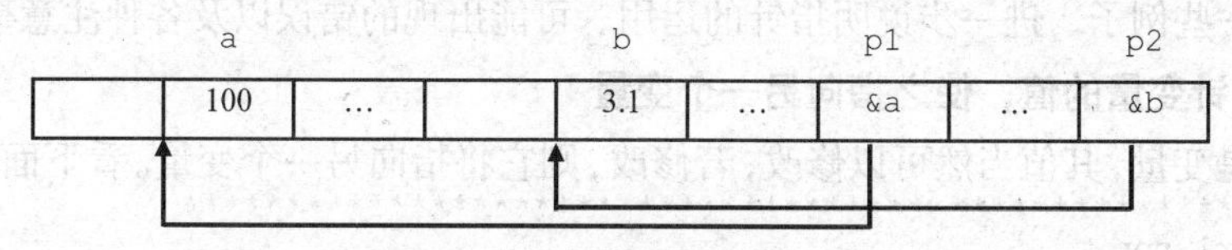

图 6-13　变量与指针变量的关系图

C++提供指针操作符 * ，置于指针变量前，即可取得该指针变量所指向的变量。因此⑧里面，*p1 实际上就是 a，*p2 实际上就是 b。所以，⑧和⑦输出的结果是一样的。

指针操作符 * 还可以置于指针常量前，取得该指针常量所指向的变量。因此⑨里面，*&a 与*&b 实际上就是 a 和 b。

需要注意的是：

（1）不要混淆定义指针变量的语句（①和②）中的 * 与指针操作符 *（⑧和⑨）。前者用来说明 p1 与 p2 是指针变量；后者用来取得指针所指向的变量。

（2）一定要先为指针变量赋值（例如⑤与⑥），使其指向某一确切的内存块后，才能使用指针操作符 * 访问该内存块。如果在定义了指针变量后（例如①和②），缺少了诸如⑤与⑥这样的语句，就立即使用指针操作符，很可能会破坏掉别的数据。例如：

```
int*  p1;
*p1 = 1; //不要这样!
```

这是因为定义了 p1 后，并没有给它赋值，其值为某一随机值，因此随机地指向了某一内存块，如图 6-14 所示。如果此时为该内存块赋值，就会破坏掉这一内存块内原本的值；如果是读取该内存块，则会读出无意义的数据。在一些操作系统中，这些访问操作会引发“内存访问非法”的错误。

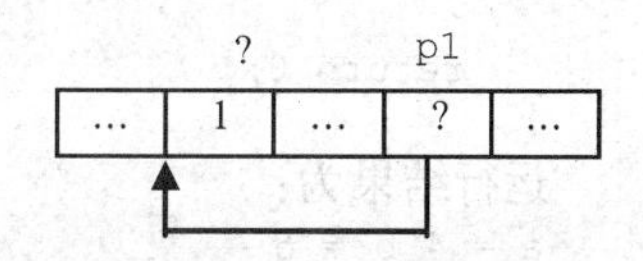

图 6-14　未赋值的指针变量随机指向某内存块图

3. 直接访问与间接访问

编译器碰到诸如语句⑦里面的变量名 a、b 时，必须先把它们转换为地址，然后才能访问所对应的内存块，因此使用变量名来访问变量的方式称为“**间接访问（indirect access）**”。而当碰到⑧里面的*p1、*p2 时，由于 p1、p2 的值就是 a 和 b 的地址，因此可以直接访问它们所指向的变量 a 和 b，而无须经过“变量名转换为地址”这一过程。因此，使用地址来访问变量的方式称为“**直接访问（direct access）**”。

这里的“直接”、“间接”是从编译器的角度出发得出的，与高级语言程序员的直观感觉刚好相反。从高级语言的使用来看，是把变量名等同于变量（即内存块）的。例如给变量名赋值，即等同于把这个值放到了变量对应的内存块中。因此，使用变量名来访问变量显得很“直接”，甚至比使用指针更“直接”，因为使用指针似乎更“麻烦”。关于这一点，我们认为：“很多时候，名称并不是最重要的，最重要的是理解它们的含义。”

4. (void*)类型的指针

前面说过，一般情况下，指针（即地址）这种数据应该包含两方面的信息：①地址值；②所指向数据的数据类型。但也有特殊情况：指针仅包含信息①而不包含信息②，这种指针就是指向 void 型的指针。可以这样定义：

```
void* p; 或 void *p;
```

这样就可以把某段内存的起始地址赋值给 p，但 p 究竟指向什么类型的数据尚未确定，需要后面再进行强制类型转换，得到指向某种确定类型的指针后才能使用。对于这一点，将在 6.3.4 小节再作介绍。

6.2.3 指针的运用

下面通过一些例子，进一步说明指针的运用、可能出现的错误以及各种注意事项。

1. 修改指针变量的值，使之指向另一个变量

指针变量是变量，其值当然可以修改；若修改，则它将指向另一个变量。看下面程序及图 6-15：

```
// ***************************************************
// pointer1.cpp
// 修改指针变量使之指向另一个变量
// ***************************************************

#include < iostream >
using namespace std;

int main()
{
    int a = 4, b = 5;   // ①
    int *p1, *p2, *p;  // ②

    p1 = &a;            // ③ p1 指向 a
    p2 = &b;            // ④ p2 指向 b

    p = p1;             // ⑤ p1 与 p2 的值互换，因此 p1 指向 b，p2 指向 a
    p1 = p2;            // ⑥
    p2 = p;             // ⑦

    cout << "a = " << a << "  " << "b = " << b << endl;   // ⑧
    cout << "p1 指向的变量的值：" << *p1 << "  "<< endl;      // ⑨
    cout << "p2 指向的变量的值：" << *p2 << endl;             // ⑩

    return 0;
}
```

运行结果为：

```
a = 4 b = 5
p1 指向的变量的值：5
p2 指向的变量的值：4
```

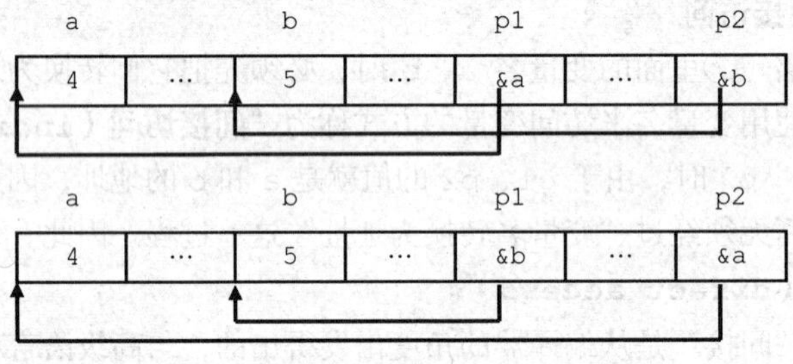

图 6-15 修改指针变量 p1 和 p2 的值图

2. 指针变量作函数参数

```
// ***************************************************
// pointer2.cpp
// 说明指针变量作函数参数
// ***************************************************

#include < iostream >
using namespace std;

void swap( int *p1, int *p2 ) // ④
{
    int temp;

    temp = *p1; // ⑤
    *p1 = *p2;  // ⑥
    *p2 = temp; // ⑦
```

```
    }

    int main()
    {
        int a = 4, b = 5;
        int *p1, *p2;

        p1 = &a;            // ①
        p2 = &b;            // ②

        swap( p1, p2 );     // ③

        cout << "a = " << a << "  "<< "b = " << b << endl; // ⑧

        return 0;
    }
```

运行结果为：

```
a = 5 b = 4
```

我们看到，经过①和②后，p1 和 p2 的值分别为 a 和 b 的地址，因此分别指向了 a 和 b，如图 6-16(a)所示。④里面定义的形参变量 p1 和 p2 是指向 int 类型数据的指针变量；③的调用语句中实参 p1 和 p2 与形参 p1 和 p2 名字相同。传递方式是值传递，即实参 p1 的值单向传递给形参 p1，实参 p2 的值单向传递给形参 p2，从而使得形参 p1 和 p2 的值分别是 a 和 b 的地址，如图 6-16（b）所示。因此 swap 函数里面，p1 和 p2 也指向了 a 和 b 这两个变量；从而在 swap 里面，*p1 就是 a、*p2 就是 b。因此语句⑤⑥⑦实质上就是 a 和 b 的值对调，如图 6-16（c）所示。所以 swap 结束返回到 main 函数后，a 和 b 的值就已经对调了，如图 6-16（d）所示。

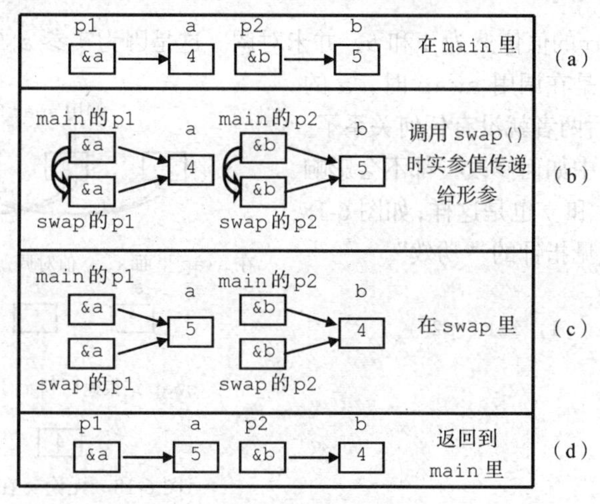

图 6-1　6 指针作函数参数示意图

需要注意，main 里面的实参 p1 与 swap 里面的形参 p1 是两个不同的变量，它们的关系仅存在于 main 调用 swap 时，实参 p1 的值传递给形参 p1；然后，它们就没有任何关系了。对于 p2 也是如此。

另外我们看到，在 swap 中获得了 a 和 b 的地址，于是就可以利用 a 和 b 的地址来访问 a 和 b；也就相当于向 main 函数返回多于一个的结果值。这就是指针作参数的优点，其与参数的引用传递方式相同。当然，在 swap 中是“静悄悄”地修改了 a 和 b 的值，这就要求我们必须能够非常清晰地分析和掌握指针的指向。

假如把 swap 改成如下，会有什么问题？

```
void swap( int *p1, int *p2 )
{
    int* temp;
    *temp = *p1;
```

```
        *p1 = *p2;
        *p2 = *temp;
    }
```

运行这段程序，会引起“内存访问非法”的错误或者死机。这是因为定义 temp 为指针变量后，并没有赋给它确切的地址值。因此 temp 随机指向了内存空间中某个位置，即*temp 为内存空间中某一不确定的内存块，如图 6-17 所示。强行把 a 的值赋给*temp 就会导致内存访问非法，或者因修改掉某个关键数据而死机。

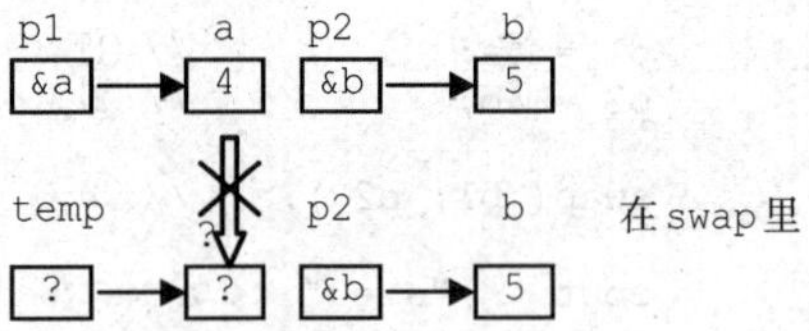

图 6-17　使用未赋值的指针变量 temp 导致错误图

假如我们把 swap 和 main 改成如下，运行后 a 和 b 的值是否会对调？

```
void swap( int x, int y )
{
    int temp;
    temp = x;
    x = y;
    y = temp;
}

int main()
{
    int a = 4, b = 5;
    swap( a, b );
    cout << "a = " << a << " "<< "b = " << b;
}
```

运行后发现 a，b 的值依然为 4 和 5，并未对调。这是因为实参 a 与形参 x 乃两个不同的变量；两者唯一的关系是在调用 swap 时，a 的值单向传递给 x，然后两者就没有任何关系了。因此无论 x 在 swap 中如何修改，都不会影响到 main 里面的 a。b 和 y 也是这样，如图 6-18 所示。由此对比，可见指针的“功效”。

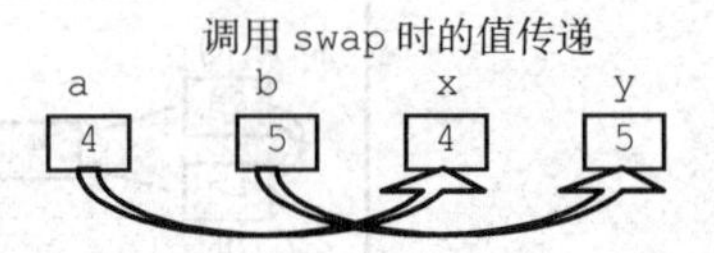

在 swap 里面 x，y 值对调，但在 main 里面 a，b 保持不变

swap 结束返回到 main 里面 a，b 保持不变

图 6-18　无论 x 在 swap 中如何修改，都不会影响 main 里面的 a

再看下面的例子：

```
void swap( int *p1, int *p2 )
{
    int *p;

    p = p1;
    p1 = p2;
    p2 = p;
}

int main()
{
    int a = 4, b = 5;
    int *p1, *p2;

    p1 = &a;
    p2 = &b;

    if(a < b) swap( p1, p2 );

    cout << "max = " << *p1 << " "<< "min = " << *p2;
}
```

运行结果为：

```
max = 4 min = 5
```

由于形参 p1 与实参 p1 是两个不同的变量（p2 亦然），因此在 swap 中形参 p1 与 p2 的值对调，对于实参 p1 和 p2 以及 a 和 b 都没有任何影响。因此在 main 中*p1 就是 a、*p2 就是 b，

它们的值依然为 4 和 5，如图 6-19 所示。

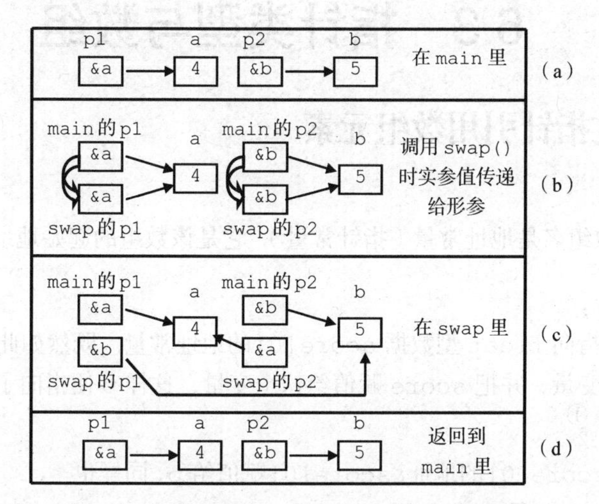

图 6-19　使用指针型参数（但函数体功能有误）的 swap 函数的运行示意图

3. 指针与引用

我们把上一小节中的程序 pointer2.cpp 改成采用引用传递参数：

```
// ******************************************************
// ref.cpp
// 采用引用参数交换两变量的值
// ******************************************************

#include < iostream >
using namespace std;

void swap( int& x, int& y )
{
    int temp;

    temp = x;
    x = y;
    y = temp;
}

int main()
{
    int a = 4, b = 5;

    swap( a, b );

    cout << "a = " << a << "  "<< "b = " << b << endl;

    return 0;
}
```

运行结果为：

```
a = 5 b = 4
```

我们看到，与程序 pointer2.cpp 一样，a 和 b 的值互换了（引用传递参数在第 4 章中有详细介绍）。可见，指针与引用的相同点就是可以使一个函数向调用者传递多个结果值。不同之处在于：

（1）原理不同。对引用传递参数而言，形参、实参实质为同一变量，或者说形参是实参的别名。例如为变量 a 起了一个别名 x，实际上 a 与 x 是同一个变量。而使用指针作函数参数，则是使被调用函数获得某变量的地址，从而使用这个地址访问这个变量。

（2）如果仅从传递结果值的角度来看，使用引用形参比使用指针参数会方便不少。因为使用指针时，必须时刻保持警惕：指针到底指向了哪里？当然对于资深程序员而言，或许会更喜欢使用指针。

6.3 指针类型与数组

6.3.1 通过指针引用数组元素

1. 数组名

前面解释过，数组名是地址常量（指针常量），它是该数组的起始地址，或者说是该数组第 0 元素的地址。例如：

```
float score[5];
```

则 score 就是指向 float 型数据 score[0]的地址常量。既然如此，我们当然可以定义指向 float 型的指针变量，并把 score 赋值给这个变量，这样 p 便指向了 score[0]。例如：

```
float* p;   // ①
p = score; // ②
```

我们也可以把 score[0]的地址&score[0]赋值给 p，同样也是令 p 指向 score[0]，即：

```
p = &score[0]; // ③与②是等价的
```

也可以在定义指针变量时进行初始化：

```
float* p = score; // ④
```

或：

```
float* p = &score[0]; // ⑤
```

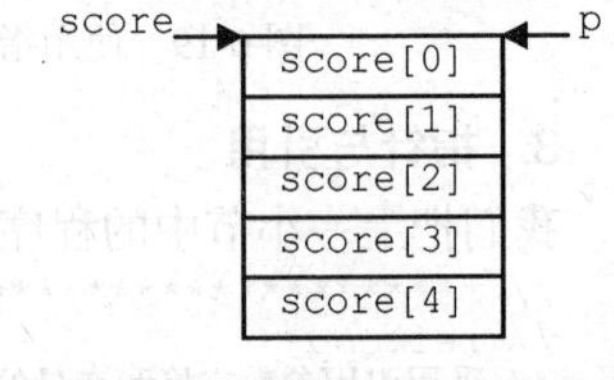

图 6-20　指针变量 p 与数组名 score 的关系示意图

经过②或③或④或⑤后，p 与 score 的关系如图 6-20 所示。此时 p 与 score 的值是相等的，唯一的区别是：p 是变量，其值可以改变；而 score 是常量，其值无法改变。那么，如何通过 p 引用数组的元素呢？

2. 通过指针引用数组元素

```
// ************************************************************
// pointerArray1.cpp
// 功能：用以说明通过指针引用数组元素
// ************************************************************

#include < iostream >
using namespace std;

int main()
{
    float score[5] = { 50, 60, 70, 80,90 };
    int i;

    for( i = 0; i < 5; i++ ) { // ①
        cout << score[i] << "  ";
    }

    cout << endl;

    for( i = 0; i < 5; i++ ) { // ②
        cout << *(score+i) << "  ";
    }

    return 0;
}
```

运行结果为：

```
50 60 70 80 90
50 60 70 80 90
```

可见，①与②都是分别输出 score 各元素的值。①里面是使用下标引用数组元素；而②里面则是使用指针引用数组元素。可见，引用数组 a 的第 i 元素可以有如下方法：

下标法：a[i]

指针法：*(a+i)

其中 a 为指向 a[0]的指针，则 a+i 就是指向 a[i]的指针，因此*(a+i)就是 a[i]。

由此可见，指针与整型数值是不同的。例如对于整型数值 1000，则 1000+1 就是 1001；但指针 a+1 则是指向下一个元素的指针，其值会跨越该元素所占据的内存块大小（例如 4 字节），并非简单的数值加 1，如图 6-21 所示。

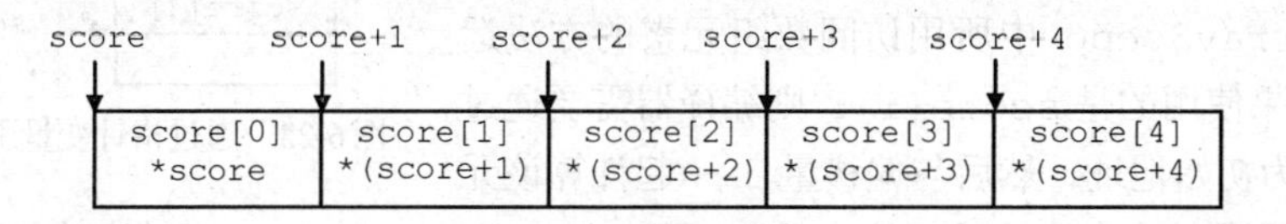

图 6-21　指针的加操作示意图

上面是通过指针常量（数组名）来引用数组元素，也可以通过指针变量引用数组元素。如下：

```
// ****************************************************
// pointerArray2.cpp
// 功能：用以说明通过指针变量引用数组元素
// ****************************************************

#include < iostream >
using namespace std;

int main()
{
    float score[5] = { 50, 60, 70, 80, 90 };
    float* p = score;
    int i;

    for( i = 0; i < 5; i++ ) { // ①

      cout << p[i] << "  ";
    }

    cout << endl;

    for( i = 0; i < 5; i++ ) { // ②
      cout << *(p+i) << " ";
    }

    return 0;
}
```

运行结果为：

```
50 60 70 80 90
50 60 70 80 90
```

可见，使用指针变量也可以利用下标法或指针法来引用数组元素。假设 p 的值与 score 相等，则 p[i]就是 score[i]（下标法），或者*(p+i)就是 score[i]（指针法）。同样我们看到，p+1 是指向下一个元素的指针，并非是简单的数值加 1，如图 6-22 所示。

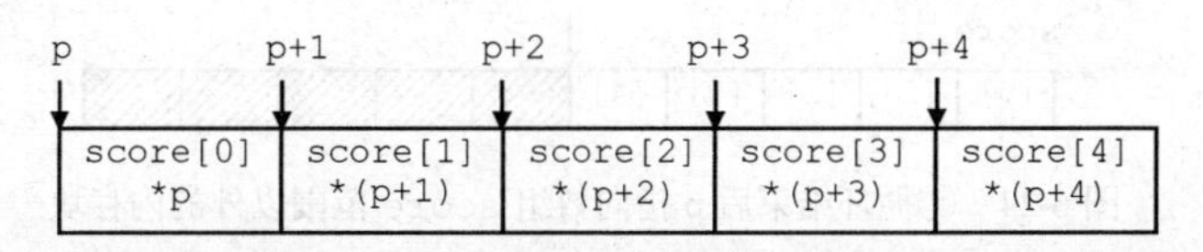

图 6-22　指针变量的加操作示意图

当然 p 是变量，其值是可以改变的。所以也可以通过 p 的变化，逐一引用数组中各元素。例见程序 pointerArray3.cpp。

其运行结果为：

```
50 60 70 80 90
```

可以看到，p 的初始值为 score，指向 score[0]，因此*p 即为 score[0]；for 语句中 p 自增，其值变为 score+1，指向 score[1]，因此*p 为 score[1]，… 直到 p 自增为 score+5，此时循环条件不满足，循环结束，如图 6-23 所示。

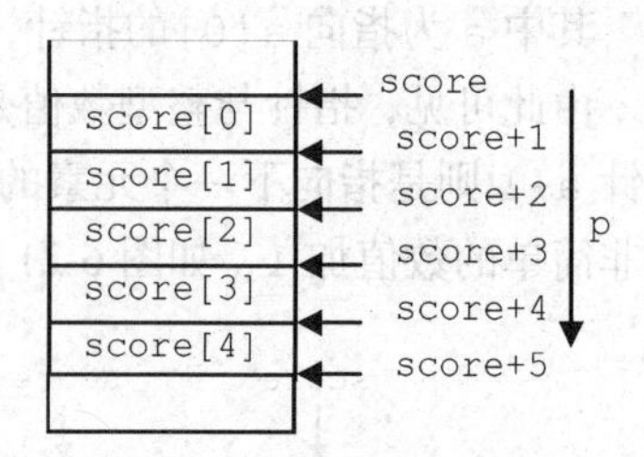

图 6-23　通过指针变量引用数组示意图

pointerArray3.cpp 中所用访问数组元素的方法运行效率较高。如果使用的是 score[i]，则编译器需要通过把 score 转化为初始地址，然后与偏移量 i 一起计算该元素的地址，然后再通过这个地址访问这个元素。而 pointerArray3.cpp 的方法是通过 p 自增，立即获得下一个元素的地址，无须复杂的地址计算。

```
// ************************************************************
// pointerArray3.cpp
// 功能：用以说明通过指针变量自增引用数组元素
// ************************************************************

#include < iostream >
using namespace std;

int main()
{
    float score[5] = { 50, 60, 70, 80,90 };
    float* p;

    for( p = score; p < score+5; p++ ) // ①
    cout << *p << "  ";

    return 0;
}
```

需要注意的是：

（1）数组名 score 是指针常量，其值不能修改。例如①改为

```
for( ; score < score + 4; score++ )
```

是错误的。

（2）必须时刻谨记指针的当前值，即必须高度注意指针所指的是什么。例如运行程序 pointerArray4.cpp，假如输入的 5 个值是 50、60、70、80、90；输出结果将是 5 个莫名其妙的数值，而不是期望中的 50、60、70、80、90。这是因为在①循环结束后，p 已经指向了数组 score 范围以外的内存块，因此②循环输出的是 score 范围以外内存块的值（即图 6-24 中的斜线区域）。可以将 pointerArray4.cpp 中的代码修改如下：

```
for ( p = score; p < score+5; p++ ) // ①
    cin >> *p;

for ( p = score; p < score+5; p++ ) // ②
    cout << *p << " ";
```

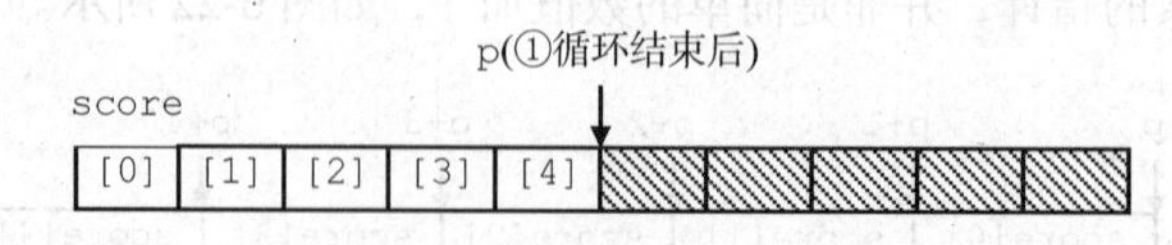

图 6-24　①循环结束后 p 指向数组 score 范围以外的内存块

（3）利用指针访问数组元素，应切实保证指针指向数组中的元素，不要越界。例如，程序 pointerArray4.cpp 中②循环里面就是越界。当然如果仅是读取值，一些操作系统是允许的，但读取的数据也是无意义的；但如果是赋值，则会引起“内存访问非法”的错误。

```
// ************************************************************
// pointerArray4.cpp
```

```
// 功能：用以说明用指针引用数组元素
// ***********************************************************

#include < iostream >
using namespace std;

int main()
{
    float *p, score[5];
    int i;

    for( p = score; p < score+5; p++ ) // ①
        cin >> *p;

    for( i = 0; i < 4; i++, p++ ) // ②
        cout << *p << " ";

    return 0;
}
```

6.3.2　数组作函数参数的进一步讨论

前面学习过数组名作函数参数，从而令被调用函数可以处理数组的各个元素。形式如下：

```
#include <iomanip>
#include <iostream>
……
int main (   )
{    ……
     getHighest( score, NUM, ……) ;
     ……
}
void  getHighest  (  float array[ ], int number, …… )// ①
{
     ……
}
```

现在我们知道，score 是一个指针常量；而形参 array 虽然是用类似数组的形式定义，但实际上是一个指针变量，因此也可以直接把它定义为指针变量，即 getHighest 函数首部可改为：

```
void  getHighest  (  float* array ,int number, ……)    // ②
```

①和②的写法是完全等价的；而且比较熟练的专业人员一般采用②的写法，因为它更加清楚地表示了 array 的数据类型。

这样，在 getHighest 函数中，既可以利用下标法 array[i]来引用某一元素，也可以利用指针法*array 来引用某一元素。例如，6.1.1 小节中的程序 score.cpp 可以改为利用指针法来引用数组元素。

```
// ***********************************************************
// scoreRevised.cpp
// 功能：介绍数组作函数参数的基本机制
// ***********************************************************

#include <iomanip>
#include <iostream>
using  namespace  std ;

void  input  ( float*, int ) ;
void  getHighest  ( float*,  int , float& ) ;

const int NUM = 20;

int main (   )
{
    float score[NUM] ; // 声明一维数组 score，以存储 NUM 个成绩
    float highest ;

    input( score, NUM ) ;
    getHighest( score, NUM, highest ) ;
```

```
    cout << "Highest is:  " << highest << endl ;

    return 0;
}

void input (  float* array, int  number  )
{
    int m;

    for (  m=0 ; m < number;  m++, array++ ) {
        cout << "Enter a Score : " ;
        cin >> *array ;
    }
}

void  getHighest (  float* array, int number, float& largest )
{
    int  m;

    largest = *array;
    for ( m = 0 ; m < number;  m++, array++ ) {
        if ( *array  > largest )
            largest = *array ;
    }
}
```

再看一例：写一函数 sort 对包含 NUM 个元素的一维数组中的元素进行降序排序。程序如下：

```
// ******************************************************
// decSort.cpp
// 功能：对一维数组中的元素进行降序排序
// ******************************************************
#include <iostream>
using namespace std;

const int NUM = 5;

void sort( int* , int  );

int main()
{
    int *p, a[NUM];

    cout << "Enter " << NUM << " integers:" << endl;
    for( p = a; p < a + NUM;  p++ )
        cin >> *p;

    sort( a, NUM );

    cout << "The sorted result:" << endl;
    for( p = a; p < a + NUM;  p++ )
        cout << *p << " ";

    cout << endl;

    return 0;
}

void sort( int* x, int n )
{
    int i,j,k,t;

    for( i = 0; i < n - 1; i++ ) { // ①
        // 找到[i..n-1]之间的最大元素，用 k 记录其下标
        k = i;
        for( j = i + 1; j < n; j++ ) {// ②
            if( *(x+j) > *(x+k) )
            k = j;
        }

        if( k != i ) { // 若 k != i，则交换 k、i 两个元素
            t = x[i];
```

```
            x[i] = x[k];
            x[k] = t;
        }
    }
}
```

这种排序方法称为“选择法”。因为在循环①的每次迭代中将特定范围（下标 i 到下标 *n*-1）元素中最大的那个选出来放在最前面，如图 6-25 所示。

3	10	10	10	10
2	2	8	8	8
10	3	3	4	4
4	4	4	3	3
8	8	2	2	2

图 6-25　对 5 个元素进行选择排序的示意图

使用指针法和下标法都可以访问数组元素，但熟练的程序员往往喜欢使用指针法。

大家思考一下，如何作出一个小改动就可以令 sort 变成按升序排列元素。

6.3.3　动态分配内存

定义数组时必须给定数组长度，这个规定很多时候会带来不便。例如要求编写程序处理某选修课学生的成绩，这时便需要一个一维数组以存储成绩。但考前并不知道考试当天会有多少学生赴考，那么这个数组长度应该定为多少呢？此时，我们只能把长度定为最大可能的值。例如总共有 150 名学生，那么长度就定为 150。如果仅来了 30 名学生，则 120 个元素的空间就会被浪费掉。如果能够对内存进行**动态分配**（dynamic allocation），即在程序运行时根据实际需要分配内存空间，那么就不会有内存浪费的问题。另外，假如根本无法预知可能的最大元素个数是多少，则无法定义这个数组。此时，也需要借助动态内存分配机制。

C++中动态分配内存的方法可以使用从 C 语言继承而来的库函数 malloc 和 free，也可以使用 C++中定义的 new 操作和 delete 操作。

1. malloc 和 free

看下面程序：

```
// ***********************************************************
// dynamicAlloc1.cpp
// 功能：介绍利用 malloc 和 free 进行动态内存分配和释放
// ***********************************************************

#include <iostream>
using namespace std;

void inv( int* , int  );

int main()
{
    int *p;
    int length, i;

    cout << "Enter the length you want: ";
    cin >> length;

    p = ( int* )malloc( sizeof( int ) * length ); // ①

    cout << "Enter " << length << " integers:" << endl;
    for( i = 0 ; i < length; i++ )
        cin >> *(p+i);

    inv( p , length ); // 逆转元素的排列顺序

    cout << "The inversed integers:" << endl;
    for( i = 0 ; i < length; i++ )
        cout << *(p+i) << " ";

    cout << endl;

    free( p ); // ②
```

```
    return 0;
}

void inv( int* x, int n )
{
    int tmp,i,j;
    int m = ( n-1 )/2;

    for( i = 0; i <= m; i++ ) {
        j = n - 1 - i;

        tmp = x[i];
        x[i]= x[j];
        x[j]= tmp;
    }
}
```

下面给出该程序的两个运行实例（其中，带下画线的部分是用户的输入）：

运行（第 1 次）

```
Enter the length you want: 4
Enter 4 integers:
1 2 3 4<回车>
The inversed integers:
4 3 2 1
```

运行（第 2 次）

```
Enter the length you want: 6
Enter 6 integers:
2 5 1 4 6 3<回车>
The inversed integers:
3 6 4 1 5 2
```

语句①中 malloc 内的实参为分配的内存空间的大小（字节数目）。假设 int 类型数据占据 4 字节，并需要 6 个元素（输入 length 为 6），则共需 4*6=24 字节。利用语句①就可以分配一块 24 字节的内存，并返回该内存块的起始地址（一个指针）。这个指针指向什么类型的数据是不定的，即指针的类型是 void*。由于 malloc 的返回值为 void*型，是无法用下标法或指针法引用元素的，也不能使用指针自增这样的运算。因为进行这些运算都需要知道指针所指向的数据的类型，因此需要把返回值转换为指向某种数据类型的指针。语句①就是利用强制类型转换把返回值转换为 int*型，并赋值给 p，令 p 指向该内存块；同时 p 是指向 int 型数据的指针，如图 6-26 所示。

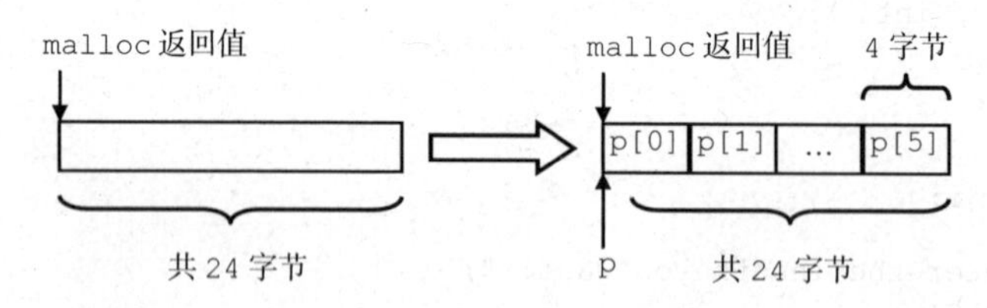

图 6-26　令 p（类型为 int*）指向 malloc 返回值所指向的内存块

由于 length 这个变量的值是在程序运行时由用户从键盘输入的，因此分配多大的内存块在程序运行时才确定，这就是“动态分配内存”。例如，运行程序两次，第一次 length 输入值为 4、第二次为 6，则两次分配的内存块大小分别为 16 字节和 24 字节。

动态分配的内存块使用完毕后，应该“释放”掉这块内存，即使得这块内存可以被操作系统回收以作他用。语句②就是利用 free(p)释放这块内存，然后这块内存（如上例的 24 字节内存块）就会被操作系统回收，接着操作系统就可以存放别的数据到这块内存中。假如程序中动态分配了很多内存块，但使用完毕后都不释放，则这些内存块将无法用于存储别的数据，造成严重的内存浪费。

进行动态内存分配需注意：

（1）①中 malloc 中的实参可以是直接给出的字节数目。例如经过计算，确定需要 24 个字节的内存，可以直接这么写：

```
p = ( int* )malloc( 24 );
```

但更多时候，我们倾向于①的写法。因为不同系统中某种数据类型的数据所占的内存字节数可能不同，因此使用①有助于程序在不同系统中正确运行。

（2）malloc 仅负责分配 *n* 个字节的内存块，并返回该内存块的起始地址。至于这个内存块里面如何“划分”为一个一个元素（即每个元素占据多少字节），则要看把 malloc 的返回值转换为指向何种类型数据的指针。例如：

```
char* p;
p = (char*) malloc( 24 );
```

这时，malloc 同样是分配了一个 24 字节的内存块，但其内部的元素是 char 型，元素的数量是 24，如图 6-27 所示。

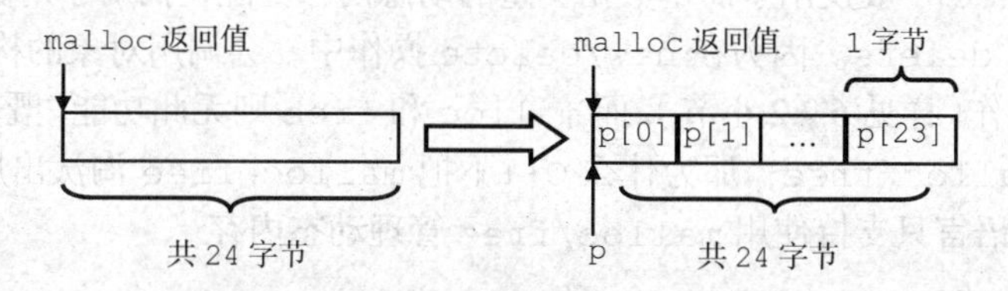

图 6-27　令 p（类型为 char*）指向 malloc 返回值所指向的内存块

2. new 和 delete

C++中提供了 new 和 delete 操作，可以进行动态内存分配。dynamicAlloc1.cpp 中的 main 函数可改为如下，其效果与 dynamicAlloc1.cpp 是一样的。

```
// ********************************************************
// dynamicAlloc2.cpp
// 功能：介绍利用 new 和 delete 进行动态内存分配和释放
// ********************************************************

#include <iostream>
using namespace std;

void inv( int* , int  );

int main()
{
   int *p;
   int length, i;

   cout << "Enter the lenght you want: ";
   cin >> length;

   p = new int[ length ];  // ①

   cout << "Enter " << length << " integers:" << endl;
   for( i = 0 ; i < length; i++ )
      cin >> *(p+i);

   inv( p , length );

   cout << "The inversed integers:" << endl;
   for( i = 0 ; i < length; i++ )
      cout << *(p+i) << " ";

   cout << endl;

   delete []p;              // ②
```

```
    return 0;
}
/*函数 inv 的代码同 dynamicAlloc1.cpp，此处略*/
```

使用 new 操作动态分配数组内存的形式如下，它将返回第 0 个元素的地址。

错误！new 数据类型[元素个数]

因此，dynamicAlloc2.cpp 中语句①的作用是：分配 length 个元素的内存空间，元素类型是 int，并返回第 0 个元素的地址，赋值给 p，从而令 p 指向了第 0 个元素。若 int 型数据占据 4 字节，则这块内存的大小为 4*length 个字节。

与 malloc 不同，new 操作中需给出元素的类型；但用 new 进行动态分配的空间使用完毕，同样需要“释放”。使用 delete 操作释放内存块（如语句②所示），它的作用与使用 free 类似。

使用 new 操作也可以为存储单个数据（如一个 int 型数据）分配内存块，此时在数据类型之后不需要**[元素个数]**部分，相应的 delete 操作中也不需要使用[]。

malloc 和 free 一般仅用于简单数据类型的动态内存分配；而对于对象的动态内存分配，则需要利用 new 和 delete。因为在 new/delete 操作中，会调用对象的构造函数/析构函数进行初始化/收尾的工作（详见 6.2.2 小节），而 malloc 和 free 则无此功能。既然 new/delete 的功能完全覆盖了 malloc/free，那为什么 C++不把 malloc/free 淘汰出局呢？这是为了与 C 语言兼容，因为 C 语言只支持使用 malloc/free 管理动态内存。

6.3.4 二维数组与指针

1. 二维数组名与指向指针的指针

现在我们知道一维数组名是指针常量，那么二维数组名的数据类型又是什么呢？请看下面的例子和图 6-28。

```
int a[3][4]={{1,3,5,7},{9,11,13,15},{17,19,21,23}};
```

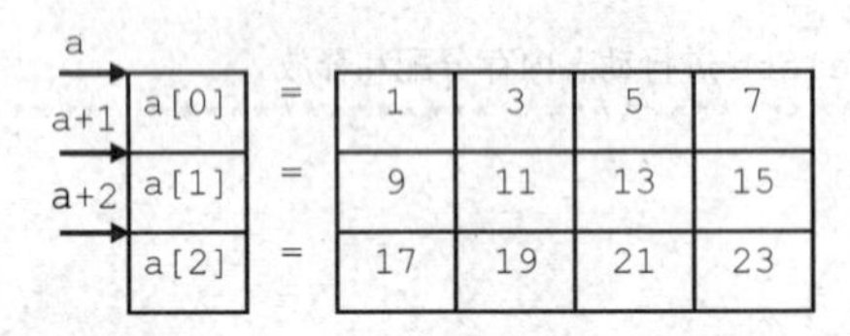

图 6-28 二维数组名的加操作示意图

a[i]与 a 虽然都为指针，但指向的数据类型是不同的。a[i]是指向一个元素的，因此 a[i]+1 指向下一个元素；而 a 指向的是一行元素（确切地说，a 是指向一维数组的指针），因此 a+1 是指向下一行。它们的指向位置变化时所跨越的内存块大小也是不同的。

正因如此，可以从另一角度看二维数组名：二维数组名是一个指向一维数组的指针常量。a 指向的数据是一整行的元素，那么只要定义出“一整行元素”这样的数据类型（也就是一个一维数组），就可以用它来定义 p，并把 a 的值赋给 p。如下：

```
int (*p)[4];  // 定义 p 为指向“由 4 个 int 型元素组成的一维数组”的指针
p = a;        // 正确，a 和 p 数据类型相同
```

然后同样可以用下标法或指针法引用数组元素。例如：

```
cout << p[1][2];      // 输出 a[1][2]的值
cout << *(*(p+1)+2); // 输出 a[1][2]的值
```

注意指针法：p+1 指向 a[1]，因此*(p+1)即为 a[1]；而 a[1]指向了 a[1][0]这个元素，因此*(p+1)+2（即 a[1]+2）指向元素 a[1][2]，因此*(*(p+1)+2)即为 a[1][2]。

上述定义 int (*p)[4]中的（ ）必不可少，如果没有（ ），则所定义的 p 将是一个一维数组，该数组中的元素是类型为 int*的指针。

2. 动态分配内存

假设事前不知道考生数目和学科数目，但要编写程序求每个考生的平均分。考生数目、学科数目和分数，都在程序运行的时候输入。此时需要一个二维数组 score 来存储各考生各学科的成绩，但由于不知道考生数目和学科数目，故需动态分配二维数组的内存空间。

```
// ******************************************************
// dynamicAlloc2D.cpp
// 介绍利用 new 和 delete 进行二维内存空间的动态分配和释放
// ******************************************************

#include <iostream>
using namespace std;

void input( float** , int , int );
void average( float** , int , int , float* );
void output( float* , int );

int main()
{
    float **score;
    float *avg;
    int stuNum, courseNum, i;

    cout << "请输入学生数量: " << endl;
    cin >> stuNum;
    cout << "请输入考试科目数量: " << endl;
    cin >> courseNum;

    score = new float*[ stuNum ];                  //① 分配行指针的内存
    for (i = 0;i < stuNum; i++ )
        score[i] = new float[ courseNum ];        //② 分配每行元素的内存

    avg = new float[ stuNum ];

    input( score, stuNum, courseNum );
    average( score, stuNum, courseNum, avg );
    output( avg, stuNum );

    for ( i = 0; i < stuNum; i++)                  //③ 释放每行元素的内存
        delete []score[i];

    delete []score;  //④ 释放行指针的内存

    delete []avg;

    return 0;
}

void average( float** score, int stuNum, int courseNum, float* avg )
{
    int i, j;
    float sum;

    for( i = 0; i < stuNum; i++ ) {
        sum = 0.0;

        for( j = 0; j < courseNum; j++ ) {
            sum = sum + score[i][j];
        }
        avg[i] = sum / courseNum;
    }
}

void input( float** score, int stuNum, int courseNum )
{
    int i, j;

    for( i = 0; i < stuNum; i++ ) {
        for( j = 0; j < courseNum; j++ ) {
```

```
            cout << "输入第" << i+1 << "名考生第" << j+1 << "科目成绩: ";
            cin >> score[ i ][ j ];
        }
    }
}

void output( float* avg, int stuNum )
{
    int i;

    for( i = 0; i < stuNum; i++ ) {
        cout << "第" << i+1 << "名考生平均分为:  ";
        cout << avg[ i ] << endl;
    }
}
```

从语句①和②看出，动态分配二维内存空间需要两个步骤：语句①分配 stuNum 个元素，每个元素都是指向 float 型数据的指针；循环里面通过语句②动态分配了 stuNum 个一维数组，每个数组长度都是 courseNum。具体如图 6-29 所示（假设 stuNum，courseNum 分别为 3 和 4）。

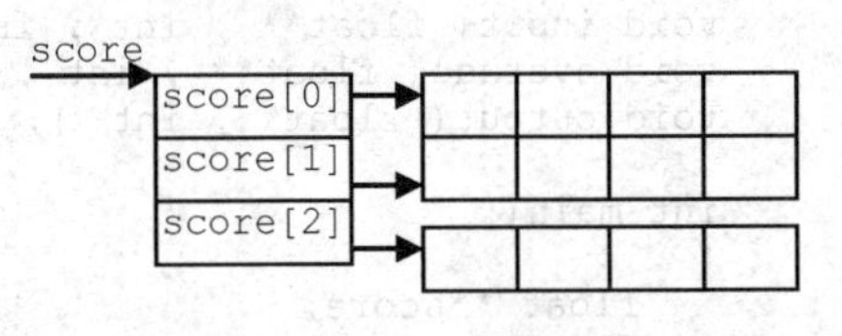

图 6-29　动态分配的二维内存空间

尽管 score 为 float**型变量，即 score 是一个指向指针的指针变量，它所指向的是一个一维的指针数组。其中每个元素是一个 float*型的指针，指向一个元素为 float 型的一维数组。但由于通过指针可以用下标形式来引用元素，因此可将 score 视作二维 float 型数组来使用。另外，动态分配的内存使用完毕后应该回收，参见语句③④。

6.4　main 函数的形参

假如我们想知道某台计算机的网络信息，可在命令行窗口输入：

```
ipconfig -all
```

假如又想列出某个目录中的文件及子目录，可以输入：

```
dir /w /p
```

这个 ipconfig，dir 实际上就相当于我们编写的某个源程序编译链接而成的可执行文件，-all，/w 等是执行程序的参数；而各参数假如不同，那么它们的执行也不同。换言之，这些参数应该是进入了程序内部，在程序内部根据它们的值采取相应的动作。那么，这些参数"-all"，"/w"，"/p"是怎样进入程序中的呢？是通过 main 函数的形参来接收这些参数的。换言之，在这种情况下，main 函数要带形参。其一般形式如下：

```
int main (int argc, char* argv[])
{ … }
```

其中，argc 是命令行参数（包括命令本身）的个数；argv 是一个指向字符串的指针的数组，字符串就是命令行各参数。

假设 dir.exe 是我们编写的某个 C++源程序编译链接而成的，那么当运行 dir /w /p 时，具体如图 6-30 所示。

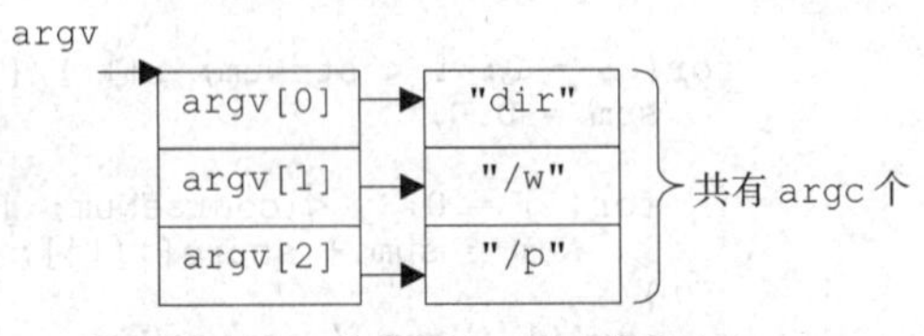

图 6-30　传递给 main 函数的实参

下面我们编写一个 main 函数带参数的程序，要求命令后有 1 个参数，该参数为"-OM"，"-IM"，"-OF"，"-IF"之一；程序中根据不同的参数调用不同的函数。若命令后参数个数不对或参数内容不对，则给出帮助信息。

```
// ***********************************************************
// mainPara.cpp
// 功能：介绍 main 函数参数的使用
```

```
// ************************************************************

#include <iostream>
#include <cstring> // 使用 strcmp
using namespace std;

void helpingMessage();
void om();
void im();
void of();
void inf();

int main( int argc, char *argv[])
{
    if ( argc != 2 )
        helpingMessage();
    else if( !strcmp( argv[1], "-OM" ) )
        om();
    else if( !strcmp( argv[1], "-OF" ) )
        of();
    else if( !strcmp( argv[1], "-IM" ) )
        im();
    else if( !strcmp( argv[1], "-IF" ) )
        inf();
    else
        helpingMessage();

    return 0;
}

void helpingMessage()
{
    cout << endl;

    cout << "这个命令要带有参数:" << endl;
    cout << "MainPara -OM  输出男生数据" << endl;
    cout << "MainPara -OF  输出女生数据" << endl;
    cout << "MainPara -IM  输入男生数据" << endl;
    cout << "MainPara -IF  输入女生数据" << endl;
}

void om()
{
    cout << endl << "调用输出男生数据函数" << endl;
}
void im()
{
    cout << endl << "调用输入男生数据函数" << endl;
}
void of()
{
    cout << endl << "调用输出女生数据函数" << endl;
}
void inf()
{
    cout << endl << "调用输入女生数据函数" << endl;
}
```

6.5　指向结构变量的指针

前面所介绍的指针都是指向简单数据类型的指针，也可以使用指向结构变量的指针来访问该结构变量中的成员。

```
// ************************************************************
// structPointer.cpp
```

```
// 功能：介绍利用结构变量的指针访问各成员
// ******************************************************

#include <iostream>
#include <cstring>          // 使用strcpy
using namespace std;

struct student {
    long  num;
    char  name[20];
    char  sex;
    float score;
};

int main()
{
    student stu;
    student *pStu;                          //①

    pStu = &stu;                            //②

    stu.num = 1000;                         //③
    strcpy( stu.name, "Linda" );            //③
    stu.sex = 'F';                          //③
    stu.score = 89.5;                       //③

    cout << pStu -> name << endl;           //④
    cout << pStu -> num  << endl;           //④
    cout << pStu -> score << endl;          //④
    cout << pStu -> sex   << endl;          //④

    return 0;
}
```

从①看到，指向结构变量的指针变量与指向简单数据类型的指针变量的定义方式是一样的。而②则说明，取地址操作符置于结构变量前，就可以取出该变量的地址，并可以赋值给指针变量。但对比③和④我们看到，通过指针访问成员的方法与通过变量名访问成员的方法是不一样的——后者通过“.”操作符，而前者通过“->”操作符。

6.6 对象指针

在第5章的学习中使用对象都是这样一种方式：创建对象（即为对象分配内存空间）、在对象生命期结束时撤销对象（释放对象所占的内存空间），对象的创建和撤销由系统自动完成。由于对象是一种复合型的数据，往往占据较多内存空间；如果程序中需要使用很多对象，则使用由系统自动撤销对象的方式，可能容易造成内存紧张，因为有的对象在某时刻之后可能已经不使用了，但直到其生命期结束才会被撤销，从而白白占用内存。

解决这个问题的方法是：在程序需要对象时创建对象，在对象使用完毕后立即撤销它。也就是说，对象的撤销并非等待生命期结束时由系统自动撤销，而是可以由程序员通过程序语句来撤销。这种方式称为对象的动态创建与撤销，而实现这一方法需要使用指向对象的指针，也就是所谓的“对象指针”。

6.6.1 基本概念

先看下面的程序例子（Date类的定义见5.5节）：

```
// ******************************************************
// objectPtr.cpp
// 功能：介绍利用对象指针访问对象的成员
// ******************************************************

#include "date.h"
```

```
#include <iostream>
using namespace std;

int main()
{
    Date* datePtr;                   //①
    Date date(1976, 12 ,20);         //②

    datePtr = &date;                 //③

    date.print();                    //④
    datePtr->print();                //⑤

    return 0;
}
```

从程序中看到，对象指针最基本的一些概念并不复杂。

（1）语句①定义了一个指向 Date 类对象的指针 datePtr。这样 datePtr 只能指向 Date 类对象，不能指向其他类型的数据。

（2）语句③中使用 & 取得对象 date 的地址，并赋值给 datePtr，使得 datePtr 指向了对象 date，如图 6-31 所示。

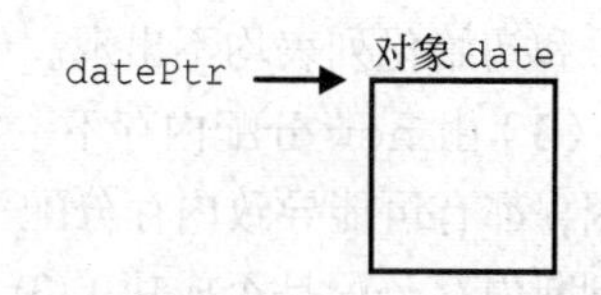

图 6-31　指针 datePtr 指向对象 date

（3）可以通过对象引用成员，也可以通过指向对象的指针引用成员。但前者通过“.”操作符进行，而后者通过“->”操作符进行。

程序运行结果如下：

```
December 20, 1976
December 20, 1976
```

在这个例子中，用 datePtr 指向对象 date 后才可以通过 datePtr 访问这个对象，但对象 date 仍然是由系统自动创建和撤销的。程序员可否自主动态创建和撤销一个对象呢？答案是：可以。在 C++中，可以使用 new 和 delete 操作符动态创建和撤销对象。

6.6.2　对象的动态创建和撤销

先看下面利用 new 和 delete 动态创建和撤销对象的程序（Date 类的定义见 5.5 节）：

```
// *******************************************************
// dynamicObjPtr.cpp
// 功能：介绍对象的动态创建和撤销
// *******************************************************

#include "date.h"
#include <iostream>
using namespace std;

int main()
{
    Date* datePtr;      //①
    datePtr = new Date(1976, 12 ,20);   //②

    if( datePtr == NULL ) { //③
        cout << "内存分配失败";
        return 1;
    }
    else {
        datePtr -> increment();      //④
        datePtr -> print();          //⑤
    }

    delete datePtr; //⑥

    return 0;
}
```

图 6-32　指针 datePtr 指向动态创建的匿名 Date 类对象

运行后输出结果：

```
December 20, 1976
```

从上例可以看到：

（1）语句①声明了一个指向 Date 类对象的指针，但该指针到底指向哪里暂时还没确定。

（2）语句②利用 new 动态创建了一个 Date 类对象并把该对象的地址赋值给 datePtr。但该对象并没有名称，此后我们只能通过 datePtr 来访问其各个公有成员。可见，利用 new 操作动态创建对象的一般形式为：

```
对象指针 = new 类名(初始化列表);
```

语句②在进行 new 操作时，为一个 Date 类对象分配内存，并根据初始化列表中的实参调用 Date 类中适当的构造函数对该对象进行初始化，然后将该内存块的地址返回赋值给 datePtr。初始化列表中给出的是传递给构造函数的实参。如果类没有构造函数或只有默认构造函数，则圆括号和初始化列表均不出现。

（3）由 new 分配内存不一定会成功。例如，如果没有足够的内存空间可供分配或者其他硬件原因，都有可能导致内存分配失败。如果 new 分配内存失败，会返回 NULL 值。因此程序中应该先判断内存分配是否成功（③），然后再进行相应处理。

（4）若内存分配成功，便可以利用对象指针和“->”操作符来访问对象的公有成员。

（5）最后，需要用 delete 操作来撤销对象（⑥），令该对象使用的内存被操作系统回收以另作他用。在使用 delete 时，会调用该对象的析构函数。特别需要注意的是，delete 操作的操作数是指针，而 delete 一个指针即等同于释放掉该指针所指向的内存块。而在 C++中同一内存块的释放只能进行一次，已经 delete 过的指针再次 delete 会产生错误。因此，最好不要让多个指针指向同一个对象（即多个指针同时指向同一内存块，这一现象称为“指针别名”）。例如，下面的程序段是有问题的：

```
Date* datePtr;
Date* datePtr2;
datePtr = new Date(1976, 12 ,20);
datePtr2 = datePtr;
delete datePtr;  //① 将使 datePtr 和 datePtr2 同时失效
delete datePtr2; //② 发生错误：不能再次释放同一内存块
```

由于 datePtr 和 datePtr2 指向了相同的对象，所以语句①亦令 datePtr2 失效，语句②将会引发错误。

（6）程序不再需要动态创建的对象时，一定要记住撤销这些对象；否则这些内存块会一直被占用，无法分配给别的程序使用。如果指向这些内存块的指针指向了别处，将无法回收这些内存块。这些无法回收的内存块称为内存垃圾（garbage）。内存垃圾不断增加会消耗掉大量内存空间，有时会导致系统崩溃。

6.6.3 对象的复制

在 C++中，一个对象可以直接赋值给相同类型的另一个对象，这就是对象的复制。例如：

```
Date date1, date2;
…
date2 = date1;    // 复制
```

结果是对象 date1 中的数据成员分别赋值给 date2 中相应的数据成员。C++提供的这种复制策略称为**浅复制**（shallow copy）。当数据成员中不出现指针时，是没有任何问题的。

但如果一些数据成员是指针变量，就会出现“指针别名”和“内存垃圾”的现象。例如：

```
class Animal {
public:
    Animal( char* str )
    {
        name = new char[ strlen( str ) + 1 ];
```

```
        strcpy( name, str );
        …
    }
    ~Animal()
    {
        delete name;
        …
    }
private:
    char* name;
};
Animal animal1("cat");
Animal animal2("dog");
animal2 = animal1; //①
```

经过语句①的复制后，animal2 中的指针 name 将获得与 animal1 中的 name 相同的值，从而也指向了字符串"cat"，这样字符串"dog"就成了内存垃圾，如图 6-33 所示。另外，如果两个对象中任一个释放了 name 指针，将会导致另一个对象的 name 失效。

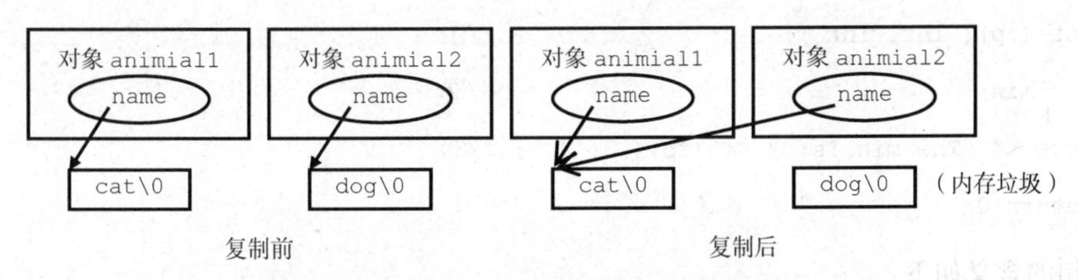

图 6-33　对象的浅复制示意图

一般来说，我们希望的复制应该是如图 6-34 所示。

图 6-34 所示的复制称为"**深复制**（deep copy）"。如何实现这种复制策略呢？我们可以编写一个函数 clone，在 clone 里面先计算 animal1 中 name 这个字符串的长度，释放 animal2 中 name 所指向的内存块，然后再用 new 重新为 animal2 的 name 分配内存，长度就是 animal1 的 name 的长度，以做到深复制。

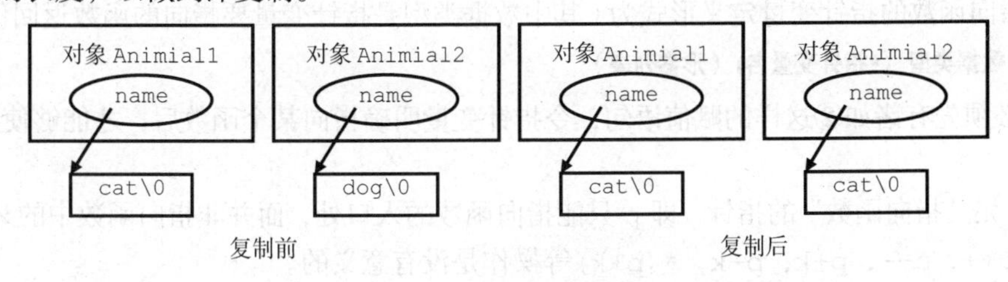

图 6-34　对象的深复制示意图

在学习完复制构造函数和操作符重载后，大家可以思考一下如何使用这个 clone 函数的策略编写特殊的成员函数，从而可以像使用 C++默认的浅复制一样使用自定义的对象深复制。

6.7　函数指针

C++程序是由若干函数组成的；而"函数"实际上就是代码的集合。运行程序时，函数即代码集合，就会存放在内存空间中某区域内，而函数名就是该区域的入口地址。例如某函数 func，它在内存中的存储情况如图 6-35 所示。

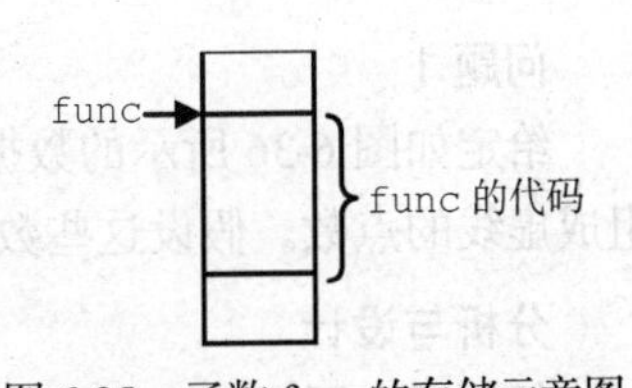

图 6-35　函数 func 的存储示意图

所以 func 就是指向函数的指针，称为**函数指针**（function pointer）（这一点与数组名很相似）。我们既可以通过函数名调用函数，也可以将 func 赋值给一个指向函数的指针变量，然后通过这个指针变量来调用函数。

下面给出几个简单的例子来说明函数指针的使用。

第一个例子说明指向函数的指针如何说明、赋值、调用。

```
// *******************************************************
// functionPointer.cpp
// 功能：介绍函数指针的基本概念
// *******************************************************

#include <iostream>
using namespace std;

int min( int a, int b )
{
    return ( a < b ? a : b );
}

int main()
{
    int (*p)( int, int );                    //①

    p = min;                                 //②

    cout << "The min is: " << (*p)( 3, 4 ); //③

    return 0;
}
```

各语句的含义如下：

①定义了一个指向函数的指针（该函数具有两个 int 型形参且返回值为 int 型）。由于 min 函数就是一个具有两个 int 型形参且返回值为 int 型的函数，因此函数名 min 与 p 类型相同，故②把 min 赋值给 p 后，p 便指向了 min 函数。因此③中 (*p) 就是 min 函数本身，它与下面利用函数名调用函数是等价的。

```
cout << "The min is: " << min( 3,  4 );
```

关于函数指针说明如下：

（1）指向函数的指针变量定义形式为（其中数据类型是指针变量要指向的函数返回值类型）：

错误！数据类型 (*指针变量名)（形参列表）

（2）必须先有诸如②这样的赋值语句，令指针变量明确指向某个函数后，才能够使用③这样的语句。

（3）p 是“指向函数”的指针，即 p 只能指向函数的入口处，而并非指向函数中的某条指令。因此，像 p++，p--，p+k，p-k，*(p+k) 等操作是没有意义的。

（4）p 可以指向其他函数，但这些函数必须是“返回值为 int 型，且两个形参都为 int 型”；p 不能指向返回值类型或形参列表不同的其他函数。

关于函数指针的内容实际上是非常繁多的。由于篇幅所限，本书无法作进一步详述。有兴趣的读者可以参考对此有专门阐述的书籍。

6.8 应用举例

问题 1

给定如图 6-36 所示的数据图，数据分析员现在需要对坐标上的数据作数据分析。要求：求出组成虚线的点数。假设这些数据是 int 型（以点的纵坐标值表示）。

分析与设计

仔细观察图 6-35，发现虚线实际就是由所有不减数据组成。如果将这些数据以数组表示，则问题可表述为：从含有 *n* 个 int 型数的数组中删去若干个元素，使剩下的全部元素构成一个最长不减的子序列，求该子序列的长度。

从数组的第 0 个元素开始，顺序考察数组的每个元素，当数组的全部元素都被考察后才能求出数组的最长不减子序列的长。设数组为 b，已考察了 b[0]至 b[i-1]的全部元素，求得当前最长的不减子序列长为 k。当前正要考察 b[i]是否会引起 k 值增大，取决于 b[i]是否会大于或等于 b[0]至 b[i-1]中某个最长不减子序列的终元素。但需要注意，b[0]至 b[i-1]中可能有多个长为 k 的不减子序列。很显然，在同样长度的不减子序列中，只要保留终元素最小的那个子序列就足够了。若用一变量保存在 b[0]至 b[i-1]中长度为 k 的不减子序列的最小终元素，这样在 b[0]至 b[i-1]中，是否有长度为 k+1 的不减子序列，取决于 b[i]是否大于或等于那个该变量的值。

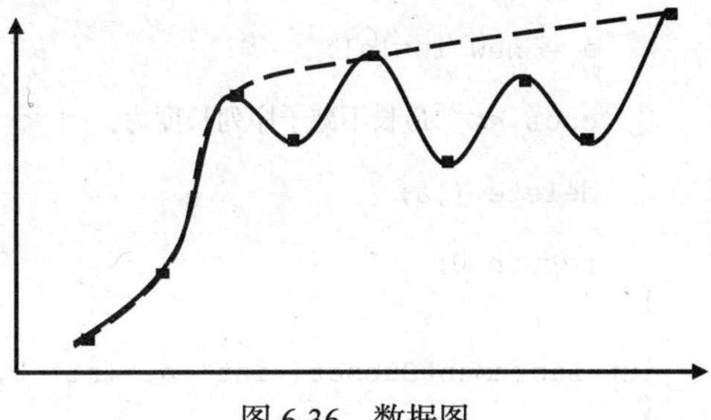

图 6-36　数据图

但当 b[i]小于那个长度为 k 的不减子序列最小的终元素值时，如果在 b[0]至 b[i-1]中有长度为 k-1 的不减子序列，且该子序列的终元素值不大于 b[i]，这时因长度为 k-1 的不减子序列的终元素值小于等于 b[i]，就得到一个终元素值更小的长度为 k 的不减子序列。为能发现上述可能，就得保留长度为 k-1 的不减子序列的终元素。依此类推，为保留长为 k-2,k-3 等的不减子序列，相应地也要为它们保留终元素值。为此要引入一个数组，设为数组 a，其第 j 个元素 a[j]存放长为 j 的不减子序列的终元素值。显然，数组 a 中的元素也是不减的序列。利用这个性质，在考察 b[i]时，就能知道 a 中哪个元素需要改变。从最长子序列至最短子序列顺序寻找终元素小于等于 b[i]的长为 j 的子序列，因 b[i]大于等于长为 j 的不减子序列的终元素，找到了一个终元素更小的长为 j+1 的不减子序列，用 b[i]作为长 j+1 的子序列的终元素。当 j 的值为 k 时，已为长为 k+1 的子序列设定了终元素，这时最长不减子序列的长度 k 应增 1。通过以上分析，可得到"求数组 b 的最长不减子序列长度"的算法如下：

```
置最长不减子序列长度 k 为 1;
用 b[0]设置长为 1 的子序列的终元素;
  for(i=1;i<n;i++){        // 按顺序从 b[1]考察至 b[n-1]
  按子序列长度为 k 至 1 的顺序寻找终元素小于或等于 b[i]的长为 j 的子序列;
  用 b[i]作为长为 j+1 的子序列的终元素;
  if(j==k)k++;             // 最长不减子序列长度 k 增 1
  }
```

程序代码

```
// *************************************************************
// incrementSubset.cpp
// 功能：求序列的最长不减子序列的长度
// *************************************************************

#include<iostream>
using namespace std;

int incrementSubset( int*, int*, int );

int main()
{
    int n;
    int b[] = {3,9,8,5,4,2,7,4,8,9,8,7,5,3,11,6,4,9,1,16,4};
```

```
    int* a;

    n = sizeof(b) / sizeof(b[0]);  // 求数组b长度（有多少个元素）

    a = new int[n];

    cout << "最长不减子序列长度为： " << incrementSubset( a, b, n ) << endl;

    delete []a;

    return 0;
}

int incrementSubset( int* a, int* b, int n )
{
    int i, j, k = 1;

    a[1] = b[0];

    for( i = 1; i < n; i++)     {
        for( j = k; j >= 1 && a[j] > b[i]; j-- );
        a[j+1]=b[i];                // a[j+1]存储长为j+1的子序列的终元素

        if(j==k) k++;               // 最长不减子序列长k增1
    }

    return k;
}
```

程序运行结果如下：

最长不减子序列长度为：7

问题 2

求图 6-35 中虚线中的数据。

分析与设计

实际上就是把问题 1 改为：求从数组中删去部分元素后的最长不减子序列。在求最长不减子序列长的过程中，不仅要保留各种长度不减子序列的终元素，同时要保留不减子序列的全部元素。为此，上述程序中的数组 a 应改为二维数组，其中 a 的 j 行存储长为 j 不减子序列的元素，该子序列的终元素为 a[j][j-1]。在找到一个终元素更小的长为 j+1 的不减子序列时，除用 b[i] 作为 j+1 的子序列的终元素外，应同时将长为 j 的子序列的元素全部复制到长为 j+1 的子序列中。

程序代码

```
// *****************************************************************
// incrementSubset2.cpp
// 功能：求序列的最长不减子序列及其长度
// *****************************************************************

#include<iostream>
using namespace std;

void incrementSubset( int** , int* , int , int& );

int main()
{
    int n, k, j;
    int b[] = { 3,9,8,5,4,2,7,4,8,9,8,7,5,3,11,6,4,9,1,16,4};
    int** a;

    n = sizeof(b) / sizeof(b[0]);

    a = new int* [n];
    for( j = 0; j < n; j++ )
    a[j] = new int[n];
```

```
    incrementSubset( a,  b, n,  k );

    cout << "最长不减子序列是: ";
    for( j=0; j<k; j++)
        cout << a[k][j] << "  ";
    cout << endl << "其长度为: " << k << endl;

    for( j = 0; j < n; j++ )
        delete []a[j];
    delete []a;

    return 0;
}

void incrementSubset( int** a, int* b, int n, int& k )
{
    int i ,j, m;

    a[1][0]=b[0];
    k=1;

    for( i=1; i<n; i++) {
        for( j=k;  (j>=1) && (a[j][j-1]>b[i]); j-- );

        for( m=0; m<j; m++)            // 长为 j 的子序列复制到长为 j+1 的子序列
            a[j+1][m]=a[j][m];

        a[j+1][j]=b[i];                      // 长为 j+1 的终元素存储在 a[j+1][j]

        if(j == k)  k++;                     // 最长不减子序列长度 k 增 1
    }
}
```

程序运行结果如下：

```
最长不减子序列是: 3 4 4 5 6 9 16
其长度为: 7
```

问题 3

有一整数序列，长度为 n，使其前面各数按顺序向后移动 m 个位置，最后 m 个数变成最前面 m 个数，如图 6-37 所示。写一函数实现以上功能。m 和 n 以及各整数的值在程序运行时输入。

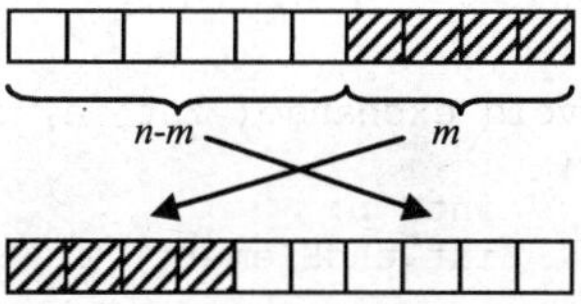

图 6-37　数据序列变换示意图

分析与设计

可以利用循环的方法：把最后一个元素移入第 0 位，其余元素顺序后移一位；接着重复相同的动作。一共循环 m 次后停止，这样便可以得到所需结果，如图 6-38 所示。

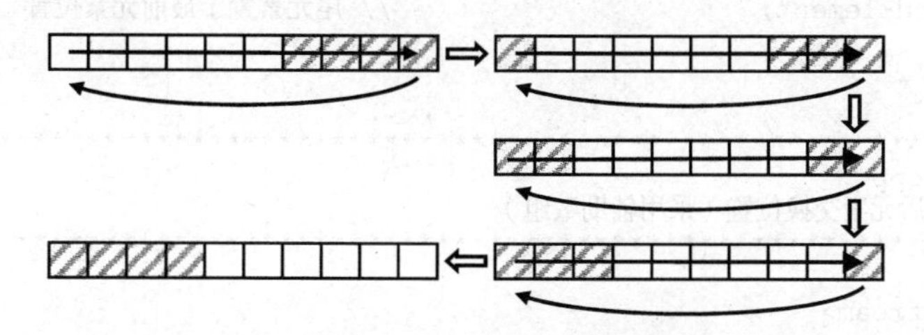

图 6-38　利用循环移动数据完成序列变换

另外，我们也可以利用动态分配内存的方法，动态创建两个一维数组，长度分别为 $n-m$ 和 m。用它们临时存储原数组前面 $n-m$ 个元素和后面 m 个元素。接着再用这两个数组给数组的前面 m 个元素和后面 $n-m$ 个元素赋值，从而达到交换的目的，如图 6-39 所示。

根据上面两种算法，分别给出程序 exchange1.cpp 和 exchange2.cpp。

程序代码

```
// *********************************************
// exchange1.cpp
// 功能：序列前后元素交换位置（循环移动）
// *********************************************

#include <iostream>
using namespace std;

void exchange( int*, int, int );

int main()
{
   int* a;
   int i, n, m;

   cout << "Pls Enter the length for the whole array: " ;
   cin >> n;

   a = new int[n];

   cout << "Pls Enter values for array: " << endl;
   for( i = 0; i < n; i++ )
      cin >> a[i];

   cout << "Pls Enter m: " << endl;
   cin >> m;

   exchange( a, n, m );

   cout << "The array after exchanging:" << endl;
   for( i = 0; i < n; i++ )
      cout << a[i] << "   ";

   delete []a;

   return 0;
}

void exchange( int* a, int n, int m )
{
   int* p;
   int endElement, i;

     for( i = 0; i < m; i++ ) {
        endElement = *( a + n - 1 );        // 记住尾元素

     for( p = a + n -1; p > a; p-- )        // 前 n-1 个元素后移一个位置
        *p = *(p-1);

     *a = endElement;                       // 尾元素置于最前元素位置
   }
}
```

图 6-39　利用辅助数组完成序列变换

```
// ***************************************************************
// exchange2.cpp
// 功能：序列前后元素交换位置（采用辅助数组）
// ***************************************************************

#include <iostream>
using namespace std;

void exchange( int*, int, int );
void main()
{
   int* a;
   int i, n, m;

   cout << "Pls Enter the length for the whole array: " ;
```

```
    cin >> n;

    a = new int[n];

    cout << "Pls Enter values for array: " << endl;
    for( i = 0; i < n; i++ )
        cin >> a[i];

    cout << "Pls Enter m: " << endl;
    cin >> m;

    exchange( a, n, m );

    cout << "The array after exchanging:" << endl;
    for( i = 0; i < n; i++ )
        cout << a[i] << "   ";

    delete []a;
}

void exchange( int* a, int n, int m )
{
    int* a1;
    int* a2;
    int i;

    a1 = new int[n-m];
    a2 = new int[m];

    for( i = 0; i < n-m; i++ ) {
        a1[ i ] = a[ i ];
    }

    for( i = n-m; i < n; i++ ) {
        a2[ i - (n - m) ] = a[ i ];
    }

    for( i = 0 ; i < m; i++ ) {
        a[ i ] = a2[ i ];
    }

    for( i = m ; i < n; i++ ) {
        a[ i ] = a1[ i-m ];
    }

    delete []a1;
    delete []a2;
}
```

习　题

6-1 写一函数 sort 对 NUM 个元素的一维数组进行升序排序。

6-2 写一函数将一维数组逆序重新存放。即若一维数组 a 原本为 1 2 3 4 5。经函数处理后，数组 a 变为 5 4 3 2 1。

6-3 输出杨辉三角形。打印的行数 *n* 在程序中输入。杨辉三角形是 $(a+b)^n$ 展开后各项的系数。***n*** 为行数。要求输出如下：

```
1
1 1
1 2  1
1 3  3 1
1 4  6  4  1
1 5 10 10 5 1
: :  :  :  : :
```

6-4 运行以下程序，看会输出什么结果并分析其原因。

```
#include< iostream >
```

```
using namespace std;

void fun();

int main()
{
   fun();
   fun();
   fun();

   return 0;
}

void fun()
{
   static int A[3]={ 1, 2, 3 };
   int       B[3]={ 1, 2, 3 };
   int i;

   for ( i = 0; i < 3; i++ ){
      A[i]++;
      cout << "A[" << i << "]=" << A[i] << endl;
   }

   for ( i = 0; i < 3; i++ ){
      B[i]++;
      cout << "B[" << i << "]=" << B[i] << endl;
   }

   cout << "----------------------------------" << endl;
}
```

6-5 写一函数，将一个行列相等的二维数组转置。

6-6 编一函数，求行列相等的二维数组的对角线元素之和。

6-7 请回答以下问题：

（1）对于变量 x，其地址可以写成___；对于数组 y[10]，其首地址可以写成___或___；对于数组元素 y[3]，其地址可以写成___或___。

（2）设有定义语句 int x，*p= &x；则下列表达式中错误的是（　　）

A．*&x　　B．&*x　　C．*&p　　D．&*p

（3）设有两条语句 int a，*p = &a；和 *p= a；则下列说法中正确的是（　　）

A．两条语句中的 *p 含义完全相同

B．两条语句中的 *p=&a 和 *p=a 功能完全相同

C．第 1 条语句中的 *p=&a 是定义指针变量 p 并对其进行初始化

D．第 2 条语句中的 *p=a 是将 a 的值赋予变量 p

（4）设有定义语句 float s[10]，*p1=s，*p2=s＋5；下列表达式中错误的是（　　）

A．p1 = 0xffff　　B．p2--　　C．p1 - p2　　D．p1 <= p2

6-8 输入 10 个整数，将其中最小的数与第一个对换，把最大的数与最后一个对换。写 3 个函数：（1）输入 10 个数；（2）进行处理；（3）输出 10 个数。

6-9 有一 char 类型的一维数组。编写函数找出其中大写字母、小写字母、空格、数字及其他字符分别有多少。

6-10 有一 char 类型的一维数组

```
char a[] = "b12yx456␣924?abc123x";
```

现需从中找出各数字字符的组合，并把它们转换为整数，然后存放到另一个 int 数组 b 中。例如，12、456、924、123 分别存放到 b[0]~b[3]中。

第7章 字符串

在程序设计中，经常会涉及对**字符串**的处理。因此，程序员需要了解并熟悉字符串，包括字符串在编程语言中的表示及标准库中的相关操作。

在C++中，字符串有两种表示形式和处理方法。第一种是使用字符数组。C语言也是采用该方式表示字符串，因此用字符数组表示的字符串称为**C风格字符串**。C和C++标准库定义了相关的函数用来处理C风格字符串。第二种是使用标准类库中定义的类 string 来表示字符串。我们称为 string 对象，C++标准库类也定义了相关的操作对 string 对象进行处理。

7.1 C风格字符串

C风格字符串实际是以**空字符 null（'\0'）结束的字符数组**，可以是字符串常量也可以是字符串变量。其数据类型可写为：

```
char*（即，字符指针类型）
```

7.1.1 字符串常量

C风格字符串常量是用一对双引号括起来的字符序列，例如：

```
"Welcome to C++ world!", "Hello world!"
```

在内存中，C风格字符串常量是按照字符的排列次序顺序存放，每个字符占一个字节，尽管在上述表示中我们没有看到双引号内字符序列的结尾有'\0'作为结束标志，但是C风格字符串常量的结尾是自动被加上一个'\0'的。'\0'就是ASCII代码为0的字符，又称为字符串结束符。

与字符串常量相关的操作有两个。

（1）直接输出，例如：

```
cout << "Hello world!" << endl;
```

这条语句是输出到标准的输出设备，一般是显示器的控制台窗口。也可以输出到文件，详见文件操作部分的10.1.4小节。

C风格字符串常量在存储时末尾会自动放置一个'\0'。在输出时，就是根据这个空字符来确定字符串的终止。

（2）使用字符串常量给字符数组（即C风格字符串变量）和string对象赋值，详见7.1.2小节和7.3节。

7.1.2 字符数组

C风格字符串变量本质上就是用来存放字符串数据并以'\0'结尾的字符数组。在字符串数组中，每个元素存放字符串中的一个字符，紧随字符串内容之后的一个元素必定是'\0'，表示字符串结束。

相应地，在设定数组的大小时要为空字符预留一个位置。这个空字符也是区别字符串和一般数组的一个标志。由于字符串在程序设计中广泛应用，因此 C/C++专门为它提供了许多方便使用的函数。

接下来，我们讨论 C 风格字符串变量的声明以及对其进行赋值的方式。

一种方法是，先声明字符串数组，然后对数组元素逐个进行赋值。例如：

```
char cStr[7];
cStr[0]= 'H';
cStr[1]= 'e';
cStr[2]= 'l';
cStr[3]= 'l';
cStr[4]= 'o';
cStr[5]= '!'
cStr[6]= '\0';
```

对字符串数组进行逐字符形式赋值时，必须将字符串内容后的一个数组元素赋值为'\0'，否则数组中的内容无法正常作为一个字符串处理，因为无法正确判断其结束。

另一种方法是，在对数组进行声明（定义）的同时进行初始化。例如：

```
char cStr[6]= "Hello!";
```

只是这时要注意，字符串数组长度不能小于字符串的长度加 1，因为系统会在字符串内容之后自动添加一个空字符以表示字符串结束。

也可以不显式指定数组大小，由系统自动确定。例如：

```
char cStr[] = "Hello!";
char cStr[] = {'H', 'e', 'l', 'l', 'o', '!', '\0'};
```

我们还可以使用字符指针来访问 C 风格字符串变量。例如：

```
char *cStrPtr = "Hello!";
```

这里的 cStrPtr 是一个字符指针变量，保存某个内存块的地址，该内存块的大小为 7 个字节，其中存放着 7 个字符：'H'、'e'、'l'、'l'、'o'、'!'和'\0'。要注意的是，如果使用字符指针来访问 C 风格字符串变量，该内存块只能进行读操作，不能进行写操作。

与 C 风格字符串变量有关的输入、输出操作主要有下面几个。

（1）使用插入提取操作符输出、输入连续的字符序列。例如：

```
char cStr[20];
cin >> cStr;
cout<< cStr;
```

使用>>不能读入空白符（空格、Tab、回车等），因为>>以空白符作为读入数据项的分隔符。假设从键盘上输入：

```
Hello world!
```

则提取语句执行后，cStr 只包含"Hello"，并以空字符'\0'作结尾，'\0'位于 cStr[5]。

（2）使用 istream 类的 get 操作读入字符串。例如：

```
char  cStr[20];
  …
cin.get(cStr, 20);
```

假设输入同上，则上述语句执行后，cStr 就包含了"Hello world!"并以空字符'\0'作结尾，'\0'位于 cStr[12]。形如 get(str, n)的函数调用会把至多 *n*-1 个字符读入 C 风格字符串变量 str 中，并自动附加一个空字符'\0'作为字符串结束符。

（3）使用 istream 类的 getline 操作读入整行字符。例如：

```
char cStr[20];
  …
cin.getline(cStr, 20);
```

假设输入同上，则上述语句执行后与（2）的执行结果是一样的。形如 getline(str, n)的函数调用会把至多 *n*-1 个字符读入 C 风格字符串变量 str 中，并自动附加一个空字符'\0'作为字符串结束符。

注意

使用 get 和 getline 操作读入字符串时，结束的条件有两个：换行符或者读入的字符数达到 $n-1$。

提示

get 和 getline 默认的结束标志是换行符。可以通过第 3 个参数来指定以其他字符作为结束标志。get 与 getline 的不同之处在于，get 一般用于读入单个字符（接受一个 char 类型变量作为参数），而且在读入时不会忽略空白字符。

C 风格字符串的其他相关操作及处理函数将在 7.2 节讲述。

7.2 C 字符串操作

C++标准库中定义了支持 C 风格字符串处理的函数，主要在 cstring，cstdlib 和 cctype 中。当需要用到这些标准库中的函数时，需要使用相应的#include 指令包含相应的头文件。

7.2.1 获得字符串长度

cstring 库提供了求 C 风格字符串长度的函数 strlen(str)。参数 str 是 C 风格字符串变量或者常量。该函数返回的值是一个无符号整数，表示 str 的长度（即 str 中包含的字符个数，不包括字符串的结尾空字符'\0'）。例如：

```
char cStr1[10]="Hello!";
unsigned int len;
len = strlen(cStr1);                    //该语句执行后，len 的值是 6
len = strlen("Beijing!");               //该语句执行后，len 的值是 8
```

还可以使用函数 sizeof()来求字符串的长度。例如：

```
#include <cstddef>
...
char cStr1[10]= "Hello!";
char cStr2[] = "Hello!";
size_t size;
size = sizeof(cStr1);                   //该语句执行后，size 的值是 10
size = sizeof(cStr2);                   //该语句执行后，size 的值是 7
```

函数 sizeof()返回数据类型对应的存储字节数，返回值类型为 size_t。size_t 是一种无符号整型，在 cstddef 头文件中定义。由于本例中 cStr1 是一个包含 10 个 char 型元素的字符数组，占用内存 10 个字节，因此求出来的值为 10。由于本例中 cStr2 是一个包含 7 个 char 型元素的字符数组，占用内存 7 个字节，因此求出来的值为 7（等于将'\0'计算在内的 C 风格字符串的长度）。

7.2.2 C 字符串的复制

cstring 库提供了两个 C 风格字符串的复制函数。

1. strcpy(strDest, strSrc)

参数 strDest 是 C 风格字符串变量，参数 strSrc 是 C 风格字符串常量或变量。函数的作用是将 strSrc（包括空字符'\0'）复制到 strDest 所占据的内存块中，并返回 strDest 的基址。strDest 必须有足够的空间来容纳 strSrc，否则程序会出错。例如：

```
char cStr1[20]="Hello!";//cStr1 的长度必须足够长以容纳 cStr2 的内容
char cStr2[]="Guangzhou!";
strcpy(cStr1, cStr2);
```

复制的结果是字符串 cStr1 的内容变为"Guangzhou！"，cStr2 的内容则保持不变。

2. strncpy(strDest, strSrc, n)

参数 strDest 是 C 风格字符串变量，参数 strSrc 是 C 风格字符串常量或变量，参数 *n* 是非负的整数。函数的作用是将 **strSrc** 的前 *n* 个字符复制到 **strDest** 相应的位置上，并返回 **strDest** 的初始地址。例如：

```
char cStr1[20]="Hello!";//cStr1 的长度必须足够长以容纳 cStr2 的内容
strncpy(cStr1, "World!",2);
```

复制的结果是 cStr1 的内容变为"Wollo!"。

值得注意的是，调用 strncpy 函数时，如果被复制的字符包括'\0'，则会影响到目标字符串的使用。例如，如果 cStr1 的定义同上，那么

```
strncpy(cStr1, "CPP",4);
```

将使数组 cStr1 中前面 7 个元素分别为：'''CP''P''\0''o''!''\0'。

而将 cStr1 作为字符串使用（例如输出）时将只用到字符串"CPP"，因为对 C 风格字符串进行操作时通常以'\0'作为结束符。

7.2.3 C 字符串的比较

cstring 库提供了两个函数用于 C 风格字符串的比较。

1. strcmp(str1, str2)

参数 str1 和 str2 是 C 风格字符串（可以是变量也可以是常量）。该函数的作用是将 str1 和 str2 自左向右逐个字符按 ASCII 值大小进行比较，直到出现第一对不同的字符或遇'\0'为止，返回这两个字符的 ASCII 值的比较结果。相应地，比较的结果有三种。

（1）Str1 中的字符大于 str2 中的对应字符时，返回一个大于 0 的整数值：第一对不同字符的 ASCII 码值的差（某些编译器返回固定的值 1）。

（2）str1 中的字符小于 str2 中的对应字符时，返回小于 0 的整数值：第一对不同字符的 ASCII 码值的差（某些编译器返回固定的值–1）。

（3）str1中所有字符与str2中对应的所有字符都相同时，则返回整数值0。

例如：

```
char cStr1[]="Sweep";
char cStr2[]="Sweet";
strcmp(cStr1, cStr2);
```

比较的结果是一个小于 0 的整数（–4 或者–1），表示 cStr1 小于 cStr2，因为第一对不相同的字符是'p'和't'，而在 ASCII 字符集中，'p'-'t'等于¯4。

2. strncmp(str1, str2, n)

参数 str1 和 str2 的含义同上。参数 *n* 是无符号整数，用于指定比较的范围，即只比较 str1 和 str2 的前 *n* 个字符。比较的规则、结果及函数的返回值同上。例如：

```
char cStr[]="Hello!";
strncmp(cStr, "Hebei!",3);
```

比较的结果是 10（某些编译器返回 1），表示 cStr1 大于 C 风格字符串常量" World! "，因为第一对不相同的字符是'l'和'b'，而在 ASCII 字符集中，'l'-'b'等于 10。

7.2.4 C 字符串的连接

可以将两个字符串连接得到一个新的字符串。连接两个 C 风格字符串的函数由 cstring 库提供，必须包含相应的头文件，如下：

```
#include <cstring>
using namespace std;
...
```

以下所有由 cstring 库提供的函数均类似。

1. strcat(strDest, strSrc)

参数 strDest 是 C 风格字符串变量，参数 strSrc 是 C 风格字符串常量或变量。函数的作用是将 strSrc(包括空字符'\0')连接到 strDest 的结尾处(strDest 结尾原有的'\0'去掉)，并返回 strDest 的基址。strDest 必须有足够的空间来容纳 strSrc，否则程序会出错。例如：

```
char cStr1[20]="Hello ";//cStr1 的长度必须足够长以容纳结果字符串的内容
char cStr2[]="world! ";
strcat(cStr1, cStr2);
strcat(cStr1, "C++!");
```

第一次调用 strcat 函数后，cStr2 的内容没有变化，但 cStr1 的内容变为：

```
"Hello world! "
```

第二次调用 strcat 函数后，cStr1 的内容再一次改变：

```
"Hello world! C++!"
```

连接函数调用作为独立语句出现时，函数返回值被忽略。

2. **strncat(strDest, strSrc, n)**

参数 strDest 是 C 风格字符串变量，参数 strSrc 是 C 风格字符串常量或变量，参数 *n* 是非负的整数。即无符号整数。函数的作用是将 strSrc 的前 *n* 个字符连接到 strDest 的结尾处(strDest 结尾原有的'\0'去掉,连接后的 strDest 结尾处会添加一个'\0'),并返回 strDest 的基址。strDest 必须有足够的空间来容纳 strSrc，否则程序会出错。例如：

```
char cStr1[20]="Hello ";//cStr1 的长度必须足够长以容纳结果字符串的内容
char cStr2[]="world! C++!";
strncat(cStr1, cStr2,7);
strncat(cStr1, "CPP Programming!",5);
```

第一次调用 strncat 函数后，cStr2 的内容没有变化，但 cStr1 的内容变为：

```
"Hello world!"
```

第二次调用 strncat 函数后，cStr1 的内容变为：

```
"Hello world! CPP P"
```

如果 strDest 可连接的字符刚好等于 *n* 个，而 strSrc 的 *n* 个字符都非空字符'\0'，则 strDest 的末尾将没有'\0'。因此，调用函数 strcat()时，最好连接至多 *n*-1 个字符。

7.2.5　C 字符串的类型转换

在某些特定情形下字符串数组中的内容可以转换成数值类型，其实就是把字符数组中的字符元素看作数字，然后把整个字符串转换为一个数值。cstdlib 库提供了 atof(cStr)，atoi(cStr)和 atol(cStr) 3 个常用的函数，其中参数 cStr 是 C 风格字符串变量或者常量，atof(cStr)，atoi(cStr)和 atol(cStr)的返回值类型分别是 double，int 和 long，表示将 C 风格字符串分别转换成 double，int 和 long 型数据。

这些函数忽略起首的空白字符，而只对其后的非空白字符进行处理；当字符串以数字起首时，这些函数会忽略位于数字后面的非数字符号，而只对数字进行处理；如果字符串不能转换为数值，则函数返回值为 0；如果字符串能够转换的数值超过返回值类型的表示范围，则函数返回一个极小或极大的值。例如：

```
#include <cstdlib>
using namespace std;
    ...
double d;
int i;
```

```
long l;
d = atof(" 1234.56");       // d的值为1234.56。
d = atof("cn1234.56");      // 该字符串的起首是字母，不能代表一个数值，因而d的值为0。
i = atoi("1234xy");         // i的值为1234。
L = atol("1234567$90");     // l的值为1234567
```

7.2.6 处理单个字符

除了上述直接处理C风格字符串的函数外，C++还定义了处理单个字符的函数。字符是字符串的组成元素，程序员经常需要提取字符串的具体字符作处理。

字符处理的函数是由标准库 cctype 提供的。常用的字符处理函数见表7-1。

表7-1 常用的字符处理函数

	函数原型	功　能
1	bool isalpha(char);	判断参数是否为英文字母，是则返回 true，否则返回 false
2	bool isupper(char);	判断参数是否为大写英文字母，是则返回 true，否则返回 false
3	bool islower(char);	判断参数是否为小写英文字母，是则返回 true，否则返回 false
4	bool isdigit(char);	判断参数是否为'0'到'9'的数字，是则返回 true，否则返回 false
5	bool isxdigit(char);	判断参数是否为十六进制数字符，是则返回 true，否则返回 false
6	bool isspace(char);	判断参数是否为空格字符、制表符、换行符或 formfeed 符，是则返回 true，否则返回 false
7	bool iscntrl(char);	判断参数是否为控制字符（ASCII 值为 0～31 和 127），是则返回 true，否则返回 false
8	bool ispunct(char);	判断参数是否为标点符号，是则返回 true，否则返回 false
9	bool isalnum(char);	判断参数是否为英文字母或数字，是则返回 true，否则返回 false
10	bool isprchar(char);	判断参数是否为可打印的字符，是则返回 true，否则返回 false
11	bool isgraph(char);	判断参数是否为可显示字符，是则返回 true，否则返回 false
12	char toupper(char);	如果参数是小写英文字母，则转变成大写英文字母，否则不作任何处理
13	char tolower(char);	如果参数是大写英文字母，则转变成小写英文字母，否则不作任何处理

例如：

```
#include <iostream>
#include <cctype>
using namespace std;
    ...
cout << "Continue or not?";
if (toupper(cin.get())=='N') // 不带参数的get函数从标准输入设备读入一个字符
    return 0;
    ...
```

程序获取用户从键盘输入的字符，如果是小写字母则将其转变成大写字母，然后与'N'进行比较，如果相等，则程序结束。这类语句经常出现在询问用户是否结束或继续某项任务，例如游戏和计算等。程序将根据用户的反应或选择作出下一步处理。上述的 if 语句也可写成下述语句：

```
ch=(in.getc)
if (ch=='N' || ch=='n')
```

显然，函数 toupper 的使用简化了 if 语句中的条件判断。

7.3 string 对象字符串

尽管 C++支持C风格字符串，然而C风格字符串变量的长度受数组大小的限制，而7.2节讲述的与C风格字符串相关的标准库函数不会检查字符串参数，因而极容易出现字符串存储越界情况，这会给程序带来极大隐患，因此在C++程序中应该尽量避免使用C风格字符串。C++标准库提供类string来支持长度可变的字符串，并负责管理与存储字符相关的内存，省去了令程序员操心的字符串长度与存储越界问题,从而避免了C风格字符串带来的隐患与问题。标准库string类提供了添加、删除、替换等各种有用的操作，基本上能满足程序员对字符串的应用。

程序员要使用string类型对象，必须包含相应头文件string:

```
#include <string>
```

string类中定义了数据类型size_type，用于表示string对象中字符串的长度，即字符的个数。

```
string::size_type
```

size_type其实是无符号整数类型的别名，其取值范围从0到最大无符号整数（具体值由所使用的计算机规定）。string类为size_type的最大值定义了如下符号常量。

```
string::npos
```

当计算机的CPU为32位时，npos的值为4294967295。

string对象的相关操作和函数非常多，本章只讲述常用的一些，包括string对象的声明、初始化与赋值、string字符串的输入输出、string字符串的长度与字符的位置、string字符串的比较、string字符串的子串操作、string字符串的连接操作以及C风格字符串和string对象的转换与比较等几个方面的功能。

7.3.1 string对象的声明、初始化与赋值

string是标准库中定义的类，其使用与程序员自定义的类相同，参见第5章类部分。

string对象的声明及初始化有以下几种方式。

```
string str1;            // 使用默认构造函数，str1为空串
string str2("Hello!");  // 将str2初始化为字符串字面值的副本
string str3(str2);      // 将str3初始化为str2的副本
string str4(n, 'a');    // 将str4初始化为由n个字符'a'构成的字符串
string str5="C++";      // 将字符串常量赋值给str5
```

字符串常量与标准库string类型不是同一种类型，请注意区分。

赋值方面，可以将字符串常量赋值给string对象，也可以将string对象赋值给另一个string对象。例如：

```
string str1;
string str2;
str1 = "Hello world!";
str2 = "China!";
str1 = str2; // 将str2的值赋给str1
```

也可以使用输入语句设定string对象的值，详见7.3.7小节。

7.3.2 string字符串的输入和输出

string对象最基本的输入输出操作是使用提取操作符>>进行输入，使用插入操作符<<进行输出，当使用提取操作符>>输入string对象时，只能输入连续的字符，不能包括中间的空白字符，因一遇到空白字符即结束输入。例如：

```
cin >> str;
cout << str;
```

当输入为Hello world!时，输出为Hello。

可以使用标准库函数getline(inStream, str)给string对象str输入整行字符，包括初始和中间的空白字符。其中，inStream是输入流对象，可以是istream或ifstream对象；str是string对象。该函数将来自inStream的字符存储到str中，直至遇到换行符。

换行符不会被存入 str 中。函数 getline 会返回流对象 inStream，但通常会被忽略。例如：

```
getline(cin,str);
```

假设键盘上的输入内容如下：

```
Hello world!
```

则上述 getline 函数执行后，str 的内容如下：

```
Hello world!
```

7.3.3 string 字符串的长度

可以使用类成员函数 length()和 size()来获得 string 对象长度。给定如下声明：

```
string str;
```

本章以下内容凡是在点操作符（.）之前使用到 str，该 str 的声明均同上。

函数 length()和函数 size()都没有参数，其返回值类型为 string::size_type，返回字符串中字符的个数。例如：

```
str = "C++!";
cout << str.length() << endl;
cout << str.size() << endl;
```

上述输出语句执行后输出两个 4，表示字符串"C++!"的长度为 4，即有 4 个字符。

7.3.4 string 字符串的比较

string 对象的比较操作也比 C 风格字符串要简单，可以使用关系操作符>、<、>=、<=、==和!=，它们的含义与第 2 章介绍的关系操作符一样。两个 string 对象的比较规则与 C 风格字符串的比较规则相同。string 对象的比较结果只有两个，即 true 和 false。例如：

```
string str1("Hello!");
string str2("World!");
if (str1 > str2)
    cout << str1 << endl;
else
    cout << str2;
```

显然，上述 if 语句的判断结果为 false，因为 string 对象 str1 的第一个字符是'H'，而 str2 的第一个字符是'W'，在 ASCII 表中，'W'的 ASCII 码值比'H'大，所以 str2 大于 str1。

7.3.5 string 字符串的子串

获取 string 对象子串的函数为 substr(pos, len)，其中参数 pos 和 len 都是无符号整数，分别表示所要获取子串的开始位置及其长度。substr(pos, len)函数从 str 的 pos 位置开始（包括 pos 位置），获取最多 len 个字符的子串，然后返回一个临时的 string 对象。pos 的值必须小于 string 对象的长度，如果 len 超过 string 对象的长度，则 substr 所提取的子串将包含从位置 pos 到字符串结尾的所有字符。

与数组下标的范围类似，string 对象中字符的位置是从 0 开始的。假设 string 对象的长度是 n，那么 string 对象中字符的位置就是从 0 到 $n-1$。

函数 find(arg)可以用来寻找某个字符串（通常是子串）或字符在 string 对象中的起始位置。其中的参数 arg 是 string 或 char 类型的表达式，或者是 C 风格字符串常量，函数返回类型为 string::size_type 的值，指出在 string 对象中找到的第一个 arg 的开始位置。如果 arg 找不到，返回值是 string::npos。例如：

```
string str("Welcome to C++!");
```

```
int n1, n2;
n1 = str.find("to"); //执行后n1的值是8
n2 = str.find('C'); //执行后n2的值是11
```

如果要获取string对象中的单个字符，可以使用以下两种方式。

（1）str[n]，其中n表示字符在字符串中的位置，其在0到str.length()-1之间。与数组的边界问题类似，程序员需要自己保证n的有效性，系统不作任何检查。例如：

```
string str("Hello!");
char c[7];
for(int i = 0; i <= str.length()-1; i++)
  c[i]=str[i]; //把str的值赋给c数组
c[6]='\0'; //C风格字符串变量末尾处要有'\0'
cout<<c<<endl;
```

（2）str.at(n)，其中n的含义同上，取值范围也同上。使用at方法比使用[]方法安全，因为at的调用会检查n的值。当n取值在正常范围以外时，系统会产生一个类型为std::out_of_range的异常，指出"invalid string position（无效的字符串位置）"错误，并终止程序。例如，可以把前面的例子改为：

```
for(int i = 0; i <= str.length()-1; i++)
  c[i]=str.at(i); //把str的值赋给c数组
```

[]和at提取单个字符，其返回值类型是char，而子串操作substr的返回值类型也是string，即使所提取的字符串只有一个字符。

7.3.6 string字符串的连接

string对象的连接操作比C风格字符串要简单，使用重载的 + 操作符即可。例如：

```
string str("Hello ");
string str1(" C++!");
...
str = str + "world!";
```

上述语句执行后，str的内容是"Hello world!"。

```
str = str + str1;
```

上述语句执行后，str的内容是"Hello world! C++!"。

string对象的连接操作符+的两个操作数要求至少一个是string对象，即string变量，不能两个都是字符串常量。

7.3.7 string对象转换成C字符串

可以用函数c_str()将string对象转换成C风格字符串。c_str函数没有参数，返回C风格字符串的初始地址。例如，当使用string对象filename存储要打开文件的名字时，由于ifstream对象的成员函数open只能接受C风格字符串作为文件名，就需要使用转换函数进行转换。例如：

```
#include <string>
#include <ifstream>
using namespace std;
...
string filename;
ifstream infile;
...
cin >> filename;
infile.open(filename.c_str());
```

上述程序片断中，必须使用c_str()将filename转换成C风格字符串，否则程序运行将出错。具体内容参见第10章。

7.4 应用举例

问题 这是一个文字游戏程序。游戏者从键盘输入一段文字和分隔符，然后程序用分隔符将段落分割成句子，将句子中单词的顺序进行颠倒，并将产生的反向句子输出到显示器上。

编程要求 在游戏开始前程序给出游戏规则说明信息。在游戏者输入的段落文字中，至少有一个分隔符，段落结尾有无分隔符皆可，分隔符与前后的单词之间不需要有空格，单词与单词之间的空格字符不要多于一个，段落首尾不要有空格字符。游戏者输入的分隔符可以含一个或多个字符，多个字符之间不能有空格。游戏者输入段落文字和分隔符后，程序将段落分割成句子，然后将句子中单词的顺序进行反向输出。

分析与设计　由于该游戏涉及字符串处理，因而需要使用 string 对象。程序设计思想步骤如下：

首先，输出游戏规则说明信息。

其次，由于游戏者从键盘输入的段落是字符串，因而可以使用 getline 函数将句子存放在 string 对象中。分隔符是没有空格的字符串，可以使用 cin 函数将分隔符存放在 string 对象中。程序需要将段落进行分割，因而需要识别段落中分隔符所在的位置，需要用到 find() 函数，然后使用整数变量记录每个分隔符位置。

最后，程序需要将分割的句子中单词的顺序进行反向输出，因而需要识别句子中的每个单词。可以从句子的结尾开始，使用循环语句，通过空格字符来判断单词的开始与结束，然后使用整数变量记录每个单词的前后空格字符位置，再使用 substr 函数将单词取出，将单词连接到另一个反向句子 string 对象。其中，需要注意特别处理第一个单词以及最后一个单词。

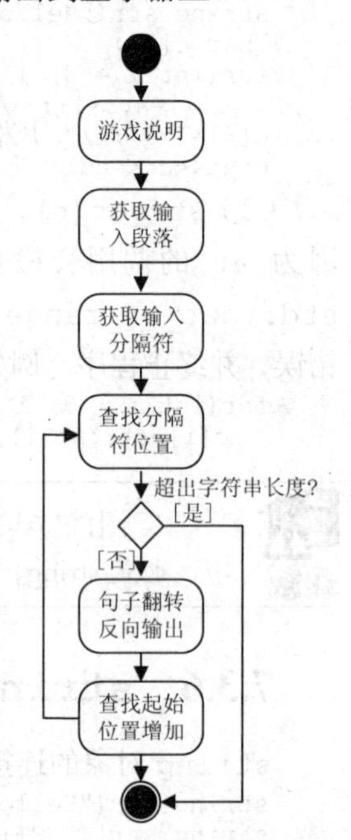

图 7-1　段落分割和翻转游戏的活动图

程序的运行逻辑如图 7-1 所示。

程序代码

```
//****************************************************************
// wordGame.cpp
// 功能：一个用分隔符分割和颠倒句子的程序，主要用来演示字符串的使用
//****************************************************************
#include <iostream>
#include <string>                  // 使用 string 类
#include <cctype>                  // 使用 toupper 函数

using namespace std;

int main()
{
    string inSen("");                          // 存放输入的句子
    string inSep("");                          // 存放输入的分隔符
    string wTemp("");                          // 存放提取出来的单词
    string revSen("");                         // 存放颠倒后的句子
    string::size_type  wBegin, wEnd;     //存放句子中单词前后的空格字符的位置
    string::size_type wLen;                  // 存放提取单词的长度
    string::size_type senL, sepL;            // 存放句子和分隔符的长度
    string::size_type pos;                   // 存放分隔符在句子中的位置
    int i,j;

    cout << "This is a game about paragraph dividing and reversing. " << endl;
    // 提示游戏者输入句子
    cout << "Please input a paragraph:" << endl;
    getline(cin, inSen);  // 获取输入的句子
```

```
    // 提示游戏者输入分隔符
    cout << "Please input a separator:" << endl;
    cin >> inSep;

    senL = inSen.size();
    sepL = inSep.size();
    cout << "After dividing and reversing, the sentences are as follow." << endl;
    // 判断句子最后位置是否有分隔符，没有则加一个分隔符到句子最后位置以方便编程
    if(inSen.substr(senL-sepL,sepL) != inSep)
        inSen += inSep;
    // 查找分隔符所在位置，并进行句子颠倒
    for(i = 0; i < senL; i++){
        pos = inSen.find(inSep, i);  // 查找分隔符在句子的位置
        wEnd = pos - 1;   // 初始化 wEnd
        for (j = pos - 1; j >= i; j--) {
            if (inSen[j] == ' ') {// 找到空格字符所在位置，进行记录
                wBegin = j;
                wLen = wEnd - wBegin;  //计算单词长度
                  // 如果是句子末尾的单词，则从位置 wBegin+1 开始，提取长度为 wLen
                if (wEnd == pos-1)
                  wTemp = inSen.substr(wBegin + 1, wLen);
                else // 否则提取长度为 wLen-1
                  wTemp = inSen.substr(wBegin + 1, wLen-1);
                  // 将提取出来的单词以连接的方式存放于 revSen 中
                revSen = revSen + wTemp + " ";
                wEnd = wBegin;     // wEnd 指向前一个空格字符
            }
        }
        wTemp = inSen.substr(i, wEnd-i);   // 提取句子开始的单词

        revSen = revSen + wTemp;  // 将提取出来的单词连接入 revSen，至此完成句子的颠倒

        cout << revSen << endl;
        revSen = "";    // 清空 revSen
        i = pos+inSep.length()-1;

    }
    return 0;
}
```

该程序的一次执行实例如下：

```
This is a game about paragraph dividing and reversing.
Please input a paragraph:
Cinderella is a beautiful girl.She has two ugly stepsisters.They are not kind to
Cinderella.Cinderella does all of the work.
Please input a separator:

After dividing and reversing, the sentences are as follow.
girl beautiful a is Cinderella
stepsisters ugly two has She
Cinderella to kind not are They
work the of all does Cinderella
```

习　　题

7-1 cStr 的声明和初始化语句如下所示，试编写一条语句打印 cStr 的值。

```
char cStr = 'a';
```

7-2 判断是否为空格字符常用如下判断方式，试换成其他函数来作判断。

```
if (cStr == ' ')
```

7-3 C 风格字符串 cStr 的声明如下：

```
char cStr[11];
```

下列赋值方式哪些是正确的？哪些是错误的？为什么？

```
(a) cStr = "Thank you!";
(b) cStr[11] = "Thank you!";
(c) cStr[]={'T', 'h', 'a', 'n', 'k',' ', 'y', 'o', 'u', '!', '\0'};
(d) cStr[0]='T';
```

```
    cStr[1]='h';
    cStr[2]='a';
    cStr[3]='n';
    cStr[4]='k';
    cStr[5]=' ';
    cStr[6]='y';
    cStr[7]='o';
    cStr[8]='u';
    cStr[9]='!';
    cStr[10]='\0';
(e) cStr[0]='T';
    cStr[1]='h';
    cStr[2]='a';
    cStr[3]='n';
    cStr[4]='k';
    cStr[5]=' ';
    cStr[6]='y';
    cStr[7]='o';
    cStr[8]='u';
    cStr[9]='!';
```

7-4 如果要从键盘输入"Thank you!"并赋值给 7-3 题中的 C 风格字符串变量 cStr，有多少种赋值方式？试写出相应的语句。

7-5 有如下的声明-初始化语句：

```
char cStr1[20]= "good morning ";
char cStr2[20]= "good night";
char cStr3[20]= "sir";
```

以下各小题彼此独立，试写出以下各小题的执行结果：

```
(a) cout << strcat(cStr1, cStr3) << endl;
(b) cout << strncat(cStr1, "ladykin", 4) << endl;
(c) cout << strcmp(cStr1, cStr2) << endl;
(d) cout << strncmp(cStr1, cStr2, 4) << endl;
(e) cout << strcpy(cStr1, cStr2) << endl;
(f) cout << strncpy(cStr1, cStr3, 3) << endl;
(g) cout << strncpy(cStr1, cStr3, 5) << endl;
(h) cout << strlen(cStr1) << endl;
(i) cout << strlen("Please input the answer again!") << endl;
```

7-6 有如下的声明-初始化语句：

```
char cStr1[]= "3.14";
char cStr2[]= " 1000";
char cStr3[]= "123kg";
char cStr4[]= "1234.56&789";
```

以下各小题彼此独立，试写出以下各小题的执行结果：

```
(a) cout << atof(cStr1) << endl;
(b) cout << atof(cStr2) << endl;
(c) cout << atof(cStr3) << endl;
(d) cout << atof(cStr4) << endl;
(e) cout << atoi(cStr1) << endl;
(f) cout << atoi(cStr2) << endl;
(g) cout << atoi(cStr3) << endl;
(h) cout << atoi(cStr4) << endl;
(i) cout << atol(cStr1) << endl;
(j) cout << atol(cStr2) << endl;
(k) cout << atol(cStr3) << endl;
(l) cout << atol(cStr4) << endl;
```

7-7 在 C++语言编程中，常用 string 对象来表示字符串。那么与使用 C 风格字符串相比，使用 string 对象表示字符串的优点有哪些？

7-8 以下各小题彼此独立，试写出程序执行后字符串 str 包含的内容：

```
(a) string str = "Continue or not?";
(b) string str("good job");
(c) string str1("china");
    string str(str1);
(d) string str1 = "C++";
    string str;
    str = str1;
```

(e) string str(4, 'a');

(f) string str;
```
cin >> str;
```
然后从键盘中输入如下内容:
```
You are wonderful!
```
(g) string str;
```
getline(cin,str);
```
设从键盘输入的内容同(f)。

7-9 有如下的声明-初始化语句:
```
string str1("You are ");
string str2("a super man!");
string str3(5, 'c');
```
以下各小题彼此独立，试写出以下各小题的执行结果:

(a) cout << str1.length();

(b) cout << str3.length();

(c) cout << str2.size();

(d) cout << str1 + str2;

(e) str1 = str3 + " " + str1 + str2;
```
cout << str1;
```
(f)
```
if (str1 > str2)
    cout << "bigger";
else if(str1 == str2)
    cout << "equal";
else
    cout << "smaller";
```
(g) cout << str1.find("are");

(h)
```
unsigned int loc;
loc = str2.find('a');
cout << loc;
```
(i)
```
unsigned int loc;
loc = str1.find("Your");
cout << loc;
```
(j)
```
unsigned int loc;
loc = str2.find("super");
cout << str2.substr(loc, 3);
```
(k) cout << str1[3];

(l) cout << str1.at(5);

(m) cout << str1.at(20);

7-10 编写一个文本统计程序，要求最多接受 30 行的文本输入，输入前 2 列中带有 2 个星号的一行作为结尾，并输出所读取文本的行数、单词个数和字符（不计空格）个数。例如:
```
Please input text (<=30 lines):
Due to node mobility and other reasons, the topology of a computer network
may change frequently from time to time. Dynamic network is the general
abstraction of such networks with formalized network models.
**
```
输出结果为:
```
3 lines
33 words
175 letters
```

第8章 继承与组合

继承与组合是面向对象程序设计中提高软件重用性的重要方法。本章将介绍继承与组合的概念、C++中对继承机制的支持以及继承对类的一般特性的影响。其中，重点介绍继承机制的用法以及使用继承机制组织类层次。

8.1 继承的概念

在现实世界中，我们组织一些概念时常常会使用继承来构成一种层次结构。继承描述的是一种 IS-A（是一种）关系，如图 8-1 所示。

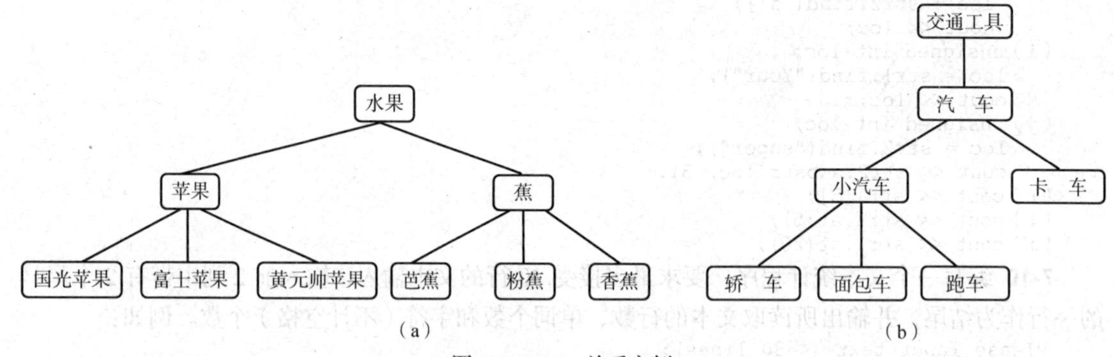

图 8-1 IS-A 关系实例

在 IS-A 关系中，每个概念都具有其上一层概念所具有的特性，同时又具有自身的特殊性。如“汽车”是一种“交通工具”，“汽车”具有“交通工具”的所有特性，如可以携带人从一个地方移动到另一个地方，但同时“汽车”具有特殊的属性，如有四个轮子、引擎、车身等。在“是一种”关系中，上层概念是“父”，下层概念是“子”，“子”表达的是比“父”（及其祖先）更特殊的概念，而“父”表达的是比“子”更一般化的概念。在面向对象程序设计中，使用继承机制来表示概念间的 IS-A 关系。**继承**（inheritance）是一种机制，使得可以在一个或几个现有类的基础上经过扩充及适当修改而构成一个新类。继承使我们能够定义类，为类型之间的关系建模，共享公共的东西，仅特别指明不同的东西。

在图 8-1（a）中，粉蕉继承了蕉的特性，蕉继承了水果的特性。如果我们已经知道什么是水果、什么是蕉，那么在描述粉蕉时，就没有必要去重复讲水果和蕉的概念了。这就是重用，重用了对水果和蕉这两个概念的理解。

软件重用是指利用事先建立好的软件创建新的软件系统。软件人员一直希望能采用搭积木的方式来轻松地构造出大型而复杂的应用系统。软件重用是实现这一梦想的有效途径。继承是面向对象程序设计中提高软件重用性的一种方法。例如，已经定义了水果类，在定义蕉类时就可以在继承水果类的基础上通过添加蕉的特殊属性来完成，而不需要在蕉类中重复定义那些有关水果类的特性。通过重用已有的软件，能够降低开发投入，并提高软件的质量。软件重用是一个比较复杂的概念，在此读者只需要大概了解。如果想深入学习，可参考相关的资料。

8.2　C++中的继承

8.2.1　基本概念

1. 基类和派生类

在只有两层的继承关系中，我们称被继承者为基类（父类），继承者为派生类（子类）。设基类为 A，派生类为 B，它们之间的关系可以表达为"类 B 继承类 A" 或"类 A 派生类 B"，如图 8-2 所示。

在多层的继承关系中，类 A 通过类 B 间接派生出类 C，如图 8-3 所示。我们称类 A 和类 B 为类 C 的祖先类，类 B 和类 C 为类 A 的后代类。一个类的祖先类包含了该类的基类以及基类的祖先类，一个类的后代类包含了该类的派生类以及派生类的后代类。

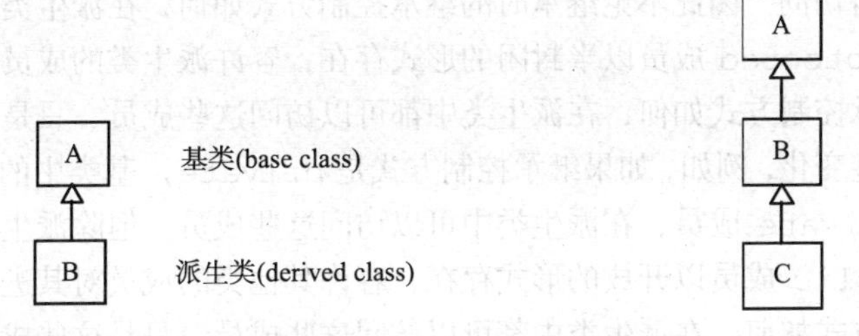

图 8-2　继承的图形表示　　　　图 8-3　多层继承的图形表示

2. C++支持的继承形式

C++支持的继承形式有三种：单重继承、多重继承和重复继承[①]。这三种继承方式如图 8-4 所示。

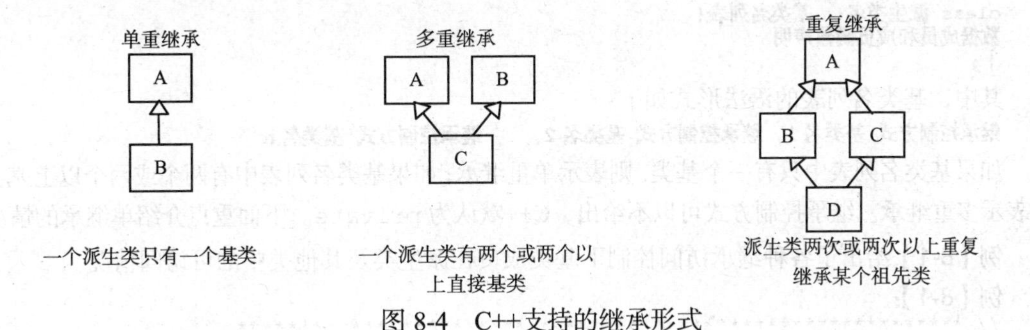

图 8-4　C++支持的继承形式

3. 继承成员的访问控制

派生类 B 在继承了基类 A 后，基类 A 中的数据成员和成员函数在类 B 中是否可以访问？ 其他类能否访问类 B 继承下来的类 A 的成员？这要由类 A 中成员的访问控制方式和类 B 在继承类 A 时指定的继承控制方式共同决定。类 A 中成员的访问控制方式包括：`private`（私有的），`protected`（受保护的） 以及 `public`（公有的）。类 B 在继承类 A 时指定的继承控制方式包括：private，`protected` 以及 `public`。因此共有 9 种组合情况，见表 8-1。

[①] 严格来说，重复继承不能算是一种单独的继承形式，而是由多重继承导致的一种现象。

表 8-1 继承时的访问控制方式

基类 A 中成员的访问控制方式	继承控制方式	派生类 B 中继承成员的访问控制
public	public	public
protected		protected
private		不可访问
public	protected	protected
protected		protected
private		不可访问
public	private	private
protected		private
private		不可访问

类成员的访问控制方式 private，protected 和 public 对类内数据的保护或封闭程度依次减弱。继承控制方式 private，protected 和 public 使派生类对基类数据的保护或封闭程度也依次减弱。基类中的 private 成员以完全封闭的形式存在，只容许本类内部成员及友元（详见第 9 章）对其进行访问。因此不论继承时的继承控制方式如何，在派生类中都不可以访问这些成员。基类中的 protected 成员以半封闭的形式存在，容许派生类的成员对其进行访问。因此不论在继承时的继承控制方式如何，在派生类中都可以访问这些成员，只是这些成员在派生类中对外的表现形式有些变化，例如，如果继承控制方式是 private，基类中的 protected 成员在派生类中变成了 private 成员，在派生类中可以访问这些成员，但除派生类之外的其他不可以访问这些成员。public 成员以开放的形式存在，容许其他类的成员对其进行访问。因此不论在继承时的继承控制方式如何，在派生类中都可以访问这些成员，只是这些成员在派生类中对外的表现形式有些变化。

4. 继承的语法

C++中继承的语法形式如下：

```
class 派生类名 : 基类名列表{
数据成员和成员函数声明
};
```

其中，基类名列表的语法形式如下：

```
继承控制方式 基类名 1, 继承控制方式 基类名 2, …, 继承控制方式 基类名 n
```

如果基类名列表中只有一个基类，则表示单重继承；如果基类名列表中有两个或两个以上基类，则表示多重继承。继承控制方式可以不给出，C++默认为 private。下面重点介绍单继承的情况。

例【8-1】给出了各种继承访问控制下基类成员在派生类及其他类中的可访问情况。

例【8-1】:

```
// ***********************************************************
// accessControl.cpp
// 演示在继承中派生类对基类成员的访问控制
// ***********************************************************

class Base {
public:
    int getBaseI()
    {
        baseTemp = baseI;
        return baseI;
    }; // 公有成员函数
protected:
    int baseI; // 受保护成员
private:
    int baseTemp; // 私有成员
};
```

```
// 公有派生,在 Derived1 类中，baseI 是受保护成员,getBaseI()是公有成员,
// baseTemp 不可访问
class Derived1: public Base {
public:
    int getDrv1I()
    {
        // 编译出错，因为从 Base 继承下来的 baseTemp 不可访问
        baseTemp = baseI;
        return baseI;
    }
};

// 受保护派生：在 Derived2 类中，baseI 是受保护成员，getBaseI()变成受保护成员
// baseTemp 不可访问
class Derived2: protected Base {
public:
    int getDrv2I()
    {
        // 编译出错，因为从 Base 继承下来的 baseTemp 不可访问
        baseTemp = baseI;
        return baseI;
    }
};

// 私有派生：在 Derived3 类中，baseI, getBaseI()都变成私有成员,
// baseTemp 不可访问
class Derived3: private Base{
public:
    int getDrv3I()
    {
       // 编译出错，因为从 Base 继承下来的 baseTemp 不可访问
        baseTemp = baseI;
        return baseI;
    }
};

int main()
{
    Derived1 drv1;
    Derived2 drv2;
    Derived3 drv3;

    // getBaseI()在 Derived1 类中是公有成员
    drv1.getBaseI();

    // 编译错：在 Derived2 类中,getBaseI()变成受保护成员，外部不可访问
    drv2.getBaseI();

    // 编译错：在 Derived3 类中，getBaseI()变成了私有成员,外部不可访问
    drv3.getBaseI();

    return 0;
}
```

一般情况下使用公有继承，使基类中所有的公有成员在派生类中也保持公有。

8.2.2　继承实例

小汽车和跑车之间的关系（见图 8-1）可以用继承来描述。例【8-2】实现了这种继承。其中，小汽车是基类，跑车是派生类，通过公有继承方式从小汽车类中派生得到。在跑车类中新增加了数据成员——颜色，同时增加了对这个数据成员进行操作的成员函数。

例【8-2】：小汽车和跑车之间的继承关系。

```
// ***************************************************************
// carSportCar.cpp
// 演示了小汽车和跑车之间的继承关系
// ***************************************************************
```

```
#include <string>
#include <iostream>

using namespace std;

class Car {
public:
    Car(int theWeight,int theSpeed)        // 构造函数
    {
        weight = theWeight;
        speed = theSpeed;
    }

    void setWeight(int theWeight)          // 设置重量
    {
        weight = theWeight;
    }

    void setSpeed(int theSpeed)            // 设置速度
    {
        speed = theSpeed;
    }

    int getSpeed()                         // 获取速度
    {
        return speed;
    }

    int getWeight()                        // 获取重量
    {
        return weight;
    }

private:
    int weight;
    int speed;
};

class SportCar: public Car {
public:
    SportCar(int theWeight,int theSpeed,
            string theColor):Car(theWeight,theSpeed)
    {
        color = theColor;
    }

    void setColor(string theColor)
    {
        color = theColor;
    }

    string getColor()
    {
        return color;
    }

private:
    string color; // 跑车的颜色
};

int main()
{
    Car car(100,100);
    SportCar sportCar(100,200,"black");
    cout << "car's weight is " << car.getWeight() << endl;
    cout << "car's speed is " << car.getSpeed() << endl;
    cout << "sportcar's weight is " << sportCar.getWeight() << endl;
    cout << "sportcar's speed is " << sportCar.getSpeed() << endl;
    cout << "sportcar's color is " << sportCar.getColor()<< endl;

    return 0;
```

```
}
```

运行结果：

```
car's weight is 100
car's speed is 100
sportcar's weight is 100
sportcar's speed is 200
sportcar's color is black
```

分析：

```
main()函数中的语句：
Car car(100,100);
SportCar sportCar(100,200,"black");
```

通过调用 Car 类和 SportCar 类的构造函数初始化对象 car 和 sportCar。分别将 car 的重量和速度设为 100 和 100，将 sportCar 的重量、速度和颜色设为 100、200 和 black。

然后分别调用 car 对象和 sportCar 对象的成员函数显示数据成员的值。运行结果将上述初始化后的数据成员的值输出。

例【8-3】描述了电话号码类和国际号码类之间的继承关系。其中电话号码类是基类，通过公有派生派生出国际号码类。在国际号码类中增加了一个数据成员：国家代码，同时增加了对该数据成员进行操作的成员函数。注意在基类中使用了被保护成员，使派生类中可以访问。

例【8-3】：

```
// *************************************************************
// internPhone.cpp
// 演示电话号码与国际电话号码间的继承关系
// *************************************************************

#include <iostream>
#include <string>
using namespace std;

enum PhoneType {HOME, OFFICE, CELL, FAX};

class Phone {
public:
    Phone();
    Phone( string, string, PhoneType);

    void setAreaCode(string);
    void setNumber(string);
    void setPhoneType(PhoneType);

    string getAreaCode();
    string getNumber();
    PhoneType getPhoneType();

    void write();

protected:
    string areaCode;
    string number;
    PhoneType type;
};

Phone::Phone()
{
    areaCode ="";
    number = "";
    type= HOME;

}

Phone::Phone(string newAreaCode, string newNumber, PhoneType newType)
{
    areaCode = newAreaCode;
```

```
    number = newNumber;
    type= newType;

}

void Phone::setAreaCode(string newAreaCode)
// 功能：设置 areaCode 数据成员
// 前置条件：newAreaCode 已赋值
// 后置条件：areaCode 数据成员设置为 newAreaCode
{
    areaCode = newAreaCode;
}

void Phone::setNumber(string newNumber)
// 功能：设置 number 数据成员
// 前置条件：newNumber 已赋值
// 后置条件：number 数据成员设置为 newNumber
{
    number = newNumber;
}

void Phone::setPhoneType(PhoneType newType)
// 功能：设置 type 数据成员
// 前置条件：newType 已赋值
// 后置条件：type 数据成员设置为 newType
{
    type = newType;
}

string Phone::getAreaCode()
// 功能：获取 areaCode 数据成员
// 后置条件：返回 areaCode 数据成员
{
    return    areaCode;
}

string Phone::getNumber()
// 功能：获取 number 数据成员
// 后置条件：返回 number 数据成员
{
    return number;
}

PhoneType Phone::getPhoneType()
// 功能：获取 type 数据成员
// 后置条件：返回 type 数据成员
{
    return type;
}

void Phone::write()
// 功能：输出 Phone 类对象
// 后置条件：输出各数据成员
{
    string phoneType;
    switch (type) {
        case HOME:
            phoneType = "Home";
            break;
        case OFFICE:
            phoneType = "Office";
        break;
        case CELL:
            phoneType = "Cell";
            break;
        case FAX:
            phoneType = "Fax";
            break;
    }
    cout << "The " + phoneType + " number: " << areaCode
        << "-" << number <<endl;
```

```
}

// 使用继承，我们可以派生出代表国际号码的类 InternPhone
class InternPhone: public Phone {
public:
   InternPhone();
   InternPhone(string, string, string, PhoneType);
   void setCountryCode(string);
   string  getCountryCode();
   void write();

protected:
   string countryCode;
};

InternPhone::InternPhone()
{
   countryCode = "";
}

InternPhone::InternPhone(string newCountryCode, string newAreaCode, string newNumber,
PhoneType newType):
      Phone(newAreaCode, newNumber, newType)
{
   countryCode = newCountryCode;
}

void InternPhone:: setCountryCode(string newCountryCode)
// 功能：设置 countryCode 数据成员
// 前置条件：newCountryCode 已赋值
// 后置条件：countryCode 数据成员设置为 newCountryCode
{
   countryCode = newCountryCode;
}

string InternPhone:: getCountryCode()
// 功能：获取 countryCode 数据成员
// 后置条件：返回 countryCode 数据成员的值
{
   return countryCode;
}

void InternPhone::write()
// 功能：输出数据成员的值
// 后置条件：输出数据成员
{
   string  phoneType;
   switch  (type) {
      case  HOME:
         phoneType = "Home ";
         break;
      case  OFFICE:
         phoneType = "Office ";
         break;
      case  CELL:
         phoneType = "Cell ";
         break;
      case  FAX:
         phoneType = "Fax ";
         break;
   }
   cout << phoneType + ": " << countryCode
        << "-" <<areaCode << "-" << number <<endl;
}

int main()
{
   Phone myPhone("20", "84114993", OFFICE);
   InternPhone myFriendPhone("20", "20", "76543", OFFICE);
   InternPhone mySisterPhone;
```

```
    cout << "My phone number: " <<endl;
    myPhone.write();
    myPhone.setNumber("84112788");
    cout << "My phone number changed:" <<endl;
    myPhone.write();

    cout << "My friend number: " <<endl;
    myFriendPhone.write();
    myFriendPhone.setNumber("332244");
    cout << "My friend number changed:" <<endl;
    myFriendPhone.write();

    cout << "My sister number: " <<endl;
    mySisterPhone.write();

    return 0;
}
```

运行结果:

```
My phone number:
The Office number: 20-84114993
My phone number changed:
The Office number: 20-84112788
My friend number:
Office : 20-20-76543
My friend number changed:
Office : 20-20-332244
My sister number:
Home : --
```

8.2.3 派生类中继承成员函数的重定义

继承的目的是在一般性的类的基础上生成具有特殊性的类。如例【8-3】，在 Phone 类的基础上生成了类 InternPhone，增加了其特殊的属性 countryCode。除了数据成员的特殊性外，在数据上的操作（即成员函数）也可能需要具有其特殊性。如从 Phone 类继承的成员函数 write 无法满足 InternPhone 的输出要求，因此需要在 InternPhone 中重新定义。

如果在派生类中定义了一个函数原型和继承成员函数完全一样的成员函数，则该成员函数实现了对继承成员函数的**重定义（overriding）**。

可能多个函数都具有相同的函数原型，在调用时就需要确定调用的到底是哪个函数。当通过派生类对象调用成员函数时，编译器对函数调用的处理方法是：

（1）在派生类中查找该函数，如果在派生类中有该函数的定义，则调用派生类中定义的函数，否则，进入第（2）步。

（2）在基类中查找该函数的定义，找到则调用，否则进入第（3）步。

（3）继续第（2）步，如果查找完所有的祖先类都没有找到该函数的定义，则报未定义错误。

在上述过程中，体现了派生类中定义的函数有优先权，即派生类中的重定义函数屏蔽基类中的相应函数。

在例【8-3】中，myFriendPhone.write()调用的是 InternPhone 类中重定义的继承成员函数 write，而不是由 Phone 继承下来的函数 write。InternPhone 类的函数 write 屏蔽基类 Phone 中的函数 write。

8.2.4 继承层次中的构造函数和析构函数

第 7 章我们指出在类的定义中要养成一个好的习惯：定义构造函数和析构函数。构造函数的作用是对类对象中的数据成员进行初始化。在派生类对象中，既包含从基类继承而来的数据成员，又包含派生类自定义的数据成员。那么，这些成员如何初始化？

首先我们看一下在派生类对象的存储空间中存放了哪些数据成员；其次介绍派生类构造函数

和基类构造函数之间的关系。

1. 派生类对象的存储空间

在例【8-2】中，SportCar 类继承了 Car 类，在 main 程序中用以下两条语句声明了一个 Car 类的对象 car，一个 SportCar 类的对象 sportCar，并在声明时进行了初始化。

```
Car car(100,100);
SportCar sportCar(100,200,"black")。
```

这时系统会创建对象实例，并为其分配存储空间以存放数据成员。表 8-2 是上述两条语句运行后 car 和 sportCar 的存储空间中存放的数据成员情况。 从表 8-2 中我们看到在派生类对象 sportCar 中存放了从基类继承的数据成员 weight 和 speed，以及派生类中定义的数据成员 color。它们的值分别是声明对象时给出的参数值。

表 8-2　　派生类对象和基类对象的数据存储示例 1

类对象	数据成员/值	数据成员/值	数据成员/值
sportCar	weight/100	speed/200	color/"black"
car	weight/100	speed/100	

在类对象的存储空间中仅存放从基类继承的**非静态**数据成员和派生类中定义的**非静态**数据成员。类的静态数据成员和成员函数由类的所有对象公用，只需存储一份。

在例【8-3】中，InternPhone 类继承了 Phone 类，在 main 程序中用以下两条语句声明了一个 Phone 类的对象 myPhone，一个 InternPhone 类的对象 myFriendPhone，并在声明时进行了初始化。

```
Phone myPhone("20", "84114993", OFFICE);
InternPhone myFriendPhone("20", "20", "76543", OFFICE);
```

这时系统会创建对象实例，并为其分配存储空间以存放数据成员。表 8-3 是上述两条语句运行后 myPhone 和 myFriendPhone 的存储空间中存放的数据成员情况。从表 8-3 中我们看到在派生类对象 myFriendPhone 中存放了从基类继承的数据成员 areaCode，number 及 Phonetype，以及派生类中定义的数据成员 counrtyCode。

表 8-3　　派生类对象和基类对象的数据存储示例 2

类对象	数据成员/值	数据成员/值	数据成员/值	数据成员/值
myFriendPhone	areaCode/"20"	number/"76543"	type/OFFICE	countryCode/"20"
myPhone	areaCode/"20"	number/"84114993"	type/OFFICE	

2. 派生类并不继承基类的构造函数和析构函数

从例【8-2】和例【8-3】中，我们看到派生类从基类中继承的非静态成员的值都进行了初始化。这个初始化的工作是由谁完成的？是不是派生类继承类基类的构造函数，由继承来的构造函数完成的？

这里首先要注意的是，并不是所有的成员函数都由基类自动地继承到派生类中，其中包含基类的构造函数和析构函数。

派生类必须定义自己的构造函数和析构函数。在生成派生类对象时，由派生类的构造函数调用其直接基类的构造函数，对从基类继承而来的数据成员进行初始化。

如果程序员自己没有定义构造函数和析构函数，系统会自动生成一个默认的构造函数，该构造函数的函数体是空的。

3. 派生类的构造函数

通常在一个类中包含有默认的构造函数和带参数的构造函数，在后续章节还会讲到复制构造函数，此处先不考虑。

在派生类中定义构造函数时，要考虑基类中构造函数的形式。派生类的构造函数可能调用的是基类的默认构造函数，也可能调用的是基类中带参数的构造函数。主要由派生类的构造函数是否向基类的构造函数传递了参数这一点来确定。派生类构造函数通过初始化列表向基类构造函数传递参数。如果在派生类构造函数定义时没有给出初始化列表，则调用基类的默认构造函数。如果基类没有定义默认构造函数，则必须通过初始化列表的方法向基类构造函数传递参数，如果派生类构造函数不带参数，而基类构造函数需要参数，则可以通过初始化列表传递一些常量表达式作为基类构造函数的参数。

派生类构造函数的作用：

（1）通过初始化列表给基类构造函数传递参数，调用基类的带参数构造函数初始化基类的数据成员；或调用基类的默认构造函数初始化基类的数据成员。

（2）初始化派生类中定义的数据成员。

带初始化列表的构造函数的语法形式是：

派生类名（形参表）：基类名（传递给基类的构造函数的实参表）

其中，冒号之后的部分称为**初始化列表**（initializer list）。

例【8-2】中，SportCar 类的构造函数为：

```
SportCar(int theWeight,int theSpeed,string theColor):Car(theWeight,theSpeed)
{
    color = theColor;
}
```

语句 SportCar sportCar(100,200,"black");

（1）通过初始化列表 Car(theWeight,theSpeed) 向 Car 类的构造函数传递参数 theWeight 和 theSpeed，值分别为 100 和 200，调用基类构造函数将派生类从基类中继承的数据成员 weight 置为 100，speed 置为 200。

（2）将派生类中定义的数据成员 color 初始化为“black”。

例【8-3】中，InternPhone 类的构造函数为：

```
InternPhone::InternPhone(string newCountryCode, string newAreaCode, string newNumber,
PhoneType newType):Phone(newAreaCode, newNumber, newType)
{
    countryCode = newCountryCode;
}
```

语句 InternPhone myFriendPhone("20", "20", "76543", OFFICE);

（1）通过初始化列表 Phone(newAreaCode, newNumber, newType) 向 Phone 类的构造函数传递参数 newAreaCode, newNumber, newType，值分别为“20”，“76543”和 OFFICE，调用基类构造函数将派生类从基类中继承的数据成员 areaCode 置为“20”，number 置为“76543”，type 置为 OFFICE。

（2）将派生类中定义的数据成员 countryCode 初始化为“20”。

InternPhone 类的默认构造函数为：

```
InternPhone::InternPhone()
{
    countryCode = "";
}
```

语句 InternPhone mySisterPhone;

（1）调用基类 Phone 的默认构造函数将派生类从基类中继承的数据成员 areaCode 置为""，number 置为""，type 置为 HOME。

（2）将派生类中定义的数据成员 countryCode 初始化为""。

4. 构造函数和析构函数的调用次序

生成派生类对象时，构造函数的调用次序是：

首先调用直接基类的构造函数，然后调用派生类的构造函数。

析构函数的调用次序正好相反。

当继承的层次较多时，根据以上规则，可以推导出：

在建立一个后代类对象时，需要回溯到它的最远祖先，由最远祖先开始逐级调用构造函数初始化该后代类继承得到的数据。最后再调用后代类自己的构造函数。

例【8-4】显示了有多层继承关系时构造函数的调用次序。

例【8-4】:

```
// ****************************************************************
// constructorAndDestrutorInInheritance.cpp
// 演示多层次继承中构造函数和析构函数的调用次序
// ****************************************************************

#include <iostream>
using namespace std;

class Base {
public:
    Base() // 构造函数
    {
        cout << "Constructing Base object.\n";
    }

    ~Base() // 析构函数
    {
        cout << "Destructing Base object.\n";
    }
};

class DerivedLevel1: public Base {
public:
    DerivedLevel1() // 构造函数
    {
        cout << "Constructing derived_level_1 object.\n";
    }

    ~DerivedLevel1() // 析构函数
    {
        cout << "Destructing derived_level_1 object.\n";
    }
};

class DerivedLevel2: public DerivedLevel1 {
public:
    DerivedLevel2() // 构造函数
    {
        cout << "Constructing derived_level_2 object.\n";
    }

    ~DerivedLevel2() // 析构函数
    {
        cout << "Destructing derived_level_2 object.\n";
    }
};

int main()
{
    DerivedLevel2 obj;          // 声明一个后代类的对象
    // 什么也不做，仅完成对象 obj 的创建与撤销
    return 0;
}
```

运行该程序的输出如下：

```
Constructing Base object.
Constructing derived_level_1 object.
Constructing derived_level_2 object.
Destructing derived_level_2 object.
Destructing derived_level_1 object.
Destructing Base object.
```

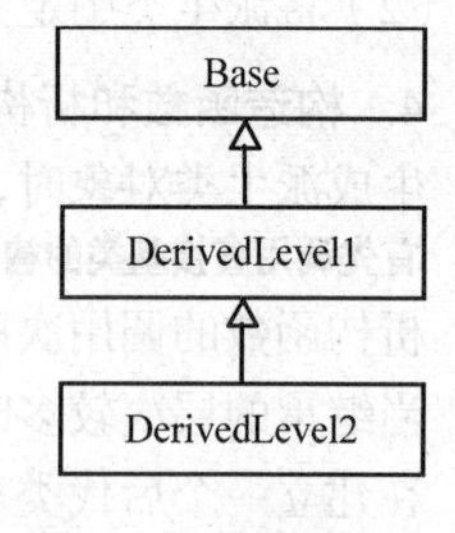

图 8-5 各类的继承关系

分析：

上述程序中各类的继承层次关系如图 8-5 所示。

语句 DerivedLevel2 obj;

通过 DerivedLevel2 类的构造函数调用 DerivedLevel2 类的直接基类 DerivedLevel1 的构造函数，但由于 DerivedLevel1 也是一个派生类，它的构造函数首先要调用它的直接基类 Base 类的构造函数。因此在声明后代类 DerivedLevel2 的对象 obj 时，一直回溯到 Base 类，由 Base 类开始上而下逐级调用 DerivedLevel1 和 DerivedLevel2 类的构造函数。输出：

```
Constructing Base object.
Constructing derived_level_1 object.
Constructing derived_level_2 object.
```

在程序结束时，对象 obj 的生命周期结束，系统会撤销该对象。撤销对象时需调用析构函数，析构函数和构造函数的调用次序正好相反。为：

```
Destructing derived_level_2 object.
Destructing derived_level_1 object.
Destructing Base object.
```

读者可以试一下在继承层次更多的情况下构造函数和析构函数的调用次序。

8.3 组 合

8.3.1 组合的语法和图形表示

组合是一种通过创建一个组合了其他对象的类来获得新功能的软件重用方法。它描述的是类之间的 HAS-A 关系。如已经定义了一个 Wheel 类，在定义 Car 类时，由于 Car 类和 Wheel 类之间的关系是 HAS-A 关系，即一个汽车的属性中包含了车轮类的对象，这时我们可以使用组合关系定义新的类 Car。方法如下：

```
class Wheel {
… // 成员定义省略
};
class Car{
public:
   …// 其他成员定义省略
private:
   int weight;
   int speed;
   Wheel wheel[4]; // 一个 Car 对象中包含 4 个 Wheel 对象
};
```

有些教材中将被包含对象称为**嵌入对象**（embedded object）。

Car 类的数据成员中包含了 Wheel 类的对象。通常情况下，将嵌入对象作为私有成员。但如果想保留嵌入对象的公有接口，也可以将嵌入对象作为公有成员。

组合关系的图形表示法是：Wheel 类对象是 Car 类对象的一部分，则在类 Wheel 和类 Car 之间画一条线，在 Car 类线的端点处标一个实心菱形。继承关系的图形表示法是：在派生类和基类之间画一条线，在父类一端标一个空心三角形。因此 Wheel 类、Car 类和 SportCar 类三者的关系如图 8-6 所示。

8.3.2　组合与构造函数和析构函数

我们已经多次强调在 C++中对对象进行适当初始化的重要性。在 8.2.4 小节中，我们给出了创建派生类对象时构造函数和析构函数的调用次序。那么，当一个对象作为另一个类对象的数据成员时，构造函数又是如何被调用的？

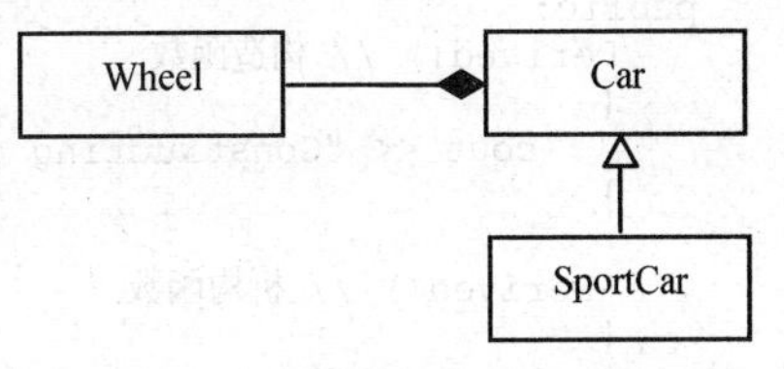

图 8-6　类之间的组合与继承关系

在组合类中，嵌入对象的构造函数需要的参数也是通过初始化列表的方式传递的。

初始化列表的语法形式为：

嵌入对象名1（实参表1），嵌入对象名2（实参表2），…

注意　与调用基类构造函数的初始化列表的区别在于，这里出现的是对象名，而不是基类名。

创建一个包含嵌入对象的对象时，构造函数的调用次序是：

（1）首先按类声明中嵌入对象出现的次序，分别调用各嵌入对象的构造函数。

（2）执行本类的构造函数。

当一个类既是派生类同时又组合了其他类时，创建该类对象时构造函数的调用次序是：

（1）调用基类的构造函数。

（2）按类声明中嵌入对象出现的次序，分别调用各嵌入对象的构造函数。

（3）最后执行派生类的构造函数。

注意　创建包含多个嵌入对象的对象时，按类声明中嵌入对象出现的次序，而不是初始化列表中的次序，调用各嵌入对象的构造函数。

例【8-5】：组合派生类的构造函数和析构函数的调用

```
// ***************************************************************
// constructorAndDestructorInComposition.cpp
// 演示组合及派生关系中构造函数和析构函数的调用次序
// ***************************************************************

#include <iostream>
using namespace std;

class C {
public:
    C() // 构造函数
    {
        cout << "Constructing C object.\n";
    }

    ~C() // 析构函数
    {
        cout << "Destructing C object.\n";
    }
};

class Base {
public:
    Base() // 构造函数
    {
        cout << "Constructing Base  object.\n";
    }

    ~Base() // 析构函数
```

```
    {
        cout << "Destructing Base  object.\n";
    }
};
class Derived: public Base {
public:
    Derived() // 构造函数
    {
        cout << "Constructing derived object.\n";
    }

    ~Derived() // 析构函数
    {
        cout << "Destructing derived object.\n";
    }

private:
    C     mObj; // 嵌入对象
};

int main()
{
    Derived obj;          // 声明一个派生类的对象
    // 什么也不做，仅完成对象 obj 的创建与撤销
    return 0;
}
```

分析：

（1）语句 Derived obj;创建派生类对象 obj 时，首先调用基类 Base 的构造函数，输出：

```
Constructing Base object.
```

然后调用其对象成员 mObj 的构造函数,输出：

```
Constructing C object.
```

最后调用派生类的构造函数，输出：

```
Constructing derived object.
```

（2）当程序结束时，对象 obj 的生命期结束，调用析构函数。析构函数的调用次序和构造函数的调用次序相反：

首先调用派生类的析构函数，输出：

```
Destructing derived object.
```

然后调用其对象成员 mObj 的析构函数，输出：

```
Destructing C object.
```

最后调用其基类 Base 的析构函数，输出：

```
Destructing Base object.
```

8.3.3 组合的实例

1. 实例

例【8-6】在例【8-3】定义的国际号码类的基础上，通过组合生成一个 ContactInfo 类，在 ContactInfo 类中包括姓名、email 地址和电话号码（home，office，fax，cell）。以下只给出 ContactInfo 类的定义和主函数，其他类参见例【8-3】。

例【8-6】：

```
class ContactInfo
{
    public:
        ContactInfo();

        string getName();
        string getEmail();
        InternPhone& getPhone(PhoneType type);

        void setName(string newName);
```

```
        void setEmail(string newEmail);
        void setPhone(InternPhone& newPhone, PhoneType type);

    private:
        string name;
        string email;
        InternPhone homePhone;
        InternPhone officePhone;
        InternPhone cellPhone;
        InternPhone faxPhone;
};

ContactInfo::ContactInfo()
{
        name ="";
        email = "";
}

string ContactInfo:: getName()
// 功能描述：获取 name 数据成员
// 后置条件：返回 name 数据成员的值
{
        return name;
}

string ContactInfo:: getEmail()
// 功能描述：获取 email 数据成员
// 后置条件：返回 email 数据成员的值
{
       return email;
}

InternPhone& ContactInfo:: getPhone(PhoneType type)
{
    switch (type) {
        case  HOME:
            return homePhone;
        case  OFFICE:
            return officePhone;
        case  CELL:
            return cellPhone;
        case  FAX:
            return faxPhone;
    }
}

void ContactInfo:: setName(string newName)
// 功能描述：设置 name 数据成员
// 前置条件：newNam 已赋值
// 后置条件：name 数据成员设置为 newNam
{
    name = newName;
}

void ContactInfo:: setEmail(string newEmail)
// 功能描述：设置 email 数据成员
// 前置条件：newEmail 已赋值
// 后置条件：email 数据成员设置为 newEmail
{
   email = newEmail;
}

void ContactInfo:: setPhone(InternPhone& newPhone, PhoneType type)
// 功能描述：设置电话号码数据成员
// 前置条件： newPhone,type 已赋值
// 后置条件：根据 type 类别，电话号码数据成员设置为 newPhone
{
    switch (type) {
        case  HOME:
            homePhone = newPhone;
            break;
```

```
        case OFFICE:
            officePhone = newPhone;
            break;
        case CELL:
            cellPhone = newPhone;
            break;
        case FAX:
            faxPhone = newPhone;
            break;
    }
}

int main()
{
    ContactInfo myContactBook[50];
    string name, email, countryCode, areaCode;
    string homeNumber, officeNumber, cellNumber, faxNumber;

    InternPhone newPhone;

    string response = "yes";
    int count= 0;
    int i;

    while(count < 50 && response == "yes") {
        cout << "Please input the contact info: name email countryCode Areacode
homeNumber officeNumber cellNumber faxNumber" <<endl;
        cin >> name >> email >> countryCode >> areaCode >> homeNumber >> officeNumber
>> cellNumber >> faxNumber;

        myContactBook[count].setName(name);
        myContactBook[count].setEmail(email);

        newPhone.setCountryCode(countryCode);
        newPhone.setAreaCode(areaCode);
        newPhone.setNumber(homeNumber);
        newPhone.setPhoneType(HOME);

        myContactBook[count].setPhone(newPhone, HOME);


        newPhone.setCountryCode(countryCode);
        newPhone.setAreaCode(areaCode);
        newPhone.setNumber(officeNumber);
        newPhone.setPhoneType(OFFICE);

        myContactBook[count].setPhone(newPhone, OFFICE);

        newPhone.setCountryCode(countryCode);
        newPhone.setAreaCode(areaCode);
        newPhone.setNumber(cellNumber);
        newPhone.setPhoneType(CELL);

        myContactBook[count].setPhone(newPhone, CELL);

        newPhone.setCountryCode(countryCode);
        newPhone.setAreaCode(areaCode);
        newPhone.setNumber(faxNumber);
        newPhone.setPhoneType(FAX);

        myContactBook[count].setPhone(newPhone, FAX);

        count++;
        cout << "Countinue( yes or no)?" ;
        cin >> response;
    }

    cout << "The contact book " <<endl;
    for(i = 0; i < count; i++) {
        cout << "姓名: " + myContactBook[i].getName() << endl;
        cout << "Email: "+ myContactBook[i].getEmail() << endl;
```

```
            newPhone = myContactBook[i].getPhone(HOME);
            newPhone.write();

            newPhone = myContactBook[i].getPhone(OFFICE);
            newPhone.write();

            newPhone = myContactBook[i].getPhone(CELL);
            newPhone.write();

            newPhone = myContactBook[i].getPhone(FAX);
            newPhone.write();
        }

        return 0;
    }
```

程序的一次运行实例如下：

```
    Please input the contact info:  name  email  countryCode Areacode homeNumber
officeNumber cellNumber faxNumber
    friendA  a@hotmail.com 86 20 87654321  12345678 130000000 12345678
    Countinue( yes or  no)?yes
    Please input the contact info:  name  email  countryCode Areacode homeNumber
officeNumber cellNumber faxNumber
    friendB b@mail.com 20 20 324567 897654 97567889 897654
    Countinue( yes or  no)?no
    The contact book
    姓名: frienA
    Email: a@hotmail.com
    Home : 86-20-87654321
    Office : 86-20-12345678
    Cell : 86-20-130000000
    Fax : 86-20-12345678
    姓名: friendB
    Email: b@mail.com
    Home : 20-20-324567
    Office : 20-20-897654
    Cell : 20-20-97567889
    Fax : 20-20-897654
```

其中,带下画线的部分是用户输入的数据。

2. 分析

（1）组合与继承关系（Phone，InternPhone 与 ContactInfo 之间）。

上述程序中描述的类之间的关系如图 8-7 所示。

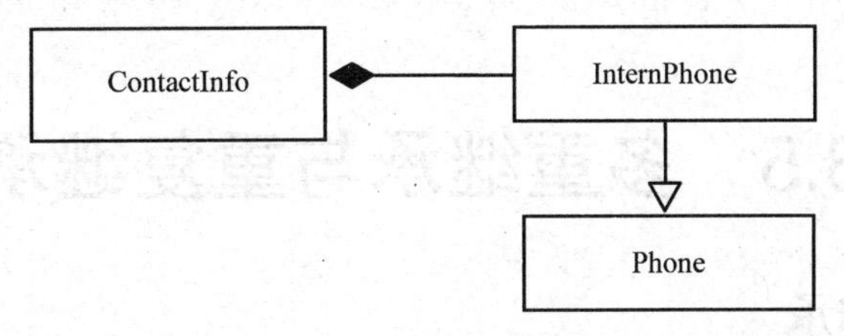

图 8-7 Phone，InternPhone 和 ContactInfo 之间的关系

ContactInfo 和 InternPhone 之间是组合关系，InternPhone 和 Phone 之间是继承关系

（2）构造函数的调用次序。

语句 ContactInfo myContactBook[50];建立长度为 50 的通讯录，数组元素的数据类型是 ContactInfo 类，对每个数组元素进行初始化时，需要调用 ContactInfo 对象的默认构造函数,ContactInfo 对象包含嵌入对象,因此首先调用嵌入对象的构造函数。在 ContactInfo 类中有四个嵌入对象，按声明次序分别是：

```
    InternPhone homePhone;
    InternPhone officePhone;
    InternPhone cellPhone;
```

```
InternPhone faxPhone;
```

因此，需要按声明次序调用 InternPhone 类对象的构造函数四次。但需要注意的是，InternPhone 是派生类，要先调用它的基类 Phone 的构造函数，因此在初始化一个数组元素时，构造函数的调用次序是：

Phone 的默认构造函数
InternPhone 的默认构造函数
Phone 的默认构造函数
InternPhone 的默认构造函数
Phone 的默认构造函数
InternPhone 的默认构造函数
Phone 的默认构造函数
InternPhone 的默认构造函数
ContactInfo 的默认构造函数

数组 myContactBook 包含 50 个元素，上述构造函数调用将重复 50 次。

8.4 继承与组合的比较

继承描述的是一种一般性和特殊性的关系，使用继承方法可以创建已存在类的特殊版本。使用继承的一个基本条件是：当子类“是一种特殊的父类”的时候，可以使用继承。如已定义了一个交易类 Transaction，包含了交易的 ID 和交易的日期，现在需要定义预定类和购买类。我们首先看一下预定类和购买类是否“是一种特殊的交易类型”，如果是则可以通过继承交易类来定义预定类和购买类。

组合描述的是一种组成关系，当一个对象是另一个对象的组成部分时，使用组合方法可以用已存在的类组装新的类。如例【8-4】中，如果已经定义了一个电话号码类，在定义通讯录类时，确定通讯录的每一条目中都包含电话号码，则可以使用组合构造通讯录类。另一个常用的组合例子是，如果已经定义了轮子、车门、引擎等类，定义一个汽车类时，确定轮子、引擎、车门是汽车的组成部分，就可以使用组合的方法构造汽车类，以轮子、车门、引擎等作为汽车的嵌入对象。

组合和继承是两种重要的软件重用方法，可以一起工作。读者可以根据实际需要解决的问题选择继承和组合方法。

8.5 多重继承与重复继承

8.5.1 多重继承

多重继承可以看作单继承的扩展。多重继承中的派生类具有多个基类，派生类与每个基类之间的关系仍可看作单继承关系。例如：

```
class A {
…
};
class B {
…
};
class C : public A, public B {
…
};
```

通过多重继承，派生类 C 具有两个基类(类 A 和类 B)，在 C 类对象的存储空间中除了存放 C

类中定义的非静态数据成员之外，也存放了从类 A 和类 B 继承下来的非静态数据成员。

多重继承的应用背景是我们有时需要描述一个概念 C，该概念具有双重特性，既可以说是 A，也可以说是 B。如一个市场上投放的产品，它既是一款 MP3 产品，又是一款手机的蓝牙耳机。作为 MP3，该产品可以播放音乐，同时能显示一些简单的歌曲信息；而当它作为蓝牙耳机的时候，可以显示来电号码。该款产品同时具有两类产品的特点和功能，这时可以用多重继承的方式描述这款产品。当描述“既是一种……，又是一种……”的类关系时，多重继承是一种可选的描述机制。

例【8-7】演示了多重继承的用法，派生类的存储组织，多重继承中的构造函数的调用次序及存在的问题。Device1 定义了一种设备类，这类设备具有音量、开关等属性作为被保护的数据成员。在数据上的操作包括：构造函数、显示开关状态、显示音量。Device2 定义了另一种设备类，这类设备具有待机时间、通话时间、电池电量等属性作为被保护的数据成员。在数据上的操作包括：构造函数、显示设备属性、显示电池电量。有一种新的设备既是 Device1 定义的设备，也是 Device2 定义的设备。通过公有多重继承，定义 DeviceNew 类，在该类中定义了属性重量及显示重量的函数。

例【8-7】:

```
// ****************************************************************
// device.cpp
// 演示多重继承中的相关问题
// ****************************************************************

#include <iostream>
using namespace std;

class Device1 {
public:
    Device1()
    {
        cout << "Initializing device 1 by default constructor in Device1…" << endl;
        volume = 5;
        powerOn = false;
    }

    Device1(int vol, bool onOrOff)
    {
        cout << "Initializing device 1 by constructor with parameters in Device1…" <<
endl;
        volume = vol;
        powerOn = onOrOff;
    }

    void showPower()
    {
        cout << "The status of the power is :" ;
        switch (powerOn) {
            case true:
                cout << "Power on. \n";
                break;
            case false:
                cout << "power off. \n";
                break;
        }
    }

    void showVol()
    {
        cout << "Volume is " << volume << endl;
    }

protected:
    int volume;    // 音量
    bool powerOn;  // 开关状态
};
```

```
class Device2 {
public:
    Device2()
    {
        cout << "Initializing device 2 by default constructor in Device2…" << endl;
        talkTime = 10;
        standbyTime = 300;
        power = 100;
    }

    Device2(int newTalkTime, int newStandbyTime, float powerCent)
    {
        cout << "Initializing device 2 by constructor with parameters in Device2…" <<
endl;
        talkTime = newTalkTime;
        standbyTime = newStandbyTime;
        power = powerCent;
    }
    void showProperty()
    {
        cout << "The property of the device : "<< endl;
        cout << "talk time: " << talkTime << " hours" << endl;
        cout << "standbyTime: " << standbyTime << " hours" << endl;
    }

    void showPower ()
    {
        cout <<" Power: " << power << endl;
    }

protected:
    int  talkTime; //可通话时间（小时）
    int  standbyTime; //可待机时间（小时）
    float power;//剩余电量百分比
};

class DeviceNew: public Device1, public Device2 {
public:
    DeviceNew()
    {
        cout << "Initializing device new by default constructor in DeviceNew…" << endl;
        weight = 0.56;
    }

    DeviceNew(float newWeight, int vol, bool onOrOff, int newTalkTime, int
newStandbyTime, float powerCent): Device2(newTalkTime, newStandbyTime, powerCent),
Device1(vol, onOrOff)
    {
        cout << "Initializing device new by constructor with parameters in DeviceNew …
" << endl;
        weight = newWeight;
    }

    float getWeight()
    {
        return weight;
    }

private:
    float weight; // 重量（克）
};


int main()
{
    // 声明一个派生类对象
    DeviceNew  device;
    // getWeight()函数是DEVICE_NEW类自身定义的
    cout << "The weight of the device : " << device.getWeight() << endl;
```

```
    // showVol()函数是从 DEVICE1 类继承来的
    device.showVol();
     // showProperty()函数是从 DEVICE2 类继承来的
    device.showProperty();

     return 0;
}
```

运行该程序的输出如下：

```
Initializing device 1 by default constructor in Device1…
Initializing device 2 by default constructor in Device2…
Initializing device new by default constructor in DeviceNew…
The weight of the device : 0.56
Volume is 5
The property of the device :
talk time: 10 hours
standbyTime: 300 hours
```

分析：

（1）多重继承派生类对象的存储组织。

在 IDE（如 VC2003）中观察程序运行时的对象，可以看到 DeviceNew 类的对象 device 的存储组织情况如下：device 的存储空间中存放了从 Device1 和 Device2 继承下来的数据成员及自己定义的数据成员。

事实上，多重派生类对象的存储空间除了存放本类中定义的非静态数据成员外，还存放了从所有基类继承下来的非静态数据成员。

（2）函数调用。

device.getWeight()调用 DeviceNew 类自身定义的函数 getWeight

device.showVol() 调用从 Device1 类继承来的函数 showVol

device.showProperty()调用从 Device2 类继承来的函数 showProperty

8.5.2　多重继承的构造函数

在 8.2.4 小节中提到构造函数不被继承，基类构造函数由派生类构造函数调用。多重继承下派生类构造函数与单继承下派生类构造函数相似，它必须同时负责调用该派生类所有基类的构造函数；同时，派生类构造函数的形参表必须能够满足所有基类构造函数所需的参数（或者使用常量表达式调用基类构造函数）。如果基类的构造函数带有参数，则由派生类构造函数通过初始化列表的方式将参数传递给基类构造函数。派生类构造函数格式如下：

```
派生类名(形参表): 初始化列表
{
        派生类构造函数体
}
```

如果派生类调用基类的默认构造函数，则初始化列表为空；如果不为空，则初始化列表的语法形式为：

```
基类名 1( 参数表 1), 基类名 2(参数表 2) …
```

其中各实参表中的参数来自派生类名后的形参表，或者使用常量表达式。

派生类构造函数的执行顺序是先执行所有基类的构造函数，再执行派生类本身的构造函数，处于同一层次的各基类构造函数的执行顺序取决于定义派生类时所指定的各基类顺序，与派生类构造函数中所定义的初始化列表的顺序无关。也就是说，执行基类构造函数的顺序取决于定义派生类时指定的基类的顺序。

在例【8-7】中，我们可以看到在声明 DeviceNew 类的对象 device 时，没有提供参数，因此调用的是派生类中的默认构造函数，由该构造函数首先调用所有基类的默认构造函数。基类默认构造函数的调用次序由派生类定义时基类的出现次序决定。

在定义派生类时，我们采用的是以下继承方式：

class DeviceNew: public Device1, public Device2，它决定了基类构造函数的调用次序是先 Device1，后 Device2。

如果我们将例【8-7】中的 main 函数改为：

```
int main()
{
    //声明一个派生类对象
    DeviceNew  device(0.7, 3, false, 10, 250, 80);
    // getWeight 函数是 DeviceNew 类自身定义的
    cout << "The weight of the device : " <<device.getWeight()<<endl;
    device.showVol();//showVol 函数是从 Device1 类继承来的
    device.showProperty();//showProperty 函数是从 Device2 类继承来的

    return 0;
}
```

程序运行结果将变为：

```
Initializing device 1 by constructor with parameters in Device1…
Initializing device 2 by constructor with parameters in Device2…
Initializing device new by constructor with parameters in DeviceNew …
The weight of the device : 0.7
Volume is 3
The property of the device :
talk time: 10 hours
standbyTime: 250 hours.
```

我们可以看到在声明 DeviceNew 类的对象 device 时，提供了实参表(0.7, 3, false, 10, 250, 80)，因此调用的是派生类中带参数的构造函数，由该构造函数首先调用所有基类的带参数的构造函数，并由初始化列表将相应的参数传递给基类构造函数。如将（3, false）传递给基类 Device1，将(10, 250, 80)传递给基类 Device2。

初始化列表只是用于传递参数，基类构造函数的调用次序不是由初始化列表中基类的出现次序决定的，而是由派生类定义时基类的出现次序决定的。

8.5.3　多重继承中存在的问题：名字冲突

名字冲突（name clash）是指在多个基类中具有相同名字的成员时，在派生类中这个名字会产生二义性。

如我们将例【8-7】中的 main 函数改为：

```
int main()
{
    // 声明一个派生类对象
   DeviceNew device(0.7, 3, false, 10, 250, 80);
   // getWeight()函数是 DEVICE_NEW 类自身定义的
    cout << "The weight of the device : " <<device.getWeight()<<endl;
   // showPower()函数是从 DEVICE1 类继承来的，还是从 DEVICE2 继承下来的?
   // 编译程序无法确定。因此会出现编译错
    device.showPower();
   // showProperty()函数是从 DEVICE2 类继承来的
    device.showProperty();

    return 0;
}
```

编译时会出现以下错误：

```
error C2385: 'DeviceNew::showPower' is ambiguous
```

从上述例子可以看到，在派生类 DeviceNew 的两个基类中都定义了函数 showPower()。DeviceNew 类将这两个函数都继承了下来，当通过派生类对象调用 showPower()函数时，编译程序无法确定要调用的是从哪个基类继承下来的 showPower()函数，因此会报二义性错：'DeviceNew::showPower' is ambiguous。名字冲突是多重继承带来的主要问题。在 C++中，并不禁止名字冲突的出现。只要不通过派生类对象访问有冲突的成员，编译器就不报错。当冲突出现时，

则需要程序员解决这一问题。解决的途径有两种：

（1）用作用域操作符明确派生类对象要访问的是从哪个基类继承下来的成员。

将上述代码中对 showPower（）的调用改为：

```
device. Device11::showPower(); // 明确指出调用从 Device1 类继承来的
                               // showPower()
```

或：

```
device. Device2::showPower(); // 明确指出调用从 Device2 类继承来的
                              // showPower()
```

就不会出现编译错了。

（2）在派生类中重定义有名字冲突的成员。

如在派生类 DeviceNew 中重定义 showPower()：

```
void showPower()
{
    Device1::showPower();
    Device2::showPower();
}
```

当通过派生类对象调用 showPower()函数时，首先检查在派生类中是否定义了该函数，如果定义了，调用的将是派生类中自行定义的 showPower()。

8.5.4　重复继承

由于 C++支持多重继承，当派生类的多个基类具有相同的祖先时，会出现重复继承的情形，即一个类重复多次继承了某个祖先类，如图 8-8 所示。

Derived 类通过它的两个基类 Base1 和 Base2 重复继承了 Base 类两次。根据前面讲过的知识，我们知道 Derived 类对象的存储空间中会包含从 Base1 和 Base2 中继承下来的数据成员，而 Base1 和 Base2 中又都包含了从 Base 类中继承下来的数据成员，因此 Derived 类对象的存储空间中包含了 Base 类中非静态数据成员的两个副本。这会导致重复继承中的二义性问题。

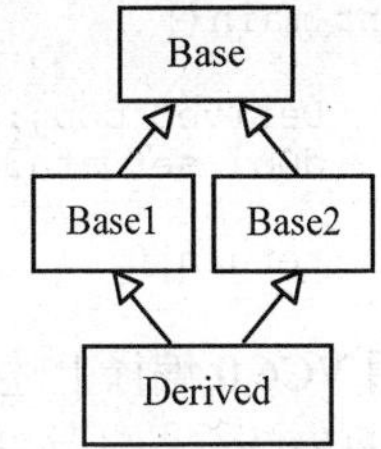

图 8-8　多重继承导致重复继承

例【8-8】：

```
// ****************************************************************
// ambiguousDemo.cpp
// 演示因重复继承导致的二义性问题
// ****************************************************************

#include <iostream>
using namespace std;

// 祖先类
class Base {
public:
    void setData(int newData)
    {
        data = newData;
    }

protected:
    int data; // 受保护数据成员
};

// 基类 1
class Base1:public Base {
public:
    void setData1(int newData, int newData1)
    {
        data = newData;
        data1 = newData1;
    }
```

```
protected:
    int data1;
};

// 基类 2
class Base2:public Base {
public:
    void setData2(int newData, int newData2)
    {
        data = newData;
        data2 = newData2;
    }

protected:
    int data2;
};

// 派生类, 重复继承 BASE 类,存在二义性问题
class Derived:public Base1, public Base2 {
public:
    void setData3(int newData, int newData1, int newData2)
    {
        data = newData; // 对 data 的访问有二义性
        data1 = newData1;
        data2 = newData2;
    }
};

int main()
{
    Derived dObj;
    dObj.setData3(3,4,5);

    return 0;
}
```

用 VC6.0 编译上述程序，会出现以下错误和警告：

```
error C2385: 'Derived::data' is ambiguous
warning C4385: could be the 'data' in base 'Base' of base 'Base1' of class 'DERIVED'
warning C4385: or the 'data' in base 'Base' of base 'Base2' of class 'DERIVED'
```

解决这一问题的方法有两个：

（1）采用作用域操作符（::）明确选择的是哪个副本中的数据。

（2）采用虚基类的方法，使派生类对象的存储空间中只保留被重复继承的祖先类的一个对象副本。

第一种解决方法示例：

```
// 二义性问题的解决方案 1
class Derived:public Base1, public Base2 {
public:
    void setData3(int newData, int newData1, int newData2)
    {
        Base1::data = newData; // 不会出现二义性
        Base2::data = newData; // 不会出现二义性

        data1 = newData1;
        data2 = newData2;
    }
}
```

第二种解决方法是使用虚基类以便在派生类对象中只保留被重复继承的祖先类的一个对象副本。

虚基类和普通基类的区别是在继承控制保留字之前加 virtual，当用 virtual 限定的基类被重复继承时，只在派生类对象的存储空间中保留其数据的一个副本。

例【8-9】：示例如下。

```
// ****************************************************************
// virtualBaseDemo.cpp
// 演示多重继承中虚基类的使用
```

```
// ***************************************************************

// 祖先类
class Base {
public:
    void setData(int newData)
    {
        data = newData;
    }
protected:
    int data;
};

// 基类 1，Base 是其虚基类
class Base1:virtual public Base {
public:
    void setData1(int newData, int newData1)
    {
        data = newData;
        data1 = newData1;
    }
protected:
    int data1;
};

// 基类 2，Base 是其虚基类
class Base2:virtual public Base {
public:
    void setData2(int newData, int newData2)
    {
        data = newData;
        data2 = newData2;
    }

protected:
    int data2;
};

// 派生类，只有 Base 类中数据的一个副本
class Derived:public Base1, public Base2 {
public:
    void setData3(int newData, int newData1, int newData2)
    {
        data = newData;  // 不会出现二义性
        data1 = newData1;
        data2 = newData2;
    }
};

int main()
{
    Derived dObj;
    dObj.setData3(3,4,5);

    return 0;
}
```

8.6　应用举例

问题

一家公司在全球有很多客户，需要建立一个客户通讯录，以便联系业务。在通讯录中要求包含客户名称、所在国家、联系人、联系电话（包括家庭、手机、办公室、传真）、电子邮件。要求做到能够插入一个客户材料、可以查询一个客户的详细资料、删除一个客户的材料、修改一个客户的材料、输出通讯录且输出时按照客户名称进行排序。

输入：每个客户的详细资料由键盘输入

输出：通讯录的输出格式为

客户名称：

所在国家：

联系人：

家庭电话：

办公室电话：

手机：

传真：

Email：

分析与设计

（1）目标是建立一个客户列表，同时提供插入、删除、输出等功能。

（2）用面向对象的设计方法，找到问题中存在的实体。在这个问题中涉及的实体包括客户、客户列表。

（3）客户实体的属性包含：客户名称、所在国家、联系人、联系电话（包括家庭、办公室、手机、传真）、电子邮件。在这些属性上的操作包含：设置属性值、获取属性值。

（4）客户列表实体的属性包含：客户材料表、客户数量。在这些属性上的操作包括插入客户材料、删除客户材料、查找客户材料、对客户材料进行排序。

（5）将客户实体用一个类来表示。在本章的前面我们已经定义了一个类叫作 ContactInfo，可以认为客户信息是一种特殊的 ContactInfo，只是需要增加客户名称、客户所在国家这两个数据项及在这两项数据上的操作，因此我们可以通过继承 ContactInfo 类生成一个派生类 ClientInfo：

```
class ClientInfo:public ContactInfo {
public:
    ClientInfo();
    //获取客户名称
    string getClientName();
    //获取客户所在国家
    string getCountry();
    //设置客户名称
    void setClientName(string newClientName);
    //设置客户所在国家
    void setContry(string newCountry);

private:
    string clientName;
    string country;
};
```

（6）客户列表这一实体可以用有序列表类来表示。其中，有序列表可以用指针方式实现，也可以用数组方式实现。考虑到我们主要讲解继承和组合关系，为了简单起见，在这个例子中我们采用数组的方式，读者可以尝试用指针的方式实现。客户列表对象中包含了客户对象，因此客户列表和客户对象间是组合关系。我们可以如下定义 ClientList 类：

```
class ClientList {
public:
    ClientList();// 构造函数
    long getClientNum();// 获取当前客户数
    ClientInFo& getClient();// 获取当前位置处的客户信息
    void Reset();// 为遍历所有的客户信息做准备
    void setNextItemPos();// 获取下一项的位置
    void insertClient(ClientInFo&);// 插入客户信息
    void deleteClient(string clientName);// 删除客户信息
    // 查询客户是否在列表中
    void searchClient(string clientName, bool& found, long& position);

private:
```

```
    long clientNumber;// 现有客户数目
    long currentPos;// 记录当前客户位置
    ClientInFo infoList[MAX_LEN];// MAX_lEN是常量
};
```

（7）生成包含五个类的说明的头文件，分别是 phone.h，internPhone.h，contactInfo.h，clientInfo.h 和 clientList.h。

（8）生成包含五个类的实现的源文件，分别是 phone.cpp，internPhone.cpp，contactInfo.cpp，clientInfo.cpp 和 clientList.cpp。

（9）生成使用上述类的主程序 createList.cpp.

程序代码

```
// ***************************************************************
// phone.h
// Phone类的说明文件
// ***************************************************************

#ifndef PHONE
#define PHONE

#include <string>
using namespace std;

enum PhoneType {HOME, OFFICE, CELL, FAX};

// 基类Phone的定义
class Phone {
public:
    Phone();// 默认构造函数
    // 带参数的构造函数
     Phone( string newAreaCode, string newNumber, PhoneType newType);

    // 设置数据成员的函数
    void setAreaCode(string newAreaCode);
    void setNumber(string newNumber);
    void setPhoneType(PhoneType newType);

    // 获取数据成员的函数
    string getAreaCode();
    string getNumber();
    PhoneType getPhoneType();

    // 输出函数
    void write();

protected:
    string areaCode;  // 区号
    string number;          // 本地号码
    PhoneType type;         // 电话类别
};

#endif

// ***************************************************************
// internphone.h
// InternPhone类的说明文件
// ***************************************************************

#ifndef INTERN_PHONE
#define INTERN_PHONE

#include "phone.h"
#include <string>

class InternPhone: public Phone {
public:
    InternPhone(); // 默认构造函数
    // 带参数的构造函数
    InternPhone(string  newCountryCode,  string  newAreaCode,  string  newNumber,
```

```
PhoneType newType);
        void setCountryCode(string newCountryCode);// 设置国家代码
        string  getCountryCode();// 获取国家代码
        void write();// 输出函数

    protected:
        string countryCode; // 国家代码
    };

    #endif

    // ***************************************************************
    // contactInfo.h
    // ContactInfo 类的说明文件
    // ****************************************************************

    #ifndef CONTACT_INFO
    #define CONTACT_INFO

    #include "internPhone.h"
    #include <string>

    class ContactInfo {
    public:
       ContactInfo();// 默认构造函数
       // 带参数的构造函数
       ContactInfo(string name, string email, string countryCode, string areaCode, string
homeNumber, string officeNumber, string cellNumber, string faxNumber);
       // 获取姓名
       string getName();
       // 获取 email 地址
       string getEmail();
       // 按类型获取联系电话
       InternPhone& getPhone(PhoneType type);

       // 设置姓名
       void setName(string newName);
       // 设置 email 地址
       void setEmail(string newEmail);
       // 设置电话号码
       void setPhone(InternPhone& newPhone, PhoneType type);

    private:
          string name;
          string email;
          InternPhone homePhone;  // 嵌入对象
          InternPhone officePhone;// 嵌入对象
          InternPhone cellPhone;  // 嵌入对象
          InternPhone faxPhone;   // 嵌入对象
    };

    #endif

    // ****************************************************************
    // clientList.h
    // ClientList 类的说明文件
    // ****************************************************************

    #ifndef CLIENT_LIST
    #define CLIENT_LIST

    #include "clientInfo.h"
    #include <string>

    const long MAX_LEN=100;

    class ClientList {
    public:
       ClientList();// 构造函数
       long getClientNum();// 获取当前客户数
       ClientInFo& getClient();// 获取当前位置处的客户信息
```

```
    void Reset();// 为遍历所有的客户信息做准备
    void setNextItemPos();// 设置下一项的位置
    void insertClient(ClientInFo&);// 插入客户信息
    void deleteClient(string clientName);// 删除客户信息
    //查询客户是否在列表中
    void searchClient(string clientName, bool& found, long& position);

private:
    long clientNumber;// 现有客户数目
    long currentPos;// 记录当前客户位置
    ClientInFo infoList[MAX_LEN];// MAX_lEN 是常量
};

#endif

// ******************************************************
// clientInfo.h
// ClientInFo 类的说明文件
// *********************************************************

#ifndef CLIENT_INFO
#define CLIENT_INFO

#include <string>
#include "contactInfo.h"

class ClientInFo: public ContactInfo {
public:
    string getClientName();// 获取客户名称
    string getCountry(); // 获取客户所在国家
    void setClientName(string newClientName); // 设置客户名称
    void setCountry(string newCountry);// 设置客户所在国家

private:
    string clientName;
    string country;
};

#endif

// *********************************************************
// phone.cpp
// phone 类的实现文件
// *********************************************************

#include "phone.h"
#include <iostream>

using namespace std;

Phone::Phone()
{
    areaCode ="";
    number = "";
    type = HOME;
}

Phone::Phone(string newAreaCode, string newNumber, PhoneType newType)
{
    areaCode = newAreaCode,
    number = newNumber;
    type = newType;
}

void Phone::setAreaCode(string newAreaCode)
// 功能描述: 设置 areaCode 数据成员
// 前置条件: newAreaCode 已赋值
// 后置条件: areaCode 数据成员设置为 newAreaCode
{
    areaCode = newAreaCode;
}
```

```
void Phone::setNumber(string newNumber)
// 功能描述: 设置 number 数据成员
// 前置条件: newNumber 已赋值
// 后置条件: number 数据成员设置为 newNumber
{
   number = newNumber;
}

void Phone::setPhoneType(PhoneType newType)
// 功能描述: 设置 type 数据成员
// 前置条件: newType 已赋值
// 后置条件: type 数据成员设置为 newType
{
   type= newType;
}

string Phone::getAreaCode()
// 功能描述: 获取 areaCode 数据成员
// 后置条件: 返回 areaCode 数据成员
{
    return   areaCode;
}

string Phone::getNumber()
// 功能描述: 获取 number 数据成员
// 后置条件: 返回 number 数据成员
{
     return number;
}

PhoneType Phone::getPhoneType()
// 功能描述: 获取 type 数据成员
// 后置条件: 返回 type 数据成员
{
    return type;
}

void Phone::write()
// 功能描述: 输出数据成员的值
// 后置条件: 输出数据成员
{
   string  phoneType;
   switch (type) {
      case  HOME:
         phoneType = "Home";
         break;
      case  OFFICE:
         phoneType = "Office";
         break;
      case  CELL:
         phoneType = "Cell";
         break;
      case  FAX:
         phoneType = "Fax";
         break;
   }
   cout << "The " + phoneType + "number: "
        << areaCode << "-" << number << endl;
}

// ***************************************************************
// internPhone.cpp
// InternPhone 类的实现文件
// ***************************************************************

#include "internphone.h"
#include <iostream>

using namespace std;
```

```
InternPhone::InternPhone()
{
   countryCode = "";
}

InternPhone::InternPhone(string newCountryCode, string newAreaCode, string newNumber,
PhoneType newType):Phone(newAreaCode, newNumber, newType)
{
    countryCode = newCountryCode;
}

void InternPhone:: setCountryCode(string newCountryCode)
// 功能描述：设置 countryCode 数据成员
// 前置条件：newCountryCode 已赋值
// 后置条件：countryCode 数据成员设置为 newCountryCode
{
   countryCode = newCountryCode;
}

string InternPhone:: getCountryCode()
// 功能描述：获取 countryCode 数据成员
// 后置条件：返回 countryCode 数据成员的值
{
   return countryCode;
}

void InternPhone::write()
// 功能描述：输出数据成员的值
// 后置条件：输出数据成员
{
   string  phoneType;
   switch (type) {
      case  HOME:
         phoneType = "Home ";
         break;
      case  OFFICE:
         phoneType = "Office ";
         break;
      case  CELL:
         phoneType = "Cell ";
         break;
      case  FAX:
         phoneType = "Fax ";
         break;
   }
   cout << phoneType + ": " << countryCode << "-"
        << areaCode << "-" << number << endl;
}

// *************************************************************
// contactInfo.cpp
// ContactInfo 类的实现文件
// *************************************************************

#include "contactinfo.h"

using namespace std;

ContactInfo::ContactInfo()
{
   name ="";
    email = "";
}

string ContactInfo:: getName()
// 功能描述：获取 name 数据成员
// 后置条件：返回 name 数据成员的值
{
   return name;
}
```

```
string ContactInfo:: getEmail()
// 功能描述：获取 email 数据成员
// 后置条件：返回 email 数据成员的值
{
   return email;
}

InternPhone& ContactInfo:: getPhone(PhoneType type)
{
   switch (type) {
      case  HOME:
         return homePhone;
      case  OFFICE:
         return officePhone;
      case  CELL:
         return cellPhone;
      case  FAX:
         return faxPhone;
      default:
         return homePhone;
   }
}

void ContactInfo:: setName(string newName)
// 功能描述：设置 name 数据成员
// 前置条件：newNam 已赋值
// 后置条件：name 数据成员设置为 newNam
{
   name = newName;
}

void ContactInfo:: setEmail(string newEmail)
// 功能描述：设置 email 数据成员
// 前置条件：newEmail 已赋值
// 后置条件：email 数据成员设置为 newEmail
{
  email = newEmail;
}

void ContactInfo:: setPhone(InternPhone& newPhone, PhoneType type)
// 功能描述：设置电话号码数据成员
// 前置条件： newPhone,type 已赋值
// 后置条件：根据 type 类别，电话号码数据成员设置为 newPhone
{
   switch (type) {
      case  HOME:
         homePhone = newPhone;
         break;
      case  OFFICE:
         officePhone = newPhone;
         break;
      case  CELL:
         cellPhone = newPhone;
         break;
      case  FAX:
         faxPhone = newPhone;
         break;
   }
}

// ************************************************************
// clientInfo.cpp
// ClientInfo 类的实现文件
// ************************************************************

#include "clientInfo.h"
#include <string>

using namespace std;

string ClientInFo::getClientName()
```

```
// 功能描述: 获取客户的姓名
// 后置条件: 返回 clientName
{
    return clientName;
}

string ClientInFo:: getCountry()
// 功能描述: 获取客户所在的国家
// 后置条件: 返回 country
{
    return country;
}

void ClientInFo:: setClientName(string newClientName)
// 功能描述: 设置客户的名字
// 前置条件: newClientName 已赋值
// 后置条件: clientName = newClientName
{
    clientName = newClientName;
}

void ClientInFo:: setCountry(string newCountry)
// 功能描述: 设置客户所在国家
// 前置条件:  newCountry 已赋值
// 后置条件: country = newCountry
{
   country = newCountry;
}

// ************************************************************
// clientList.cpp
// ClientList 类的实现文件
// ************************************************************

#include "clientList.h"

using namespace std;


ClientList::ClientList()
{
    clientNumber =0;
}

long ClientList::getClientNum()
// 功能描述: 获取列表中当前客户的数目
// 后置条件: 返回 clientNumber
{
    return clientNumber;
}

ClientInFo& ClientList::getClient()
// 功能描述: 获取列表中当前位置处的客户信息
// 后置条件: 返回列表中当前位置处的客户信息
{
    return(infoList[currentPos]);
}
void ClientList::setNextItemPos()
// 功能描述: 将列表中当前位置加 1
// 后置条件: currentPos =  currentPos @entry + 1
{
     currentPos ++ ;
}

void ClientList::Reset()
// 功能描述: 将列表中当前位置置为 0
// 后置条件: currentPos = 0
{
    currentPos = 0;
}
```

```
void ClientList::insertClient(ClientInFo& newClientInfo)
// 功能描述: 增加一个客户
// 前置条件: newClientInfo 已赋值
// 后置条件: 将 newClientInfo 插入在客户列表的恰当位置(按姓名顺序排列)
{
    if (clientNumber == MAX_LEN)
        return;

    long index;
    string newClientName;
    string existedClientName;

    newClientName = newClientInfo.getClientName();

    if(clientNumber == 0)
    {
       ClientList::infoList[clientNumber] = newClientInfo;
       ClientList::clientNumber++;
    }
    else
    {
        index = ClientList::clientNumber -1;
        existedClientName = ClientList::infoList[index].getClientName();

        while (index >=0  && newClientName < existedClientName )
        {
               infoList[index +1] = ClientList::infoList[index];
               index --;
               if(index >= 0)
                    existedClientName =
                        ClientList::infoList[index].getClientName();
        }
        ClientList::infoList[index +1] = newClientInfo;
        ClientList::clientNumber++;
    }
}

void ClientList::deleteClient(string clientName)
// 功能描述: 删除一个客户名
// 前置条件: clientName 已赋值
// 后置条件:
//      如果 clientName 在客户列表中, 则删除该客户; 否则直接返回
{
    bool found;
    long position;
    long index;

    ClientList::searchClient(clientName, found, position);
    if(found)
    {
        for(index = position; index <clientNumber -1;index ++)
           infoList[index] = infoList[index +1];
        clientNumber --;
    }
}

void ClientList::searchClient(string clientName, bool& found, long& position)
// 功能描述: 搜索一个客户名是否在客户列表中
// 前置条件:  clientName 已赋值
// 后置条件:
//      如果 clientName 在客户列表中, found = true, 并将该客户的位置信息赋值给 position;
//      否则 found = false
{
    long index = 0;
    string existedClientName;

    existedClientName = ClientList::infoList[index].getClientName();

    while(index < clientNumber && clientName > existedClientName )
    {
```

```
        index ++;
        existedClientName = ClientList::infoList[index].getClientName();
    }

    if(index <  clientNumber && clientName == existedClientName )
    {
        position = index;
        currentPos = index;
        found = true;
    }
    else
    {
        found = false;
    }
}

// ***********************************************************
// createList.cpp
// 建立一个通讯录并进行测试输出
// ***********************************************************

#include "clientList.h"
#include "clientInfo.h"
#include "internPhone.h"
#include <iostream>

using namespace std;

int main()
{
    ClientList clients;              // 定义客户列表
    ClientInFo tempClientInfo;       // 定义临时变量存放每个客户信息
    InternPhone tempInternPhone;     // 定义临时变量存放电话号码信息

    // 定义临时变量存放输入信息
    string clientName, clientCountry, contactName, email, countryCode, areaCode;
    string homeNumber, officeNumber, cellNumber, faxNumber;

    string response = "yes";
    int count= 0;
    int i;

    while(count < MAX_LEN && response == "yes")
    {
        // 进行交互式输入
        cout << "Please input the client name:  ";
        cin >> clientName;

        cout << "country: ";
        cin >> clientCountry;

        cout << "contactName: ";
        cin >> contactName;

        cout << "email: ";
        cin >> email;

        cout << "countryCode:";
        cin >> countryCode;

        cout << "AreaCode:";
        cin >> areaCode;

        cout << "homePhone:";
        cin >> homeNumber;

        cout << "officePhone:";
        cin >> officeNumber;

        cout << "cellPhone:";
        cin >> cellNumber;
```

```
        cout << "faxNumber: ";
        cin >> faxNumber;

        // 根据输入设置客户信息
        tempClientInfo.setClientName(clientName);
        tempClientInfo.setCountry(clientCountry);

        tempClientInfo.setName(contactName);
        tempClientInfo.setEmail(email);

        // 设置电话号码的信息
        tempInternPhone.setCountryCode(countryCode);
        tempInternPhone.setAreaCode(areaCode);
        tempInternPhone.setNumber(homeNumber);
        tempInternPhone.setPhoneType(HOME);

        // 设置客户的电话号码信息
        tempClientInfo.setPhone(tempInternPhone, HOME);

        tempInternPhone.setCountryCode(countryCode);
        tempInternPhone.setAreaCode(areaCode);
        tempInternPhone.setNumber(officeNumber);
        tempInternPhone.setPhoneType(OFFICE);

        tempClientInfo.setPhone(tempInternPhone, OFFICE);

        tempInternPhone.setCountryCode(countryCode);
        tempInternPhone.setAreaCode(areaCode);
        tempInternPhone.setNumber(cellNumber);
        tempInternPhone.setPhoneType(CELL);

        tempClientInfo.setPhone(tempInternPhone, CELL);

        tempInternPhone.setCountryCode(countryCode);
        tempInternPhone.setAreaCode(areaCode);
        tempInternPhone.setNumber(faxNumber);
        tempInternPhone.setPhoneType(FAX);

        tempClientInfo.setPhone(tempInternPhone, FAX);

        // 将设置好的客户插入到客户列表中
        clients.insertClient(tempClientInfo);

        count ++;
        cout << "Countinue( yes or no)?" ;
        cin >> response;
    }

    // 为输出所有的客户信息做准备
    clients.Reset();
    // 获取当前客户数目
    count = clients.getClientNum();

    // 输出
    cout << "\n\nThe contact book:\n\n";

    for(i = 0; i< count; i++)
    {
        // 获取列表当前位置处的客户信息
        tempClientInfo = clients.getClient();

        // 将客户信息中的各个部分数据提取出来并输出
        cout << "客户名称: " +  tempClientInfo.getClientName()
            << endl;
        cout << "所在国家: " +  tempClientInfo.getCountry() << endl;
        cout << "联系人:  " +  tempClientInfo.getName() << endl;
        cout << "Email: "+ tempClientInfo.getEmail() << endl;

        tempInternPhone = tempClientInfo.getPhone(HOME);
        tempInternPhone.write();
```

```
        tempInternPhone = tempClientInfo.getPhone(OFFICE);
        tempInternPhone.write();

        tempInternPhone = tempClientInfo.getPhone(CELL);
        tempInternPhone.write();

        tempInternPhone = tempClientInfo.getPhone(FAX);
        tempInternPhone.write();

        // 获取下一个客户所在位置
        clients.setNextItemPos();

         cout << "\n\n";
    }

     return 0;
}
```

习　　题

8-1 请给出一些继承关系的实例。

8-2 设有以下的基类和派生类声明：

```
class Base {
public:
   void baseGetData();
private:
   int baseData;
}
class Derived {
public:
   void derivedGetData();
private:
   int derivedData;
}
```

请对每一个类：

（1）列出每个类的所有私有数据成员；

（2）列出每个类的成员函数可以调用的成员函数；

（3）列出使用类的客户程序可以调用的成员函数。

8-3 请阅读以下程序：

```
#include <iostream>
using namespace std;

class Window {
public:
   Window( )
   {
      count = count + 1;
   }

   ~Window( )
   {
      count = count - 1;
   }

   int getWin( )
   {
      return count;
   }
private:
   static int count;
};

int Window::count = 0;
```

```
class WorkWindow: public Window {
public:
   WorkWindow( )
   {
      cout << "Open a work window" << endl;
   }

   ~WorkWindow( )
   {
      cout << "Close a work window" << endl;
   }
};

class MsgWindow: public Window {
public:
   MsgWindow( )
   {
      cout << "Open a message window" << endl;
   }

   ~MsgWindow( )
   {
      cout << "Close a message window" << endl;
   }
};

class Screen {
public:
   Screen( ): msgWin( ), workWin( )
   {
      cout << "Initialize the screen" << endl;
   }

   ~Screen( )
   {
      cout << "Clear the screen" << endl;
   }

   int getWin( )
   {
      return workWin.getWin( );
   }
private:
   WorkWindow workWin;
   MsgWindow msgWin;
};

int main( )
{
   Screen screen;
   Window msgWin;

   cout << "There are " << screen.getWin( )
        << " Window(s) on screen" << endl;
   cout << "There are " << msgWin.getWin( )
        << " message Window(s)" << endl;

   return 0;
}
```

（1）指出上面程序中类 Window, WorkWindow, MsgWindow, Screen 之间的关系（组合、继承），并用图示的方式画出它们之间的关系。

（2）给出程序运行的结果（注意 count 是静态数据成员）。

8-4 请阅读以下程序：

```
#include <iostream>
using namespace std;

enum ZoneType {EST, CST, MST, PST, EDT, CDT, MDT, PDT};
```

```
class Time {
public:
    void set(int hours, int minutes, int seconds );
    Time(int initHrs, int initMins, int initSecs );
    Time();

private:
    int hrs;
    int mins;
    int secs;
};

class ExtTime : public Time
{
public:
    void set  (int  hours,  int  minutes, int seconds,
                  ZoneType timeZone );
    ExtTime(int  initHrs, int initMins, int initSecs,
                  ZoneType initZone );

private:
    ZoneType zone;
};

Time::Time(int initHrs, int initMins, int initSecs )
{
    hrs = initHrs;
    mins = initMins;
    secs = initSecs;
    cout << "Constructor with parameters in Time class…" << endl;
}

Time::Time()
{
    hrs = 0;
    mins = 0;
    secs = 0;
cout << "Default constructor in Time class…" << endl;
}

void Time::set(int hours, int minutes, int seconds )
{
    hrs = hours;
    mins = minutes;
    secs = seconds;
}

ExtTime::ExtTime(int initHrs, int initMins, int initSecs,
      ZoneType initZone ) : Time(initHrs, initMins, initSecs)
{
    zone = initZone;
    cout << "Constructor with parameters in ExtTime class…" << endl;
}

ExtTime::ExtTime()
{
    zone = EST;
    cout << "Default constructor in ExtTime class…" << endl;

}

void ExtTime::set(int hours, int minutes, int seconds,
                  ZoneType timeZone )
{
    hrs = hours;
    mins = minutes;
    secs = seconds;
    zone = timeZone;
}
```

```
int main()
{
    ExtTime time1(5, 30, 0, CDT);
    ExtTime time2;

    return 0;
}
```

1）指出程序中的语法错，并改正；

2）给出程序更正之后运行的结果。

8-5 在应用举例一节我们给出了一个示例程序，其中在有序列表中查找某个客户时采用的方法是顺序搜索的方法，该方法最简单，但效率很低。请你用效率更高的方法来实现，如折半查找法等。

8-6 在应用举例一节我们给出了一个示例程序，其中主程序中只用到了ClientList类中的部分功能。请你改写main函数，使用提供的成员函数，删除那些已终止合作客户的信息。

第9章 重载

本章将介绍重载的基本概念及本质上一致的两类重载：函数重载和操作符重载，并介绍构造函数重载的一种特殊形式：复制构造函数。

9.1 函数重载

9.1.1 什么是函数重载

首先我们回顾一下跟函数相关的一些基本概念。

函数定义时需要确定函数名称、函数的返回类型、函数的形参列表以及函数体。如：

```
bool bigger(int x, int y)
{
    // …函数体代码省略
}
```

函数使用时需要进行函数调用。函数调用时编译器需要知道函数的原型，并能找到函数的定义。

上述函数的原型是：

```
bool bigger(int, int);
```

在函数原型中包含了这样一些信息：函数返回类型、函数名、函数各形参的数据类型。

给定变量声明如下：

```
bool status;
int tempA, tempB;
```

则可以如下调用 bigger 函数：

```
status = bigger(8,10);
status = bigger(tempA, tempB);
```

函数重载（overloading）是指不同的函数采用相同的名字，彼此间通过形参列表加以区分。被重载的函数名字相同，但函数的形参个数或对应位置形参的数据类型不同。如例【9-1】和例【9-2】所示。

例【9-1】：

```
// ****************************************************************
// distanceOverloading.cpp
// 求距离的函数重载
// ****************************************************************

#include <iostream>
#include <cmath> // 使用其中的平方根函数 sqrt
using namespace std;

// 函数重载，函数名相同，但原型不同
double distance(float, float);// 函数 1 原型，求一个点距原点的距离
// 函数 2 原型，求两点之间的距离
double distance(float, float, float, float);

int main()
{
```

```
    float point1X, point1Y, point2X, point2Y;

     point1X = 5.0;
     point1Y = 5.0;
     point2X = 7.0;
     point2Y = 7.0;

     cout << "The distance to the origin is: " <<endl;
     cout << "Point 1 (" << point1X << "," << point1Y << ")" << ":"
          << distance (point1X, point1Y) << endl; // 调用函数 1
     cout << "Point 2 (" << point2X << "," << point2Y << ")" << ":"
          << distance(point2X, point2Y) << endl;  // 调用函数 1

     cout << "The distance between two points ("
          << point1X << "," << point1Y << ")" << "and ( "
          << point2X << "," << point2Y << ") is "
          << distance(point1X, point1Y, point2X, point2Y) << endl;
          // 调用函数 2

     return 0;
}

double distance(float posX, float posY)
// 函数 1: 求指定点到原点的距离
// 前置条件: posX posY 是点的坐标
// 后置条件: 返回值为点(posX, posY)到原点的距离
{
    double dis;
    dis = sqrt(posX * posX + posY * posY);
    return dis;
}

double distance(float pos1X, float pos1Y, float pos2X, float pos2Y)
// 函数 2: 求两点之间的距离
// 前置条件: (pos1X, pos1Y),(pos2X, pos2Y)为两个点的坐标
// 后置条件: 返回值为两点间的距离

{
     double dis;
     dis = sqrt((pos1X - pos2X) * (pos1X - pos2X)
                + (pos1Y - pos2Y) * (pos1Y - pos2Y));
     return dis;
}
```

以上程序中有两个函数的名字是相同的，都是 distance，但**处理数据的个数不同**。相同的函数名表达了两个函数所做的事情在程序员看来是相似的，只是对应不同的情形。从程序中我们可以看到，这两个函数的原型不同，在函数调用时编译器通过实参个数来区分这两个函数。

程序的运行结果是：

```
The distance to the origin is:
Point 1 (5,5):7.07107
Point 2 (7,7):9.89949
The distance between two points (5,5)and ( 7,7) is 2.82843
```

例【9-2】:

```
// ****************************************************************
// equalOverloading.cpp
// 判断是否相等的函数重载
// ****************************************************************

#include <iostream>
#include <cmath> // fabs 函数所在库
using namespace std;

// 函数重载，函数名相同，但函数原型不同
bool equal(int, int);
bool equal(float, float);
bool equal(char * , char * );

int main()
```

```
{
    int   int1, int2;
    float  float1, float2;
    char * str1, * str2;

    // 给变量赋值
    int1 = 3;
    int2 = 6;

    float1 = 3.33333;
    float2 = 3.33332;

    // 申请空间存放字符串
    str1 = new char[40];
    str2 = new char[40];

    strcpy(str1, "Hello");
    strcpy(str2, "hello");
    // 输出两个整数之间的关系
    switch(equal (int1, int2)) { // 调用函数 1
        case true:
            cout << int1 << "==" << int2 <<endl;
            break;
        case false:
            cout << int1 << "!=" << int2 <<endl;
            break;
    }

    //输出两个浮点数之间的关系
    switch(equal (float1, float2)) { // 调用函数 2
        case true:
            cout << float1 << "==" << float2 <<endl;
            break;
        case false:
            cout << float1 << "!=" << float2 <<endl;
            break;
    }

    // 输出两个字符串之间的关系
    switch(equal (str1, str2)) { // 调用函数 3
        case true:
            cout << str1 << "==" << str2 <<endl;
            break;
        case false:
            cout << str1 << "!=" << str2 <<endl;
            break;
    }

    // 释放存放字符串的空间
    delete [] str1;
    delete [] str2;

    return 0;
}

bool equal ( int num1, int num2 )
// 比较两个整数是否相等，直接比较
// 前置条件：num1, num2 已经赋值
// 后置条件：如果 num1, num2 相等则返回为 true，否则返回 false
{
   if(num1==num2)
      return true;
   else
      return false;
};

bool equal ( float num1, float num2 )
// 比较两个整数是否相等，采用近似比较的方法
// 前置条件：num1, num2 已经赋值
// 后置条件：如果 num1, num2 相等则返回为 true，否则返回 false
```

```
{
    if ( fabs ( num1 - num2 ) < 1e-6 )
        return true;
    else
        return false;
}

bool equal(char * str1, char * str2)
// 比较两个字符串是否相等，调用库函数实现
// 前置条件：str1, str2 已经赋值
// 后置条件：如果 str1, str2 相等则返回为 true, 否则返回 false
{
    if ( strcmp ( str1, str2 ) == 0 )
        return true;
    else
        return false;
}
```

以上程序中有三个函数的名字是相同的，都是 equal，只是处理数据的数据类型不同。从程序中我们可以看到，这三个函数的原型不同，在函数调用时编译器通过实参的数据类型来区分这三个函数。程序的运行结果是：

```
3!=6
3.33333!=3.33332
Hello!=hello
```

类的构造函数是函数重载使用最普遍的地方。在第 8 章中我们已经接触到很多这方面的例子。

例【9-3】:

```
// ******************************************************************
// constrcutorOverloading.cpp
// 构造函数重载
// ******************************************************************

#include <iostream>
#include <string>
using  namespace std;

class ScoreRec {
public:
     // 默认构造函数，将所有项置为空
    ScoreRec()
     {
         name = "";
         ID = "";
         score =' ';
     }

     // 带参数的构造函数
    ScoreRec(string newName, string newID, char newScore)
     {
         name = newName;
         ID = newID;
         score = newScore;
     }

    void getRecord(string& nameGet, string& IDGet, char& scoreGet)
     {
         nameGet = name ;
         IDGet = ID;
         scoreGet = score;
     }

private:
     string name;
     string ID;
     char score; // A-F
};

int main()
{
```

```
    // 调用默认构造函数可以得到一个各项为空的成绩单
    ScoreRec classA;
    // 调用带参数的构造函数,用实参对类的数据成员进行初始化
    ScoreRec myRec("Henry", "12345", 'A');

    string  studentName, studentID;
    char studentScore;

    cout << "Blank score: "<<endl;
    classA.getRecord(studentName, studentID, studentScore);
    cout << "ID: "<< studentID <<endl;
    cout << "name: " <<studentName <<endl;
    cout <<"Score: " <<studentScore <<endl;

    myRec.getRecord(studentName, studentID, studentScore);
    cout << "My score: "<<endl;
    cout << "ID: "<< studentID <<endl;
    cout << "name: " <<studentName <<endl;
    cout <<"Score: " <<studentScore <<endl;

    return 0;
}
```

以上程序中 ScoreRec 类有两个构造函数，名称都和类名相同。从程序中我们可以看到，这两个构造函数的原型不同，在生成 ScoreRec 类的对象时，编译器通过实参列表来区分这两个构造函数。程序的运行结果是：

```
Blank score:
ID:
name:
Score:
My score:
ID: 12345
name: Henry
Score: A
```

9.1.2 为什么要使用函数重载

从上述例子中我们可以看到，在不同的情形下，虽然所处理数据的个数及数据类型可能不同，但是用相同的函数名表达本质上相同的操作更符合人们的习惯，因此函数重载给编程提供了很多便利。有的编程语言（如 C 语言）不支持函数重载，因此每一个函数必须具有唯一的名字，导致使用起来非常不方便。如在例【9-2】中，必须用三个不同的函数名来加以区分，如 equalInt, equalFloat, equalStr。在 C++中，这方面得到了很大的改善。

9.1.3 使用函数重载时需要注意的问题

（1）**如果函数名、函数形参个数及对应的数据类型都相同，只是函数的返回类型不同，则不是有效的函数重载。**编译时会出现“函数定义重复”的编译错。请看如下例子：

例【9-4】：

```
// ********************************************************************
// invalidOverloading1.cpp
// 函数重载时容易出现的错误演示 1
// ********************************************************************

#include <iostream>
using namespace std;

//函数原型
bool equal(int, int);
int  equal(int, int);

int main()
{
    int int1 = 0, int2 = 3;
```

```
    switch(equal (int1, int2)) {
        case true:
            cout << int1 << "==" << int2 << endl;
            break;
        case false:
            cout << int1 << "!=" << int2 << endl;
            break;
    }

    return 0;
}

bool equal(int num1, int num2)
{
   if(num1 == num2)
      return true;
   else
      return false;
}

int equal(int num1, int num2)
{
   if(num1 == num2)
      return 1;
   else
      return 0;
}
```

编译时会出现以下错误提示[①]：

```
error C2556: 'int __cdecl equal(int,int)' : overloaded function differs only by return
type from 'bool __cdecl equal(int,int)'//重载函数只是返回类型不同
error C2371: 'equal' : redefinition; different basic types//重复定义错
```

（2）**如果函数返回类型、函数名、形参个数及对应的数据类型相同，只有参数传递方式不同，则不是有效的函数重载。**编译时会报编译错。如下例：

例【9-5】：

```
// ******************************************************************
// invalid overloading 2.cpp
// 函数重载时容易出现的错误演示 2
// ******************************************************************

#include <iostream>
using namespace std;

// 函数原型
void swap(int, int );
void swap(int&, int&);

int main()
{
     int int1=0, int2=3;

     swap(int1,int2);
     swap(int1,int2);

     cout <<" int1 =" << int1 << endl;
     cout <<" int2 =" << int2 << endl;

     return 0;
}

void swap(int num1, int num2)
{
     int temp;
     temp = num1;
```

① 在不同编译器中，具体的提示信息细节可能会有所不同。

```
        num1 = num2;
        num2 = temp;
    }

    void swap(int& num1, int& num2)
    {
        int temp;
        temp =  num1;
        num1 = num2;
        num2 = temp;
    }
```

编译以上程序，会出现以下错误：

```
error C2668: 'swap' : ambiguous call to overloaded function//调用重载函数时有二义性。
```

原因在于：

尽管函数 void swap(int, int)和 void swap(int&, int&)的参数传递方式不同，但调用时的形式是一样的，编译器无法确定调用的是哪个函数。

（3）调用重载函数时的二义性问题。

① 隐式类型转换引起的二义性问题。

在赋值、参数传递等情形下，当数据类型不匹配时，编译器会自动进行数据类型的转换，即隐式类型转换。隐式类型转换是引起重载函数调用二义性的主要原因之一。如下例：

例【9-6】:

```
// ****************************************************************
// invalidOverloading3.cpp
// 函数重载时容易出现的错误演示 3
// ****************************************************************

#include <iostream>
#include <cmath> // fabs 函数所在库
using namespace std;

// 函数名相同，但函数原型不同
bool equal(int, int);
bool equal(double, double);

int main()
{
    int   int1;
    double  double1;

    // 给变量赋值
    int1 = 3;
    double1 = 3.0000;

    // 输出两个数之间的关系
    switch(equal (int1, double1)) { // 调用函数 1
       case true:
          cout << int1 << "==" << double1 << endl;
          break;
       case false:
          cout << int1 << "!=" << double1 << endl;
          break;
    }

    return 0;
}

// 函数 1：比较两个整数是否相等，直接比较
bool equal(int num1, int num2)
{
   if(num1 == num2)
      return true;
   else
      return false;
```

```
}

// 函数 2：比较两个浮点数是否相等，采用近似比较的方法
bool equal(double num1, double num2)
{
    if(fabs(num1-num2) < 1e-6)
        return true;
    else
        return false;
}
```

编译上述程序，会出现以下错误：

```
error C2666: 'equal' : 2 overloads have similar conversions//两个重载函数有相似的转换。
```

原因在于：

可以将 equal (int1, double1)调用中的 int1 转换为 double1 型，也可以将 double1 转换为 int 型，编译器无法确定如何转换，因为两种转换都有相应的函数对应。

② 使用默认参数时的二义性。

使用默认参数的函数本身就是将几个重载函数合而为一。如例【9-7】中的 distance 函数可以使用默认参数。

例【9-7】：

```
// ************************************************************
// invalidOverloading4.cpp
// 函数重载时容易出现的错误演示 4
// ************************************************************

#include <iostream>
#include <cmath>
using namespace std;

double distance(float, float);
// 函数 2 原型：指定了默认参数
double distance(float, float, float x=0, float y=0);

int main()
{
    float point1X,point1Y;

    point1X = 5.0;
    point1Y = 5.0;

    cout << "The distance to the origin is: " <<endl;
    cout << "Point 1 (" << point1X << "," << point1Y << ")" << ":"
         << distance(point1X, point1Y) << endl;  // 出现二义性

    return 0;
}

// 函数 1：求和原点的距离
double distance(float posX, float posY)
{
    double dis;
    dis = sqrt(posX * posX + posY * posY);
    return dis;
}

// 函数 2：求两点之间的距离
double distance(float pos1X, float pos1Y, float pos2X, float pos2Y)
{
    double dis;
    dis = sqrt((pos1X - pos2X) * (pos1X - pos2X)
             + (pos1Y - pos2Y) * (pos1Y - pos2Y));
    return dis;
}
```

编译以上程序，会出现以下错误：

```
error C2668: 'distance' : ambiguous call to overloaded function
```

原因在于：

double distance(float pos1_x, float pos1_y, float pos2_x=0, float pos2_y=0)
使用了默认参数，它实际上是多个函数的集合体：

- 若调用该函数时，给出了 4 个实际参数，则相当于调用 double distance(float pos1_x, float pos1_y, float pos2_x, float pos2_y)函数；
- 若调用该函数时，给出了 3 个实际参数，则相当于调用 double distance(float pos1_x, float pos1_y, float pos2_x)，同时将函数体中的 pos2_y 设为 0；
- 若调用该函数时，给出了 2 个实际参数，则相当于调用 double distance(float pos1_x, float pos1_y)，同时将函数体中的 float pos2_x 和 pos2_y 设为 0，实际上等价于求到原点的距离。

在 main 函数中调用 distance(point1_x,point1_y)函数时，编译器无法确定调用的是哪个 distance 函数。

在指定默认参数时，必须从参数表的最右边开始并连续指定默认参数。

下列指定默认参数的方法都不正确：

```
double distance(float pos1X = 0, float pos1Y = 0, float pos2X, float pos2Y)
double distance(float pos1X, float pos1Y = 0, float pos2X, float pos2Y = 0)
```

9.2 复制构造函数

9.2.1 复制构造函数的语法形式

在前面的章节中，我们定义类的构造函数时使用了函数重载，使程序员在创建对象时更灵活。现在我们介绍一种特殊的构造函数——复制构造函数。复制构造函数（copy constructor）的形参类型是类类型本身，且使用引用方式进行参数的传递。复制构造函数的原型形式如下：

```
X(const X&)
```

其中 X 是类名，且形参通常指定为 const。

例如：

```
class  Employee {
public:
    //复制构造函数：形参是类型本身，采用引用方式传递参数
    Employee(const  Employee&  anotherEmployee);
};

class Compuer {
public:
    Computer(const  Computer&  anotherComputer);
};
```

9.2.2 复制构造函数的使用场合

复制构造函数在类的使用过程中是非常重要的，如果程序员没有为类定义复制构造函数，编译器会自动生成一个复制构造函数。复制构造函数在什么情况下将会被使用到呢?

1. 用已有的对象对新对象进行初始化

我们先用一个例子引出复制构造函数的第一个应用场合。该例子是例【9-3】的扩充和修改，增加了复制构造函数及其调用。

例【9-8】：

```
// ***************************************************************
// copyConstructor1.cpp
// 复制构造函数及其使用的第一个示例
// ***************************************************************
```

```
#include <iostream>
#include <string>
using  namespace std;

// 学生成绩的类
class ScoreRec {
public:
    // 默认构造函数，将所有项置为空
    ScoreRec()
    {
        name = "";
        ID = "";
        score = ' ';
        cout <<"Default constructor...\n";
    }

   // 带参数的构造函数
    ScoreRec(string newName, string newID, char newScore)
    {
        name = newName;
        ID = newID;
        score = newScore;
        cout <<"Constructor with parameters...\n";
    }

   // 复制构造函数
    ScoreRec(const ScoreRec& anotherScoreRec)
    {
        name = anotherScoreRec.name;
        ID = anotherScoreRec.ID;
        score = anotherScoreRec.score;
        cout <<"Copy constructor...\n";
    }

    void getScoreRec(string& nameGet, string& IDGet, char& scoreGet)
    {
        nameGet = name ;
        IDGet = ID;
        scoreGet = score;
    }

private:
    string name;
    string ID;
    char score; // A-F
};

int main()
{
    //调用默认构造函数可以得到一个各项为空的成绩单
    ScoreRec classA;
    //调用带参数的构造函数,用参数对类的数据成员进行初始化
    ScoreRec myRec("Henry", "12345", 'A');
    //调用复制构造函数，用已有的类对象 myRec 初始化新的类对象 myNewRec
    ScoreRec myNewRec (myRec);
    string  studentName, studentID;
    char studentScore;

    cout << "Blank score:\n";
    classA.getScoreRec(studentName, studentID, studentScore);
    cout << "ID: "<< studentID << endl;
    cout << "Name: " << studentName << endl;
    cout << "Score: " << studentScore << endl;

    myRec.getScoreRec(studentName, studentID, studentScore);
    cout << "My score:\n";
    cout << "ID: "<< studentID << endl;
    cout << "Name: " << studentName << endl;
    cout << "Score: " << studentScore << endl;
```

```
    myNewRec.getScoreRec(studentName, studentID, studentScore);
    cout << "My new score:\n";
    cout << "ID: "<< studentID << endl;
    cout << "Name: " << studentName << endl;
    cout << "Score: " << studentScore << endl;

    return 0;
}
```

上述程序的运行结果是：

```
Default constructor...
Constructor with parameters...
Copy constructor...
Blank score:
ID:
Name:
Score:
My score:
ID: 12345
Name: Henry
Score: A
My new score:
ID: 12345
Name: Henry
Score: A
```

分析：

ScoreRec classA；该语句生成一个 ScoreRec 类对象，每个对象的初始化由默认构造函数完成，因此在上述程序运行结果中有一个 Default constructor...的输出。

ScoreRec myRec("Henry","12345",'A')；该语句调用带参数的构造函数，因此在上述程序运行结果中有 1 个 Constructor with parameters...的输出；该语句用参数对对象 myRec 的数据成员进行初始化，name，ID 和 score 分别初始化为"Henry"，"12345"和'A'。

ScoreRec myNewRec (myRec);该语句调用复制构造函数，用已有的对象 myRec 初始化新的对象 myNewRec，因此在上述程序运行结果中有 1 个 Copy constructor...的输出。用已有的对象初始化新对象时，新对象的数据成员的值和已有对象的数据成员的值完全相同。因此在运行结果中 myNewRec 的 name，ID 和 score 也分别是"Henry"，"12345"和'A'。这里我们引出了复制构造函数的第一个应用场合，即，用已有的对象对新对象进行初始化。

如果我们自己没有定义复制构造函数，情形会如何呢？在例【9-8】的程序中将自己定义的复制构造函数去掉，其他保持不变。程序可以编译通过并运行，运行的结果是:

```
Default constructor...
Constructor with parameters...
Blank score:
ID:
Name:
Score:
My score:
ID: 12345
Name: Henry
Score: A
My new score:
ID: 12345
Name: Henry
Score: A
```

分析：

对比例【9-8】的输出，少了一行输出：Copy constructor...。这是因为我们自己定义的复制构造函数被去掉了。但 myNewRec 的 name,ID 和 score 还是"Henry","12345"和'A'，这些值是怎么来的呢？

（1）前面我们已经强调过，如果程序员自己没有定义复制构造函数，编译器会自动生成一个复制构造函数，因此虽然我们从例【9-8】中去掉了复制构造函数，但编译时并不会出错。

（2）编译器自动生成的复制构造函数的工作是将已有对象的内存空间中的数据按位复制一份到新对象的内存空间。我们将这种复制方法称为**浅复制**（shallow copy）。因此我们看到在程序的输出结果中，myNewRec 的数据成员的值和 myRec 的数据成员的值是对应相同的。浅复制采用按位复制的方式，当类的数据成员中有指针时，会引发一些意想不到的问题。

下面用例【9-9】说明浅复制可能存在的问题。该程序是对例【9-8】的改写。在 ScoreRec 类的数据成员中将 name 和 ID 用字符指针表示，并增加了析构函数。

例【9-9】:

```
// ***********************************************************
// copyConstructor2.cpp
// 复制构造函数及其使用的第二个示例
// ***********************************************************

#include <iostream>
#include <string>
using  namespace std;

// 学生成绩的类
class ScoreRec {
public:
     // 默认构造函数，将所有项置为空
     ScoreRec()
     {
          name = NULL;
          ID = NULL;
          score = ' ';
          cout << "Default constructor...\n";
     }

     ~ScoreRec()
     {
          if(name != NULL)
              delete [] name;
          if( ID != NULL)
              delete [] ID;
          cout << "Deconstructor...\n";
     }

     // 带参数的构造函数
     ScoreRec(char * newName, char * newID, char newScore)
     {
          name = new char[strlen(newName) + 1];
          strcpy(name, newName);
          ID = new char[strlen(newID) + 1];
          strcpy(ID, newID);
          score = newScore;
          cout << "Constructor with parameters...\n";
     }

     // 复制构造函数
     ScoreRec(const ScoreRec& anotherScoreRec)
     {
          name = new char[strlen (anotherScoreRec.name) + 1];
          ID = new char[strlen (anotherScoreRec.ID) + 1];
          strcpy(name, anotherScoreRec.name);
          strcpy(ID, anotherScoreRec.ID);
          score = anotherScoreRec.score;
          cout << "Copy constructor...\n";
     }

     void getScoreRec(char * nameGet, char * IDGet, char& scoreGet)
     {
          strcpy(nameGet , name) ;
          strcpy(IDGet , ID) ;
          scoreGet = score;
```

```
    }

private:
    char * name;
    char * ID;
    char score; // A-F
};

int main()
{
    // 调用带参数的构造函数,用参数对 myRec 的数据成员进行初始化
    ScoreRec myRec("Henry", "12345", 'A');
    // 调用复制构造函数，用已有的类对象 myRec 初始化新的类对象 myNewRec
    ScoreRec myNewRec (myRec);
    char studentName[50], studentID[50];
    char studentScore;

    myRec.getScoreRec(studentName, studentID, studentScore);
    cout << endl << "My score:\n";
    cout << "ID: "<< studentID << endl;
    cout << "name: " <<studentName << endl;
    cout <<"Score: " <<studentScore << endl;

    myNewRec.getScoreRec(studentName, studentID, studentScore);
    cout << endl << "My new score:\n";
    cout << "ID: "<< studentID << endl;
    cout << "name: " <<studentName << endl;
    cout << "Score: " <<studentScore << endl << endl;

    return 0;
}
```

程序运行结果如下：

```
Constructor with parameters...
Copy constructor...

My score:
ID: 12345
name: Henry
Score: A

My new score:
ID: 12345
name: Henry
Score: A

Deconstructor...
Deconstructor...
```

分析：

由于 ScoreRec 类的数据成员使用了指针类型，所以要特别留意内存空间的申请和释放。在上述程序中内存空间的申请放在构造函数中，而空间的释放放在析构函数中。构造函数在创建类对象时调用，而析构函数在类对象的生命周期结束时调用。在上述程序中我们创建了两个 ScoreRec 类对象，因此调用了构造函数两次。当程序结束时，这两个 ScoreRec 类对象的生命周期结束，调用析构函数两次。

在复制构造函数中，我们为新对象的指针数据成员申请了空间，然后把形参对象的指针数据成员所指向的内存块的内容复制到新对象的对应指针成员所指向的内存块。所以，程序的输出中 myRec 和 myNewRec 的各项值是相同的。如图 9-1 所示为复制构造函数执行后两个 ScoreRec 类对象的内存情况。从图中可以看到，myRec 和 myNewRec 中 name 的值不同，ID 的值也不同。由于 name 和 ID 是指针数据类型，可以理解为 myRec 和 myNewRec 中，name 指向不同的内存空间，ID 指向不同的内存空间。但不同内存空间中存储的是相同的内容。我们将这种复制方式称为**深复制**（deep copy），将一个对象中指针成员所指的内存空间的内容复制到另一个对象对应

指针成员所指的内存空间中。

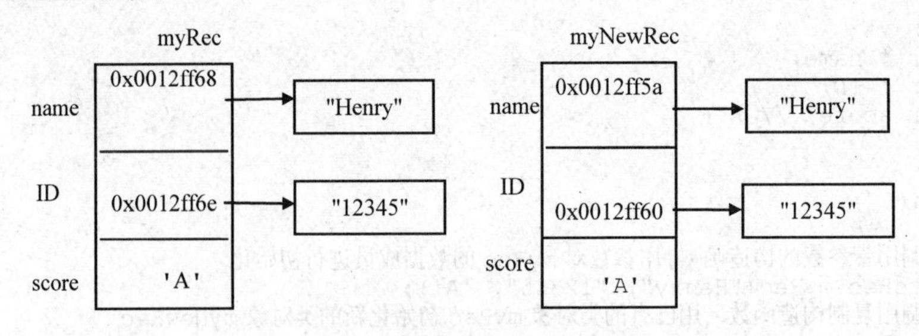

图 9-1　对象的深复制示意

如果将例【9-9】中的复制构造函数去掉，其他保持不变。那么，运行程序的结果会如何呢？程序在 VC2002 下的运行结果是：

```
Constructor with parameters...

My score:
ID: 12345
name: Henry
Score: A

My new score:
ID: 12345
name: Henry
Score: A

Deconstructor...
```

之后出现运行时错误

分析：

由于我们没有定义复制构造函数，编译器会自动生成一个复制构造函数。编译器自动生成的复制构造函数通过浅复制将已有对象中指针成员所指向的内存空间中的数据按位复制一份到新对象的对应指针成员所指向的内存空间。如图 9-2 所示为浅复制构造函数执行后两个 `ScoreRec` 类对象的内存情况。从图中可以看到，经过按位复制后，`myRec` 和 `myNewRec` 中 `name` 的值相同，`ID` 的值相同，`score` 的值也相同。由于 `name` 和 ID 是指针类型数据，我们可以理解为按位复制后，`myRec` 和 `myNewRec` 中 `name` 指向相同的内存空间，`ID` 也指向相同的内存空间。

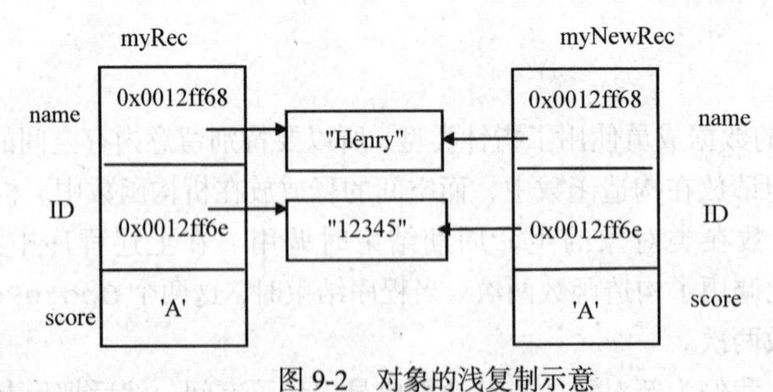

图 9-2　对象的浅复制示意

当对象的生命期结束时，系统会自动调用析构函数。析构函数的调用次序和构造函数相反，先调用 myNewRec 的析构函数，再调用 myRec 的析构函数。仔细分析一下析构函数：

```
~ScoreRec()
{
    if(name != NULL)
        delete [] name;
    if( ID != NULL)
        delete [] ID;
    cout << "Deconstructor...\n";
```

```
}
```

在调用 myNewRec 的析构函数时，由于 name 和 ID 指针不为空，分别将 name 和 ID 指向的内存空间释放，输出 Deconstructor…。

之后在调用 myRec 的析构函数时，由于 name 和 ID 指针不为空，也需要分别将 name 和 ID 指向的内存空间释放掉。但由于 myNewRec 和 myRec 的 name 及 ID 分别指向相同的内存空间，这些内存空间已经由 myNewRec 释放归还给系统了。因此，当 myRec 再一次释放该空间时，会出现内存处理的错误。

同一内存的重复释放会导致运行时错误。这一点在类的数据成员中包含有指针时，需要特别留意。这时候使用系统自动生成的复制构造函数有可能导致多个指针指向同一内存空间，从而出现重复释放的问题，因此需要程序员自己定义复制构造函数，通过深复制策略解决这一问题。由例【9-9】我们可以看到，深复制时，myNewRec 和 myRec 的 name 值是分别通过 new 操作赋值的，指向不同的内存空间，不会出现同一内存空间的重复释放。

2. 调用以值形参传递类对象的函数

我们以例【9-10】来引出调用复制构造函数的第二个应用场合。例【9-10】是对例【9-9】的改写。增加函数 writeScoreRec 输出对象的数据，writeScoreRec 函数的参数是以值形参形式传递的 ScoreRec 类对象。

例【9-10】:

```
// ******************************************************************
// copyConstructor3.cpp
// 复制构造函数及其使用的第三个示例
// ******************************************************************

#include <iostream>
#include <string>
using  namespace std;


// 学生成绩的类
class ScoreRec {
public:
    ScoreRec()
    {
        name = NULL;
        ID = NULL;
        score = ' ';
        cout << "Default constructor...\n";
    }

    ~ScoreRec()
    {
        if(name != NULL)
           delete [] name;
        if( ID != NULL)
           delete [] ID;
        cout << "Deconstructor...\n";
    }

    // 带参数的构造函数
    ScoreRec(char * newName, char * newID, char newScore)
    {
        name = new char[strlen(newName) + 1];
        strcpy(name, newName);
        ID = new char[strlen(newID) + 1];
        strcpy(ID, newID);
        score = newScore;
        cout << "Constructor with parameters...\n";
    }

    // 复制构造函数
```

```
        ScoreRec( ScoreRec& anotherScoreRec)
        {
            name = new char[strlen (anotherScoreRec.name) + 1];
            ID = new char[strlen (anotherScoreRec.ID) + 1];
            strcpy(name, anotherScoreRec.name);
            strcpy(ID, anotherScoreRec.ID);
            score = anotherScoreRec.score;
            cout << "Copy constructor...\n";
        }

        void getScoreRec(char * nameGet, char * IDGet, char& scoreGet)
        {
            strcpy(nameGet , name) ;
            strcpy(IDGet , ID) ;
            scoreGet = score;
        }

    private:
        char * name;
        char * ID;
        char score; // A-F
    };
    void writeScoreRec(ScoreRec rec)
    // 输出一个成绩记录的值
    // 前置条件: rec 已赋值
    // 后置条件: 输出各项值
    {
        char studentName[50], studentID[50];
        char studentScore;

        rec.getScoreRec(studentName, studentID, studentScore);
        cout << "ID: " << studentID << endl;
        cout << "name: " << studentName << endl;
        cout << "Score: " << studentScore << endl;

        return ;

    }

    int main()
    {
        //调用带参数的构造函数,用参数对类的数据成员进行初始化
        ScoreRec myRec("Henry", "12345", 'A');
        //调用复制构造函数，用已有的类对象 myRec 初始化新的类对象 myNewRec
        ScoreRec myNewRec (myRec);

        cout << endl;
        writeScoreRec(myRec);
        cout << endl;
        writeScoreRec(myNewRec);
        cout << endl;

        return 0;
    }
```

程序的运行结果是:

```
Constructor with parameters...
Copy constructor...

Copy constructor...
ID: 12345
name: Henry
Score: A
Deconstructor...

Copy constructor...
ID: 12345
name: Henry
Score: A
Deconstructor...
```

```
Deconstructor...
Deconstructor...
```

分析：

（1）ScoreRec myRec("Henry", "12345", 'A')；语句调用带参数的构造函数，输出 Constructor with parameters...。

（2）ScoreRec myNewRec (myRec)；语句调用复制构造函数，输出 Copy constructor...。

（3）writeScoreRec(myRec)；语句调用函数 writeScoreRec，write ScoreRec 的形参 rec 相当于局部对象，将实参 myRec 传递给形参 rec，相当于用已有的对象初始化新对象，需要调用复制构造函数，因此输出 Copy constructor...。

（4）执行函数 writeScoreRec 的函数体输出 rec 对象的数据，输出

```
ID: 12345
name: Henry
Score: A
```

（5）当函数 writeScoreRec 返回时，局部对象 rec 的生命周期结束，需要调用析构函数，因此输出 Deconstructor...。

（6）writeScoreRec(myNewRec)；语句的情况类似于 writeScoreRec(myRec)语句（见第（3）~第（5）点），因此输出

```
Copy constructor...
ID: 12345
name: Henry
Score: A
Deconstructor...
```

（7）最后的两个输出

```
Deconstructor...
Deconstructor...
```

是程序结束时，myRec 和 myNewRec 的生命周期结束，从而调用析构函数时的输出。

我们知道向值形参传递实参时，需要生成一个实参的副本。从上述分析我们可以看到，当函数以值传递的方式进行类对象的传递时，会导致复制构造函数的调用。其语义相对比较复杂，因此在以类对象作为参数时，应该使用引用形参的方式定义类对象的传递。我们将例【9-10】的程序修改一下，将 writeRec 的参数传递方式改为引用形参。程序的运行结果将变为：

```
Constructor with parameters...
Copy constructor...

ID: 12345
name: Henry
Score: A

ID: 12345
name: Henry
Score: A

Deconstructor...
Deconstructor...
```

分析：

和例【9-10】中程序输出的差别在于，采用引用形参的方式传递类对象，不需要生成实参的副本，也就不需要调用复制构造函数和析构函数。因此每次调用 writeRec 函数时就不再会输出 Copy constructor...和 Deconstructor...，程序语义相对简单。

如果在例【9-10】的程序中程序员不定义自己的复制构造函数，则会引起运行时错误，读者可自行验证。

3. 调用返回值为类对象的函数

我们以例【9-11】来引出调用复制构造函数的第三个应用场合。例【9-11】是对例【9-10】的

改写。增加函数 setScoreRec 用于生成一个 ScoreRec 对象，根据参数设置该对象的属性数据，并返回该对象。

例【9-11】:

```
// ***********************************************************
// copyConstructor4.cpp
// 复制构造函数及其使用的第四个示例
// ************************************************************

#include <iostream>
#include <string>
using namespace std;

// 学生成绩的类
class ScoreRec {
public:
    ScoreRec()
    {
        name = NULL;
        ID = NULL;
        score = ' ';
        cout << "Default constructor...\n";
    }

    ~ScoreRec()
    {
        if(name != NULL)
           delete [] name;
        if( ID != NULL)
           delete [] ID;
        cout << "Deconstructor...\n";
    }

   // 带参数的构造函数
    ScoreRec(char * newName, char * newID, char newScore)
    {
        name = new char[strlen(newName) + 1];
        strcpy(name, newName);
        ID = new char[strlen(newID) + 1];
        strcpy(ID, newID);
        score = newScore;
        cout << "Constructor with parameters...\n";
    }

    // 复制构造函数
    ScoreRec( ScoreRec& anotherScoreRec)
    {
        name = new char[strlen (anotherScoreRec.name) + 1];
        ID = new char[strlen (anotherScoreRec.ID) + 1];
        strcpy(name, anotherScoreRec.name);
        strcpy(ID, anotherScoreRec.ID);
        score = anotherScoreRec.score;
        cout << "Copy constructor...\n";
    }

    void getScoreRec(char * nameGet, char * IDGet, char& scoreGet)
    {
        strcpy(nameGet , name) ;
        strcpy(IDGet , ID) ;
        scoreGet = score;
    }

    void setName(char *newName)
    {
        if(name != NULL)
           delete [] name;
        name = new char[strlen(newName) + 1];
        strcpy(name, newName);
    }
```

```
        void setID(char *newID)
        {
            if(ID != NULL)
                delete [] ID;
            ID = new char[strlen(newID) + 1];
            strcpy(ID, newID);
        }

        void setScore(char newScore)
        {
            score = newScore;
        }

    private:
        char * name;
        char * ID;
        char score; // A-F
    };

    ScoreRec setScoreRec(char * newName, char * newID, char newScore)
    // 设置一个成绩记录的值
    // 前置条件：newName, newID, newScore 已赋值
    // 后置条件：设置各项值
    {
        ScoreRec tempRec;

        tempRec.setName(newName);
        tempRec.setID(newID);
        tempRec.setScore(newScore);

        return tempRec;
    }

    void writeScoreRec(ScoreRec &rec)
    // 输出一个成绩记录的值
    // 前置条件：rec 已赋值
    // 后置条件：输出各项值
    {
        char studentName[50], studentID[50];
        char studentScore;

        rec.getScoreRec(studentName, studentID, studentScore);
        cout << "ID: "<< studentID << endl;
        cout << "name: " << studentName << endl;
        cout <<"Score: " << studentScore << endl;

        return ;

    }

    int main()
    {

        char studentName[50] = "Henry";
        char studentID[50] ="123456";
        char studentScore ='A';

    writeScoreRec(setScoreRec(studentName, studentID, studentScore));

        return 0;
    }
```

程序的运行结果如下：

```
Default constructor...
Copy constructor...
Deconstructor...
ID: 123456
name: Henry
Score: A
Deconstructor...
```

分析：

（1）语句 writeScoreRec(setRec(studentName, studentID, studentScore)); 首先调用 setScoreRec (studentName, studentID, studentScore)函数。

（2）setScoreRec 函数中有 ScoreRec tempRec;语句，会调用默认构造函数，输出 Default constructor...。

（3）setScoreRec 函数中将 tempRec 的各项数据进行设置，之后是 return tempRec;语句。当以值的方式返回类对象时，系统实际的做法是创建一个临时的全局类对象（假设称之为 tempObj），作为待返回对象的副本，并调用复制构造函数初始化 tempObj 对象。return tempRec;语句会导致一个 tempObj 的创建及复制构造函数的调用，因此会有 Copy constructor...的输出；同时由于 setScoreRec 函数返回，tempRec 的生命期结束，需要调用析构函数，因此紧接着会输出 Deconstructor...。

（4）setScoreRec 函数返回后，会调用 writeScoreRec 函数输出类对象的数据。

（5）最后一个 Deconstructor...，用于撤销 tempObj。

9.3 操作符重载

计算机能够处理的数据千差万别，因此即使是相同的操作符，当处理的数据不同时，计算机实际完成的操作也应该不同，也就是对同一操作符有不同的解释。如同样一个减法操作，当它的操作对象是：线、坐标、实数、复数或矩阵时，需要有不同的解释。这些对减法操作的不同解释，可以通过对减法操作符进行重载来实现。所谓**操作符重载**就是用同一个操作符来表示不同的实际操作，其目的是使得程序的表达方式更为自然。

本节介绍 C++中操作符的函数特性，以及使用成员函数和友元函数重载操作符的方法和注意事项。

9.3.1 C++操作符的函数特性

在第 2 章中，我们给出了 C++中常用操作符的列表（见表 2-4）。根据所处理操作数的个数，操作符可分为一元操作符、二元操作符和三元操作符。如果将 C++的操作符看作函数，操作数看作函数的参数，则一元操作符有一个参数，二元操作符有两个参数。如加法操作符是二元操作符，a + b 可写成函数调用的方式+ (a, b)，但显然后者不如前者符合人们使用的习惯。

操作符具有函数的特性，也可以像函数一样进行重载。因此，可以从函数的角度来定义、使用和分析操作符的重载。操作符的重载可以通过类的成员函数实现，也可以通过友元函数实现。

9.3.2 操作符重载的规则

1. 不是所有的操作符都可重载

常见的不能重载的操作符包括：

::　　　.　　　.*　　　?:　sizeof

2. 实现操作符重载的方法

可以用成员函数对操作符进行重载，也可以用友元函数对操作符进行重载。操作符重载后对操作符做出了新的解释，但原有的**基本语义，**包括操作符的**优先级**、**结合性**和**所需要的操作数个数均保持不变**。

=、[]、()、->等操作符只能使用类成员函数进行重载。

9.3.3 类成员操作符重载

1. 语法及实例

操作符是一种特殊的成员函数，其语法形式为：

```
返回值类型 类名: : operator 操作符(形参表)
{
   函数体代码
}
```

下面通过一个简单秒表类StopWatch给出操作符重载的示例。

例【9-12】:

```
// ***************************************************************
// stopWatch.cpp
// 一个秒表类，其中使用成员函数进行操作符重载
// ***************************************************************

#include<ctime>
#include<iostream>

using namespace std;

class StopWatch {
public:
    StopWatch();                                    // 构造函数
    void setTime(int newMin, int newSec);   // 设置秒表时间
    StopWatch operator - (StopWatch&);       // 计算两个秒表的时间间隔
    void showTime();   // 显示时间
private:
   int min;
   int sec;
};

StopWatch::StopWatch()
{
    min =0;
    sec = 0;
}
void StopWatch:: setTime(int newMin, int newSec)
{
   min = newMin;
   sec = newSec;
}

StopWatch StopWatch::operator -(StopWatch& anotherTime)
// 计算两个秒表的时间间隔
// 后置条件: 返回值为用StopWatch类型表示的时间间隔
{
    StopWatch tempTime;
    int seconds; // 两个秒表时间间隔的秒数

    seconds = min * 60 + sec - (anotherTime.min * 60 + anotherTime.sec);
    if (seconds < 0)
         seconds = -seconds;

    tempTime.min = seconds / 60;
    tempTime.sec = seconds % 60;

    return tempTime;
}
void StopWatch::showTime()
{
    if(min >0)
       cout <<min << " minutes " << sec <<" seconds\n";
    else
       cout << sec <<" seconds\n";
```

```
}

int main()
{
    StopWatch startTime, endTime, usedTime;

    cout << "按回车键开始! ";
    cin.get(); // 等待用户输入

    time_t  curtime = time(0);          // 获取当前系统时间
    tm  tim = *localtime(&curtime);   // 根据当前时间获取当地时间
    int  min, sec;
    min = tim.tm_min;               // 得到当地时间的分
    sec = tim.tm_sec;               // 得到当地时间的秒
    startTime.setTime(min,sec);

    cout << "按回车键结束! ";
    cin.get(); // 等待用户输入

    curtime = time(0);
    tim = *localtime(&curtime);
    min = tim.tm_min;
    sec = tim.tm_sec;
    endTime.setTime(min,sec);

    //计算两个时间的间隔,其结果也是 StopWatch 类型
    usedTime = endTime - startTime ;
    cout << "用时 " ;
    usedTime.showTime();

    return 0;
}
```

运行结果为:

```
按回车键开始! <回车>
按回车键结束! <回车>
用时 2 seconds
```

其中，带下画线的部分是用户的键盘输入。

实际运行时，根据两次按回车键的间隔时间不同，最后一行输出可能不同。

在上述 StopWatch 类中，我们重载了 - 操作符，实现了两个秒表时间之间的差操作。这里重载的是二元操作符。重载操作符的成员函数的函数头为:

```
StopWatch StopWatch::operator - (StopWatch& anotherTime)
```

其中包含了以下信息:

（1）函数名是 operator -，表示重载操作符-。

（2）StopWatch::表明重载该操作符的类是 StopWatch 类。

（3）该函数的返回类型是 StopWatch 类。

（4）该函数带一个参数，参数类型是 StopWatch 类，并以引用的形式传递。

在 main 函数中 usedTime = endTime - startTime;被解释为:

```
usedTime = endTime. operator - (startTime);
```

即调用 endTime 的 operator - 函数，参数是 startTime，返回值赋值给 usedTime。

2. 参数个数和操作数个数的关系

从例【9-12】中我们可以看到，StopWatch 类虽然重载的是二元操作符 - ，但成员函数的参数却只有一个。用成员函数实现操作符重载时，函数参数个数和操作符所带操作数的个数间有以下规则:

（1）一元操作符实现为不带参数的成员函数。

（2）二元操作符实现为带一个参数的成员函数。

假定我们把二元操作符的操作数分别称为左操作数和右操作数，用成员函数重载时，则函数的参数中只包含了右操作数，如 StopWatch StopWatch::operator - (StopWatch& anotherTime)中，anotherTime 是右操作数。那么，左操作数是什么？左操作数是调用该函数的类对象，如 usedTime = endTime – startTime;被解释为：usedTime = endTime.operator – (startTime); endTime 被认为是左操作数，endTime 对象通过 this 指针隐含传递给操作符函数。

3. 一个典型的操作符重载：赋值操作符重载

在例【9-11】中，我们给出了复制构造函数，并指出了复制构造函数的使用情形。如果要完整地实现对象的深复制，还需要增加一个赋值操作符的重载成员函数。

例【9-13】对例【9-11】进行了改写，在 ScoreRec 类中增加了赋值操作符的重载函数。

例【9-13】:

```
// ************************************************************
// assignmentOverloading.cpp
// 赋值运算符重载
// ************************************************************

#include <iostream>
#include <string>
using  namespace std;

// 学生成绩的类
class ScoreRec {
public:
     ScoreRec()
     {
          name = NULL;
          ID = NULL;
          score = ' ';
          cout <<"Default constructor...\n";

     }

     ~ScoreRec()
     {
          if(name != NULL)
             delete [] name;
          if( ID != NULL)
             delete [] ID;
          cout <<"Deconstructor...\n";
     }

     // 带参数的构造函数
     ScoreRec(char * newName, char * newID, char newScore)
     {
          name = new char[strlen(newName) + 1];
          strcpy(name, newName);
          ID = new char[strlen(newID) + 1];
          strcpy(ID, newID);
          score = newScore;
          cout <<"Constructor with parameters...\n";
     }

     // 复制构造函数
     ScoreRec( ScoreRec& anotherScoreRec)
     {
          name = new char[strlen (anotherScoreRec.name) + 1];
          ID = new char[strlen (anotherScoreRec.ID) + 1];
          strcpy(name, anotherScoreRec.name);
          strcpy(ID, anotherScoreRec.ID);
          score = anotherScoreRec.score;
          cout <<"Copy constructor...\n";
     }
```

```
    void getScoreRec(char * nameGet, char * IDGet, char& scoreGet)
    {
        strcpy(nameGet , name) ;
        strcpy(IDGet , ID) ;
        scoreGet = score;
    }
    void setName(char *newName)
    {
        if(name != NULL)
            delete [] name;
        name = new char[strlen(newName) + 1];
        strcpy(name, newName);
    }

    void setID(char *newID)
    {
        if(ID != NULL)
            delete [] ID;
        ID = new char[strlen(newID) + 1];
        strcpy(ID, newID);
    }

    void setScore(char newScore)
    {
        score = newScore;
    }

    // 赋值操作符重载函数
    ScoreRec& operator= (const ScoreRec& anotherScoreRec)
    {
        if (name!=NULL)
            delete []name;
        if (ID !=NULL)
            delete []ID;
        name = new char[strlen (anotherScoreRec.name) + 1];
        ID = new char[strlen (anotherScoreRec.ID) + 1];
        strcpy(name, anotherScoreRec.name);
        strcpy(ID, anotherScoreRec.ID);
        score = anotherScoreRec.score;

        return *this;
    }

private:
    char * name;
    char * ID;
    char score; // A-F
};

ScoreRec setScoreRec(char * newName, char * newID, char newScore)
{
    ScoreRec tempRec;

    tempRec.setName(newName);
    tempRec.setID(newID);
    tempRec.setScore(newScore);

    return tempRec;
}

void writeScoreRec(ScoreRec &rec)
{
    char studentName[50], studentID[50];
    char studentScore;

    rec.getScoreRec(studentName, studentID, studentScore);
    cout << "ID: "<< studentID <<endl;
    cout << "name: " <<studentName <<endl;
    cout <<"Score: " <<studentScore << endl;
```

```
        return ;
    }

    int main()
    {

        char studentName[50] = "Henry";
        char studentID[50] = "123456";
        char studentScore = 'A';

        ScoreRec tempRec;

        tempRec = setScoreRec(studentName, studentID, studentScore);

        writeScoreRec(tempRec);

        return 0;
    }
```

程序运行结果如下：

```
Default constructor...
Default constructor...
Copy constructor...
Deconstructor...
Deconstructor...
ID: 123456
name: Henry
Score: A
Deconstructor...
```

分析：

默认的赋值操作符采用的是浅复制，即按位复制，当复制的内容中存在指针变量时，需要定义自己的赋值操作符进行深复制。在例【9-13】中，ScoreRec 类的数据成员中包含有指针，因此我们需要对赋值操作符进行重载。在例【9-11】中，没有提供赋值操作符的重载，如果用例【9-13】中的 main 函数替代例【9-11】中的 main 函数，运行时将会出错。具体原因读者可自行分析。

赋值操作符是二元操作符，有两个操作数，用成员函数实现该操作符的重载时需要一个参数。函数原型如下：ScoreRec& operator= (const ScoreRec& anotherScoreRec)。在 main 函数中的表达式 tempRec = setScoreRec(studentName, studentID, studentScore) 被解释为 tempRec.operator =(setScoreRec(studentName, studentID, studentScore))。注意 setScoreRec(studentName, studentID, studentScore) 的返回值是 ScoreRec 类对象。

9.3.4　友元操作符重载

1. 友元的概念

对于普通的类外函数 f，要访问一个类 A 的私有成员和受保护成员是不可能的，除非将 A 的私有成员和受保护成员的访问控制权限改为 public(公有的)，然而这样就失去了类的封装作用，任何类外函数都可以毫无约束地使用其成员。但有时一个类外函数确实需要访问其他类的 private（私有的）或 protected（受保护的）成员，因此需要在开放和封装之间折中，C++ 利用 friend 修饰符，可以设定类的友元，友元可以对私有和受保护的成员进行操作。

需要指出，友元使得类外函数能够直接访问类的私有和受保护数据，提供了程序设计时的灵活性，但同时也破坏了类的封装特性，因此在使用友元时要慎重。

类的友元可以是一个普通函数（非成员函数）、另一个类的成员函数、另一个完整的类。类的友元在类定义中使用 friend 保留字进行说明，在 friend 保留字后列出友元的名字（若友元为函数，则给出函数原型；若友元为类，则给出 class 类名）。将另一个完整的类设为友元时，该类中所有的成员函数都被视为本类的友元函数。

下面给出一个使用友元的例子：

例【9-14】:

```
// ****************************************************************
// demoFriend.cpp
// 友元及其使用的演示
// ****************************************************************

#include <iostream>
#include <string>
using namespace std;

class House {
public:
   House (string name,  string address)
   {
      House::name =  name;
      House::address = address;
   }

   friend void showHouse(House &newHouse); // 友元函数的声明

private:
   string name;
   string address;
};

// 友元函数的定义
void showHouse(House &newHouse)
// 输出一所房子的信息
// 前置条件：newHouse 已赋值
// 后置条件：输出房子信息
{
    cout << newHouse.name << endl; // 可以访问类 House 的私有成员 name
    cout << newHouse.address << endl; // 可以访问类 House 的
                                      // 私有成员 address
}

void main()
{
   House  clientHouse ("王一一","某市某街道某楼");
   showHouse(clientHouse);
}
```

类 House 的定义中包含了友元函数的声明：friend 后紧跟函数 showHouse 的原型。注意 showHouse 并不是类 House 的成员函数，因此在函数定义时不能写成：

```
void Hous::showHouse(House &newHouse);
```

但该函数可以访问类 House 的私有成员 name 和 address。

2. 友元操作符重载

友元的一个作用是可以用于操作符重载。

例【9-15】定义了描述二维坐标(x,y)的类 Pos，用友元函数实现 + 操作符的重载。

例【9-15】:

```
// ****************************************************************
// friendOpOverloading.cpp
// 使用友元实现操作符的重载
// ****************************************************************

#include <iostream>
using namespace std;

class Pos {
public:
   Pos( float newPos_x=0, float newPos_y=0)
   {
```

```
        pos_x = newPos_x;
        pos_y = newPos_y;
    }

    void showPos()
    {
        cout<<"x="<<pos_x<<'\t'<<"y="<<pos_y<<'\t' <<endl;
    }

    friend Pos operator+ (Pos&, Pos&); // 重载 + 操作符的友元函数

private:
    float pos_x;
    float pos_y;
};

Pos operator+ (Pos& pos1, Pos& pos2)
// 将两个 Pos 对象点相加
// 前置条件: pos1, pos2 已赋值
// 后置条件: 返回值为一个 Pos 对象,其 x 和 y 坐标分别为 pos1 和 pos2 的 x 和 y 坐标的和
{
    Pos temp;
    temp.pos_x = pos1.pos_x + pos2.pos_x;
    temp.pos_y = pos1.pos_y + pos2.pos_y;

    return temp;
}

void main(void)
{
    Pos pos1(25,50), pos2(1,2);
    Pos pos3;
    cout << "Pos 1:\n";
    pos1.showPos();
    cout <<"Pos 2:\n";
    pos2.showPos();
    cout <<"Pos 1 + Pos 2:\n";
    pos3 = pos1 + pos2;
    pos3.showPos();
}
```

程序执行后输出：

```
Pos 1:
x=25    y=50
Pos 2:
x=1     y=2
Pos 1 + Pos 2:
x=26    y=52
```

分析：

程序中定义的类 Pos 描述一个二维坐标点，用友元函数重载 + 操作符，实现两个坐标点相加的操作：对两个坐标对象执行 + 运算，将两个坐标点的两个分量分别相加。在主函数中，声明了三个坐标对象，pos_1, pos_2 和 pos_3, 其中 pos_1 + pos_2 被解释为对 + 操作符重载函数的调用。

上述操作符重载也可以用成员函数来实现，我们比较一下这两种方法的不同。

例【9-16】:

```
// ************************************************************
// memberOpOverloading.cpp
// 用成员函数实现操作符重载
// ************************************************************

#include <iostream>
using namespace std;

class Pos {
public:
    Pos( float newPos_x=0, float newPos_y=0)
    {
        pos_x=newPos_x;
```

```
            pos_y=newPos_y;
        }

        Pos operator+ (Pos &); // 重载 + 操作符的成员函数

        void showPos()
        {
            cout<<"x="<<pos_x<<'\t'<<"y="<<pos_y<<'\t' <<endl;
        }

private:
        float pos_x;
        float pos_y;
};

Pos Pos::operator+ (Pos & anoPos)
{
        Pos temp;
        temp.pos_x =pos_x + anoPos.pos_x;
        temp.pos_y = pos_y + anoPos.pos_y;

        return temp;
}

void main(void)
{
        Pos pos1(25,50), pos2(1,2);
        Pos pos3;
        cout << "Pos 1:\n";
        pos1.showPos();
        cout <<"Pos 2:\n";
        pos2.showPos();
        cout <<"Pos 1 + Pos 2:\n";
        pos3 = pos1 + pos2;
        pos3.showPos();
}
```

程序执行后输出结果同例【9-15】。对比一下友元操作符重载和成员函数操作符重载，我们可以看到以下不同：

（1）一元操作符可以实现为**不带参数**的成员函数或**带一个参数**的友元函数。

（2）二元操作符可以实现为**带一个参数**的成员函数或**带两个参数**的友元函数。

同样是二元操作符，用友元函数实现重载时，函数的参数有两个；而用成员函数重载时，函数的参数只有一个。假定我们把二元操作符的操作数分别称为左操作数和右操作数，那么在友元函数的参数中既包含了左操作数又包含了右操作数。如 friend Pos operator+ (Pos& pos1, Pos& pos2)中，pos1 是左操作数，pos2 是右操作数。调用时 pos1 + pos2 被解释为 operator+(pos1 , pos2)，即调用重载的 + 操作符，参数是 pos1 和 pos2。用成员函数重载时，函数的参数中只包含了右操作数，如 Pos operator+ (Pos & anoPos)中，anoPos 是右操作数。而左操作数是调用该函数的类对象，如 pos1 + pos2 被解释为 pos1.opeartor + (pos2)，pos1 被认为是左操作数。

当重载的是一元操作符，用友元函数实现重载时，函数有一个参数；而用成员函数重载时，函数没有参数。友元操作符的参数必须都显式地给出，而成员函数操作符隐含地使用了 this 指针所指向的当前对象作为左操作数。

9.4 应 用 举 例

问题

在程序运行过程中，系统通常需要进行日志的记录；然后通过查阅日志，知道在某个时间有哪些程序运行过。在日志中最重要的是时间，现在要求你设计一个时间类，提供时间的设置、时间的比较（相等、在前、在后）、时间各分量的设置和获取（如年、月、日、时、分、秒）、计算两个时间的时间间隔及时间的输出等操作，并编写程序对时间类提供的操作进行测试。

分析与设计

目标是建立一个时间点类，该时间类的数据成员包括年、月、日、时、分、秒，在数据上的操作包括时间的设置、比较、提取、计算及输出等。需要提供使用该时间类的主程序，因此：

（1）定义一个时间点类 TimeVal，用成员函数和友元进行操作符的重载以提供相关操作。

（2）生成包含类说明的头文件，timeval.h。

（3）生成包含类实现的源文件，timeval.cpp。

（4）生成测试上述类的主程序，clientTimeval.cpp。

程序代码

```
// *************************************************************
// timeval.h
// timeval 类的说明文件
// *************************************************************

#ifndef TIME_VAL
#define TIME_VAL

#include <iostream>
#include <string>

// 时间间隔结构
struct Interval {
    int days;
    int hours;
    int minutes;
    int seconds;
};

// 时间点类
class TimeVal {
public:
    // 构造函数
    TimeVal();
    TimeVal(int, int, int,int,int,int);

    //设置时间分量
    void setYear(int);
    void setMon(int);
    void setDay(int);
    void setMin(int);
    void setSec(int);
    void setHrs(int);

    //获取时间分量
    int getYear();
    int getMon();
    int getDay();
    int getMin();
    int getSec();
    int gettHrs();

    // 时间的操作
    // < 操作符重载
    bool operator < (const TimeVal& ) const;
    // == 操作符重载
    bool operator == (const TimeVal& ) const;
    // > 操作符重载
    friend bool operator > (const TimeVal& , const TimeVal&);
    // != 操作符重载
    friend bool operator != (const TimeVal& , const TimeVal&);
    // -操作符重载
    friend Interval operator - (const TimeVal&, const TimeVal& );
    //输出时间，默认格式为 YYYY/MM/DD HH:MM:SS
    void showTimeVal();
```

```
private:
    int year;
    int mon;
    int day;
    int hrs;
    int min;
    int sec;
};

// 显示时间间隔的函数
void showInterval(Interval interval);

#endif

// ************************************************************
// timeval.cpp
// timeval类的实现文件
// ************************************************************

#include "timeval.h"
#include <ctime>
#include <iostream>

using namespace std;

TimeVal::TimeVal()
{
    year = 1970;
    mon = 1;
    day = 1;
    hrs = 0;
    min = 0;
    sec = 0;
}

TimeVal::TimeVal(int newYear, int newMon, int newDay, int newHrs, int newMin,int newSec)
{
    year = newYear;
    mon = newMon;
    day = newDay;
    hrs = newHrs;
    min = newMin;
    sec = newSec;
}

// 设置及获取各时间分量
void TimeVal::setYear(int newYear)
{
   year = newYear;
}

void TimeVal::setMon(int newMon)
{
   mon = newMon;
}

void TimeVal::setDay(int newDay)
{
   day = newDay;
}

void TimeVal::setMin(int newMin)
{
   min = newMin;
}

void TimeVal::setSec(int newSec)
{
   sec = newSec;
}
```

```
void TimeVal::setHrs(int newHrs)
{
    hrs = newHrs;
}

int TimeVal::getYear()
{
   return year;
}

int TimeVal::getMon()
{
   return mon;
}

int TimeVal::getDay()
{
   return day;
}

int TimeVal::getMin()
{
   return min;
}

int TimeVal::getSec()
{
   return sec;
}

int TimeVal::gettHrs()
{
   return hrs;
}

// - 操作符重载
Interval operator-(const TimeVal& lh, const TimeVal& rh)
// 计算两个时间点之间的时间间隔
// 前置条件：两个操作数同是时间点，左操作数大于右操作数，并且都已赋值
// 后置条件：返回两个时间点的间隔
{
   tm lhtm, rhtm; // 表示左右操作数的 tm 型数据
   time_t rhTime, lhTime; // 表示左右操作数的 time_t 型数据
   Interval interval; // 左右操作数的时间间隔

   rhtm.tm_year = rh.year - 1900; // tm 结构中的年份取值
                                    // 为实际年份与 1900 的差
   rhtm.tm_mon = rh.mon - 1;      // tm 结构中的月份取值为 0-11
   rhtm.tm_mday = rh.day;
   rhtm.tm_hour = rh.hrs;
   rhtm.tm_min = rh.min;
   rhtm.tm_sec = rh.sec;

   lhtm.tm_year = lh.year -1900;
   lhtm.tm_mon = lh.mon - 1;
   lhtm.tm_mday = lh.day;
   lhtm.tm_hour = lh.hrs;
   lhtm.tm_min = lh.min;
   lhtm.tm_sec = lh.sec;

   // 获取 time_t 型表示的时间点数据
   rhTime = mktime(&rhtm);
   lhTime = mktime(&lhtm);

   double timeDiff;
   timeDiff =  difftime(lhTime, rhTime); // 获取两个时间点间隔的秒数

   // 将秒数转换为 Interval 结构数据
   interval.days = timeDiff / 24 / 60 / 60;
   interval.hours = (timeDiff - interval.days *24 * 60 * 60)
                    / 60 / 60;
```

```
    interval.minutes = (timeDiff - interval.days *24 * 60 * 60
                    - interval.hours * 60 * 60) / 60;
    interval.seconds = timeDiff - interval.days *24 * 60 * 60
                    - interval.hours * 60 * 60 - interval.minutes * 60;

    return interval;
}

// < 操作符重载
bool TimeVal::operator< (const TimeVal& anoTime) const
// 比较两个时间点之间的小于关系是否成立
// 前置条件：两个操作数同是时间点，并且已赋值
// 后置条件：如果左操作数大于 anoTime ，则返回 true， 否则返回 false
{
     if(year < anoTime.year)
         return true;
     else if(year == anoTime.year) {
     if(mon < anoTime.mon)
             return true;
     else if(mon == anoTime.mon) {
             if(day < anoTime.day)
                 return true;
             else if(day == anoTime.day){
                 if(hrs < anoTime.hrs)
                     return true;
                 else if(hrs == anoTime.hrs)    {
                     if(min < anoTime.min)
                         return true;
                     else if(min == anoTime.min)    {
                         if(sec < anoTime.sec)
                             return true;
                         else if(sec == anoTime.sec)
                             return false;
                         else return false;
                     }
                     else return false;
                 }
                 else return false;
             }
             else return false;
         }
         else return false;
     }
     else return false;
}

// == 操作符重载
bool TimeVal::operator==(const TimeVal& anoTime) const
// 比较两个时间点之间的等于关系是否成立
// 前置条件：lh_Time 和 rh_Time 同是时间点，并且已赋值
// 后置条件：如果 lh_Time 等于 rh_Time，则返回 true， 否则返回 false
{
     if((sec == anoTime.sec)&&(min == anoTime.min)&&(hrs == anoTime.hrs)
         &&(day == anoTime.day)&&(mon == anoTime.mon)&&(year == anoTime.year))
         return true;
     else
         return false;
}

// > 操作符重载
bool operator > (const TimeVal& lh_Time, const TimeVal& rh_Time)
// 比较两个时间点之间的大于关系是否成立
// 前置条件：lh_Time 和 rh_Time 同是时间点，并且已赋值
// 后置条件：如果 lh_Time 大于 rh_Time，则返回 true， 否则返回 false
{
      if( (lh_Time < rh_Time) || (lh_Time == rh_Time))
          return false;
      else
          return true;
}
```

```
// != 操作符重载
bool operator!=(const TimeVal& lh_Time, const TimeVal& rh_Time)
// 比较两个时间点是否不相等
// 前置条件: lh Time 和 rh Time 同是时间点, 并且已赋值
// 后置条件: 如果两个时间不等, 则返回 true, 否则返回 false
{
     if( !( lh_Time == rh_Time))
         return true;
     else
         return false;
}

// 输出时间,默认格式为 YYYY/MM/DD HH:MM:SS
void TimeVal::showTimeVal()
{
    cout <<year << '/';

    if(mon <10)
        cout << '0' << mon << '/';
    else
        cout <<mon <<'/';

    if(day < 10)
        cout << '0' << day << " ";
    else
        cout << day << " ";


    if(hrs <10)
         cout << '0' << hrs << ':';
    else
        cout << hrs << ':';

    if(min < 10)
        cout << '0' << min << ':';
    else
        cout << min << ':';

    if(sec < 10)
        cout << '0' << sec << endl;
    else
        cout << sec << endl;
}

void showInterval(Interval interval)
{
    cout << interval.days << " days " << interval.hours << " hours "
        << interval.minutes << " minutes " << interval.seconds << " seconds "
        << endl;
}

// ************************************************************
// clientTimeval.cpp
// timeval 类的测试程序
// ************************************************************

#include "timeval.h"
#include <string>
#include <iostream>
#include <time.h>

using namespace std;

int main()
{
   TimeVal t1(2007, 9, 18, 16, 17, 20), t2(2007, 9, 19, 17, 17, 20);
   TimeVal t3(2000, 2, 28, 16, 17, 20), t4(2000, 3, 2, 16, 18, 30);

   cout << "time1: ";
   t1.showTimeVal();
   cout << "time2: ";
```

```
    t2.showTimeVal();
    cout << "time3: ";
    t3.showTimeVal();
    cout << "time4: ";
    t4.showTimeVal();

    Interval interval;
     interval = t2 - t1;
     cout << endl << "time2 - time1:" << endl;
     showInterval(interval);

     interval = t4 - t3;
     cout << endl << "time4 - time3:" << endl;
     showInterval(interval);

     cout << endl;
     if(t1 != t2)
         cout << "time1 != time2" <<endl;

     if(t1 == t2)
         cout << "time1 == time2" <<endl;

     if(t3 < t4)
         cout << "time3 < time4" <<endl;

     if(t3 > t4)
         cout << "time3 > time4" <<endl;

     return 0;
}
```

习　　题

9-1 给出以下程序的运行结果，并指出每次函数调用的是哪个函数体。

```
#include <iostream>
#include <string>
using namespace std;

void  doSomeThing(int source)
{
     cout<<"Calling doSomeThing(int):";
     cout << " doSomeThing (" << source <<  ')'<< endl;
}

void  doSomeThing(int source, int target)
{
     cout<<"Calling doSomething(int, int):";
     cout << " doSomething (" << source << ", " << target << ')'<< endl;
}

void  doSomeThing(float source, float target)
{
     cout<<"Calling doSomething(float, float):";
     cout << " doSomeThing (" << source << ", " << target << ')'<< endl;
}

void  doSomeThing(string source, string target)
{
     cout<<"Calling doSomething(string, string):";
     cout << " doSomeThing (" << source << ", " << target << ')'<< endl;
}

int main()
{
     int i1=9,i2=6;
     float f1=4.5, f2=7.8;
     string str1="computer", str2="compare";

     doSomeThing(i1);
     doSomeThing(i1,i2);
```

```
    doSomeThing(f1,f2);
    doSomeThing(str1,str2);
    return 0;
}
```

9-2 给出以下程序的运行结果，并指出在什么地方引起了复制构造函数的执行。

```
#include <iostream>
using namespace std;

class POINT {
public:
    POINT(int x1, int y1)
    {
        x = new int;
        y = new int;
        *x=x1;
        *y=y1;
        cout<<"Constructing Point\n";
    }

    POINT(POINT& anoP)
    {
        x = new int;
        y = new int;
        *x = *anoP.x;
        *y = *anoP.y;
        cout<<"Copy Constructing Point\n";
    }

    ~POINT()
    {
       cout<<"Destructing Point\n";
       if(x !=NULL) delete x;
       if(y!=NULL) delete y;
    }

    int get_x( )
    {
       return *x;
    }

    int get_y( )
    {
       return *y;
    }

private:
   int *x ;
   int *y ;
};

void print( POINT obj)
{
   cout << "Point: (" <<obj. get_x() << ", "
        << obj.get_y() << ")" << endl;
}

int main()
{
   POINT  point1(2,3);
   POINT  point2(point1);
   print(point1);
}
```

9-3 在本章应用实例一节程序中，没有对类的数据成员取值进行合法性检测的代码，如月的取值为1-12、日的取值为1-31等，请增加相应的合法性检测代码。

9-4 请在本章应用实例的程序中，增加成员函数实现 += 及 + 操作符的重载，并相应修改main()函数进行测试。

9-5 请在本章应用实例的程序中，增加友元函数实现 >= 及 <= 操作符的重载，并相应修改main()函数进行测试。

第10章 I/O 流与文件

C++本身并不包含 I/O 语句，I/O 都是通过函数库与类库完成的。本章将介绍 C++中用于 I/O 操作的类——**流类**（stream class），以及由这些流类组成的流类库。

10.1 概　述

10.1.1 何为 I/O

外围设备（peripheral device）可以分为两种：存储设备和输入/输出设备。前者用于存储信息，例如磁盘、U 盘、光盘、磁带等。数据以文件的形式保存在这些存储设备中。而后者可分为输入设备和输出设备：计算机处理完毕的数据送往外部设备，这种设备就是输出设备，例如显示器、打印机等；而计算机接收数据的来源设备称为输入设备，例如键盘、鼠标、扫描仪等。

对于程序来说，可以把将数据送往存储设备保存为文件；也可以把存储设备中文件的数据读入程序的变量中。程序也可以把数据送往输出设备或从输入设备中读取数据。从数据的流向看，如图 10-1 所示。

图 10-1　内存与外围设备间的数据流动

因此 I/O 的中心是内存。在内存里面，看到数据往外输送，即为输出；看到数据从外面进来，即为输入。从这个角度来看，对于程序而言，可以把文件看成一种设备，也可以把输入输出设备视为文件。

事实上，操作系统正是把输入输出设备视作一种特殊的文件。要了解程序中的 I/O，就需要了解应用程序、操作系统与外围设备之间的关系。

10.1.2 应用程序、操作系统与 I/O

外围设备是硬件。现代通用计算机的层次关系如图 10-2 所示。

在现代通用计算机的架构中，I/O 指令属于**特权指令**（privilege instruction），只能由操作系统发出，不能由用户程序发出。因此，用户程序要进行 I/O 则必须利用操作系统提供的接口——**系统调用**（system call）。但由于系统调用接口的层次太低，用户程序直接使用系统调用会过于复杂且不方便，所以高级程序设计语言都提供更高层次的 I/O 机制。在 C++中，**流类**就是用于进行 I/O 操作的高级机制。

10.1.3　标准 I/O 流 cin 和 cout

前面各章利用 cin 和 cout 进行输入和输出，下面介绍它们的一些基本事项。

图 10-2　通用计算机的层次

头文件 iostream 中，定义了两个流类：输入流类 istream 和输出流类 ostream，并且还用这两个类定义了流对象 cin 和 cout：

```
istream cin;
outstream cout;
```

因此，cin 和 cout 就分别是输入数据流和输出数据流。在默认情况下，cin 与键盘关联，而 cout 与显示器关联。因此键盘中键入的数据进入 cin，而 cout 中的数据输出到显示屏上。看下面的代码段和图 10-3（假设三个变量的类型分别为 int，float，char）。

```
cin >> someInt >> someFloat >> someChar;
// 假设通过键盘键入 13 3.14 9↙（↙表示回车）
cout << "The answer is: " << someInt*someFloat;
```

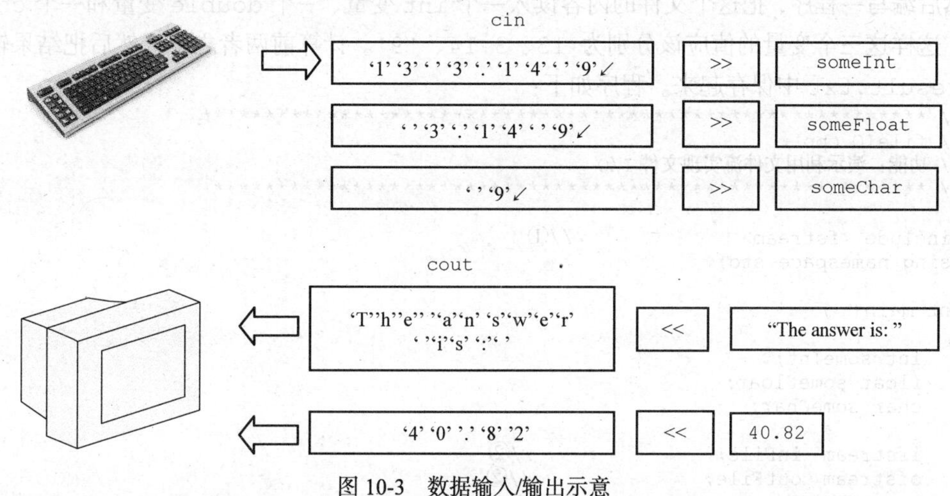

图 10-3　数据输入/输出示意

特别需要注意的是，cin 和 cout 都是只能装载字符的流，因此输入操作符">>"和输出操作符"<<"都要负责转化的工作：

（1）对于 cin，键盘键入的字符逐个进入 cin。若接收这些数据的变量并非字符型变量或字符串变量，那么">>"将根据变量的类型，把 cin 的字符组合转化为该变量类型的值，然后再赋值给该变量。例如，上例第一个输入的变量是 int 型的，因此">>"会把"1"和"3"这样的字符组合转化为整型值 13，再赋值给 someInt。而第二个输入">>"会把'3'、'.'、'1'、'4'转化为 double 值 3.14，然后再赋值给 someFloat。

（2）cin 中每个字符都是"平等"的，都是按先后顺序等待着每次输入">>"消化掉前面的一些字符。那么，每次输入是消化掉 cin 中哪些字符呢？每次">>"都是一次输入，且多次输入可以是连续进行的。而我们看到输入由两部分组成：键盘的数据进入 cin 和 cin 的数据进入变量。两个部分均完成才能结束由多次输入组成的整个输入状态。每次输入在碰到空白符（空格、制表符、换行符），或者碰到第一个非法字符（该类型数据中不能出现的字符）时结束。整个输入状态在键入了回车且已输入的数据足以满足所有输入时结束。

例如，对 someInt 是在接收'3'后的空格' '时结束，因为空格是空白符；键入回车时，由于之前的输入已经能够满足全部 3 个输入，所以整个输入状态结束。一般来说，整型变量可以接收'0'~'9'这 10 个字符，浮点型变量可以接收这 10 个字符外，还可以接收'.'。字符型变量则可以接收非空白字符。

（3）对于 cout，输出操作符"<<"负责把数据项转换为字符组合，再置入 cout 中。例如上例要输出的是 double 值 40.82，"<<"将其转换为'4'、'0'、'.'、'8'和'2'这 5 个字符，然后再输出到显示器上。

事实上，随着 GUI（图形用户界面）的普及，这种输入和输出方式的重要性已经不断下降。所以我们不必探讨一些过于细致的问题，掌握基本的用法即可。

10.1.4 文件 I/O 流

文件 I/O 也称为读文件（输入）和写文件（输出）。C++的标准库中提供两个类 ifstream 和 ofstream，分别用于文件输入和输出。请看下面的例子：

我们先准备好一个纯文本文件 source.txt，保存在与下面的 fileIO.cpp 同一个文件夹中，其内容为：

```
13 3.14 9
```

然后编写一程序，把这个文件的内容读入一个 int 变量、一个 double 变量和一个 char 变量中。这样这三个变量的值应该分别为 13、3.14、'9'。计算前两者之积，然后把结果输出到文件 result.txt 中保存起来。程序如下：

```
// ************************************************************
// fileIO.cpp
// 功能：演示利用文件流实现文件 I/O
// ************************************************************

#include <fstream>                    //①
using namespace std;

int main( )
{
    int someInt;
    float someFloat;
    char someChar;

    ifstream  inFile;                  //②
    ofstream  outFile;                 //②

    inFile.open("source.txt");          //③
    outFile.open("result.txt");         //④

    inFile >>  someInt >> someFloat >> someChar;   //⑤
    outFile <<  "The answer is: " << someInt*someFloat << endl;//⑥

    inFile.close();    //⑦
    outFile.close();   //⑦

    return 0;
}
```

运行以上程序，someInt，someFloat，someChar 的值将分别为 13，3.14，'9'。在 fileIO.cpp 同一目录下，将出现一个新的文件：result.txt。将其打开，将看到：

```
The answer is: 40.82
```

现详细解释如下：

（1）由于类 ifstream 和 ofstream 定义在头文件 fstream 中，所以在文件头需要加上预编译指令①。

（2）②语句定义了两个对象 inFile 和 outFile，称为文件流对象。前者负责文件输入，后者负责文件输出。

（3）③和④语句是把文件流对象与具体的文件关联起来，使后续的具体读写操作作用于这些文件之上。③是把输入文件流对象 inFile 与文件 source.txt 关联起来，后面从 inFile 输入数据便是从文件里读取数据；同理，④是把输出文件流对象 outFile 与文件 result.txt 关联起来，后面输出的结果放入 outFile 中最终就会保存到 result.txt 里面。

（4）对于输入流，若相关联的文件不存在，那么下面（5）中所介绍的读操作将不起任何作用。对于输出流，若相关联的文件不存在，将创建该文件；若该文件存在，将先自动清空文件的原有内容，然后（5）中介绍的写操作再把新的内容写入文件。

（5）⑤和⑥便是具体的读写操作。⑤是从输入文件流 inFile 中读取数据，置入变量中；而⑥是把要输出的内容放入输出文件流里面，最终保存到文件 result.txt 中。文件读写过程如图 10-4 所示。

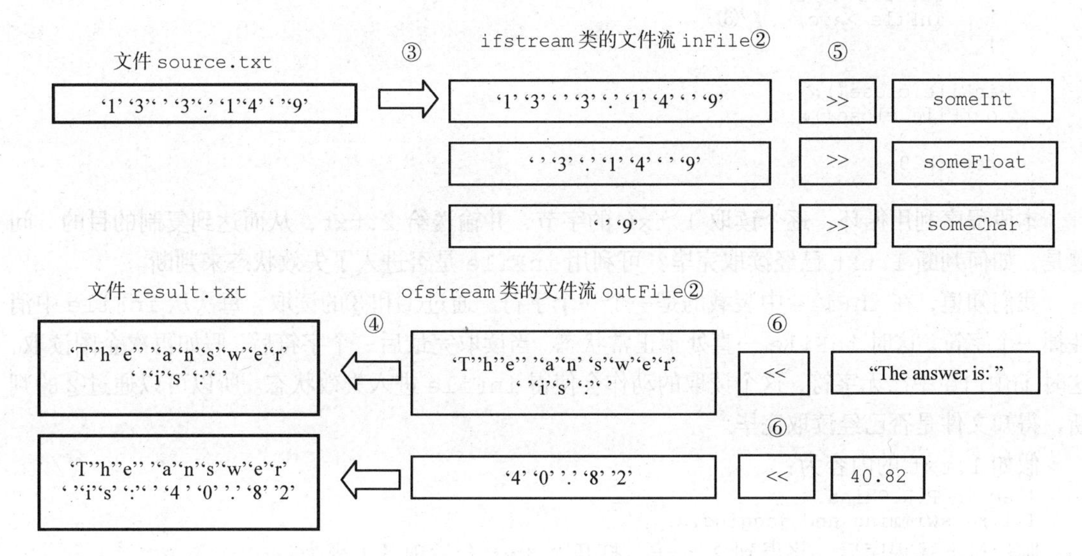

图 10-4　文件读写过程示意

特别需要注意的是，此处用 ifstream 和 ofstream 定义的文件流对象都是只能装载字符，因此输入符">>"和输出符"<<"都要负责转化的工作。

（1）对于输入，文件应该是纯文本文件，这样其内容才能按照设想进入输入文件流中。若接收这些数据的变量并非字符型变量或字符串变量，那么">>"将根据变量的类型，把输入文件流中的字符组合转化为该变量类型的值，然后再赋值给该变量。例如上例第一个输入的变量是 int，因此">>"会把"1"和"3"这样的字符组合转化为整型值 13，再赋值给 someInt。而第三个输入">>"会把'3'、'. '、'1'、'4'转化为 double 值 3.14，然后再赋值给 someFloat。

（2）对于输入，输入文件流中每个字符都是"平等"的，都是按先后顺序等待着每次">>"消耗掉前面的一些字符。那么，每个数据的输入在哪里结束、下一个数据的输入从哪里开始呢？规则与前面介绍的 cin 的使用相同。

（3）对于输出，输出操作符"<<"负责把数据项转化为字符组合，再置入输出文件流中。例如上例要输出的是 double 值 40.82，"<<"将其转化为'4'、'0'、'.'、'8'和'2'这 5 个字符，然后再输出到文件 result.txt 中。所以，利用这种机制得到的文件肯定是纯文本文件。

再看一个例子：假设已有纯文本文件 1.txt，现编一程序 copy，将 1.txt 复制到另一个纯文本文件 2.txt 中。

```
// ***********************************************************
// fileCopy.cpp
// 功能：演示利用文件流实现文本文件的复制
// ***********************************************************

#include <fstream>
using namespace std;
```

```
int main( )
{
    char c;
    ifstream inFile;
    ofstream outFile;

    inFile.open("1.txt");
    outFile.open("2.txt");

    inFile >> c;                    //①
    while( inFile ) {               //②
        outFile << c;
        inFile >> c;   //③
    }

    inFile.close();
    outFile.close();

    return 0;
}
```

本段程序利用循环，逐个读取 1.txt 的字节，并输送给 2.txt，从而达到复制的目的。问题是：如何判断 1.txt 已经读取完毕？可利用 inFile 是否进入了失效状态来判断。

我们知道，在 inFile 中装载的是一个一个字符。通过①和③的读取，每次从 inFile 中消耗掉一个字符。这时 inFile 一直处于正常状态。当读取完最后一个字符后，假如再次企图读取，这时 inFile 中已无字符，这个读取的动作会使得 inFile 进入失效状态。所以可以通过②的判断，得知文件是否已经读取完毕。

假如 1.txt 的内容为：

```
I am in P.R.China.
I like swimming and jogging.
```

则运行上述程序后，将得到 2.txt。打开 2.txt 会发现其内容为：

```
IaminP.R.China.Ilikeswimmingandjogging.
```

我们发现，1.txt 中的换行符和空格符都没有复制到 2.txt 中。这是因为输入符“>>”会忽略掉换行符、空格符和制表符等空白字符。为使得 1.txt 的内容完整复制到 2.txt 中，我们可以将程序修改如下：

```
// ***********************************************************
// fileCopyRevised.cpp
// 功能：演示利用文件流实现文本文件的完整复制
// ***********************************************************

#include <fstream>
using namespace std;

int main( )
{
    char c;
    ifstream inFile;
    ofstream outFile;

    inFile.open("1.txt");
    outFile.open("2.txt");

    inFile.get(c);                  //①
    while( inFile ) {               //②
        outFile << c;
        inFile.get(c);      //③
    }

    inFile.close();
    outFile.close();

    return 0;
}
```

语句①中的 get 函数是输入流的公有成员函数。其作用是按顺序获取输入流中的一个字符，包括空格符和换行符都会被获取，并存放在参数变量 c 中。

上述例子程序中为了代码简洁，在 open 操作之后没有进行文件流状态的检测，实际应用中，通常应进行相关检查，以保证后续文件读写操作有效。详见本章应用举例一节。

10.2　二进制文件 I/O

10.1 节中介绍的由 ofstream 和 ifstream 文件流来进行的文件 I/O 是**文本文件**（Text files）I/O，并非文件 I/O 的主流。文件 I/O 的主流是**二进制文件**（Binary files ）I/O。那么，何为二进制文件 I/O？它与文本文件 I/O 相比有何不同？如何进行二进制文件 I/O？下面我们来解答这些问题。

10.2.1　文本文件 I/O Vs.二进制文件 I/O

若一整型变量值为 1234，假设以 2 字节存储整型变量，则该变量在内存中的形式为 $(00000100\ 11010010)_2$。若要输出这个值到文件中保存起来，然后再从这个文件中读取这个值到内存中，则使用文本文件 I/O 和二进制文件 I/O 的过程如图 10-5 所示。

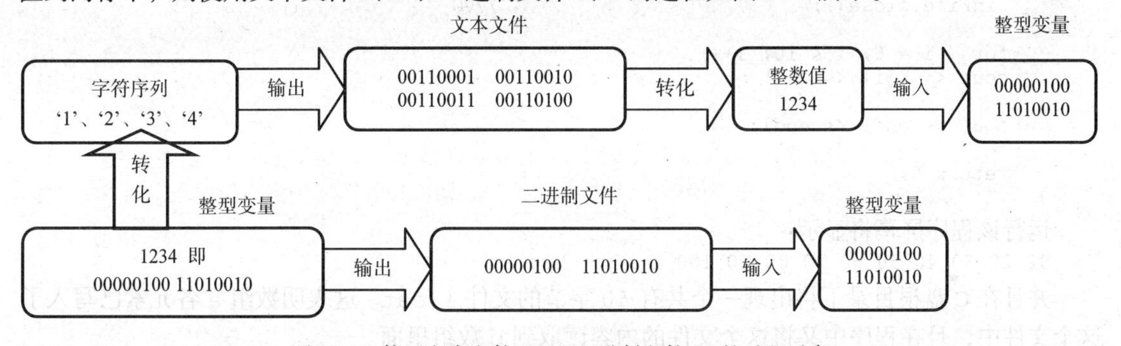

图 10-5　使用文本文件 I/O 和二进制文件 IO 的过程示意

可以看到，文本文件输出，需要先将输出值转化为字符序列，然后存储到文件中的内容是这些字符相应的 ASCII 码。文本文件输入，也需要先将字符序列转化为相应的数值，然后再进入变量中。而二进制文件输出，是直接将内存数值（即其二进制形式）输出到文件中保存。因此得到二进制文件，且其内容与内存的形式一样。二进制文件输入，也是直接将文件内容输入内存中即可，无须转化过程。

除非要输出的内容就是字符，否则保存到文本文件中的内容与内存形式是不同的，而二进制文件的内容则与内存形式相同。一般来说，二进制文件比文本文件体积要小。更重要的是，二进制文件 I/O 省去了“转化”这道工序，大大节约了文件 I/O 的时间。所以，二进制文件 I/O 是文件 I/O 的主流。但文本文件 I/O 有一个优点：可以很方便地打开文本文件、可以直接看到结果，因此一般用于保存一些简单的结果数据以方便查阅。

10.2.2　二进制文件 I/O

1. 利用 ifstream 和 ofstream 进行二进制文件 I/O

利用类 ifstream 和 ofstream 也可以进行二进制文件 I/O。下面作一详细介绍。先看如下程序：

```
// ***********************************************************
// binaryFileIO.cpp
// 功能：说明利用 ifstream 和 ofstream 进行二进制文件 I/O
// ***********************************************************

#include <iostream>
#include <fstream>
using namespace std;

int main( )
{
    int a[10]={10,20,30,40,50,60,70,80,90,100};
    int b[10];
    int i;
    ifstream inFile;                          //①
    ofstream outFile;                         //①

    outFile.open( "c:\\1.dat", ios::binary );   //②
    for( i = 0; i < 10; i++ ) {
        outFile.write( (char*)&a[i], sizeof( a[i] ) );  //③
    }
    outFile.close();                          //④

     inFile.open( "c:\\1.dat", ios::binary );  //②
     for( i = 0; i < 10; i++ ) {
         inFile.read( (char*)&b[i], sizeof( b[i] ) );  //⑤
     }
     inFile.close();                          //④

    for ( i = 0; i < 10; i++)
    cout << b[i] << " " ;

    cout << endl << endl;

    return 0;
}
```

运行该程序屏幕将显示：

```
10 20 30 40 50 60 70 80 90 100
```

并且在 C 盘根目录下将出现一个共有 40 字节的文件 1.dat。这表明数组 a 各元素已写入了这个文件中，且在程序中又将这个文件的内容读取到 b 数组里面。

解释几点：

（1）利用语句①创建输出文件流或输入文件流对象，并利用语句②使得文件流对象与某个文件相关联。ifstream 和 ofstream 类的 open 函数原型分别如下：

```
void open( const char* szName, int nMode = ios::in,
           int nProt = filebuf::openprot );
void open( const char* szName, int nMode = ios::out,
           int nProt = filebuf::openprot );
```

对于输入文件流，szName 是输入文件名；对于输出文件流，szName 是输出文件名。nMode 指定文件的打开模式，由 ios 类中定义的一组枚举常量表示。在默认情况下，输入文件流的 nMode 为 ios::in，输出文件流的 nMode 为 ios::out，这表示文件 I/O 方式为文本文件 I/O。如果要进行二进制文件 I/O，就需要将其设置为 ios::binary。nProt 指定文件的保护方式，如只读、隐含等，一般情况下使用默认值即可。

（2）语句③和⑤进行文件写和读的具体操作。对于 write 函数，第一个参数表示要输出的数据在内存中的存放地址，第二个参数表示要输出的数据占据内存空间的大小（字节）。对于 read 函数，第一个参数表示数据输入后存放的地址，第二个参数表示输入数据占据内存空间的大小（字节）。由于读写均以字节为单位进行传输，所以地址应该是指向字节的指针即 char*，因此需要把地址强制转换为 char*类型。

（3）文件 I/O 完毕后，需要关闭文件（语句④）。

（4）对于文件输出，如果文件已经存在，默认情况下，open 函数将会清除文件中的原有数据。如果希望以追加的方式写文件，即不清除文件中的原有数据，而是从原有数据结尾处写入新数据，就需要在调用 open 函数时利用 ios::app 指定写方式为追加：

```
outFile.open( "c:\\1.dat", ios::binary | ios::app );
```

位或操作 | 表示枚举常量的组合，如此处的 ios::binary | ios::app 表示以追加方式打开二进制文件。

2. 文件的定位

默认情况下，对文件的读写是按顺序从头到尾进行的。我们可以认为每个文件中有两个位置指针，它们指出了在文件中进行读写操作的位置。每读/写完一个数据项后，读/写指针就自动移动到下一个位置上。但有时，我们可能需要控制这两个指针的位置，以一种我们自己设计的顺序来读/写文件，这就是文件的定位。在对文件进行读/写操作时可以利用 seekg/seekp 函数进行文件定位。

假设在程序 binaryFileIO_.cpp 中，希望隔个读取文件 1.dat 里面的数值，即只希望读取 10、30、50、70、90。在读取了 10 后，文件读指针自动移动到 20 的位置上，这时就应该调用 seekg，改变指针位置使其移动到 30 的位置上，便可以略过 20。代码如下：

```
// ************************************************************
// fSeekExample.cpp
// 功能：说明利用函数 seekg 进行输入文件读指针的定位
// ************************************************************

#include <iostream>
#include <fstream>
using namespace std;

int main( )
{
    int a[10]={10,20,30,40,50,60,70,80,90,100};
    int b[10]={0};
    int i;

    ifstream inFile;
    ofstream outFile;

    outFile.open( "c:\\1.dat", ios::binary );
    for( i = 0; i < 10; i++ ) {
          outFile.write( (char*)&a[i], sizeof( a[i] ) );
    }
    outFile.close();

    inFile.open(  "c:\\1.dat", ios::binary );
    for( i = 0; i < 10; i++ ) { //①
          inFile.read((char*)&b[i], sizeof( b[i] )); //②
          inFile.seekg( sizeof(int), ios::cur );       //③
    }
    inFile.close();

    for ( i = 0; i < 10; i++)
       cout << b[i] << "  " ;

    cout << endl;

     return 0;
}
```

运行该程序屏幕将显示：

```
10  30  50  70  90 0 0 0 0 0
```

我们看到在循环①中，并没有将文件 1.dat 的数据完全读入数组 b 中。这是因为在每次执行语句②读入一个 int 型数据之后，语句③利用函数 seekg 移动了读指针的位置，使得读指针跳过了一个 int 型数据，指向了再下一个 int 型数据。函数 seekg 的调用方式如下：

输入文件流对象.seekg(位移量，起始点);

其含义是使得位置指针从当前位置移动到距离“起始点”为“位移量”的那个位置上，位移量按字节计数。这样，接着的读写将从那个位置开始。而起始点可以为 ios::beg，ios::cur

和 ios::end，分别表示文件开始处、当前位置、文件末尾处。若位移量为正整数，则向文件结尾方向移动；若为负整数，则向文件开头方向移动。

对于输出文件，可以类似地使用 seekp 函数进行文件写指针的定位。此处不再赘述。

提示

也可以打开一个文件既进行读操作又进行写操作，这时就需要使用 fstream 类的对象来表示文件流，并利用 seekg/seekp 函数进行读/写指针的定位，利用 read/write 等函数进行读/写操作。

10.3 应用举例

问题

某贸易总公司旗下有两家结构一样的子公司，每家子公司均有若干个不同的部门。每个部门的每周业绩按总公司的规定计算后，以分数（例如 180 分）的形式存入所在子公司的数据文档中。因此总公司一共有 2 个这样的数据文档，可以供管理人员查阅。数据文档的格式如下：

```
部门编号
第 1 周业绩
第 2 周业绩
   :
第 n 周业绩
  -1
部门编号
第 1 周业绩
第 2 周业绩
:
第 m 周业绩
  -1
  :
```

其中，各部门统计的周数不一定相同。由于业绩分数必为正数，因此用-1 表示该部门统计完毕。

由于数据分散在 2 个文档中，所以不容易比较两家子公司同一部门的业绩。现要求编写一个程序，从业绩文档中读入数据，然后将比较结果以如图 10-6 所示的形式存储到比较结果文档中。

```
           业绩（每个#代表 20 分）
      0         5        10        15        20        25
      |.........|.........|.........|.........|.........|
           部门编号 1000
   1    ######
           部门编号 1000
   2    #########
           部门编号 2000
   1    ##########
           部门编号 2000
   2    ####
           部门编号 3000
   1    #############################
           部门编号 3000
   2    #################
```

图 10-6　子公司 1 和子公司 2 同一部门总业绩比较

分析与设计

根据问题要求，可以用两个输入文件流（company1 和 company2）来与输入文件相关联，从中读取两家子公司各部门的业绩到程序变量中。另外用一个输出文件流（compareGraph），将比较结果输出保存。

三个文件的名称可以由用户指定；假如文件打开失败，则后续处理没有意义，这时给出提示信息并结束程序。因为打开文件是常用操作，因此我们可以编制函数来完成，并且将文件流作为函数参数。注意，C++语法规定：文件流作为函数参数必须使用引用形参。

利用循环不断从文件中读取部门的数据。根据读入的业绩是否为-1 来判断每个部门的数据是否读入完毕；利用文件流是否进入失效状态来判断整个文件是否读取完毕。文件处理完毕后，应该关闭文件。整个程序的结构如图 10-7 所示。

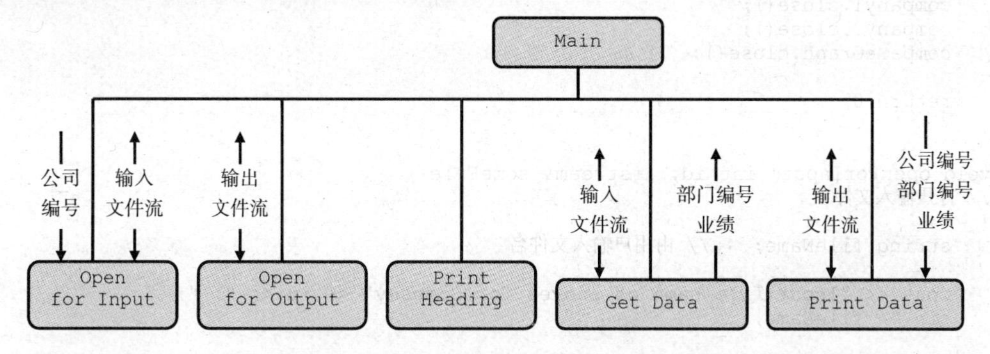

图 10-7　业绩处理程序的结构图

程序代码

```
// *******************************************************
// compare.cpp
// 比较某公司两家子公司对应部门的业绩：
// 根据指定数据文件的内容生成业绩比较图表并存入指定文件
// *******************************************************

#include <iostream>
#include <iomanip>    // 使用其中的 setw()
#include <fstream>    // 使用文件 I/O 流
#include <string>

using namespace std;

void getData( ifstream&, int&, int& );
void openForInput( int, ifstream& );
void openForOutput( ofstream& );
void printData( int, int, int, ofstream& );
void printHeading( ofstream& );

int main()
{
    int deptID1;                // 公司 1 中的部门 ID
    int deptID2;                // 公司 2 中的部门 ID
    int score1;                 // 公司 1 的部门业绩
    int score2;                 // 公司 2 的部门业绩
    ifstream company1;          // 公司 1 的业绩纪录文件
    ifstream company2;          // 公司 2 的业绩纪录文件
    ofstream compareGraph;      // 公司 1、2 对应部门业绩比较的文件

    openForInput( 1, company1);
    openForInput(2, company2);
    openForOutput( compareGraph );

    if ( !company1 || !company2 || !compareGraph )
        // 打开输入/输出文件失败
        return 1;

    printHeading( compareGraph );                // 输出比较结果图表的首部

    getData(company1, deptID1, score1);          // 读入公司 1 的数据
    getData(company2, deptID2, score2);          // 读入公司 2 的数据
    while (company1 && company2) {               // 文件未结束
        cout << endl;
        // 输出公司 1 某部门的数据
        printData(deptID1, 1, score1, compareGraph);
```

```
        // 输出公司 2 某部门的数据
        printData(deptID2, 2, score2, compareGraph);
        getData(company1, deptID1, score1);
        getData(company2, deptID2, score2);
    }

    company1.close();
    company2.close();
    compareGraph.close();

    return 0;
}

void openForInput( int id, ifstream& someFile )
// 打开输入文件
{
    string fileName;    // 由用户输入文件名

    cout << "Input file name of scores for Company" << id << ": ";
    cin >> fileName;

    someFile.open(fileName.c_str());
    if ( !someFile )
        cout << "** Can't open " << fileName << " **" << endl;
}

void openForOutput( ofstream& someFile)
//打开输出文件
{
    string fileName;    // 由用户输入文件名

    cout << "Input file name for comparison: " ;
    cin >> fileName;

    someFile.open(fileName.c_str());
    if ( !someFile )
        cout << "** Can't open " << fileName << " **" << endl;
}

void printHeading( ofstream& someFile )
// 输出比较结果图表的首部
{
   someFile
     << "            子公司 1 和子公司 2 同一部门总业绩比较图"
     << endl << endl
     << " 公司              业绩（每个#代表 20 分）" << endl << endl
     << "        0        5        10        15        20        25"
     << endl
     << "        |.........|.........|.........|.........|.........|"
     << endl << endl;
}

void getData( ifstream& dataFile,       // 输入文件
              int&     deptID,       // 部门编号
              int&    deptScores )  // 部门业绩
{
    int score;

    dataFile >> deptID;
    if ( !dataFile )      // 读入失败
        return;

    deptScores = 0.0;

    dataFile >> score;
    while (dataFile && score != -1) { // 读入成功且 score 不为-1
        deptScores = deptScores + score;
        dataFile >> score;
    }
}
```

```
void printData( int   deptID,          // 部门编号
                int   companyNum,      // 公司 1 或 2
                int   deptScores,      // 部门业绩
                ofstream& someFile )   // 输出文件
{
    someFile << "          " << "部门编号 " << deptID << endl;
    someFile << "  " << companyNum << "    ";
    while (deptScores > 10)
    {
        someFile << '#' ;              // 输出一个'#'
        deptScores = deptScores - 20;
    }
    someFile << endl << endl;
}
```

习　　题

10-1 什么是外围设备？什么是 I/O？

10-2 操作系统、应用程序与 I/O 是什么关系？应用程序如何进行 I/O？在 C++的标准库中提供的 I/O 流有什么好处？

10-3 cin 和 cout，以及由 ifstream 和 ofstream 定义的输入、输出文件流有什么异同点？

10-4 二进制文件 I/O 与文本文件 I/O 有何不同？两者各有何优点？为什么二进制文件 I/O 是文件 I/O 的主流？

10-5 为一个有 10 名职工的公司设计一个 Income 类，其数据成员包括职工号、姓名和工资；其操作包括输入数据、把数据成员输出到文件中、在屏幕上输出数据成员、计算工资总和等。其中职工号、姓名和工资已经按下面给出的文本形式编辑好，放在文件 income.txt 中：

```
0001 Lixing  1000
0002 Zhoutao 2000
:
0010 Wangjia  1500
```

另外，数据输出到文件中要求使用文本 I/O 和二进制 I/O 保存为 2 个文件。然后编写一个测试程序，验证 Income 类的设计及实现是否正确。

第 11 章 多态性与虚函数

多态性是面向对象程序设计的基本特征之一。严格来说，不支持多态性的程序设计则不能称为“面向对象的程序设计”，而只能称为“基于对象的程序设计”。要实现运行时多态性，必须使用虚函数。

11.1 绑定方式与多态性

11.1.1 基本概念

多态性（polymorphism）由两个希腊词组成：“poly”意为“多”，“morph”是代表形态的后缀。通常，它指一件东西具有很多形态。在面向对象程序设计中，它通常指方法[1]和函数具有相同的名字，但有不同的行为。也就是说，程序中的同一名字在不同情况下有不同解释。

对于具有多种解释的名字，将名字与它的某个含义相关联的过程叫作**绑定**（binding）。对函数而言，就是将函数调用与某个函数体对应起来。根据进行这一关联的时机不同，可将绑定区分为**早期绑定**[early binding，又称为**静态绑定**（static binding）]和**晚期绑定**[late binding，又称为**动态绑定**（dynamic binding）]，前者在编译阶段完成绑定，后者在运行阶段才能完成绑定。与此相对应，多态性可分为编译时多态性和运行时多态性。**编译时多态性**是指在编译阶段确定名字的含义，在 C++语言中通过函数重载和模板机制来实现（详见第 9 章和第 13 章）；**运行时多态性**是指在运行阶段才确定名字的含义，在 C++语言中使用虚函数结合继承机制以及动态绑定机制来实现。运行时多态性是面向对象程序设计的重要特征之一。本章重点介绍运行时多态性。

在 C++语言中，函数调用的默认绑定方式是静态绑定，只有通过基类类型的引用或指针调用被指定为虚函数的成员函数才进行动态绑定。具体来说，获得运行时多态性需要同时满足以下条件：

- 要有一个继承层次（inheritance hierarchy）；
- 在基类中要定义虚函数；
- 在派生类中要对基类中定义的虚函数进行重定义；
- 要通过基类指针（或基类引用）来调用虚函数。

运行时多态性的基础是公有派生类对基类的类型兼容性，即指向基类对象的指针可以指向该基类的公有派生类对象（类似地，基类对象的引用也可以关联到该基类的公有派生类对象）。声明指针（或引用）变量时指定的基类型称为指针（或引用）的**静态类型**，指针变量实际所指向（或引用变量实际所关联）的对象的类型称为指针（或引用）的**动态类型**。根据类型兼容性，指针（或引用）的静态类型和动态类型可以不相同，这是 C++语言中动态绑定的关键所在。

[1] “方法”即 C++中类的成员函数。

11.1.2 多态性的作用

多态性使得程序员可以使用相同的名字定义多个操作或函数，从而对语义相似的操作或函数采用同一标识符进行命名，使得程序的表达方式更为自然。

多态性的另一重要用途是增强程序的**可修改性**和**可扩充性**，使得在进行程序开发时可以**有效地应对需求的变化**。对于软件开发而言，需求的变化是经常发生的，无论我们初期的分析做得多好，需求都有可能发生变化。但是，我们不能因此忽略需求的重要性，也不能一味抱怨变化，而必须改进开发过程，使写出的代码能够适应变化，从而有效地应对需求的变化。

那么，为了应对需求的变化，我们应该怎样编写代码呢?

Coad 和 Yourdon 曾对各种系统成分的易变性进行比较，结论是：当需求发生变化时，系统最容易变化的是功能，其次是与外部系统或设备交互的接口，再次是系统关心的实体属性，最后是实体。

传统的结构化程序设计方法使用“功能分解”来处理复杂问题，将注意力集中在程序的功能上，使用函数模块完成特定的功能步骤，用功能步骤的组合来解决问题。当需求发生变化时，往往需要对相应的函数或函数所使用的数据结构进行修改，结果往往会因为一处变化而引起一连串难以避免的变化，这就使得以功能为中心的软件难以维护和重用。

例如，如果一个程序用来处理几何图形（求一系列图形各自的面积），初始要求能处理矩形和三角形。使用结构化程序设计方法，通常会使用诸如 rectangleArea，trigangelArea 这样的函数分别求矩形和三角形的面积，再设计一个主函数根据图形的类型来调用相应的函数。当需求发生变化，要求处理更多种类的图形时，需要提供相应的求面积函数（例如，circleArea，rhombusArea 分别求圆和菱形的面积），而且主函数必须根据形状的类型来调用相应的求面积函数。这要求程序员事先知道所有可能要处理的图形类型，而且对于每种不同的形状，即使操作的含义类似（如求圆的面积和求矩形的面积），也必须使用不同的函数名字，导致复杂又表达不自然。

面向对象程序设计方法围绕对象组织程序，也就是根据实体来设计程序。对象是数据和操作的封装体，是问题域实体的模拟，对象数据用于描述实体属性，对象操作用于模拟实体行为。面向对象程序设计方法以“对象”概念为核心，围绕对象和类（而不是函数）来组织代码，封装使得对象数据和操作的实现都被屏蔽起来，不受外界的影响，而且对象内部行为的变化对其他对象透明。封装与继承和多态的结合使用，可以将需求变更的影响转移到局部类和对象的范围，从而可以限制需求变更所带来的影响，使我们的程序能够更有效地应对需求的变化。程序具有较好的易扩充性，也就是说，当需求发生变更时，可以较容易地修改程序代码以适应新情况。

例如，对于上面提到的图形处理程序，可以设计不同的类表示不同种类的图形。这些类都继承同一基类，这些类中都提供同名的求面积操作 area，在运行时多态性的支持下，由系统使用动态绑定根据不同情况自动选择对名字 area 的不同解释，从而调用不同的 area 操作。当需求发生变化，需要处理更多不同类别的图形时，只需从基类派生新的特定图形类，并在该派生类中实现 area 操作，主函数中无须考虑对不同类别的图形调用不同的 area 操作。因而，当需求发生变化时，程序可以比较容易地进行修改和扩充。

此外，利用运行时多态性可以构成多态数据结构。所谓**多态数据结构**（polymorphic data structure），又称为**异质数据结构**（heterogeneous data structure），就是可以同时存放多种类型元素的数据结构，例如可以存放不同类别几何图形的数组、链表、堆栈等。本章应用举例中给出了一个多态数组的例子。

11.2 虚 函 数

所谓**虚函数**（virtual function），就是在类定义体中使用保留字 virtual 来声明的成员函数。

虚函数的主要作用是与继承机制相结合以实现运行时多态性。在公有继承层次中的一个或多个派生类中对基类中定义的虚函数进行重定义，然后通过指向基类的指针（或基类引用）调用虚函数来实现运行时多态性。

包含虚函数的类称为**多态类**（polymorphic class）。

11.2.1 虚函数举例

除了构造函数之外，任意非 static 成员函数都可以根据需要设计为虚函数。构造函数之所以不能设计为虚函数，是因为构造函数在对象完全构造之前运行，在构造函数运行的时候，对象的类型还是不完整的。static 成员函数不能设计为虚函数，是因为 static 成员函数由类的所有实例共享，并不属于某个对象。

下面给出一个例子，说明虚函数的动态绑定。

```
// ***************************************************************
// dynamicBindingDemo.cpp
// 功能：演示虚函数的动态绑定
// ***************************************************************

#include <iostream>
using namespace std;

class Base {
public:
     virtual void showName( )
     {
         cout << "Base class" << endl;
     }
};

class DClass1: public Base {
public:
     void showName( ) // 继承成员的重定义
     {
         cout << "The first derived class" << endl;
     }
};

class DClass2: public Base {
public:
     void showName( ) // 继承成员的重定义
     {
         cout << "The second derived class" << endl;
     }
};

void main( )
{
    Base bObj;
    DClass1 d1Obj;
    DClass2 d2Obj;
    Base *ptr;     // 定义指向基类的指针
    ptr = &bObj;
    ptr -> showName();
    ptr = &d1Obj; // 基类指针指向派生类对象
    ptr -> showName();
    ptr = &d2Obj; // 基类指针指向派生类对象
    ptr -> showName();
}
```

运行该程序将得到如下输出：

```
Base class
The first derived class
The second derived class
```

这说明三次通过基类指针 ptr 调用虚函数 showName 时，根据 ptr 所指向的对象的类型，分别调用的是基类 Base、派生类 DClass1 和派生类 DClass2 中定义的 showName 函数。

动态绑定使得程序员能够以统一的方式使用在不同类中定义的成员函数。具体而言，就是以同样的方式（函数名）调用在派生类或基类中定义的虚函数。另外，动态绑定使得程序员在调用虚函数时可以无须关心对象的具体类型。

例如，对于同样的代码：

```
ptr -> showName();
```

当 ptr 指向基类对象时，所调用的是基类中定义的虚函数 showName；当 ptr 指向派生类对象时，所调用的是派生类中定义的虚函数 showName。

需要注意的是，如果通过指针调用非虚成员函数，则该调用仅与指针的基类型有关，而与该指针当前所指向的对象无关。例如，如果去掉上例中基类 Base 中成员函数 showName 声明中的 virtual 保留字，则运行程序的输出为：

```
Base class
Base class
Base class
```

这是因为，ptr 的基类型为 Base，而对非虚函数的调用采用静态绑定，根据 ptr 的基类型，将对 showName 函数的调用绑定到基类 Base 中定义的 showName 函数。

通过基类引用调用虚函数同样也采用动态绑定。见如下代码：

```
// ***************************************************************
// dynamicBindingByRef.cpp
// 功能：演示通过基类引用实现动态绑定
// ***************************************************************

#include <iostream>
using namespace std;

class Base {
public:
    virtual void showName( )
    {
        cout << "Base class" << endl;
    }
};

class DClass1: public Base {
public:
    void showName( ) // 继承成员的重定义
    {
        cout << "The first derived class" << endl;
    }
};

class DClass2: public Base {
public:
    void showName( ) // 继承成员的重定义
    {
        cout << "The second derived class" << endl;
    }
};

void printIdentity(Base& obj)
{
    obj.showName(); // 通过基类引用调用虚函数
}

void main( )
```

```
{
    Base bObj;
    DClass1 d1Obj;
    DClass2 d2Obj;

    printIdentity(bObj);
    printIdentity(d1Obj);
    printIdentity(d2Obj);
}
```

运行该程序同样得到如下输出：

```
Base class
The first derived class
The second derived class
```

这说明通过基类引用调用虚函数采用动态绑定，所执行的是引用当前所关联对象所属的类中定义的虚函数。

指针和引用的静态类型与动态类型可以不同，这是C++用以支持多态性的基石。通过基类指针（或引用）调用基类中定义的某个函数时，我们并不知道在程序运行时执行该函数的对象的确切类型，执行该函数的对象可能是基类对象，也可能是派生类对象。如果被调用的是非虚函数，则无论实际对象是基类类型的还是派生类类型的，都执行基类中所定义的函数。也就是说，函数绑定在编译时就可以确定；如果被调用的是虚函数，则直到运行时才能确定调用哪个函数，真正被执行的虚函数是指针所指向（或引用所关联）的对象所属类型中定义的版本。

基类中定义的虚函数，在派生类中将仍为虚函数，不管在派生类中是否使用 virtual 保留字指定。这就是所谓的“一旦为虚，永远为虚”。

虚函数的指定只需在类定义体中的成员函数声明上加上保留字 virtual，在类定义体外部出现的成员函数定义上不能再用 virtual，否则将出现编译错误。

11.2.2 使用虚函数的特定版本

在一些特定情况下，程序员可能会希望覆盖上述默认虚函数调用机制，从而强制函数调用使用虚函数的特定版本。最常见的情况是为了在派生类虚函数调用基类中的相应版本，从而可以重用基类版本完成继承层次中所有类型的公共任务，而每个派生类型只在本类的虚函数版本中添加自己的特殊工作。例如：

假设在一个大学学籍管理程序中需要对一般学生和研究生进行管理，为此可以定义一个学生类（Student）和一个研究生类（GraduateStudent）。因为研究生是一种学生，因此可以通过继承学生类 Student 而定义研究生类 GraduateStudent。学生一般具有姓名、学号、专业、年级等基本信息，而研究生除了具有学生的基本信息之外，一般还具有导师、类别（如硕士、博士）等信息。假设类 Student 提供虚函数 displayInfo 显示学生对象的基本信息，类 GraduateStudent 重定义该 displayInfo 函数，以显示研究生对象的基本信息。则可以如下定义这两个函数：

```
class Student {
public:
    virtual void displayInfo()
    {
        cout << "Student ID: " << studentID << endl
             << "Name: " << name << endl
             << "Sex: " << sex << endl
             << "Major: " << major << endl
             << "Grade: " << grade << endl;
    }
    // …省略其他成员的定义
};

class GraduateStudent: public Student {
```

```
public:
    void displayInfo()
    {
        // 调用基类的 displayInfo 函数输出基本信息
        Student::displayInfo();
        // 输出研究生特有的信息
        cout << "Type: " << type << endl
             << "Advisor: " << advisor << endl;
    }
    // …省略其他成员的定义
};
```

上述代码中，派生类 GraduateStudent 在对基类虚函数进行重定义时，在函数体中首先调用了基类中定义的虚函数版本。

在派生类虚函数中调用基类版本时，必须使用作用域分辨操作符。如果缺少作用域分辨操作符，则函数调用会在运行时确定并且将是一个自身调用，从而导致无穷递归。

11.2.3 虚析构函数

一般而言，继承层次的根类中最好要定义虚析构函数。因为在对指向动态分配对象的指针进行 delete 操作时，也就是对动态创建的对象进行撤销时，需要调用适当的析构函数以清除对象。当被撤销的是某个继承层次中的对象时，指针的静态类型可能与实际上被撤销对象的类型不同（例如指向基类的指针可能实际上指向的是派生类的对象），对这样的指针进行 delete 操作时，如果基类中的析构函数不是虚函数，将会只调用基类的析构函数而不调用派生类的析构函数，这就有可能导致不正确的对象撤销操作：派生类的析构函数没有被调用。例如，运行下述程序：

```
// ***************************************************************
// nonVirtualDestructor.cpp
// 功能：演示非虚析构函数的调用
// ***************************************************************

#include <iostream>
using namespace std;

class Base {
public:
    ~Base( )
    {
        cout << "Base destructor" << endl;
    }
};

class DClass: public Base {
public:
    ~DClass( ) // 继承成员的重定义
    {
        cout << "Derived class destructor" << endl;
    }
};

void main( )
{
    Base *ptr;         // 定义指向基类的指针
    ptr = new DClass; // 动态创建派生类对象
    // ...省略对 ptr 的使用
    delete ptr;   // 动态撤销派生类对象
}
```

将得到如下输出：

```
Base destructor
```

这说明，尽管指针 ptr 实际指向的是派生类 DClass 的对象，但实际执行的是撤销基类对象的操作，因此被调用的是基类 Base 的析构函数，而派生类 DClass 的析构函数并没有被调用。

如果派生类的析构函数中没有什么实质性操作，这不会有什么问题。但是，如果派生类的析构函数中有操作（例如当派生类中含有指针成员时，析构函数中通常会对成员指针进行 delete 操作，以释放指针成员所指向的内存），则会因为对基类指针进行 delete 操作没有调用派生类的析构函数而导致问题（例如派生类对象的指针成员所指向的内存将得不到释放）。

如果在基类中定义虚析构函数，将可以避免出现上述问题，保证执行适当的析构函数。例如，如果在上面给出的程序代码中，将 Base 类的析构函数指定为虚函数（在函数定义前加上 virtual），则运行程序的输出将变为：

```
Derived class destructor
Base destructor
```

这说明实际执行的是撤销派生类对象的操作，调用了适当的析构函数。

注意

派生类必须对想要重定义的每个继承成员进行声明。在派生类中对基类中定义的虚函数进行声明时，一般要使得函数的原型（包括函数名和形参表）完全相同。但是，这一规则有两个例外：一个是派生类的析构函数与基类的虚析构函数并不同名；另一个是如果基类中虚函数返回的是某个类型 X 的指针（或引用），则派生类中的相应虚函数可以返回类型 X 的派生类的指针（或引用）。

11.3 纯虚函数和抽象类

11.3.1 纯虚函数

继承机制表现的是事物（实体）类别之间的共性与个性的关系（IS-A 关系）。因此，在一个继承层次中，基类表示了所有派生类所具有的共性，而每个派生类分别表示了本类所特有的个性。基类中的虚函数表示的是某个共性操作，派生类中对虚函数的重定义则体现了在派生类中该操作所具有的特殊性。如果派生类对基类中的虚函数没有进行重定义，则使用基类中定义的版本。

但是在许多情况下，对于基类中的虚函数我们往往无法给出确切的定义。例如，在银行信息管理系统中，账户是一种基本实体类，而账户又有不同的类别，如活期储蓄账户、定期储蓄账户、信用卡账户等。因此，我们可以考虑设计不同的类来表示不同类别的账户，例如用 DemandDepositAcct，TimeDepositAcct 和 CreditCardAcct 分别表示活期储蓄账户、定期储蓄账户和信用卡账户，这三个类以账户类（Account）为共同基类。所有的账户都可以进行存款和取款，因此可在 Account 类中声明存款（deposit）和取款（withdraw）操作，以作为派生类的共同接口。但是，在 Account 类中却无法给出 deposit 和 withdraw 操作的具体定义。因为对于不同类型的账户，存款和取款操作的规则是不同的。例如，定期储蓄账户在存款时要根据不同的存款期设定不同的利率，而活期储蓄账户和信用卡账户则通常采用固定的活期利率；活期储蓄账户取款时不能透支，信用卡账户则根据个人信用度允许一定的透支额度；而定期储蓄账户在存期已满和未满时取款的利率则是不同的……那么，怎样指明在基类中无法给出某个虚函数的定义呢？

另外，当客户到银行开设账户时，必须指定要开设的是哪种账户，纯粹的既不是活期储蓄账户、定期储蓄账户，也不是信用卡账户的“账户”是不存在的（假设银行只提供这三种账户）。换句话说，在程序中我们应该只可以创建 DemandDepositAcct 类、TimeDepositAcct 类或 CreditCardAcct 类的对象，而不能创建 Account 类的对象。那么，为了让程序与实际情况相对应，又如何设置这样的限制呢？

解决的方法就是使用纯虚函数。

纯虚函数（pure virtual function）就是一个在基类中声明的虚函数，但在基类中没有定义函数体，要求任何派生类都必须定义自己的版本。

声明纯虚函数的一般形式如下：

```
virtual 返回值类型 函数名(形参表) = 0;
```

也就是在一般虚函数的声明上加一个=0，以指明该函数是一个纯虚函数。

11.3.2　抽象类

包含纯虚函数的类称为**抽象类**（abstract class）。

抽象类具有如下特性：

（1）只能用作其他类的基类。

（2）不能用于直接创建对象实例。

（3）不能用作函数的形参类型、返回值类型。

（4）不能用于强制类型转换。

（5）可声明抽象类的指针和引用。

例如，给定 Account 类的定义如下：

```
class Account {
public:
    // deposit 和 withdraw 操作声明为纯虚函数
    virtual bool deposit(int amount) = 0;
    virtual bool withdraw(int amount) = 0;
    // ...类中其他成员的定义省略
};
```

则如下使用是合法的：

```
Account *ptr; // 声明抽象类 Account 的指针
Account& fun3(Account& a); // 抽象类的引用作函数的形参和返回值类型
```

如下使用则是不合法的：

```
Account x; // 声明抽象类 Account 的对象（创建抽象类的对象实例）
Account fun1(int); // 抽象类作为函数的返回值类型
void fun2(Account a); // 抽象类作为函数的形参类型
```

提示

如果派生类继承某个抽象类，但派生类并没有对抽象基类中的全部纯虚函数进行重定义，则该派生类也是一个抽象类。

11.4　应 用 举 例

问题

某企业有不同类型的雇员，包括管理人员、销售人员、计件工人、小时工等；不同类型的雇员有不同的工资计算政策：管理人员有固定的月薪，销售人员的月薪为基本工资 +提成，计件工人的月工资根据本人该月生产的产品件数而定，小时工的月工资按当月工作小时数计算。每个月的月底，该企业的人事部门会形成一个工作记录文件，在这个文件中每个雇员都有一条记录，记录了该雇员的类型、员工编号、姓名、当月的工作情况，例如：

M　0021　张山　5000　1

表示：张山是编号为 0021 的管理人员，他的月薪是 5000 元，他当月请假 1 天

S　0031 李寺 2000　20000　0.05

表示：李寺是编号为 0031 的销售人员，他的基本工资是 2000 元，他当月的销售额为 20000 元，提成比例为 5%

P　0041　王武　300　5.3

表示：王武是编号为 0041 的计件工人，他当月生产的产品是 300 件，每件报酬 5.3 元

H　0051　赵柳　150　8

表示：赵柳是编号为 0051 的小时工，他当月工作了 150 小时，每小时报酬 8 元

然后财务部门根据该文件计算应发放给每个雇员的工资。因为手工计算是一件很烦琐的事情，所以该企业希望开发一个程序来完成这项工作。

分析与设计

因为程序要处理不同类别的雇员，所以可以设计四个类 Manager，Salesman，PieceworkWorker 和 HourlyWorker 分别表示管理人员、销售人员、计件工人和小时工。不同类别的雇员都是雇员，具有一定的共性，因此我们可以设计一个 Employee 类来表示雇员，作为四个具体雇员类的共同基类。Employee 类表示所有雇员的共性，其数据成员包括员工编号、姓名，并提供计算工资的操作 getEarning 以及显示雇员信息的操作 displayInfo。

雇员工资计算与雇员类别相关。也就是说，对于任意一个雇员而言，我们必须首先知道他的类别，才能计算出他的工资。因此，在 Employee 类中 getEarning 操作还无法给出确切定义，设计为纯虚函数，然后在每个派生类中对 getEarning 操作进行重定义。至于 displayInfo 操作，因为 Employee 类中包含每类雇员的共有信息（如员工编号、姓名），因此类中的 displayInfo 操作可以显示这些共有信息。但是，每种不同类别的雇员都还具备一些本类别特定的信息（如销售人员有销售额、提成比例等信息），因此可以将 Employee 类中的 displayInfo 操作设计为虚函数，然后在每个派生类中重定义该操作。派生类中重定义 displayInfo 操作时，可以首先调用基类中的 displayInfo 操作显示雇员的共有信息，然后再显示本类雇员所特有的信息。

程序要处理的雇员信息数据放在文件中，其中的雇员记录有多条，可以考虑将雇员对象保存在一个数组中。因为数组中只能保存同类型的元素，因此可以在数组中保存指向 Employee 类对象的指针。这样一来，在物理上数组中存放的都是同类型的指针，从而满足了数组元素必须类型相同的要求；另外，根据类型兼容性规则，指向 Employee 类对象的指针也可以指向 Employee 类的公有派生类的对象，从而可以利用多态性实现不同类别雇员的处理。于是从逻辑上看，数组中好像是存放了不同类别的雇员对象。这样的数组可以称为**多态数组**（polymorphic array）。根据同样的原理，链表、堆栈等数据结构也可以构造成这种逻辑上存放不同类别元素的结构，通常称为**多态数据结构**（polymorphic data structure）。

C++语言中对数组操作是不进行越界检查的，为了保证数组操作的安全性，可以设计一个 PolyArray 类来实现上述多态数组，在其中可以重载[ ]操作来进行下标越界检查。

综上所述，我们所设计的企业工资计算程序中将包含六个类。它们之间的关系是：Manager 类、Salesman 类、PieceworkWorker 类和 HourlyWorker 类继承 Employee 类，PolyArray 类使用 Employee 类，如图 11-1 所示。

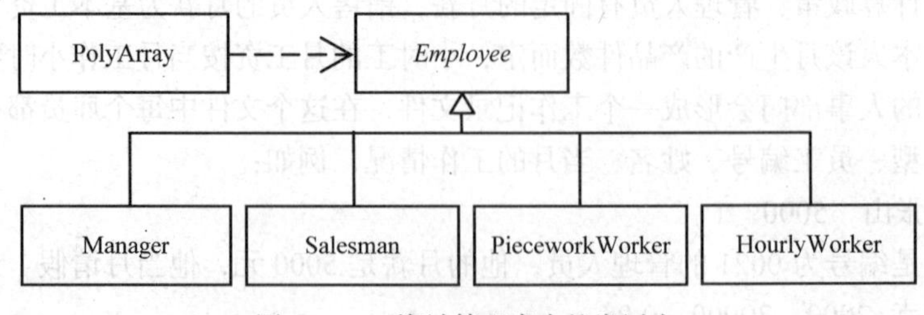

图 11-1　工资计算程序中的类层次

图 11-1 中空心三角表示类之间的继承关系，虚线箭头表示类之间的使用关系，斜体类名表示该类为抽象类。

这个利用多态性设计的程序具有较好的易扩充性。也就是说，当需求发生变更时，可以较容

易地修改程序代码以适应新情况。例如，企业中出现了新的雇员类别，其工资计算方法不同于原有的四类雇员，程序的扩充非常容易：只需从 Employee 类中派生新的特定雇员类，并在该派生类中实现 getEarning 和 displayInfo 两个操作，计算该类雇员的月工资并显示雇员信息，主函数中只需在 switch 语句中增加相应的 case 分支即可。

程序代码

```
// ************************************************************
// employee.h
// 功能：雇员类的头文件
// ************************************************************

#ifndef EMPLOYEE_H
#define EMPLOYEE_H
#include <string>

class Employee {
public:
     // 构造函数
     Employee(std::string theID, std::string theName);
     // 对新创建的 Employee 类对象进行初始化
     // 前置条件：
     //      theID, theName 已赋值
     // 后置条件：
     //      对象的数据成员 id 和 name 分别初始化为 theID 和 theName

     // 月工资计算操作
     virtual double getEarning() = 0;

     // 信息显示操作
     virtual void displayInfo();
     // 显示 Employee 类对象的各项信息
     // 后置条件：
     //      对象的数据成员 id 和 name 分别显示在标准输出设备上

protected:
     std::string id;        // 员工编号
     std::string name;      // 姓名
};

#endif

// ************************************************************
// employee.cpp
// 功能：雇员类类的实现文件
// ************************************************************

#include "employee.h"
#include <iostream>

// 构造函数
Employee::Employee(std::string theID, std::string theName)
// 对新创建的 Employee 类对象进行初始化
// 前置条件：
//     theID, theName 已赋值
// 后置条件：
//     对象的数据成员 id 和 name 分别初始化为 theID 和 theName
{
     id = theID;
     name = theName;
}

// 信息显示操作
void Employee::displayInfo()
// 显示 Employee 类对象的各项信息
// 后置条件：
//     对象的数据成员 id 和 name 分别显示在标准输出设备上
{
```

```
    std::cout << "ID: " << id << "\tName: " << name << std::endl;
}
// ****************************************************************
// manager.h
// 功能：管理人员类的头文件
// ****************************************************************

#ifndef MANAGER_H
#define MANAGER_H

#include "employee.h"

class Manager: public Employee {
public:
    // 构造函数
    Manager(std::string theID, std::string theName, double theSalary,int theDays);
    // 对新创建的Manager类对象进行初始化
    // 前置条件:
    //     theID, theName, theSalary, theDays 已赋值
    // 后置条件:
    //     对象的数据成员 id, name, salary, absenceDays 分别
    //     初始化为 theID, theName, theSalary, theDays

    // 月工资计算操作
    virtual double getEarning();
    // 计算Manager类对象的月工资
    // 后置条件:
    //     返回值 = salary - absenceDays * salary / 22

    virtual void displayInfo();
    // 显示Manager类对象的各项信息
    // 后置条件:
    //     对象的数据成员 id, name, salary, absenceDays
    //     分别显示在标准输出设备上

protected:
    double salary;    // 月薪
    int absenceDays;  // 缺勤天数
};

#endif

// ****************************************************************
// manager.cpp
// 功能：管理人员类的实现文件
// ****************************************************************

#include "manager.h"
#include <iostream>

// 构造函数
Manager::Manager(std::string theID, std::string theName,
        double theSalary, int theDays) : Employee(theID, theName)
// 对新创建的Manager类对象进行初始化
// 前置条件:
//     theID, theName, theSalary, theDays 已赋值
// 后置条件:
//     对象的数据成员 id, name, salary, absenceDays 分别
//     初始化为 theID, theName, theSalary, theDays
{
    salary = theSalary;
    absenceDays = theDays;
}

// 月工资计算操作
double Manager::getEarning()
// 计算Manager类对象的月工资
// 后置条件:
//     返回值 = salary - absenceDays * salary / 22
{
```

```
    return salary - absenceDays * salary / 22;
}

void Manager::displayInfo()
// 显示Manager类对象的各项信息
// 后置条件:
//     对象的数据成员 id, name, salary, absenceDays
//     分别显示在标准输出设备上
{
    Employee::displayInfo();
    std::cout << "Salary: " << salary
              << "\tAbsence days: " << absenceDays << std::endl;
}

// ****************************************************************
// salesman.h
// 功能: 销售人员类的头文件
// ****************************************************************

#ifndef SALESMAN_H
#define SALESMAN_H

#include "employee.h"

class Salesman: public Employee {
public:
    // 构造函数
    Salesman(std::string theID, std::string theName,
        double theBaseSalary, double theSalesSum, double theRate);
    // 对新创建的Salesman类对象进行初始化
    // 前置条件:
    //     theID, theName, theBaseSalary, theSalesSum, theRate已赋值
    // 后置条件:
    //     对象的数据成员 id, name, baseSalary, salesSum, rate分别
    //     初始化为theID, theName, theBaseSalary, theSalesSum, theRate

    // 月工资计算操作
    virtual double getEarning();
    // 计算Salesman类对象的月工资
    // 后置条件:
    //     返回值 = baseSalary + salesSum * rate

    virtual void displayInfo();
    // 显示Salesman类对象的各项信息
    // 后置条件:
    //     对象的数据成员 id, name, baseSalary, salesSum, rate
    //     分别显示在标准输出设备上

protected:
    double baseSalary;    // 底薪
    double salesSum;      // 销售金额
    double rate;          // 提成比例
};

#endif

// ****************************************************************
// salesman.cpp
// 功能: 销售人员类的实现文件
// ****************************************************************

#include "salesman.h"
#include <iostream>

// 构造函数
Salesman::Salesman(std::string theID, std::string theName,
                   double theBaseSalary, double theSalesSum,
                   double theRate) : Employee(theID, theName)
// 对新创建的Salesman类对象进行初始化
// 前置条件:
//     theID, theName, theBaseSalary, theSalesSum, theRate已赋值
```

```
// 后置条件:
//     对象的数据成员 id, name, baseSalary, salesSum, rate 分别
//     初始化为 theID, theName, theBaseSalary, theSalesSum, theRate
{
    baseSalary = theBaseSalary;
    salesSum = theSalesSum;
    rate = theRate;
}

// 月工资计算操作
double Salesman::getEarning()
// 计算 Salesman 类对象的月工资
// 后置条件:
//     返回值 = baseSalary + salesSum * rate
{
    return baseSalary + salesSum * rate;
}

void Salesman::displayInfo()
// 显示 Salesman 类对象的各项信息
// 后置条件:
//     对象的数据成员 id, name, baseSalary, salesSum, rate
//     分别显示在标准输出设备上
{
    Employee::displayInfo();
    std::cout << "Base Salary: " << baseSalary << std::endl
              << "Sales sum: " << salesSum
              << "\tRate: " << rate << std::endl;
}

// ****************************************************************
// pieceworkWorker.h
// 功能: 计件工人类的头文件
// ****************************************************************

#ifndef PIECEWORKWORKER_H
#define PIECEWORKWORKER_H

#include "employee.h"

class PieceworkWorker: public Employee {
public:
    // 构造函数
    PieceworkWorker(std::string theID, std::string theName,
                    int theQuantity, double theWagePerPiece);
    // 对新创建的 PieceworkWorker 类对象进行初始化
    // 前置条件:
    //     theID, theName, theQuantity, theQuantity,
    //    theWagePerPiece 已赋值
    // 后置条件:
    //     对象的数据成员 id, name, quantity, wagePerPiece 分别
    //     初始化为 theID, theName, theQuantity, theWagePerPiece

    // 月工资计算操作
    virtual double getEarning();
    // 计算 PieceworkWorker 类对象的月工资
    // 后置条件:
    //     返回值 = quantity * wagePerPiece

    virtual void displayInfo();
    // 显示 PieceworkWorker 类对象的各项信息
    // 后置条件:
    //     对象的数据成员 id, name, quantity, wagePerPiece
    //     分别显示在标准输出设备上

protected:
    int quantity;           // 产品件数
    double wagePerPiece;    // 每件产品报酬
};

#endif
```

```
// ***********************************************************
// pieceworkWorker.cpp
// 功能: 计件工人类的实现文件
// ***********************************************************

#include "pieceworkWorker.h"
#include <iostream>

// 构造函数
PieceworkWorker::PieceworkWorker(std::string theID,
std::string theName, int theQuantity, double theWagePerPiece) :
                Employee(theID, theName)
// 对新创建的 PieceworkWorker 类对象进行初始化
// 前置条件:
//     theID, theName, theQuantity, theQuantity, theWagePerPiece 已赋值
// 后置条件:
//     对象的数据成员 id, name, quantity, wagePerPiece 分别
//     初始化为 theID, theName, theQuantity, theWagePerPiece
{
    quantity = theQuantity;
    wagePerPiece = theWagePerPiece;
}

// 月工资计算操作
double PieceworkWorker::getEarning()
// 计算 PieceworkWorker 类对象的月工资
// 后置条件:
//     返回值 = quantity * wagePerPiece
{
    return quantity * wagePerPiece;
}

void PieceworkWorker::displayInfo()
// 显示 PieceworkWorker 类对象的各项信息
// 后置条件:
//     对象的数据成员 id, name, quantity, wagePerPiece
//     分别显示在标准输出设备上
{
    Employee::displayInfo();
    std::cout << "Quantity: " << quantity
          << "\tWage per Piece: " << wagePerPiece << std::endl;
}

// ***********************************************************
// hourlyWorker.h
// 功能: 小时工类的头文件
// ***********************************************************

#ifndef HOURLYWORKER_H
#define HOURLYWORKER_H

#include "employee.h"

class HourlyWorker: public Employee {
public:
    // 构造函数
    HourlyWorker(std::string theID, std::string theName, int theHours, double
theWagePerHour);
    // 对新创建的 HourlyWorker 类对象进行初始化
    // 前置条件:
    //     theID, theName, theHours, theWagePerHour 已赋值
    // 后置条件:
    //     对象的数据成员 id, name, hours, wagePerHour 分别
    //     初始化为 theID, theName, theHours, theWagePerHour

    // 月工资计算操作
    virtual double getEarning();
    // 计算 HourlyWorker 类对象的月工资
    // 后置条件:
    //     返回值 = hours * wagePerHour
```

```
    virtual void displayInfo();
    // 显示 HourlyWorker 类对象的各项信息
    // 后置条件:
    //     对象的数据成员 id, name, hours, wagePerHour
    //     分别显示在标准输出设备上

protected:
    int hours;              // 工作时间(小时数)
    double wagePerHour;     // 每小时报酬
};

#endif

// ***********************************************************
// hourlyWorker.cpp
// 功能: 小时工类的实现文件
// ***********************************************************

#include "hourlyWorker.h"
#include <iostream>

// 构造函数
HourlyWorker::HourlyWorker(std::string theID, std::string theName, int theHours,
    double theWagePerHour) : Employee(theID, theName)
// 对新创建的 HourlyWorker 类对象进行初始化
// 前置条件:
//     theID, theName, theHours, theWagePerHour 已赋值
// 后置条件:
//     对象的数据成员 id, name, hours, wagePerHour 分别
//     初始化为 theID, theName, theHours, theWagePerHour
{
    hours = theHours;
    wagePerHour = theWagePerHour;
}

// 月工资计算操作
double HourlyWorker::getEarning()
// 计算 HourlyWorker 类对象的月工资
// 后置条件:
//     返回值 = hours * wagePerHour
{
    return hours * wagePerHour;
}

void HourlyWorker::displayInfo()
// 显示 HourlyWorker 类对象的各项信息
// 后置条件:
//     对象的数据成员 id, name, hours, wagePerHour
//     分别显示在标准输出设备上
{
    Employee::displayInfo();
    std::cout << "Hours: " << hours
              << "\tWage per hour: " << wagePerHour << std::endl;
}

// ***********************************************************
// polyArray.h
// 功能: 多态数组类的头文件
// ***********************************************************

#ifndef POLYARRAY_H
#define POLYARRAY_H

#include "employee.h"

class PolyArray {
public:
    // 构造函数
    PolyArray(int theSize);
    // 对包含 theSize 个元素的多态数组进行初始化
```

```
    // 前置条件：
    //      theSize 已赋值
    // 后置条件：
    //      数组对象的数据成员 size 赋值为 theSize，
    //      data 指向一块动态分配的、足以容纳 theSize 个元素的内存

    // 析构函数
    ~PolyArray();
    // 释放数组元素所占据的内存
    // 后置条件：
    //      size 个数组元素（即 size 个 Employee 指针）所占据的内存得到释放

    Employee*& operator[](int index);
private:
    int size;             // 数组元素个数
    Employee** data;      // 注意：data 是一个指向指针的指针，
                          // 我们将 data 作为指针数组使用
};

#endif

// ***********************************************************
// polyArray.cpp
// 功能：多态数组类的实现文件
// ***********************************************************

#include "polyArray.h"
#include <iostream>

// 构造函数
PolyArray::PolyArray(int theSize)
// 对包含 theSize 个元素的多态数组进行初始化
// 前置条件：
//     theSize 已赋值
// 后置条件：
//     数组对象的数据成员 size 赋值为 theSize，
//     data 指向一块动态分配的、足以容纳 theSize 个元素的内存
{
    data = new Employee* [theSize];         // 动态分配容纳 theSize 个元素的内存
                                            // 用 data 指向该内存块
                                            // 注意：data[i]是一个指针，但此处并
                                            // 没有为指针所指向的 Employee 对象
                                            // 分配内存
    size = theSize;
}

// 析构函数
PolyArray::~PolyArray()
// 释放数组元素所占据的内存
// 后置条件：
//     size 个数组元素（即 size 个 Employee 指针）所占据的内存得到释放
{
    delete []data;
}

// 重载的下标操作符
Employee*& PolyArray::operator[](int index)
{
    if (index < 0 || index >= size) { // 下标越界
       std::cout << "The array bound overflow!" << std::endl;
       exit(1);
    }
    return data[index];
}

// ***********************************************************
// earningCalculator.cpp
// 功能：计算雇员工资
// ***********************************************************

#include "polyArray.h"
```

```
#include "manager.h"
#include "salesman.h"
#include "pieceworkWorker.h"
#include "hourlyWorker.h"
#include <string>
#include <iostream>
#include <fstream>
#include <cctype>          // 使用其中的 toupper 函数

using namespace std;

int main()
{
    int employeeNum;          // 雇员人数
    string fileName;
    ifstream inFile;
    int recNum = 0;           // 从文件中读入的雇员记录数
    char employeeType;
    string id;                // 雇员编号
    string name;              // 雇员姓名
    double salary;            // 管理人员月工资
    int absenceDays;          // 管理人员缺勤天数
    double baseSalary;        // 销售人员底薪
    double salesSum;          // 销售金额
    double rate;              // 销售人员提成比例
    double quantity;          // 产品件数
    double wagePerPiece;      // 计件工人每件产品报酬
    int hours;                // 工作小时数
    double wagePerHour;       // 每小时报酬

    // 提示用户输入雇员人数并获取输入数据
    cout << "Enter the number of employee: ";
    cin >> employeeNum;

    PolyArray employees(employeeNum);  // 创建雇员数组

    // 提示用户输入雇员记录文件名并获取输入数据
    cout << "Enter the file name of employee records: ";
    cin >> fileName;

    // 打开文件
    inFile.open(fileName.c_str());
    if (!inFile) { // 打开文件失败
        cout << "Can not open the file: " << fileName << endl;
        return 1;
    }

    // 从文件中读入雇员记录并放入数组
    while (inFile) {
      // 读入雇员类型、编号和姓名
        inFile >> employeeType >> id >> name;

        if (!inFile) // 文件结束
            break;

        // 根据雇员类型读入相应信息项，创建对象并放入数组
        switch (toupper(employeeType)) {
            case 'M':
                inFile >> salary >> absenceDays;
                employees[recNum] = new Manager(id, name, salary,
                                                absenceDays);
                break;
            case 'S':
                inFile >> baseSalary >> salesSum >> rate;
                employees[recNum] = new Salesman(id, name, baseSalary,
                                                 salesSum, rate);
                break;
            case 'P':
                inFile >> quantity >> wagePerPiece;
                employees[recNum] = new PieceworkWorker(id, name,
                                        quantity, wagePerPiece);
```

```
                break;
            case 'H':
                inFile >> hours >> wagePerHour;
                employees[recNum] = new HourlyWorker(id, name, hours,
                                                     wagePerHour);
                break;
        }
        recNum++;      // 雇员记录数加 1
    }
    inFile.close();  // 关闭雇员记录文件

    // 逐个计算工资并输出计算结果及相应信息
    // 调用 displayInfo()和 getEarning()时将发生动态绑定
    for (int index = 0; index < recNum; index++) {
        cout << endl;
        employees[index] -> displayInfo();
        cout << "Earning: " << employees[index] -> getEarning() << endl;
    }
    // 释放动态分配的各个雇员对象
    for (int index = 0; index < recNum; index++) {
        delete employees[index];
    }

    return 0;
}
```

若雇员记录文件 employeeRec.dat 的内容如下：

```
M  0021  张山  5000  1
S  0031 李寺 2000  20000  0.05
P  0041  王武  300  5.3
H  0051  赵柳  150  8
```

则运行该程序的屏幕输出为：

```
Enter the number of employee: 4
Enter the file name of employee records: employeeRec.dat

ID: 0021        Name: 张山
Salary: 5000    Absence days: 1
Earning: 4772.73

ID: 0031        Name: 李寺
Base Salary: 2000
Sales sum: 20000        Rate: 0.05
Earning: 3000

ID: 0041        Name: 王武
Quantity: 300   Wage per Piece: 5.3
Earning: 1590

ID: 0051        Name: 赵柳
Hours: 150      Wage per hour: 8
Earning: 1200
```

其中，带下画线的部分是用户的输入数据。

限于本书篇幅，上述实例代码中的各个类中只提供了一些基本操作，为了让类的设计更为完整，应添加其他操作，如对数据成员进行获取和设置的操作等，请读者进一步完善。

习　题

11-1 给出下列概念的解释：

静态绑定，动态绑定，编译时多态性，运行时多态性，虚函数，纯虚函数，多态类，抽象类

11-2 抽象类的主要作用是什么？

11-3 修改本章应用举例部分给出的程序代码，使用多态链表来保存雇员记录，并将处理结果

输出到文本文件中。

11-4 修改本章应用举例部分给出的程序代码，使得在运行程序进行工资计算时可以指定月份，在五一节、国庆节给每位雇员发放 1000 元节日费，并且在雇员过生日的那个月份多发 200 元祝贺费。提示：在 Employee 类中增加生日属性，修改各类的 getEarning 操作及 displayInfo 操作，修改主函数。

11-5 考虑多态性，设计基本几何图形（如矩形、圆、球形和锥形等）的继承层次（只需给出类定义即可，不用具体实现）。

11-6 设计并实现 11.3.1 小节中提及的各种银行账户类（各类至少提供存款和取款操作），并编制主函数测试所设计的类。假定：

取款需要提供密码；信用卡账户的取款透支额度为 5000 元；一个定期账户可存多笔定期存款，每笔定期存款可指定不同的存期：半年、一年、三年、五年，相应的年利率分别为：2.2，3.25，3.5，4.2，取款时需指定取哪一笔存款，取款一次性完成，若提前支取，按活期年利率 0.72 计息，若超出存期之后再取款，则超出时间部分按活期利率计息。

第 12 章 异常处理

根据软件工程[1]观点，**可靠性**（**reliability**）是软件质量的关键因素之一。程序的**健壮性**（**robustness**）反映了程序可靠性的一个方面[另一个方面是程序的**正确性**（**correctness**），指的是程序满足用户需求的程度]。所谓程序健壮性，指的是系统或组件在接受不合法的输入或在异常环境下正常运转的程度，也就是程序在异常条件下工作的能力。异常处理机制的使用可以提高程序的错误恢复能力，是提高程序健壮性的有效方法。

12.1 异常处理概述

在程序的运行过程中，有可能会遇到一些**异常**（**exception**）。这些异常可能是程序中的错误，如数组下标越界或除数为 0 等情况；也可能是某些很少出现的特殊事件，如内存空间不足导致不能满足内存分配请求而发生异常；磁盘文件被删除导致程序运行时因文件不能打开而发生异常等。常见的异常包括：new 操作无法获取所需内存、数组下标越界、运算溢出、除数为 0、函数实参无效等。

在进行程序设计时，必须考虑到程序的运行过程中可能会发生的异常，并进行适当的处理；否则程序在运行时有可能提前终止或出现不可预料的行为，从而影响用户的正常使用。

异常处理（**exception handling**）机制是程序设计语言提供的一种用于管理程序运行期间异常的结构化方法。所谓结构化，是指程序的控制不会因为异常的产生而随意跳转。异常处理机制可以将程序中的“正常”代码与异常处理代码明显地区别开来，从而提高程序的可读性和可维护性。

对于可以预料的异常，有不同的方法予以处理，一种常见的方法是在代码中所有可能出现异常的地方进行相应处理。这样，处理异常情况的代码分布在“正常”代码中，程序员在阅读代码时可以直接看到异常处理情况，可以比较直观地确定是否实现了恰当的异常检查，这是该方法的优点。该方法的缺点在于，程序中的“正常”代码中因为夹杂了大量处理异常情况的代码，难以看出“正常”代码的功能是否正确，从而对代码的理解和维护造成困难；另外在某些情况下，检测到异常事件的地方往往不能确定如何处理该事件，例如在一个库函数 f 的函数体中检测到发生某个异常事件，但函数 f 无法确定用户是希望立即结束程序还是忽略当次函数调用继续运行程序，因此无法进行适当的处理。当我们在开发提供给其他程序员重用的类时，虽然可以检测到异常的存在，但无法确定其他程序员希望如何处理这些异常；同时，其他程序员想按自己的意愿处理异常，但又无法检测异常是否存在。因此，我们希望将异常的检测和异常的处理分离，即程序中的异常检测部分不必了解如何处理异常，只需将检测到的异常报告给程序的其他部分，由程序的其

[1] 软件工程：软件工程研究如何以系统性的、规范化的、可定量的过程化方法去开发和维护软件，以及如何把经过时间考验而证明正确的管理技术和当前能够得到的最好的技术方法结合起来。

他部分对该异常进行处理。

12.2 C++语言中的异常处理

C++语言异常处理机制的基本思想是将异常检测与异常处理分离：异常检测部分检测到异常的存在时，抛出一个异常对象给异常处理代码，通过该异常对象，独立开发的异常检测部分和异常处理部分能够就程序执行期间所出现的异常情况进行通信。

在 C++语言中，异常处理机制的实现主要包括以下三部分。

throw 语句（throw statement）：当异常检测部分检测到本身无法处理的异常时，使用 throw 语句抛出（或者说报告）一个异常。

try 块（try block）：异常处理部分使用 try 块来处理异常。将有可能产生异常的代码放在 try 块中，在 try 块中执行的代码所抛出的异常由紧跟其后的 catch 子句捕获和处理。catch 子句又称为**处理代码（handler）**。

标准库中定义的一组**异常类（exception class）**：可用于在 throw 和 catch 之间传递相关的异常信息。

本节将对这三部分分别加以介绍。

12.2.1 throw 语句

throw 语句是一个表达式语句，由 throw 表达式加上分号构成。throw 表达式由保留字 throw 和一个表达式构成，系统通过 throw 表达式抛出异常。（throw 语句也可以不带表达式，称之为空 throw 语句，用于重新抛出异常。参见 12.2.2 小节）

下面给出一个使用 throw 语句的例子：

```
class MyException {
public:
   MyException(const std::string msg = "") : message(msg)
   { }

   std::string what()
   {
      return message;
   }
private:
   std::string message;
};

double mySqrt(double dnum)
// 前置条件：
//      dnum >= 0
{
   if (dnum < 0)
   // 抛出异常对象
   throw MyException("invalid argument");

   // 对合法参数进行处理
   return std::sqrt(dnum);
}
```

上例中 mySqrt 函数对参数异常进行检测，当发现参数为负数时用 throw 语句抛出一个 MyException 类的对象。

MyException类是一个程序员自定义的类，该类具有一个私有的string类型的数据成员 message，用于存放描述异常的字符串信息，并提供公有成员函数 what 对 message 进行观察式访问。

throw 语句所抛出的表达式可以是任意内置类型或用户自定义类型的表达式，上例中的 throw

语句抛出的是一个自定义类型的表达式。在标准库中还定义了一些常用的异常类，程序员可以直接使用那些标准库异常类，也可以基于那些类定义自己的异常类（常用继承方式基于标准库异常类定义自己的异常类）。12.2.3 小节将介绍标准库异常类。

执行 throw 语句的代码点称为抛出点（又叫异常点），在抛出异常之后，控制不能再返回抛出点。被抛出的表达式通常是表示异常信息的字符串或对象，用来向处理这个异常的异常处理器（处理代码）传递信息。执行 throw 语句时，首先创建被抛出对象的副本，然后从包含该 throw 语句的函数“返回”该对象副本。这里之所以使用带引号的“返回”，是因为返回的目的地并不是通常函数调用执行完毕之后返回的地方（即函数调用处）。执行 throw 语句，控制不是转移到函数的调用处，而是转移到异常处理代码所在的位置（即某个 catch 子句的位置），这与函数调用的正常返回具有极大的区别。除了控制的转移之外，执行 throw 语句还会自动撤销在异常发生之前所创建的局部对象。

12.2.2　try 块与异常的捕获及处理

在 C++程序中，将可能产生异常的代码段放在 try 块中由保留字 try 引导的子块中，将对异常进行处理的代码段放在由保留字 catch 引导的子块中。

try 块的通用语法形式如下：

```
try {
    program-statements
}
catch (exception-declaration) {
    handler-statements
}
…
```

一个 try 块由两部分构成：由保留字 try 引导的子块，以及若干个由保留字 catch 引导的子块。其中，program-statements 部分可以包含任意合法的 C++语句，该部分即程序的正常处理逻辑。由 catch 引导的子块又称为 catch 子句，在一个 try 子块后面可以跟随一个或多个 catch 子句。每个 catch 子句包括三个部分：保留字 catch，异常声明（由一对圆括号括住的 exception-declaration）及异常处理代码段（通常是由一对花括号括住的 handler-statements）。异常声明可以是单个类型名、单个对象声明或者为…（英文省略号）。类型名用于捕获异常时进行类型匹配，对象声明中的对象名用于在异常处理代码段中引用异常对象，…用于捕获所有异常。异常声明的形式类似于只包含一个形参的形参表，因此有时又被叫作 catch 形参。

上节中提到，异常检测部分在检测到某个异常的存在之后可以使用 throw 语句抛出（报告）该异常。异常被抛出之后，需要有相关的异常处理代码对其进行捕获和处理，如果程序代码中没有给出对应的异常处理代码，系统将自动调用标准库函数 terminate（在头文件 exception 中声明），terminate 函数默认调用标准库函数 abort，导致程序终止。

与上节中给出的 throw 语句相匹配，可以使用如下 try 块：

```
cout << "Enter a real number(Ctrl-Z to end):";
while (cin >> dnum) {
   try {
      double result = mySqrt(dnum);
      cout << "The square root of " << dnum << " is "
           << result << endl;
   }
   catch(MyException e) {
      cout << "Exception: " << e.what() << endl;
   }

   cout << "Enter a real number(Ctrl-Z to end):";
}
```

此处将有可能产生异常的 mySqrt 函数的调用代码放在由 try 引导的子块中，当程序执行到该函数调用语句时，mySqrt 函数体中的 if 语句对实参进行检查，如果实参为负值，则执行 throw 语句抛出一个异常对象（MyException 类对象），从而导致不再继续执行 mySqrt 函数体中尚未执行的语句，也不再执行 try 子块中尚未执行的语句，控制转移到异常处理代码所在的位置（在此例中即 try 子块后面的 catch 子句），同时将被抛出异常对象的副本带到此处。

如果 try 子块中的代码没有导致抛出异常，则控制跳过该 try 块的所有异常处理代码，转去执行该 try 块的最后一个 catch 子句之后的语句，上例中该语句为 while 循环中的语句

```
cout << "Enter a real number(Ctrl-Z to end):";
```

1. 异常的捕获

如果执行 try 子块中的代码导致抛出异常，则需要在 catch 子句中搜索相应的异常处理代码。搜索时使用被抛出异常对象的类型与 catch 子句异常声明中的类型进行比较，如果二者相匹配，则使用该 catch 子句中的异常处理代码段来处理被抛出的异常，这时我们就说这个 catch 子句**捕获**了这个异常。例如，上例中执行 try 子块中的代码时，如果用户输入的数据为负值，则调用函数 mySqrt 将抛出异常，该异常的类型为 MyException，与 try 块中 catch 子句异常声明中的类型相同，因此该异常被这个 catch 子句捕获。

所谓异常类型“匹配”，主要包括两种情况：①被抛出异常的类型与 catch 子句异常声明中的类型相同；②被抛出异常的类型是 catch 子句异常声明中类型的子类型（即公有派生类）。

在搜索匹配的 catch 子句时，按照各子句的出现顺序依次进行比较，一旦找到了匹配子句，则终止搜索并执行相应的异常处理代码。因此，当为派生类类型和基类类型都提供了异常处理代码时，应该将对应派生类类型的处理代码放在对应基类类型的处理代码之前；否则，派生类类型的异常将都被对应基类类型的 catch 子句所捕获，对应派生类类型的处理代码将失去其作用。

考虑下述例子：

```
// ****************************************************************
// ExcTypeMatching.cpp
// 功能：演示捕获异常时的类型匹配
// ****************************************************************

#include <iostream>
#include <string>

using namespace std;

class BaseException {
public:
    BaseException(const string msg = "") : message(msg)
    { }

    string what()
    {
        return message;
    }

private:
    string message;
};

class DerivedException : public BaseException {
public:
    DerivedException(const std::string msg = "") : BaseException(msg)
    { }
};

int main()
{
```

```
    for (int i =0; i < 2; i++) {
        try {
            if (i % 2 == 0)
                throw BaseException("exception1");
            else
                throw DerivedException("exception2");
        }
        catch(DerivedException e) {
            cout << "caught a derived exception: " << e.what() << endl;
        }
        catch(BaseException e) {
            cout << "caught a base exception: " << e.what() << endl;
        }
    }

    return 0;
}
```

上述程序的输出为：

```
caught a base exception: exception1
caught a derived exception: exception2
```

如果将 try 块的两个 catch 子句的顺序交换一下，则该程序的输出为：

```
caught a base exception: exception1
caught a base exception: exception2
```

这是为什么呢？因为在执行 for 循环的第二次迭代时，i 值为 1，因此抛出类型为 DerivedException 的异常，该异常既可被异常声明为 DerivedException 类型的 catch 子句捕获，也可被异常声明为 BaseException 类型的 catch 子句捕获。如果上述程序中将与基类对应的 catch 子句放在前面，则该异常就会被此 catch 子句捕获，从而执行与 BaseException 类型对应的异常处理代码，输出 caught a base exception: exception2。

虽然 catch 子句中的异常声明也可以叫作“catch 形参”，但在捕获异常时所进行的类型匹配与函数调用时实参和形参之间的类型匹配是有所不同的。其最大的区别在于，捕获异常时所进行的类型匹配中，除了公有派生类（及其指针或引用）可以与其祖先类（及其指针或引用）匹配之外，不支持其他的隐式类型转换。

2. 捕获所有异常

异常声明为省略号的 catch 子句 catch(...)用于捕获所有异常，省略号表示与任意异常类型都可以匹配。

有时候某个函数不能处理被抛出的异常，但在随着抛出异常而终止执行之前，该函数希望执行一些动作来完成某些局部工作（例如释放动态分配的内存、关闭已打开的文件等），这时可以使用捕获所有异常的 catch 子句。如：

```
void f()
{
    try {
        // …此处代码的执行导致某个异常被抛出
    }
    catch(...) {
        // …在此处执行一些完成局部处理工作的代码
        cout << "an exception was thrown" << endl;
        throw;  // 重新抛出被捕获的异常
    }
}
```

catch(...)子句既可单独使用，也可与其他 catch 子句结合使用，如果与其他 catch 子句结合使用，catch(...)子句必须放在最后；否则，其他 catch 子句将因为得不到与异常匹配的机会而失去作用。

3. 异常的重新抛出

有时候，某个 catch 子句不能完全处理被捕获的异常（例如处理异常所需的相关信息不全的时候），该异常可能需要由函数调用链中更上层的函数来处理。这时，catch 子句可以使用空 throw 语句将所捕获的异常重新抛出（参见上例程序代码）：

```
throw;
```

空 throw 语句中无须指定被抛出的异常对象，这时被抛出的是该 catch 子句原来所捕获的异常（注意，并不是该 catch 子句的异常声明中所声明的异常对象）。被重新抛出的异常对象也可以是已经发生了改变的对象，要重新抛出已经改变了的异常对象，相应 catch 子句的异常声明中所声明的异常对象必须是对象引用（也就是说，catch 形参是引用形参），并且在该 catch 子句对应的异常处理代码中对该形参进行了修改（从而修改了原来所捕获的异常对象本身）。例如：

```
catch (MyException &e) {
    e.setMessage("new message");  // 修改被捕获的异常对象
    throw;
}
```

则传递到上层函数的 MyException 类型异常对象的数据成员 message 中所包含的字符串将变成"new message"（假设 setMessage 是 MyException 类中提供的修改数据成员 message 的公有成员函数）。

而 catch 子句

```
catch (MyException e) {
    e.setMessage("new message");  // 修改被捕获异常对象的局部副本
    throw;
}
```

则只是修改了局部对象 e（是原来所捕获异常对象的副本），因重新抛出而传递到上层函数的异常对象不发生改变。

提示

空 throw 语句一般应置于 catch 子句中（具体而言应位于 catch 子句的异常处理代码中）。如果某个空 throw 语句位于 catch 子句之外，则执行该语句会调用标准库函数 terminate，导致程序终止。

4. 异常处理代码的搜索

抛出异常的语句通常位于某个函数中，但处理该异常的代码不一定在该函数中（因为 C++的异常处理机制支持异常检测与异常处理的分离）。这种情况下，搜索异常处理代码的过程如下：首先在抛出异常的函数（假设为 f1）中包含该 throw 语句的 try 块中搜索，如果找到匹配的 catch 子句，则执行相应的处理代码；如果找不到，则终止函数 f1 的执行，然后在函数 f1 的调用者（假设是另一个函数 f2）中包含函数 f1 调用的 try 块中搜索匹配的 catch 子句；如果仍然找不到，则同样终止函数 f2 的执行，继续在 f2 的调用者中进行搜索……直到找到匹配的 catch 子句或者将函数调用链上的所有函数都搜索完为止。

让我们考虑下面的例子：

```
// ***************************************************************
// HandlerSearch.cpp
// 功能： 演示异常处理代码的搜索顺序
// ***************************************************************

#include <iostream>
using namespace std;
void f3(int x)
{
    switch (x) {
        case 1: throw 3.4;       // 抛出 double 型异常
```

```
        case 2: throw 2.5f;     // 抛出 float 型异常
        case 3: throw 1;    // 抛出 int 型异常

    cout << "End of f3" << endl;
}
void f2(int x)
{
    try {
        f3(x);
    }
    catch (int) { //int 型异常的处理代码
        cout << "An int exception occurred!--from f2" << endl;
    }
    catch (float) { //float 型异常的处理代码
        cout << "A float exception occurred!--from f2" << endl;
    }

    cout << "End of f2" << endl;
}
void f1(int x)
{
    try {
        f2(x);
    }
    catch (int) {  // int 型异常的处理代码
        cout << "An int exception occurred!--from f1" << endl;
    }
    catch (float) {  // float 型异常的处理代码
        cout << "A float exception occurred!--from f1" << endl;
    }
    catch (double) { // double 型异常的处理代码
        cout << "A double exception occurred!--from f1" << endl;
    }

    cout << "End of f1" << endl;
}
int main()
{
    for (int i = 1; i < 4; i++)
        f1(i);

    cout << "End of main" << endl;

    return 0;
}
```

该程序的执行结果如下：

```
A double exception occurred!--from f1
End of f1
A float exception occurred!--from f2
End of f2
End of f1
An int exception occurred!--from f2
End of f2
End of f1
End of main
```

下面我们来分析一下获得此结果的原因。

上述程序例子中，总共有四个函数：main，f1，f2 和 f3，各函数之间的调用关系如图 12-1 所示。

main() —调用→ f1() —调用→ f2() —调用→ f3()

图 12-1　程序 HandlerSearch.cpp 中的函数调用关系

在 main 函数的 for 循环中，三次迭代分别用实参 1，2，3 调用函数 f1。f1 的函数体中，将对函数 f2 的调用放在 try 块中；f2 的函数体中，将对函数 f3 的调用放在 try 块中；f3 的函数体中，switch 语句根据形参 x 的值，分别抛出三个不同类型的异常。在 main 函数 for 循环的第一次迭代中，使用实参 1 调用函数 f1，f1 用实参 1 调用 f2，f2 用实参 1 调用 f3，f3 执行时抛出一个 double 类型的异常（注意，在 C++语言中字面值常量 3.4 的类型为 double）。首先在 f3 中搜索匹配的 catch 子句，没有找到，则终止 f3 的执行，然后在 f2 中进行搜索，也没有匹配的 catch 子句，则 f2 的执行也终止，并继续在 f1 中进行搜索，这时可以找到匹配的 catch 子句（即 f1 中的第三个 catch 子句），则执行对应的异常处理代码，输出

```
A double exception occurred!--from f1
```

然后继续执行该 try 块的最后一个 catch 子句之后的语句，输出

```
End of f1
```

然后函数 f1 返回到 main 函数的循环中，继续进行下一次迭代，使用实参 2 调用函数 f1。同样，f1 用实参 2 调用 f2，f2 用实参 2 调用 f3，f3 执行时抛出一个 float 类型的异常。首先在 f3 中搜索匹配的 catch 子句，没有找到，则终止 f3 的执行，并继续在 f2 中进行搜索，这时可以找到匹配的 catch 子句（即 f2 中的第二个 catch 子句），则结束搜索，执行对应的异常处理代码，输出

```
A float exception occurred!--from f2
```

然后继续执行该 try 块的最后一个 catch 子句之后的语句，输出

```
End of f2
```

然后函数 f2 执行结束，控制返回到函数 f1，执行 try 块的最后一个 catch 子句之后的语句，输出

```
End of f1
```

然后函数 f1 返回到 main 函数的循环中，继续进行下一次迭代，使用实参 3 调用函数 f1。

后面的输出结果留给读者自己分析。

从以上分析可知，当循着函数调用链逆序搜索异常处理代码时，一旦在某个上层函数中找到了匹配的 catch 子句，则搜索终止，不再继续在更上层函数中搜索。

如果将函数调用链上的所有函数都搜索完毕之后仍没有找到匹配的 catch 子句，也就是说程序代码中不存在处理该异常的 catch 子句，则系统将自动调用标准库函数 terminate 来终止程序的执行。

如果程序代码中没有放在 try 块中的语句导致出现了异常，则系统也将自动调用标准库函数 terminate 来终止程序的执行。

5. 函数 try 块

程序执行过程中的任何时刻都有可能发生异常，也就是说创建对象的时候也可能会发生异常（例如内存不足）。具体而言，创建对象时发生的异常有可能出现在两个地方：执行构造函数的函数体时，处理构造函数的初始化式（即创建对象的子对象）时。如前所述，常规方式下包含异常处理代码的 catch 子句总是出现在函数体中，这样的 catch 子句可以捕获并处理在执行构造函数函数体时可能发生的异常，但无法捕获及处理在处理构造函数的初始化式时可能发生的异常。因此，为了捕获及处理在处理构造函数的初始化式时可能发生的异常，必须采用一种特殊的方式，这种方式就是 C++语言中所提供的**函数 try 块（function try block）**。

函数 try 块是一种特殊形式的 try 块，可用于包装构造函数（也可用于包装非构造函数）。用于包装构造函数的函数 try 块形式如下：

```
constructor_name (parameter_list)
try : initializer_list
{
   constructor_body
}
catch (exception-declaration) {
   exception_handler
}
…
```

包装成函数 try 块的构造函数与普通构造函数的区别在于：在构造函数的形参表之后、成员初始化列表之前插入一个保留字 try，在构造函数的函数体之后加上一个或多个 catch 子句，用于处理相应的异常。这些 catch 子句既可以捕获因处理成员初始化列表而抛出的异常，也可以捕获因执行构造函数的函数体而抛出的异常。

下面给出一个使用函数 try 块处理成员初始化列表所抛出异常的例子。

```
// ****************************************************************
// InitException.cpp
// 功能：演示函数 try 块对创建子对象时所产生异常的处理
// ****************************************************************
#include <iostream>

using namespace std;

class Base {
public:
   class BaseException {};
   Base(int i) : data(i)
   {
      throw BaseException();
   }

private:
   int data;
};

class Derived : public Base {
public:
   class DerivedException {
   public:
      DerivedException(const char* msg) : message(msg)
      {}
      const char* what() const
      {
         return message;
      }

   private:
      const char* message;
   };

   Derived(int j)
   try : Base(j)
   {
      // 构造函数体
      cout << "Enter Base()" << endl;
   }
   catch(BaseException&) {
      throw DerivedException("Base subobject threw an exception");
   }
};

int main()
{
   try {
      Derived dobj(100);
   }
   catch(Derived::DerivedException& de) {
      cout << de.what() << endl;
   }

   return 0;
}
```

上述程序在执行时，首先创建 Derived 类对象 dobj。因为 Derived 类是 Base 类的派生类，所以在创建对象 dobj 时，先要调用 Base 类的构造函数创建 dobj 中的 Base 类子对象，而执行 Base 类的构造函数将导致抛出一个 BaseException 类异常对象，该异常被 Derived 类中函数 try 块中的

catch 子句所捕获，因而执行对应的异常处理代码，导致抛出一个 DerivedException 类异常对象，所携带的 message 为“Base subobject threw an exception”，这个 DerivedException 类异常对象被 main 函数中的 catch 子句所捕获，从而执行相应的异常处理代码，导致如下程序输出：

```
Base subobject threw an exception
```

处理源自构造函数初始化列表的异常，唯一的方法是将构造函数包装成函数 try 块。

6. 资源管理

在“异常处理代码的搜索”一节曾提及，当抛出异常时，将暂停当前函数的执行，转而为该异常搜索异常处理代码。这个搜索过程是一个沿着函数调用链向上层函数进行的过程，叫作**堆栈展开（stack unwinding）。**

堆栈展开期间，在找到相应异常处理代码之前所经过的函数会因异常而提前终止。当一个函数因异常而提前终止时，编译器将自动撤销该函数中在异常发生之前创建的所有自动对象，并释放相应内存。这些局部自动对象的撤销按照它们被创建的逆序进行，如果局部自动对象是类类型的，编译器将自动调用该对象的析构函数。

下面给出一个例子说明堆栈展开过程中局部对象的自动撤销。

```
// ***************************************************************
// ObjDestructInStackUnwinding.cpp
// 功能：演示堆栈展开过程中的对象撤销
// ***************************************************************

#include <iostream>
#include <string>

using namespace std;

class C {
public:
    C(const string objname) : name(objname)
    { }

    ~C()
    {
       cout << "destructing C object: " << name << endl;
    }

private:
    string name;
};

class D {
public:
    class Exception { };

    D()
    {
       cout << "constructing D object" << endl;
       throw Exception();
    }

    ~D()
    {
       cout << "destructing D object: " << endl;
    }
};

void f2()
{
    C obj1("obj1");    // 声明对象
```

```
    C obj2("obj2");    // 声明对象
    throw 8;    // 抛出 int 型异常
}

void f1()
{
    try {
        f2();
    }
    catch (int) {  // int 型异常的处理代码
        cout << "An int exception occurred!" << endl;
    }

    try {
        D objd; // 声明对象
    }
    catch (float) {  // float 型异常的处理代码
        cout << "A float exception occurred!" << endl;
    }
}
int main()
{
    try {
        f1();
    }
    catch (D::Exception) {
        cout << "A D::Exception exception occurred!" << endl;
    }

    cout << "End of main" << endl;

    return 0;
}
```

执行上述程序时，首先进入 main 函数中的 try 块，在其中调用函数 f1，然后控制转移到函数 f1 的函数体，进入其中的第一个 try 块，在其中调用函数 f2，则控制转移到函数 f2 的函数体，先创建 C 类对象 obj1，接着创建 C 类对象 obj2，然后抛出一个 int 型异常，则函数 f2 的执行暂停，开始搜索匹配的 catch 子句。首先在函数 f2 中搜索，找不到匹配的 catch 子句，因此提前终止函数 f2，编译器自动撤销函数 f2 中已创建的局部对象 obj1 和 obj2（顺序为先撤销 obj2，再撤销 obj1），由此调用 obj2 和 obj1 的析构函数，导致下面的程序输出：

```
destructing C object: obj2
destructing C object: obj1
```

接着在函数 f2 的调用者（函数 f1）中继续搜索匹配的 catch 子句，因为在 f1 中对 f2 的调用出现在第一个 try 块中，而检查与该 try 块相关的 catch 子句，找到可捕获 int 型异常的匹配 catch 子句，因此执行对应的异常处理代码，由此导致程序继续输出：

```
An int exception occurred!
```

然后，控制转移到该 try 块的最后一个 catch 子句之后的语句，进入 f1 中的第二个 try 块，其中是一个 D 类对象的声明语句，因此创建 D 类对象 objd，转而执行 D 类对象的构造函数。在执行该构造函数的函数体时，首先输出一行提示：

```
constructing D object
```

然后抛出一个 D::Exception 型异常对象，因此暂停该构造函数的执行，开始搜索匹配的 catch 子句。首先在该构造函数中搜索，找不到匹配的 catch 子句，因此提前终止该构造函数（注意，此时 D 类对象 objd 的构造尚未完成，因此编译器不会自动调用 objd 的析构函数来撤销该对象）。

接着，在该构造函数的调用者（函数 f1）中继续搜索匹配的 catch 子句，因为在 f1 中对 D 类对象构造函数的调用出现在第二个 try 块中，检查与该 try 块相关的 catch 子句，找不到匹配的子句，因此提前终止函数 f1 并在 f1 的调用者（main 函数）中继续搜索，找到可捕获 D::Exception

型异常的 catch 子句，从而执行对应的异常处理代码，由此导致程序继续输出：

```
A D::Exception exception occurred!
```

然后，控制转移到该 try 块的最后一个 catch 子句之后的语句，输出一行提示：

```
End of main
```

之后，main 函数返回，整个程序执行结束。

因此，上述程序的总体输出为：

```
destructing C object: obj2
destructing C object: obj1
An int exception occurred!
constructing D object
A D::Exception exception occurred!
End of main
```

关于堆栈展开过程中局部对象的自动撤销，有两点值得注意。

（1）在异常发生时，如果某局部自动对象的构造函数尚未执行完毕，也就是说异常发生在创建对象的时候，则编译器将不会自动调用该对象的析构函数（参见上例中 D 类对象 objd 的创建）。

（2）如果在某个代码块中直接分配资源，且在资源释放之前发生异常，则在堆栈展开期间不会释放该资源。例如，我们可以在某个代码块中使用 new 操作动态分配内存，但是如果因异常而导致退出该代码块，编译器将不会自动执行相应的 delete 操作，因此已分配的内存将不会释放，从而造成**内存泄漏（memory leak）**。

内存泄漏指的是动态分配的内存没有返还给系统，从而造成该内存块“丢失”，不能被使用。内存泄漏是非常隐蔽的问题，一般要在程序运行较长时间后，所有可用内存消耗完之后才能被发现。

类类型对象所使用的资源一般在构造函数中分配而在析构函数中释放，故编译器可以保证类类型对象所使用的资源得到适当的释放。因此，为了保证在异常发生时资源的合理释放，可以采用如下方法。

（1）创建对象时经常有可能发生异常，在这样的异常发生时，该对象的部分成员可能已经构造好了。因此，针对创建对象时发生的异常，需要提供相应的异常处理代码，在其中保证适当地撤销已构造的成员并释放所占用的资源。

（2）针对在发生异常时因资源的直接分配所造成的问题，则可以使用类来管理资源分配：定义一个资源管理类来封装资源的分配和释放，在该类的构造函数中分配资源，而在该类的析构函数中释放资源，需要分配资源的时候，就定义该类的对象。那么，如果不发生异常，就可以在获得资源的对象生命期结束时因系统自动调用析构函数撤销该对象而释放资源，而一旦在创建了对象之后、该对象的生命期结束之前发生了异常，也可以保证释放资源，从而避免出现问题（因为在发生异常而退出某作用域时，编译器会自动调用对象的析构函数，对该作用域中已自动创建的类对象予以撤销）。

使用类管理资源分配，可以保证在发生异常时正确释放已分配的资源，这一技术称为“RAII”（resource allocation is initialization，资源分配即初始化）。

7. auto_ptr 类

动态内存是 C++程序中经常使用的一种资源。对动态内存的常见使用形式是：

使用 new 操作动态分配内存，将该内存块的地址赋值给一个指针变量，然后通过该指针变量使用这个内存块，内存使用完毕之后，对该指针变量使用 delete 操作，释放这个内存块。在这个过程中，如果在执行 new 操作之后、执行 delete 操作之前发生异常，则有可能导致内存泄漏。

为了解决此类问题，标准库中提供了一个名为 auto_ptr 的模板类，用于为动态分配的对象提供针对异常的安全性，这样即使在发生异常的情况下，也能避免内存泄漏。

auto_ptr类是带有单个类型形参的模板类，其定义放在标准库头文件memory中。

一个auto_ptr类对象保存一个对象指针，可用于管理由new操作返回的单个对象。当一个auto_ptr类对象中保存了某个目标对象的指针时，我们就说该auto_ptr类对象被绑定到该目标对象，或者说该auto_ptr类对象指向了该目标对象。auto_ptr类类对象与其所指向的目标对象之间的关系，类似于普通对象指针与该指针所指向的基础对象之间的关系。但是，当auto_ptr类对象因生命期结束而被撤销时，该对象的析构函数会对该对象中所保存的对象指针进行delete操作，从而删除auto_ptr类对象所指向的目标对象。这一点与普通对象指针有区别：普通对象指针因生命期结束而被撤销时，通常并不会自动删除其所指向的基础对象。因此，auto_ptr类对象克服了普通对象指针的不足，使得在发生异常的情况下也能避免内存泄漏。auto_ptr类是体现RAII技术的一个极好例子。

下面简单介绍auto_ptr类提供的主要操作。

三个构造函数，用不同方式创建auto_ptr类对象，其使用形式如下：

auto_ptr<T> ap;　　使用默认构造函数，创建名为ap、可管理T类目标对象的auto_ptr类对象，ap尚未绑定到任何目标对象。

auto_ptr<T> ap (ptr);　使用带单个指针参数的构造函数，创建名为ap、可管理T类目标对象的auto_ptr类对象，且ap绑定到指针ptr所指向的对象。指针ptr指向由new操作所创建的T类对象。

auto_ptr<T> ap2 (ap1);　使用复制构造函数，根据ap1创建名为ap2、可管理T类目标对象的auto_ptr类对象，且ap2绑定到ap1原来所绑定的目标对象。注意，执行该构造函数之后，auto_ptr类对象ap1将成为未绑定的。

auto_ptr类只能用来管理由new操作返回的单个对象，不能管理动态分配的数组。

析构函数使用形式及功能如下：

~ap;　　删除所绑定的目标对象（注意，析构函数一般是在撤销auto_ptr类对象时由系统自动调用）。

赋值操作使用形式及功能如下：

ap2 = ap1;首先删除ap2原来所绑定的目标对象，然后使ap2绑定到ap1所指向的对象，使ap1成为未绑定的auto_ptr类对象。

auto_ptr类对象具有特殊的复制和赋值行为，因此不能将auto_ptr类对象存储在标准库容器中（因为标准库容器类要求在复制或赋值之后两个对象相等，而auto_ptr类不满足这一要求）。

***和->操作符**，使得auto_ptr类对象可以类似普通指针变量一样使用。

*ap　　*操作返回对auto_ptr类对象ap所绑定目标对象的引用。

ap->　　->操作返回auto_ptr类对象ap中所保存的指针（该指针实际指向ap所绑定的T类目标对象）。

三个成员函数提供其他指针操作：

ap.reset (ptr)　如果指向T类对象的指针ptr与ap中所保存指针不同，则删除ap原来所绑定的目标对象，并将ap绑定到指针ptr所指向的对象。

ap.release ( )　返回ap所保存的指针且使ap成为未绑定的。

ap.get ()　　返回ap所保存的指针。

下面给出一个使用 auto_ptr 类的例子：

```
// ******************************************************
// auto_ptrDemo.cpp
// 功能：演示标准库中 auto_ptr 类的使用
// ******************************************************
#include <iostream>
#include <memory>
#include <string>

using namespace std;

class DemoClass {
public:
    DemoClass(const string objname) : name(objname)
    {
        cout << "construcing DemoClass object..." << endl;
    }

    ~DemoClass()
    {
        cout << "destructing DemoClass object: " << name << endl;
    }

    string who()
    {
        return name;
    }

private:
    string name;
};

void f()
{
    // 创建一个 auto_ptr 对象，用该对象指向一个动态创建的 DemoClass 对象
    auto_ptr<DemoClass> dcPtr1(new DemoClass("dcobj"));

    cout << "name of the DemoClass object constucted: "
       << dcPtr1->who() << endl;

    // 创建另一个 auto_ptr 对象，将 dcPtr1 复制给该对象
    auto_ptr<DemoClass> dcPtr2(dcPtr1);

    cout << "name of the DemoClass object to which dcPtr2 points: "
        << (*dcPtr2).who() << endl;

    throw 8;  // 抛出一个 int 型异常
}

int main()
{
    try {
        f();  // 调用有可能产生异常的函数 f
    }
    catch (int) { // 捕获 int 型异常
        cout << "an int exception occurred!" << endl;
    }

    cout << "end of main" << endl;

    return 0;
}
```

上述程序的输出为：

```
construcing DemoClass object...
name of the DemoClass object constucted: dcobj
name of the DemoClass object to which dcPtr2 points: dcobj
destructing DemoClass object: dcobj
an int exception occurred!
end of main
```

请注意，在发生异常导致函数 f 的执行提前终止时，自动地撤销了动态分配的 DemoClass 类对象，这充分说明 auto_ptr 类的使用能够防止内存泄漏，提高程序的异常安全性。

12.2.3　标准库异常类

标准库中的函数和类在程序运行时也会发生异常。为了报告这些异常，标准库中定义了一些标准异常类，这些类组织成如图 12-2 所示的继承层次。

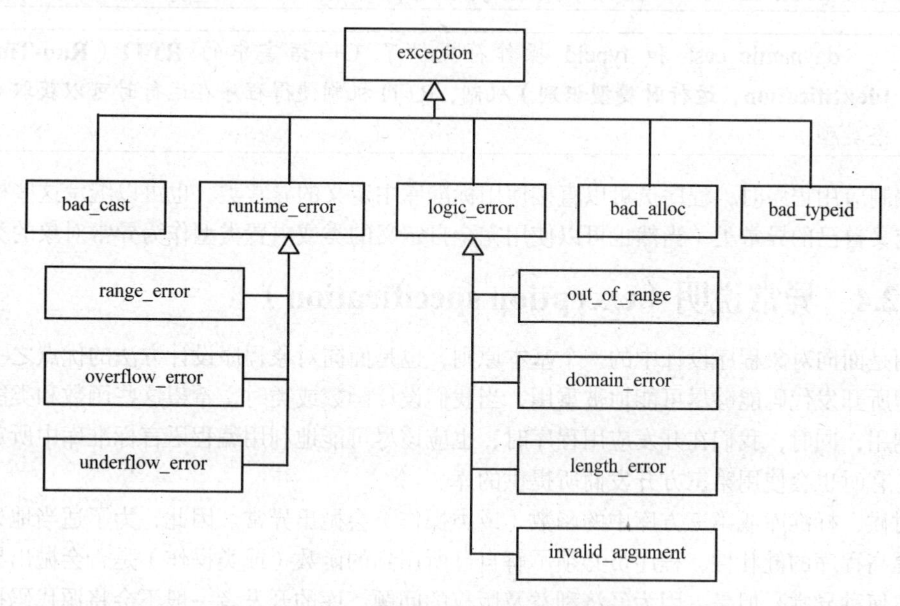

图 12-2　标准库中定义的异常类层次

其中，类 exception 在头文件 exception 中定义，作为所有标准库异常类的根类。该类定义了一个名为 what 的成员函数，该函数为虚函数，返回一个 const char*对象，描述异常的相关信息。exception 类的每个派生类重定义了 what 函数，以表示不同类型的异常信息。因此，若捕获了基类异常对象的引用，则对 what 函数的调用将体现多态性，根据异常对象的实际类型执行相应派生类中定义的 what 版本。

类 logic_error 和 runtime_error 以及它们的派生类在头文件 stdexcept 中定义。

runtime_error 表示只能在程序执行时发现的错误，如硬件故障或内存耗尽等情况，这类错误只有在程序运行时才能检测到。runtime_error 的派生类分别表示各类更为具体的运行时错误：range_error 表示生成的结果超出了有意义的值域范围；overflow_error 表示运算上溢；underflow_error 表示运算下溢。

logic_error 表示程序逻辑中的错误，如传递的实参非法等，这类错误通常是可在程序运行前检测到的问题，可以通过编写正确的代码来避免。logic_error 的派生类分别表示各类更为具体的逻辑错误：out_of_range 表示使用了超出有效范围的值，如数组下标越界；domain_error 表示违反了函数的前置条件；length_error 类表示试图创建长度大于所允许的最大长度的对象（例如创建 string 对象时若给定的字符串太长则会抛出 length_error 异常）；invalid_argument 类表示传递给函数的实参是无效的。

bad_alloc 在头文件 new 中定义，表示 new 操作因无法分配内存而抛出的异常。

bad_cast 类和 bad_typeid 类在头文件 typeinfo 中定义，前者表示由 dynamic_cast 操作抛出的异常，后者表示由 typeid 操作抛出的异常。

dynamic_cast 是 C++语言中的一个操作符，用于将基类类型的指针或引用转换为同一继承层次中后代类类型的指针或引用。执行 dynamic_cast 操作时进行运行时类型检查，如果被转换的指针或引用所绑定的对象不是目标类型的对象，则 dynamic_cast 失败。如果转换到引用的 dynamic_cast 失败，则抛出 bad_cast 类型的异常。typeid 也是 C++语言中的一个操作符，用于在程序运行时获取表达式的类型信息。如果 p 为 0 值指针，且 p 的类型是带虚函数的类型，则执行 typeid (*p)将抛出一个 bad_typeid 异常。

daynamic_cast 和 typeid 操作符提供了 C++语言中的 **RTTI（Run-Time Type Identification，运行时类型识别）**机制，RTTI 机制使得程序在运行时可以获取对象的动态类型。

在编制应用程序时，程序员可以直接使用标准库中定义的异常类，也可以继承这些标准库异常类而定义自己的异常类（当然也可以使用完全自定义的类或内置类型作为异常对象的类型）。

12.2.4 异常说明（exception specification）

重用是面向对象程序设计中的一个基本原则，也是面向对象程序设计方法的优点之一。通常我们希望所开发代码能够尽可能地被重用，当我们设计函数或类时，希望这些函数和类能够被其他人所利用；同时，我们在开发应用程序时，也应该尽可能地利用编程语言标准库中所定义的函数和类，有时也会使用第三方开发商所提供的库。

有时候，标准库或第三方库中的函数（或类操作）会抛出异常。因此，为了适当地处理这些异常以提高程序的健壮性，程序员必须了解自己所用到的函数（或类操作）是否会抛出异常，以及会抛出何种异常。但是，因为经济利益及版权的问题，库的开发者一般不会将源代码提供给用户，因此使用库函数的程序员无法通过阅读代码、查找 throw 语句来获知函数所抛出的异常（况且这种方式也非常麻烦）。因此，编程语言应该提供某种机制，使得函数的开发者能够对函数所抛出的异常加以说明，而函数的使用者能够获取这种说明。基于这一需要，C++语言提供了异常说明机制，支持在函数原型中对函数是否会抛出异常以及会抛出何种异常进行说明。这样一来，函数的开发者就可以将带有异常说明的函数原型放在头文件中提供给使用者。

异常说明的形式如下：

```
throw (异常类型列表)
```

在保留字 throw 之后跟着一个由圆括号括住的异常类型列表，其中包含由逗号分隔的类型名。异常说明放在函数原型中形参表的后面。

例如：

```
int f1 () throw (logic_error);
```

该函数原型表示，f1 是返回 int 型值的无参函数。该函数在运行时有可能抛出异常，如果抛出异常，被抛出的异常将是 logic_error 类对象，或者是 logic_error 派生类的对象。

异常声明是函数接口的组成部分，因此在函数定义及对应函数原型中的异常说明应该完全相同。

异常类型列表可以为空。如果此列表为空，表示该函数不抛出任何异常，而不带异常说明的函数则可以抛出任意类型的异常。

注意

如果一个函数违背了自己的异常说明（例如抛出了在其异常说明列表中没有列出的某种异常），编译器不会给出任何提示（其原因在于，函数是否抛出异常以及抛出何种异常，只有在程序运行时才能检测到，因此在编译时无法对函数是否违背异常说明进行检查）。但是在这种情况下，编译器可以保证调用标准库函数 unexpected，该函数默认调用函数 terminate，而 terminate 函数在默认情况下会调用 abort 函数而结束程序的执行。

1. 成员函数的异常说明

上面给出的例子是普通游离函数（非成员函数），对于类的成员函数而言，同样也可以带有异常说明，该异常说明同样也出现在函数的形参表之后。但值得注意的是，如果成员函数为 const 函数，则异常说明应该放在保留字 const 之后。如下例所示：

```
// 标准库中所定义的bad_alloc类
class bad_alloc : public exception {
public:
    bad_alloc() throw();
    bad_alloc(const bad_alloc &) throw();
    bad_alloc & operator=(const bad_alloc &) throw();
    virtual ~bad_alloc() throw();
    virtual const char* what() const throw();
};
```

这个类定义指明，bad_alloc 类中定义的所有成员都不抛出异常。

2. 虚函数的异常说明

一般而言，派生类中重定义的虚函数，其函数原型应该与基类中对应虚函数的原型相同。但是二者的异常说明可以不同，只要派生类虚函数的异常说明比对应基类虚函数的异常说明更严格即可。所谓的“更严格”，指的是派生类虚函数不能在异常说明列表中增加新的异常类型，但可以减少异常说明列表中的异常类型。也就是说，基类虚函数的异常列表是派生类中对应虚函数的异常列表的超集，执行派生类中的虚函数时，不会比执行基类中对应虚函数抛出更多类型的异常。

通过基类类型的指针或引用调用虚函数时，进行函数的动态绑定。上述限制保证，虚函数的派生类版本不会比对应基类版本抛出更多的异常，这就使得在编写异常处理代码时，只需涉及在基类中指定的异常，而无需考虑继承层次中的后代类，从而保证对虚函数所能够抛出异常的处理是完备的，不会因漏掉对某些异常的处理而导致程序运行时行为的不确定。

12.3 应用举例

问题

四则运算是小学数学中的重要内容，小学数学教师在讲授四则运算的过程中，需要帮助学生进行大量的练习和测试。你有一位朋友是小学数学教师，知道你正在学习 C++，因此希望你能编制一个这样的练习程序，用来帮助学生进行四则运算练习。

分析与设计

因为这个程序是给小学生用的，因此你决定将它编制得有趣一点，打算采用以下方式来帮助学生学习：程序开始后，首先给出一个主菜单，让用户选择是使用计算器、开始计算游戏，还是结束程序，如果选择使用计算器，可以重复进行计算，每次由用户选择一种运算并输入两个数，程序则给出计算结果，直到用户选择结束为止；如果选择开始计算游戏，则重复下述过程：程序随机给出一个计算题目，用户输入相应的答案，程序根据答案正确与否给出相应提示，直至用户选择结束为止；如果用户在主菜单中选择结束程序，则程序运行结束。

程序的运行逻辑如图 12-3 所示。

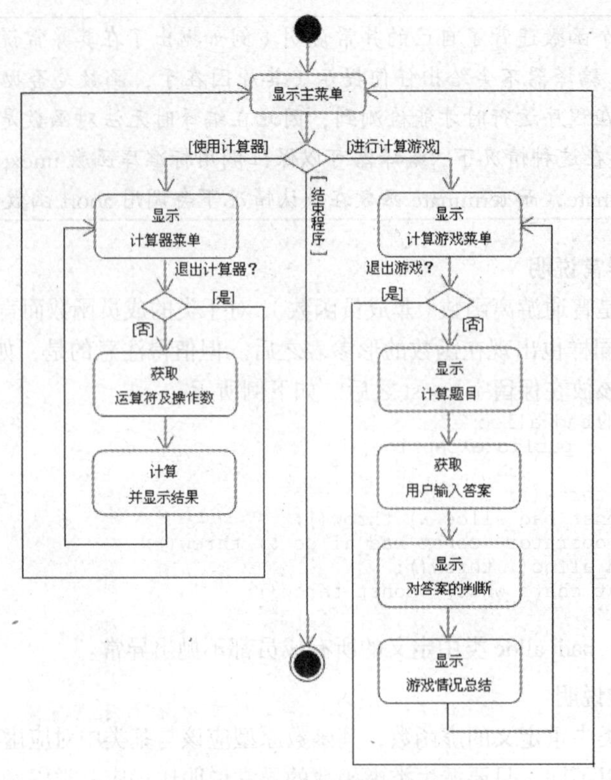

图 12-3　四则运算练习程序的活动图

考虑设计一个 Expression 类来表示四则运算表达式：该类具有三个数据成员，分别表示当前表达式所对应的左右操作数和运算符。该类提供如下操作：

默认构造函数，用于构造对应于四则运算表达式 0 + 0 的 Expression 类对象；

带参数的构造函数，用给定参数构造 Expression 类对象；

操作 getLhOperand，getRhOperand 和 getOp，分别返回三个数据成员的值；

操作 execute，执行数据成员所构成的四则运算，返回结果；

操作 setLhOperand，setRhOperand 和 setOp，分别设置三个数据成员的值。

设计一个计算器类 Calculator，包含一个 Expression 类对象作为数据成员。该类提供如下操作：

printMenu	显示计算器功能提示菜单
run	实现计算器功能

设计一个计算游戏类 ArithGame，包含一个 Expression 类对象作为数据成员。该类提供如下操作：

printMenu	显示计算游戏提示菜单
createProblem	随机产生一个四则计算问题
run	实现计算游戏功能

实现计算器和计算游戏功能时，使用 Expression 类对象来完成实际与计算相关的操作。

此外，设计一个独立函数 printMainMenu，用于显示功能提示主菜单。

程序代码

```
// ************************************************************
// arithExercise.cpp
// 功能： 实现小学四则运算练习程序
//       其中对除 0 异常及运算符异常进行处理
// ************************************************************
```

```
#include "expression.h"
#include "calculator.h"
#include "arithGame.h"
#include <iostream>

using namespace std;

void printMainMenu();

int main()
{
   char choice;

   cout << "Program for primary scholar start!" << endl
        << "This program can perform arithmetical calculations for you." << endl
        << "You could also choose play calculation games." << endl;

   do {
      printMainMenu();          // 显示功能提示主菜单
      cin >> choice;            // 获取用户选择
      cin.ignore(80, '\n');     // 跳过当前输入行中剩余的输入数据

      if (choice == 'q' || choice == 'Q') { // 用户选择结束程序
         cout << "Program terminates." << endl;
         break;
      }

      if (choice == 'c' || choice == 'C') {       // 用户选择使用计算器
         Calculator cal; // 创建计算器对象
         cal.run();      // 运行计算器
      }
      else if (choice == 'g' || choice == 'G') { // 用户选择计算游戏
         ArithGame game; // 创建计算游戏对象
         game.run();     // 运行计算游戏
      }
      else
         cout << "Invalid choice!" << endl;
   } while (true);

   return 0;
}

void printMainMenu()
// 显示功能提示主菜单
{
   cout << endl;
   cout << "  ***************************************************"
        << endl;
   cout << "                 c ------ run calculator          " << endl
        << "                 g ------ play game               " << endl
        << "                 q ------ quit                    " << endl;
   cout << "  ***************************************************"
        << endl;
   cout << endl;
   cout << "Please choose the action you want:" << endl;
}

// ******************************************************************
// expression.h
// 算术表达式类 Expression 的头文件
// ******************************************************************

#ifndef EXPRESSION_H
#define EXPRESSION_H

#include <stdexcept>  // 使用类 runtime_error 和 invalid_argument

class Expression {
public:
   Expression ();
   // 默认构造函数
```

```
    // 后置条件:
    //     该对象的数据成员 lhOperand、rhOperand 和 op 分别置为 0、0 和'+'

    Expression (int lhs, int rhs, char theOp)
                                        throw(std::invalid_argument);
    // 带参数的构造函数
    // 后置条件:
    //     如果 theOp 为字符'+'、'-'、'*'、'/'之一，则该对象
           的数据成员 lhOperand、rhOperand 和 op 分别置为 lhs、rhs 和 theOp
    //     否则，函数抛出一个 invalid_argument 异常

    double getLhOperand() const;
    // 获取当前对象中的左操作数
    // 后置条件:
    //     函数返回值为该对象的数据成员 lhOperand

    double getRhOperand() const;
    // 获取当前对象中的右操作数
    // 后置条件:
    //     函数返回值为该对象的数据成员 rhOperand

    char getOp() const;
    // 获取当前对象中的操作符
    // 后置条件:
    //     函数返回值为该对象的数据成员 op

    void setLhOperand(int lhs);
    // 设置左操作数
    // 后置条件:
    //     该对象的数据成员 lhOperand 置为 lhs

    void setRhOperand(int rhs);
    // 设置右操作数
    // 后置条件:
    //     该对象的数据成员 rhOperand 置为 rhs

    void setOp(char theOp) throw(std::invalid_argument);
    // 设置操作符
    // 后置条件:
    //     如果 theOp 为字符'+'、'-'、'*'、'/'之一，
           则该对象的数据成员 op 置为 theOp;
    //     否则，函数抛出一个 invalid_argument 异常

    double execute() const throw(std::logic_error);
    // 返回表达式的计算结果值
    // 后置条件:
    //     如果该对象的数据成员 op 的值为'/'，且 rhOperand 的值为 0，
    //     则抛出一个 logic error 异常；否则，
    //     函数返回值 == 由数据成员 lhOperand、rhOperand 和 op 构成的算术表达
    //     式“lhOperand op rhOperand”的计算结果

private:
    int lhOperand, rhOperand;
    char op;
};

#endif

// ***************************************************************
// calculator.h
// 计算器类 Calculator 的头文件
// ***************************************************************

#ifndef CALCULATOR_H
#define CALCULATOR_H

#include "expression.h"

class Calculator {
public:
    Calculator() : exp(0, 0, '+')
```

```
    // 默认构造函数
    // 后置条件:
    //      成员对象 exp 的数据成员 lhOperand、rhOperand 和 op 分别置为 0、0 和'+'
    {
    }

    void printMenu() const;// 显示计算器功能提示菜单
    void run();// 运行计算器

private:
    Expression exp;    // 当次计算所对应的算术表达式
};

#endif

// ************************************************************
// arithGame.h
// 计算游戏类 ArithGame 的头文件
// ************************************************************

#ifndef ARITHGAME_H
#define ARITHGAME_H

#include "expression.h"

class ArithGame {
public:
    ArithGame() : exp(0, 0, '+')
    // 默认构造函数
    // 后置条件:
    //      成员对象 exp 的数据成员 lhOperand、rhOperand 和 op 分别置为 0、0 和'+'
    {
    }

    void printMenu();// 显示计算游戏提示菜单
    void run();// 运行计算游戏

    void createProblem();
    // 随机产生一个四则计算问题,用该问题设置成员表达式对象 exp
    // 后置条件:
    //      exp 的数据成员 lhOperand、rhOperand 和 op 被设置成适当的随机值

private:
    Expression exp;    // 当前游戏所对应的算术表达式
};

#endif

// ************************************************************
// expression.cpp
// 算术表达式类 Expression 的实现文件
// ************************************************************

#include "expression.h"
#include <stdexcept>  // 使用类 runtime_error 和 invalid_argument
#include <iostream>
#include <cmath>   // 使用函数 fabs

Expression::Expression ()
// 默认构造函数
// 后置条件:
//      该对象的数据成员 lhOperand、rhOperand 和 op 分别置为 0、0 和'+'
{
    lhOperand = 0;
    rhOperand = 0;
    op = '+';
}

Expression::Expression (int lhs, int rhs, char theOp)
throw(std::invalid_argument)
// 带参数的构造函数
```

```
// 后置条件:
//     如果 theOp 为字符'+'、'-'、'*'、'/'之一,
//     则该对象的数据成员 lhOperand、rhOperand 和 op 分别置为 lhs、rhs 和 theOp
//     否则, 函数抛出一个 invalid_argument 异常
{
    if (theOp != '+' && theOp != '-'
                     && theOp != '*' && theOp != '/') {
        throw std::invalid_argument("invalid operator");
    }
    else {
        lhOperand = lhs;
        rhOperand = rhs;
        op = theOp;
    }
}

double Expression::getLhOperand() const
// 获取当前对象中的左操作数
// 后置条件:
//     函数返回值为该对象的数据成员 lhOperand
{
    return lhOperand;
}

double Expression::getRhOperand() const
// 获取当前对象中的右操作数
// 后置条件:
//     函数返回值为该对象的数据成员 rhOperand
{
    return rhOperand;
}

char Expression::getOp() const
// 获取当前对象中的操作符
// 后置条件:
//     函数返回值为该对象的数据成员 op
{
    return op;
}

void Expression::setLhOperand(int lhs)
// 设置左操作数
// 后置条件:
//     该对象的数据成员 lhOperand 置为 lhs
{
    lhOperand = lhs;
}

void Expression::setRhOperand(int rhs)
// 设置右操作数
// 后置条件:
//     该对象的数据成员 rhOperand 置为 rhs
{
    rhOperand = rhs;
}

void Expression::setOp(char theOp) throw(std::invalid_argument)
// 设置操作符
// 后置条件:
//     如果 theOp 为字符'+'、'-'、'*'、'/'之一, 则该对象的数据成员 op 置为 theOp;
//     否则, 函数抛出一个 invalid_argument 异常
{
    if (theOp != '+' && theOp != '-'
                     && theOp != '*' && theOp != '/') {
        throw std::invalid_argument("invalid operator");
    }
    else
        op = theOp;
}

double Expression::execute() const throw(std::logic_error)
```

```
// 返回表达式的计算结果值
// 后置条件:
//     如果该对象的数据成员 op 的值为'/'，且 rhOperand 的值为 0，则抛出一个 logic_error 异常;
//     否则，函数返回值 == 由数据成员 lhOperand、rhOperand 和 op 构成的算术表达
//     式“lhOperand op rhOperand”的计算结果
{
    switch (op) {
        case '+': return lhOperand + rhOperand;
        case '-': return lhOperand - rhOperand;
        case '*': return lhOperand * rhOperand;
        case '/': if (rhOperand == 0) {
                        // 除数为 0
                        throw std::logic_error("the divisor was 0");
                    }
                    else {
                        return  (double)lhOperand / rhOperand;
                    }
    }
}

// *************************************************************
// calculator.cpp
// 计算器类 Calculator 的实现文件
// *************************************************************

#include "calculator.h"
#include <iostream>
#include <stdexcept>  // 使用 runtime_error 和 invalid_argument 类
using namespace std;

void Calculator::printMenu() const
// 显示计算器功能提示菜单
{
    cout << endl;
    cout << "   ***************************************************"
        << endl;
    cout << "                  + ------ add                    " << endl
        << "                  - ------ subtract                " << endl
        << "                  * ------ multiply                " << endl
        << "                  / ------ divide                  " << endl
        << "                  q ------ quit                    " << endl;
    cout << "   ***************************************************"
        << endl;
    cout << endl;
    cout << "Please choose the calculation you want:" << endl;
}

void Calculator::run()
// 运行计算器
{
    char op;  // 运算符

    do {
        printMenu();                     // 显示计算器功能提示菜单
        cin >> op;                       // 获取用户选择的计算
        cin.ignore(80, '\n');            // 跳过当前输入行中剩余的输入数据

        if (op == 'q' || op == 'Q') // 用户选择退出计算器
            break;

        try {  // 检测异常
            exp.setOp(op);               // 设置当次计算的操作符
        }
        catch (invalid_argument e) {// 处理异常
            cout << "Exception occurred: " << e.what() << endl;
            continue;
        }

        int lhNumber, rhNumber; // 左右操作数
        // 提示用户输入操作数并获取用户输入
        cout << "Please enter two integers" << endl;
```

```
        cin >> lhNumber >> rhNumber;
        if (!cin) { // cin 处于失效状态
            cout << "Invalid input!" << endl;
            cin.clear();              // 使 cin 恢复到有效状态
            cin.ignore(80, '\n');     // 跳过当前输入行中剩余的输入数据
            continue;
        }

        cin.ignore(80, '\n');          // 跳过当前输入行中剩余的输入数据

        // 设置当次计算的左右操作数
        exp.setLhOperand(lhNumber);
        exp.setRhOperand(rhNumber);

        double result;
        // 执行计算并输出结果
        try { // 检测异常
            result = exp.execute();
            cout << lhNumber << " " << op << " " << rhNumber
                 << " is " << result << endl;
        }
        catch (runtime_error e) {  // 处理异常
            cout << "Exception occurred: " << e.what() << endl;
        }
    } while (true);
}

// ***********************************************************
// arithGame.cpp
// 计算游戏类 ArithGame 的实现文件
// ***********************************************************

#include "arithGame.h"
#include <iostream>
#include <stdexcept> // 使用 runtime_error 和 invalid_argument 类
#include <cstdlib>   // 使用函数 srand 和 rand
#include <ctime>     // 使用 time_t 类型和 time 函数
#include <cmath>     // 使用 fabs 函数
#include <iomanip>
using namespace std;

void ArithGame::printMenu()
// 显示计算游戏提示菜单
{
    cout << endl;
    cout << "  **************************************************"
         << endl;
    cout << "                n ------ new game                  " << endl
         << "                q ------ quit                       " << endl;
    cout << "  **************************************************"
         << endl;
    cout << endl;
    cout << "Please choose the action you want:" << endl;
}

void ArithGame::run()
// 运行计算游戏
{
    int games = 0;                     // 游戏计数
    int correctGames = 0;              // 答案正确的游戏计数
    int errorGames = 0;                // 答案错误的游戏计数

    do {
        printMenu();
        char action;
        cin >> action;
        cin.ignore(80, '\n');          // 跳过当前输入行中剩余的输入数据

        if (action == 'q' || action == 'Q') { // 用户选择退出计算游戏
            // 显示游戏情况总结
            cout << endl;
```

```
        cout << "Total games you have played: " << games << endl
            << "Games you won: " << correctGames << endl
            << "Games you lost: " << errorGames << endl
            <<"Invalid answers:" "
            << games - correctGames - errorGames << endl;
        break;
    }

if (!(action == 'n' || action == 'N')) {// 用户选择无效
    cout << "Invalid choice!" << endl;
}
else { // 用户选择开始新游戏
    games++;    //游戏次数加 1

    createProblem();    // 随机生成一个问题

    // 显示问题
    cout << "Problem: " << endl;
    cout << exp.getLhOperand() << " " << exp.getOp() << " "
        << exp.getRhOperand() << " = ?" << endl;

    double answer;
    // 提示输入答案
    cout << "Enter your answer";
    if (exp.getOp() == '/') {
        cout << "(Round the result of division to 2 digit after the point)";
    }
    cout << ":" << endl;

    // 获取答案
    cin >> answer;
    if (!cin) {  // cin 处于失效状态
        cout << "Invalid input!" << endl;
        cin.clear();                    // 使 cin 恢复到有效状态
        cin.ignore(80, '\n');           // 跳过当前输入行中剩余的输入数据
        continue;
    }

    cin.ignore(80, '\n');               // 跳过当前输入行中剩余的输入数据

    double result;
    try {
        result = exp.execute();      // 执行计算
        double nearResult = result;  // 运算的近似结果

        // 除运算的结果四舍五入到保留 2 位小数
        if (exp.getOp() == '/') {
            nearResult = long(result * 100 + 0.5) / 100.0;
        }

        // 验证答案并给出提示
        if (fabs(nearResult - answer) < 0.01) {     // 答案正确
                                        // 注意：对实数一般不进行相等比较
            cout << "Congratulation! You won!" << endl;
            correctGames++;
        }
        else {
          cout << "Sorry! You lost a game!" << endl;
            cout << "The right answer is " ;

            if (exp.getOp() == '*') {
              // 设置普通计数法输出乘运算的精确结果
              cout.setf(ios::fixed);
              cout << long(result) << endl;
              cout.unsetf(ios::fixed); // 恢复默认输出格式
            }
            else {
              cout << result << endl;
            }

            errorGames++;
```

```
            }
        }
        catch (runtime_error e) {       // 处理除 0 异常
            cout << "Exception occurred: " << e.what() << endl;
        }
        }
    } while (true);
}

void ArithGame::createProblem()
// 随机产生一个四则计算问题，用该问题设置成员表达式对象 exp
// 后置条件:
//      exp 的数据成员 lhOperand、rhOperand 和 op 被设置成适当的随机值
{
    int lhNumber, rhNumber;

    time_t t;    // 时间对象

    // time 获取当前系统时间（从 1970-1-1 00:00:00 至今经过的秒数）
    // srand 将该系统时间设置为随机数发生器的种子
    srand((unsigned)time(&t));

    char op;
    // 产生一个随机数以确定操作符
    switch (rand() % 4) {  // rand 产生一个 0 到 RAND_MAX 之间的伪随机整数
                          // RAND_MAX 是 cstdlib 中定义的一个常量，值为 0x7fff
        case 0:op = '+';
               break;
        case 1:op = '-';
               break;
        case 2:op = '*';
               break;
        case 3:op = '/';
               break;
    }

    // 产生一个随机数作为左操作数
    srand((unsigned)time(&t)-10000); // -10000 是为了使产生的两个随机数
                                     // 区别较大
    lhNumber = rand();

    // 产生另一个随机数作为右操作数
    srand((unsigned)time(&t)+10000); // +10000 是为了使产生的两个随机数
                                     // 区别较大
    rhNumber = (rand() + lhNumber) % 0x8000 ;

    // 将操作数限制为三位以内的整数
    lhNumber = lhNumber % 1000;
    rhNumber = rhNumber % 1000;

    // 设置计算器
    exp.setLhOperand(lhNumber);
    exp.setRhOperand(rhNumber);
    exp.setOp(op);
}
```

请注意程序中有关异常处理的代码：

Expression 类的带参数构造函数和 setOp 操作在执行时有可能碰到表示操作符的参数无效的情况，此时这两个成员函数抛出 invalid_argument 异常；

Expression 类的 execute 操作在执行时有可能碰到除数为 0 的情况，此时该成员函数抛出 runtime_error 异常。

使用 Expression 类的时候，将这些有可能抛出异常的操作放在 try 块中，以便对异常进行检测，一旦真的发生了异常，由相应的 catch 子句捕获并处理这些异常。

该程序的一次执行实例如下（其中带下划线的部分为用户输入）：

```
Program for primary scholar start!
This program can perform arithmetical calculations for you.
```

```
You could also choose play calculation games.

    ************************************************
                c ------ run calculator
                g ------ play game
                q ------ quit
    ************************************************

Please choose the action you want:
c

    ************************************************
                + ------ add
                - ------ subtract
                * ------ multiply
                / ------ divide
                q ------ quit
    ************************************************

Please choose the calculation you want:
+
Please enter two integers
123 456
123 + 456 is 579

    ************************************************
                + ------ add
                - ------ subtract
                * ------ multiply
                / ------ divide
                q ------ quit
    ************************************************

Please choose the calculation you want:
/
Please enter two integers
234 0
Exception occurred: the divisor was 0

    ************************************************
                + ------ add
                - ------ subtract
                * ------ multiply
                / ------ divide
                q ------ quit
    ************************************************

Please choose the calculation you want:
x
Exception occurred: invalid operator

    ************************************************
                + ------ add
                - ------ subtract
                * ------ multiply
                / ------ divide
                q ------ quit
    ************************************************

Please choose the calculation you want:
q

    ************************************************
                c ------ run calculator
                g ------ play game
                q ------ quit
    ************************************************

Please choose the action you want:
g
```

```
    *************************************************
                  n ------ new game
                  q ------ quit
    *************************************************

Please choose the action you want:
n
Problem:
530 - 835 = ?
Enter your answer:
-305
Congratulation! You won!

    *************************************************
                  n ------ new game
                  q ------ quit
    *************************************************

Please choose the action you want:
n
Problem:
611 / 998 = ?
Enter your answer(Round the result of division to 2 digit after the point):
0.61
Congratulation! You won!

    *************************************************
                  n ------ new game
                  q ------ quit
    *************************************************

Please choose the action you want:
q

Total games you have played: 2
Games you won: 2
Games you lost: 0
Invalid answers: 0

    *************************************************
                  c ------ run calculator
                  g ------ play game
                  q ------ quit
    *************************************************

Please choose the action you want:
q
Program terminates.
```

上述实例针对的是小学生所能掌握的四则运算，且主要关注的是程序中的异常处理。因此为了简化代码，上述程序中的计算游戏只自动产生三位以内整数四则运算题目，并且除运算结果只保留两位小数。读者可以尝试进一步扩展该程序的处理能力。

习　题

12-1 叙述本章中提及的五类常见异常（new 操作无法获取所需内存，数组下标越界，运算溢出，除数为 0，函数实参无效），并给出相应的异常处理方案。

12-2 异常处理适用于哪些场合，不适用于哪些场合？

12-3 下面各 throw 语句中，被抛出异常的类型是什么？

```
(a)  logic_error le("logic error");
     throw le;
(b)  logic_error *p = &le;
     throw *p;
(c)  exception *p = &le;
```

```
    throw *p;
```

12-4 下面代码中有错误吗？为什么？

```
void f() thow (logic_error)
{
    logic_error le("logic error");
    logic_error *p = &le;
   throw p;
}
```

12-5 下列函数可以抛出哪些类型的异常？

```
(a) void f1() throw(runtime_error);
(b) int f2(int) throw(invalid_argument, overflow_error);
(c) char f3(string) throw();
(d) void f4();
```

12-6 设计并实现下面的类 NoName：该类包含一个嵌套类 MyException，该类的成员函数 memFun 抛出一个 MyException 类异常。MyException 类具有一个 string 型数据成员 inf，并有一个成员函数 what 返回成员 inf。编写一程序使用 NoName 类的成员函数 memFun，并显示所产生异常的信息。

12-7 编一程序演示异常对象的使用过程：

抛出异常时，生成和初始化 throw 语句所抛出对象的一个临时副本，然后使用该临时对象初始化 catch 形参对象，异常处理代码执行完毕时删除该临时对象。

如果 catch 形参为对象引用，则上述过程有何变化？同样，编写一程序加以说明。

12-8 为本章中出现的不带异常说明的函数加上适当的异常说明。

12-9 编一带异常说明的函数 f，该函数抛出 int，float，double 及 MyException 类型的异常。在主函数中调用函数 f，捕获 f 抛出的所有异常并分别进行适当处理。

12-10 假设有如下三个类：类 A 具有一个 B 类对象数据成员，类 B 具有一个 C 类对象数据成员，类 C 的构造函数抛出 std::exception 类型异常，类 A 的构造函数抛出 std::runtime 类型异常。给出这三个类的实现，并编写一程序，在主函数中捕获并处理创建 A 类对象时产生的异常。

第13章 模板

在C++语言中，继承、组合、模板都是可以实现代码重用的方法，但属于不同的层次：模板对源代码（编译之前的代码）进行重用，而继承和组合则重用对象代码（编译之后产生的目标代码）。本章将介绍模板的相关概念及使用方法。

13.1 泛型编程概述

所谓**泛型编程（generic programming）**，是指以独立于任何特定类型的方式编写代码，到使用泛型代码时，再由程序员指定代码实例所操作的具体类型。

泛型编程使得程序员所编写的代码能够在编译时跨越不相关的类型，同样的代码可以用来操纵多种类型的对象。

标准库中的容器、迭代器和算法是泛型编程极好的例子。例如，每种容器（如 vector）都有单一的定义，但可以定义不同种类的具体 vector，这些具体 vector 类型之间的区别在于其中所包含元素的类型不同。

在C++语言中，模板是泛型编程的基础。C++中的模板包括**类模板（class template）和函数模板（function template）**。模板被用作创建类或函数的模型（类似于使用模型铸造产品），通过使用模板，程序员可以用相同的源代码段来获取一组相互重载的函数或一组相关的类。

13.2 函数模板

如果在程序中需要交换两个变量的值，我们通常可以定义诸如swap这样的函数来完成。例如：

```
void swap(int& v1, int& v2)
// 交换 int 型变量 v1 和 v2
{
    int temp;
    temp = v1;
    v1 = v2;
    v2 = temp;
}
```

但是，C++语言作为一种强类型语言，具有严格的类型机制，在编译时要进行类型检查。因此，上述函数只适用于int型变量，如果要交换两个其他类型的变量（或对象），则需要定义另外的交换函数，或者对swap函数进行重载。

```
void swap(double& v1, double& v2)
// 交换 double 型变量 v1 和 v2
{
    double temp;
    temp = v1;
    v1 = v2;
    v2 = temp;
}
```

```
void swap(string& v1, string& v2)
// 交换 string 型对象 v1 和 v2
{
    string temp;
    temp = v1;
    v1 = v2;
    v2 = temp;
}
```

这些函数非常相似，唯一的区别在于：为了处理不同类型的对象，函数形参及函数体中局部变量 temp 的类型不同。

采用这种解决方式主要有如下两个缺点。

（1）如果程序中需要进行交换的对象类型比较多，则对于每种类型都需要提供一个 swap 函数，这些函数的函数体几乎相同，从而造成代码的大量重复且容易出现错误。

（2）所有需要进行交换的对象的类型都必须是已知的，对于未知类型的对象，不能使用 swap 函数进行交换。

为了避免上述缺陷，可以使用 C++语言中提供的函数模板来获得更好的解决方案。

13.2.1　函数模板的定义

要支持对任意类型的对象进行交换，可以不用为每种类型定义一个函数，只需定义一个函数模板即可。

定义函数模板的一般语法形式为：

```
template  < 模板形参表 >
返回值类型 函数名（形式参数列表）
{
    函数体语句
}
```

函数模板的定义是在一般函数的定义之前加上一个由保留字 template 引导的**模板形参表**（**template parameter list**）。

例如，可以为交换任意类型的对象而定义如下函数模板：

```
template <typename T>
void swap(T& v1, T& v2)
{
    T temp;
    temp = v1;
    v1 = v2;
    v2 = temp;
}
```

模板形参表

模板形参表用一对尖括号括住，其中包含一个或多个**模板形参**（**template parameter**），多个模板形参之间以逗号分隔。模板形参可以是类型形参，也可以是非类型形参（非类型模板形参将在 13.4 节介绍）。类型形参由保留字 typename 或 class 引导（typename 是 C++新标准所支持的），表示一个类型。

模板类型形参相当于类型说明符（类型名字），可以出现在模板中任何需要类型名的地方。

模板形参表至少应包含一个模板形参，不能为空。对函数模板而言，模板形参表中给出的每一个模板形参都必须在函数形参表中出现。

13.2.2　函数模板的实例化

函数模板的使用在形式上与普通函数调用完全一样。例如，如果我们要交换两个 string 对象

s1 和 s2，可以通过如下语句使用函数模板 swap：

```
swap(s1, s2);
```

使用函数模板时，由编译器根据函数调用中所给出的实参类型，确定相应的模板实参。也就是说，确定使用什么类型来代替模板类型形参（或使用什么值来代替非类型形参），这一过程称为**模板实参推断（template argument deduction）**。模板实参确定之后，编译器就使用模板实参代替相应的模板形参产生并编译函数模板的一个特定版本，这一过程叫作函数模板的**实例化（instantiation）**。所产生的函数称为函数模板的一个**实例（instance）**。

例如，对于函数调用 swap(s1, s2)，编译器根据实参 s1 和 s2 的类型为 string，可以确定模板实参为 string 类型，因此使用 string 类型代替模板类型形参 T 产生并编译处理 string 类型的 swap 实例。这样一来，程序员只需编制一个函数模板，至于为处理特定类型而编写特定函数版本的工作，则由编译器自动完成，这样就减轻了程序员的工作负担。

函数模板实例化过程中不进行常规隐式类型转换，因此使用函数模板时应注意保证模板实参与模板形参完全匹配。例如，假设 iv 是 int 型变量，dv 是 double 型变量，则函数调用 swap(iv, dv) 是不合法的，因为函数模板 swap 所定义的是带两个同类型形参的函数，编译器根据函数模板 swap 无法产生函数实例 swap(int, double)。这时，编译器不会将函数实参 iv 从 int 类型隐式转换为 double 类型（这一点与普通函数调用是有区别的）。

因为函数模板 swap 中使用了赋值操作，因此使用 swap 进行对象交换的类型必须支持赋值操作，否则 swap 将不能正常工作。

因为标准库中已定义了 swap 函数，所以如果要使用自定义的函数模板 swap，可以将其定义在一个自定义名字空间（详见 4.4.4 小节）中。

例如：

```
#include <iostream>
#include <string>

using namespace std;

namespace myNamespace {
    template <typename T>
    void swap(T& v1, T& v2)
    {
        T temp;
        temp = v1;
        v1 = v2;
        v2 = temp;
    }
};

int main()
{
    string s1("abc"), s2("abd");
    myNamespace::swap(s1, s2);
    cout << s1 << s2 << endl;

    return 0;
}
```

此处的 myNamespace 是一个自定义的名字空间，其中包含一个成员：函数模板 swap。

名字空间的定义很简单，形式如下：

```
namespace 名字空间名 {
    名字空间的成员
}
```

其中，**namespace** 是保留字，名字空间的成员可以是任意可出现在全局作用域中的声明，包括类、变量（及其初始化）、函数（及其定义）、模板、其他名字空间。名字空间的成员可以是其他名字空间，意味着名字空间的定义可以嵌套。

13.2.3　函数模板与重载

根据一个函数模板可以实例化得到一系列的函数，这些函数实例是同名的，但形参表不同。因此，它们之间实际上构成了函数重载关系。

但是，同一函数模板的所有实例所体现的行为都是相同的，只是所处理对象的类型不同而已。因此，如果需要实现不同的函数行为，则可以对函数模板进行重载：定义名字相同而函数形参表不同的函数模板，或者定义与函数模板同名的非模板函数，在其函数体中完成不同的行为。

模板函数与函数重载具有不同的适用范围：前者适用于函数体中处理行为相同的情况，而后者函数体可以不同。

下面给出一个重载函数模板 swap 的例子：

```
// 为了避免与标准库中定义的 swap 函数冲突，
// 将自定义的 swap 函数放在自定义名字空间中
namespace myNamespace {
    template <typename T>
    void swap(T&, T&);

    void swap(double&, double&);
}

// 定义函数模板 swap
template <typename T>
void myNamespace::swap(T& v1, T& v2)
// 交换形参 v1 和 v2，并输出 swap 通用版本的提示
// 前置条件：
//     v1 和 v2 已创建
// 后置条件：
//     v1 == v2@entry
//     v2 == v1@entry
//     并在标准输出设备上输出字符串"enter generic version of swap()"
{
    std::cout << "enter generic version of swap()" << std::endl;

    T temp;
    temp = v1;
    v1 = v2;
    v2 = temp;
}

// 重载函数模板 swap，定义特殊的行为
void myNamespace::swap(double& v1, double& v2)
// 交换形参 v1 和 v2，并输出 swap 特殊版本的提示
// 前置条件：
//     v1 和 v2 已创建
// 后置条件：
//     v1 == v2@entry
//     v2 == v2@entry
//     在标准输出设备上输出字符串"enter special version of swap()"
{
    std::cout << "enter special swap(doubl&, double&)" << std::endl;

    double temp;
    temp = v1;
    v1 = v2;
    v2 = temp;
}
```

函数调用的静态绑定规则

对程序进行编译时，编译器根据函数调用中给定实参的类型决定调用函数的哪个具体版本。也就是说，将一个函数调用关联到特定的函数体代码，这一过程叫作**静态绑定（static binding）**。

进行函数调用的静态绑定时，编译器使用如下规则：

1）如果某一同名非模板函数的形参类型正好与函数调用的实参类型匹配，则调用该函数。否则，进入第 2 步。

2）如果能从同名的函数模板实例化一个函数实例，而该函数实例的形参类型正好与函数调用的实参类型匹配，则调用该函数实例。否则，进入第 3 步。

3）对函数调用的实参作隐式类型转换后与非模板函数再次进行匹配，若能找到匹配的函数则调用该函数。否则，进入第 4 步。

4）提示编译错误

进行函数调用静态绑定时所考虑的候选函数（及函数模板），其声明必须在调用点可见。

下面给出一个演示重载函数静态绑定的程序例子：

```
// ******************************************************************
// functMatching.cpp
// 功能： 演示重载函数的静态绑定
// ******************************************************************

#include <iostream>
#include <string>

using namespace std;

// 定义函数模板 demoFunc
template <typename T>
void demoFunc(const T v1, const T v2)
// 输出版本提示及形参 v1、v2 的值
// 前置条件：
//     v1 和 v2 已赋值
// 后置条件：
//     在标准输出设备上输出
//     字符串"the first generic version of demoFunc()"以及 v1、v2 的值
{
    cout << "the first generic version of demoFunc()" << endl;
    cout << "the arguments: " << v1 << " " << v2 << endl;
}

// 定义函数模板 demoFunc 的重载版本
template <typename T>
void demoFunc(const T v)
// 输出版本提示及形参 v 的值
// 前置条件：
//     v 已赋值
// 后置条件：
//     在标准输出设备上输出
//     字符串"the second generic version of demoFunc()"以及 v 的值
{
    cout << "the second generic version of demoFunc()" << endl;
    cout << "the argument: " << v << endl;
}

// 定义重载函数模板 demoFunc 的非模板函数
void demoFunc(const int v1, const int v2)
// 输出版本提示及形参 v1、v2 的值
// 前置条件：
//     v1 和 v2 已赋值
// 后置条件：
```

```
//    在标准输出设备上输出
//    字符串"the ordinary version of demoFunc()"以及 v1、v2 的值
{
    cout << "the ordinary version of demoFunc()" << endl;
    cout << "the arguments: " << v1 << " " << v2 << endl;
}

int main()
{
    char ch1 = 'A', ch2 = 'B';
    int iv1 = 3, iv2 = 5;
    double dv1 = 2.8, dv2 = 8.5;

    // 调用第一个函数模板的实例 demoFunc(double, double)
    demoFunc(dv1, dv2);
    demoFunc(iv1);        // 调用第二个函数模板的实例 demoFunc(int)
    demoFunc(iv1, iv2);  // 调用非模板函数 demoFunc(int, int)
    // 调用非模板函数 demoFunc(int, int)(进行隐式类型转换)
    demoFunc(ch1, iv2);

    return 0;
}
```

对上述程序进行编译时，主函数中所出现的各函数调用的静态绑定过程如下：

在调用点可见的函数包括一个非模板函数及两个函数模板。

函数调用 demoFunc(dv1, dv2)的两个实参均为 double 类型，与非模板函数的形参类型不匹配。但是，如果使用 double 类型对带两个函数形参的函数模板进行实例化，则所得函数实例的形参类型可以与该函数调用的实参类型相匹配，因此调用函数实例 demoFunc(double, double)；

类似地，函数调用 demoFunc(iv1)将调用第二个函数模板的实例 demoFunc(int)；

函数调用 demoFunc(iv1, iv2)的两个实参均为 int 类型，与非模板函数的形参类型匹配，因此调用非模板函数；

函数调用 demoFunc(ch1, iv2)的两个实参分别为 char 类型和 int 类型，与非模板函数的形参类型不匹配。而带有两个函数形参的函数模板，其两个函数形参必须是相同类型的，因而其函数实例也不能与此函数调用绑定。但是，char 类型可以隐式转换为 int 类型，因此 demoFunc(ch1, iv2) 最终绑定到非模板函数（字符 A 隐式转换为 int 型值 65）。

函数模板实例化的过程中不进行常规隐式类型转换，因此上例中如果去掉非模板函数的定义，则函数调用 demoFunc(ch1, iv2)将导致编译错误。

上述程序的输出如下：

```
the first generic version of demoFunc()
the arguments: 2.8 8.5
the second generic version of demoFunc()
the argument: 3
the ordinary version of demoFunc()
the arguments: 3 5
the ordinary version of demoFunc()
the arguments: 65 5
```

13.3　类　模　板

在程序设计中经常会用到一些**容器数据结构**（**container data structure**），所谓的容器数据结构，是指可用于存放其他对象的数据结构，其中所存放的对象又称为容器中的**元素**（**element**）。常用的容器数据结构有堆栈、列表、队列、集合、树等。这些数据结构可以用来存放不同类型的元素，它们的行为与其中所存放元素的类型无关。也就是说，不管元素是何种类型，容器的行为都是一样的。

通常可以用**抽象数据类型**（**abstract data type**）来描述这些数据结构（详见 5.4.1 小节）。

当我们在程序中实现堆栈一类的容器数据结构时，必须指定容器中所存放元素的类型（因为 C++语言是一种强类型语言）。这就导致需要为每一种元素类型编写非常类似的程序代码，既费时费力，又不利于程序的扩充和维护。

既然容器数据结构的行为独立于其中所存放元素的类型，而且在 C++语言中使用类来实现抽象数据类型，那么是否可以将数据类型作为类的参数，从而构造出可以操作任意类型元素的通用容器类呢？答案是肯定的。C++语言所提供的**类模板**（**class template**）就能满足这一需要。

13.3.1 类模板的定义

类模板的主要用途是定义容器数据结构（container data structure）。

要支持对任意类型的容器元素进行操作，可以不用为每种类型而定义一个类，只需定义一个类模板即可。

定义类模板的一般语法形式为：

```
template  < 模板形参表 >
class 类名 {
    类成员定义
};
```

由保留字 template 引导的模板形参表与函数模板中的相同。

模板类型形参相当于类型说明符（类型名字），可以出现在模板中任何需要类型名的地方。具体而言，可以用作类中数据成员的类型、成员函数的形参类型、成员函数的返回值类型、成员函数中局部对象的类型等。

由类模板定义的类又称为**泛型类**（**generic class**）、**模板类**（**template class**）或**参数化类**（**parameterized class**）。类模板描述了适用于任意类型的通用模型，从而使用同一程序代码可以用来处理多种不同类型的对象。

例如，堆栈是一种应用广泛的容器数据结构，其特点是只能在一端（堆栈的顶端，称为栈顶）进行元素的增加或删除，也就是所谓的**后进先出**（**last-in/first-out，LIFO**），如图 13-1 所示。堆栈主要用于存放那些本身只能从一端访问的元素，子弹匣、食堂里堆在一起的餐盘、烤叉上串在一起的肉块和蔬菜，都是堆栈的良好例子。

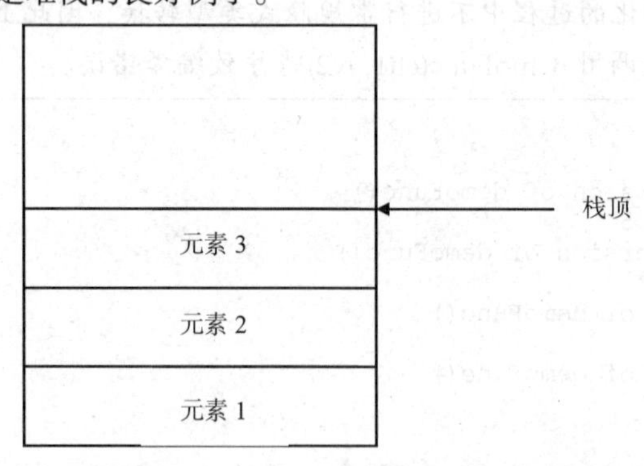

图 13-1　存放了三个元素的堆栈数据结构图

堆栈中存放的元素可以是任意类型的，但堆栈的基本操作是相同的，主要包括在栈顶增加一个元素的压入（push）操作、从栈顶删除一个元素的弹出（pop）操作、获取栈顶元素的操作、判断堆栈是否为空的操作等。因此可以定义一个堆栈类模板，描述可存放任意类型元素的通用堆栈。

堆栈中元素的存储组织方式通常有两种：一种是顺序存储方式（可以用数组实现）；另一种是

链式存储方式，用结构与指针的结合实现，如图 13-2 所示。

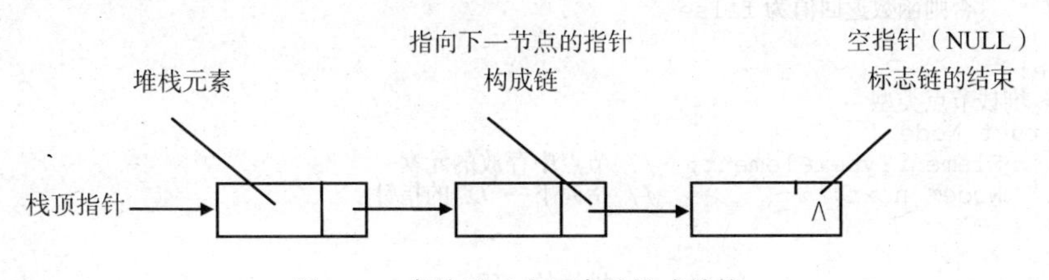

图 13-2　存放了三个元素的链式堆栈

在这种存储组织方式中，整个数据结构由若干个节点构成，每个节点包含两个部分，一部分用于存储元素数据（这部分称为**数据域**）；另一部分是一个指针，用于存放下一节点的存储地址（这部分称为**指针域**），整个结构是一个单向链表。只要获得了链表中第一个节点的存储地址（表头指针），就可以顺着指针链逐个访问到其他节点。如果指定链表中第一个节点的位置作为栈顶，则可以实现链式堆栈。

下面给出链式堆栈类模板的定义及实现：

```
// ************************************************************
// genericStack.h
// 功能：定义并实现堆栈类模板 Stack
// ************************************************************

#ifndef GSTACK_H
#define GSTACK_H

#include <new>                      // 使用其中的 bad_alloc 类
#include <stdexcept>                // 使用其中的 logic_error 类

// 以指针方式实现的堆栈类模板的定义
template <typename ElementType>
class Stack {
public:
    // 构造函数
    Stack();
    // 将栈顶置为空指针
    // 后置条件：
    //      对象的数据成员 top 置为 NULL（空指针）

    // 析构函数
    ~Stack();
    // 释放堆栈元素所占用的内存

    // 堆栈操作
    void push(ElementType obj) throw(std::bad_alloc);
    // 将元素 obj 压入堆栈
    // 前置条件：
    //      obj 已赋值
    // 后置条件：
    //      以 obj 为元素创建的新节点成为新的栈顶

    void pop() throw(std::logic_error);
    // 将当前栈顶的元素弹出堆栈
    // 前置条件：
    //      堆栈不为空
    // 后置条件：
    //      当前栈顶元素的下一节点成为新的栈顶

    ElementType getTop() const throw(std::logic_error);
    // 返回当前栈顶的元素值
    // 前置条件：
    //      堆栈不为空

    bool isEmpty() const;
    // 判断堆栈是否为空
```

```
    // 后置条件:
    //     如果堆栈为空, 则函数返回值为 true
    //     否则函数返回值为 false

private:
    // 堆栈节点类型
    struct Node {
        ElementType element;  // 节点中存放的元素
        Node* next;           // 指向下一节点的指针
    };

    Node* top;                // 堆栈的栈顶
};

// 堆栈类模板的实现
// 构造函数
template <typename ElementType>
Stack<ElementType>::Stack()
// 将栈顶置为空指针
{
    top = NULL;               // 将栈顶置为空
}

// 析构函数
template <typename ElementType>
Stack<ElementType>::~Stack()
// 释放堆栈元素所占用的内存
{
    while (top != NULL) {
        pop();
    }
}

// 堆栈操作
template <typename ElementType>
void Stack<ElementType>::push(ElementType obj)
throw(std::bad_alloc)
// 将元素 obj 压入堆栈
{
    Node* temp;

    try {
        temp = new Node;            // 创建一个新节点
        temp -> element = obj;      // 新节点的元素赋值
        temp -> next = top;         // 原来的栈顶节点作为新节点的下一节点

        top = temp;                 // 修改栈顶指针: 将新节点置为栈顶节点
    }
    catch (std::bad_alloc e) {      // 内存分配失败时进行异常处理
        throw;                      // 重新抛出异常
    }
}

template <typename ElementType>
void Stack<ElementType>::pop() throw(std::logic_error)
// 将当前栈顶的元素弹出堆栈
{
    Node* temp;

    if (top != NULL) {              // 堆栈不为空时才进行弹出处理
        temp = top;
        top = top -> next;          // 将原栈顶的下一节点设为栈顶
        delete temp;                // 释放被弹出节点占用的存储空间
    }
    else {                          // 堆栈为空时抛出异常
        throw std::logic_error("pop from empty Stack");
    }
}

template <typename ElementType>
ElementType Stack<ElementType>::getTop() const
```

```
    throw(std::logic_error)
    // 返回当前栈顶的元素值
    {
        if (top == NULL) {          // 如果堆栈为空则抛出异常
            throw std::logic_error("get top from empty Stack");
        }
        return top->element;        // 返回栈顶的当前值
    }

    template <typename ElementType>
    bool Stack<ElementType>::isEmpty() const
    // 判断当前堆栈是否为空，空则返回 true，否则返回 false
    {
        return (top == NULL);
    }

    #endif
```

上述堆栈类模板的实现中使用了动态分配的内存（数据成员中包含指针）。因此，从设计的完善性考虑，该类模板中应该还要提供复制构造函数和重载的赋值操作符。因篇幅所限，这一任务作为作业留给读者完成。

堆栈是常用的基本数据结构（例如函数的嵌套调用就采用堆栈来保存相关的现场数据）。因此，对其中可能出现的异常采用标准的异常处理，而不是用普通控制结构进行处理。

实现类模板时需要注意两点：

（1）对于在类定义体之外实现的成员函数，需要在函数定义之前带上由 template 引导的模板形参表，在类模板的名字与作用域分辨符 :: 之间也要加上由各个模板形参名字构成的列表。

（2）类模板的定义与实现通常放在同一文件中，这一点与普通类不同且与所使用的编译器相关，将在 13.3.3 小节进行详细说明。

标准库中提供了一个容器适配器 stack，实现普通堆栈的功能，我们在编程时应尽量使用该容器适配器，无须再自定义堆栈类。这里给出类模板 Stack 的目的仅仅是作为说明类模板定义的例子。

13.3.2　类模板的实例化

类模板仅仅描述了适用于任意类型的通用模型，其中所处理对象的数据类型尚未确定。因此，程序员不能使用类模板直接创建对象。也就是说，一个类模板不是一个普通意义上的类类型，类模板必须经过**实例化（instantiation）**之后，才能获得真正的类类型，才能用于创建对象。所谓类模板的实例化，就是指定模板形参所对应的模板实参。

类模板实例化的一般语法形式如下：

类模板名 < 模板实参表 >

其中，模板实参表由一对尖括号“<>”括住，与类模板名之间可以有或者没有空格，模板实参表中可包含一个或多个模板实参（实参数目由对应模板形参表确定），多个模板实参间用逗号隔开。

例如，给定上节中定义的堆栈类模板，可以声明存放 int 型元素的堆栈对象：

```
Stack<int> intStack;  // 声明存放 int 型元素的堆栈对象
```

也可以声明存放其他类型元素的堆栈对象：

```
Stack<double> doubleStack;      // 声明存放 double 型元素的堆栈对象
Stack<string> strStack;         // 声明存放 string 型元素的堆栈对象
```

类模板与函数模板一样需要经过实例化才能使用，但二者的实例化有所不同：函数模板的实例化是由编译器根据函数调用中给出的实参类型自动完成的，而类模板的实例化则必须由程序员显式指定模板实参，然后编译器才能自动生成相应的类实例。

类模板（如 Stack）仅描述了某一类数据类型的模型，不是一个真正的类类型，不能直接当作数据类型使用；而类模板的某一实例（如 Stack<int>）则是一个真正的类类型，可以直接用来创建对象。对象是类的实例。

下面给出一个使用类模板 Stack 的程序实例：

```
// ***************************************************************
// gStackDemo.cpp
// 功能： 演示堆栈类模板 Stack 的使用
// ***************************************************************

#include "genericStack.h"
#include <iostream>
#include <cstdlib>                // 使用其中的 exit()

using namespace std;

int main()
{
    Stack<int> stack; // 声明一个保存 int 型元素的堆栈

    // 向堆栈中压入 8 个元素
    for (int i = 1; i < 9; i++) {
        try {
            stack.push(i);
        }
        catch (bad_alloc e) {          // 处理 push 操作抛出的异常
            cout << "Exception occurred: " << e.what() << endl;
            exit(1);                   // 终止程序
        }
    }

    while (!stack.isEmpty()) {         // 堆栈不为空时循环
        cout << stack.getTop() << " "; // 显示栈顶元素
        stack.pop();                   // 弹出栈顶元素
    }

    return 0;
}
```

类模板成员的实例化

类模板的成员函数都相当于函数模板，用于产生该成员的实例。但类模板成员函数的实例化与普通函数模板的实例化有所不同：编译器在实例化类模板成员函数时并不进行模板实参推断，而是用调用该成员函数对象的类型来确定模板形参。例如，当使用 Stack<int>类型的堆栈对象调用其成员函数 push 的时候，得到的 push 函数实例原型为：

```
void Stack<int>::push(int obj) throw(std::bad_alloc)
```

因为实例化类模板成员函数时使用对象的模板实参来确定函数的模板形参，所以调用类模板成员函数时允许对函数实参进行隐式转换。

类模板的成员函数相当于函数模板，因此同样只有在被调用时才会进行实例化。也就是说，类模板中的成员函数如果没有被调用，则不会进行实例化。使用类模板声明对象时，会实例化类模板的定义体，同时也会实例化用于初始化该对象的构造函数，以及该构造函数所调用的成员函数。至于其他成员函数，只有在显式调用时才会被实例化。

13.3.3 模板编译与类模板的实现

对程序进行编译时，对于函数调用，编译器只要求函数的原型在调用点是可见的，至于函数的定义是否存在则不进行检查（在对程序进行链接时才检查函数定义）。类似地，对于对象声明，编译器只要求对象所属类的类定义在声明点是可见的，至于各成员函数的定义是否存在则不进行检查。因此，为了提高程序的可读性和可维护性，我们通常将函数原型和类定义放在头文件（.h文件）中，而函数定义（包括类成员函数的定义）则放在源文件（.cpp文件，又称实现文件）中。

但是，模板编译则有所不同。从本质上说，模板并不是代码，而是指导编译器生成代码的指令，模板实例才是真正的程序代码。编译器看到模板定义的时候，不会立即产生代码，只有在看到模板的使用（如调用函数模板、使用类模板定义对象或通过对象调用类模板的成员函数）时，才会进行实例化、产生特定的模板实例代码。而为了成功地进行实例化，编译器必须能够访问定义模板的源代码。也就是说，在函数模板或类模板成员函数的调用点，编译器必须能够使用相应函数的定义。因此，模板编译要求模板的定义和实现采用特别的文件组织方式。

C++语言中定义了两种模板编译模式：**包含编译模式（inclusion compilation model）**和**分离编译模式（separate compilation model）**。

在这两种模式中，可以使用基本相同的方式来组织文件内容：将函数模板原型及类模板定义体放在头文件中，将函数模板定义（包括类模板成员函数的定义）和类的静态数据成员的定义放在源文件中。两种模式的区别在于，编译器以不同的方式使用源文件中的函数定义。

1. 包含编译模式

在包含编译模式中，在函数模板或类模板成员函数的调用点，相应函数的定义对编译器而言必须是可见的。要满足这一要求，一种办法是像13.3.1小节给出的类模板Stack那样，将模板的实现直接放在头文件中，但这样会导致头文件较长，而且模板的定义和实现混在一起不利于维护。另一种办法是仍然像非模板函数和非模板类那样，区分头文件和实现文件，但**在头文件中用预处理指示 #include 包含实现文件**。

例如，13.3.1小节给出的类模板Stack定义文件genericStack.h可以分为如下两个文件：

```
// ****************************************************************
// 头文件 genericStack.h
// 功能：定义堆栈类模板 Stack
// ****************************************************************

#ifndef GSTACK_H
#define GSTACK_H

#include <new>                    // 使用其中的 bad_alloc 类
#include <stdexcept>              // 使用其中的 logic_error 类

// 以指针方式实现的堆栈类模板的定义
template <typename ElementType>
class Stack {
public:
    Stack();       // 构造函数
    ~Stack();      // 析构函数
    // 堆栈操作
    void push(ElementType obj) throw(std::bad_alloc);
    void pop() throw(std::logic_error);
    ElementType getTop() const throw(std::logic_error);
    bool isEmpty() const;

private:
    // 堆栈节点类型
    struct Node {
        ElementType element;  // 节点中存放的元素
        Node* next;           // 指向下一节点的指针
    };

    Node* top;                // 堆栈的栈顶
};

#include "genericStack.cpp"   // 包含实现文件
```

```
#endif

// ***********************************************************
// 实现文件 genericStack.cpp
// 功能：实现堆栈类模板 Stack
// ***********************************************************

// 构造函数
template <typename ElementType>
Stack<ElementType>::Stack()
// 将栈顶置为空指针
{
    top = NULL;                    // 将栈顶置为空
}

// 析构函数
template <typename ElementType>
Stack<ElementType>::~Stack()
// 释放堆栈元素所占用的内存
{
    while (top != NULL) {
        pop();
    }
}

// 堆栈操作
template <typename ElementType>
void Stack<ElementType>::push(ElementType obj)
throw(std::bad_alloc)
// 将元素 obj 压入堆栈
{
    Node* temp;

    try {
        temp = new Node;            // 创建一个新节点
        temp -> element = obj;      // 新节点的元素赋值
        temp -> next = top;         // 原来的栈顶节点作为新节点的下一节点

        top = temp;                 // 修改栈顶指针：将新节点置为栈顶节点
    }
    catch (std::bad_alloc e) {      // 内存分配失败时进行异常处理
        throw;                      // 重新抛出异常
    }
}
// ...其他操作的定义略
```

与非模板类不同的是，这里不是在实现文件中包含头文件，而是在头文件中包含实现文件。同时，因为在头文件中出现了成员函数定义，必须设计相应的头文件哨兵（GSTACK_H）；否则，当一个程序中因多处使用到类模板 Stack 而多次包含头文件 genericStack.h 时，有可能会出现“重复定义”的编译错误。

如果使用支持 project 概念的 IDE（如 Microsoft Visual C++ .Net 2003），注意不要将模板的实现文件加入 project 中，否则也会导致编译错误。

2. 分离编译模式

分离编译模式不要求模板的完整定义在模板的使用点可见，而是由编译器自动跟踪相关的模板定义。但是，程序员必须告诉编译器需要记住哪些模板定义，然后通过使用保留字 export 来完成这一任务。

保留字 export 用于指出给定的模板定义为导出的，也就是说可能会在其他文件中用于进行实例化。export 用在模板定义中（也就是模板的实现文件中），对于函数模板，在其定义中保留字 template 前面直接加上 export 指明函数模板为导出的；对于类模板，一般需要在类的实现文件中添加一个类模板声明来指出该模板为导出的。例如，对前面定义的类模板 Stack，其实现文件形式如下：

```
// ***************************************************************
// 实现文件 genericStack.cpp
// 功能：实现堆栈类模板 Stack
// ***************************************************************

export template <typename ElementType> class Stack; // 指定 Stack 为导出的
#include "genericStack.h"

// …成员函数定义略
```

注意在分离编译模式中，头文件（.h 文件）与实现文件（.cpp 文件）之间的包含关系是常规的**实现文件包含头文件**，而不是像包含编译模式那样，由头文件包含实现文件。

导出类模板将使得其所有成员函数均成为导出的，也可以仅导出类模板中的特定定义函数。这时不是将整个类模板声明为 export，而是在要导出的成员函数的定义之前加上 export，至于其他非导出成员函数的定义，则必须出现在头文件中。

分离编译模式实现起来比较困难，因此所有 C++编译器都支持包含编译模式，但只有某些 C++编译器支持分离编译模式。程序员在编译使用自定义模板的程序时，需要查阅编译器的用户指南，以确定自己所用的编译器支持哪种模板编译模式。

13.4 非类型模板形参

C++语言支持两类模板形参：类型模板形参和非类型模板形参。**非类型模板形参（non-type template parameter）**在形式上类似于普通的函数形参，由类型标识符和形参名构成，在对模板进行实例化时，非类型形参由相应模板实参的值代替。与非类型模板形参对应的模板实参必须是编译时常量表达式，实参的类型由非类型形参中的类型标识符指定。

13.4.1 函数模板的非类型形参

非类型模板形参相当于模板内部的常量，当模板定义内部需要常量值（如指定静态数组的长度）时，可以使用非类型形参。

例如，下面的函数模板 printValues 用于打印元素类型不同、长度不同数组的内容。

```
template <typename T, std::size_t N>
void printValues(T (&arr)[N])
{
    for (std::size_t i =0; i != N; ++i)
        std::cout<< arr[i] << std::endl;
}
```

函数模板 printValues 的实例函数具有一个形参，该形参是长度为 N 的数组的引用。

调用 printValues 时，编译器根据实参数组的长度确定非类型形参 N 的值。例如：

```
int intArr[6] = {1, 2, 3, 4, 5, 6};
double dblArr[4] = {1.2, 2.3, 3.4, 4.5};
printValues(intArr);  // 生成函数实例 printValues(int(&)[6])
printValues(dblArr);  // 生成函数实例 printValues(double(&)[4])
```

13.4.2 类模板的非类型形参

13.3.1 小节中给出了一个使用指针方式实现的堆栈类模板。事实上，堆栈也可以采用数组方式来实现。例如，基于数组的堆栈类模板可以定义如下：

```
// 以数组方式实现的堆栈类模板的定义
template <typename ElementType, std::size_t N>
class Stack {
public:
```

```
    // 构造函数
    Stack();

    // 堆栈操作
    void push(ElementType obj) throw(std::logic_error);
    void pop() throw(std::logic_error);
    ElementType getTop() const throw(std::logic_error);
    bool isEmpty() const;

private:
    ElementType elements[N];        // 堆栈中存放的元素
    std::size_t count;              // 堆栈中现有元素的数目
};
```

这个类模板带有一个类型形参 ElementType 及一个非类型形参 N，用户定义堆栈对象时，必须为类型形参 ElementType 指定一个类型标识符作为实参，并为非类型形参 N 提供一个常量表达式作为实参。例如：

```
Stack<int, 10> stack; // 定义一个保存 10 个 int 型元素的堆栈对象
```

13.5 应用举例

问题

假设你在给系里的教务员老师做助教，她交给你一个任务：

给你一份全系毕业班学生的文件（stuRecords.dat）[每行存放一个学生的数据，包括学号、姓名和 GPA（平均学分绩点数），其中学号和姓名为字符串，GPA 为实数]。文件格式如下：

```
06376001 张明 3.4
06376002 李勇 4.5
06376003 李诚 2.4
06376004 王力 1.8
…
```

以及一份因个人原因无法参加毕业典礼的毕业生的名单（noAttend.dat）。格式如下：

```
06376003
…
```

要求你：

（1）给出按 GPA 降序排列的学生名单，放在文件 sortedStuRec.dat 中。格式如下：

```
学号        姓名        GPA
…
06376002 李勇           4.5
…
06376001 张明           3.4
…
06376003 李诚           2.4
…
```

（2）形成一份准备参加毕业典礼的毕业生名单（注：GPA<2.0 则不能毕业），放在文件 commAttend.dat 中。格式如下：

```
学号        姓名
…
06376002 李勇
…
06376001 张明
…
```

分析与设计

该问题适合采用容器数据结构中的链表来解决。链表是一个表，由一组节点（node）对象头尾相接而构成。表中的第一个节点称为表头节点，表中最后一个节点的指针域的值为 NULL（0 值指针）。只要获得了链表中第一个节点的存储地址（表头指针），就可以顺着指针链逐个访问到其他节点（见图 13-2）。

解决算法如下：

1 从文件 stuRecords.dat 中读入学生记录，构成一个链表对象 graduateList，该链表中的学生记录节点从表头至表尾按 GPA 值降序排列

2 将链表 graduateList 的内容输出到文件 sortedGraduate.dat，并从链表 graduateList 中删除 GPA<2.0 的节点

3 从文件 noAttend.dat 中读入学号，从链表 graduateList 中删除对应学号的节点

4 将链表 graduateList 的内容输出到文件 commAttend.dat

细化后的算法如下：

1.1 打开文件 stuRecords.dat

1.2 从文件 stuRecords.dat 中读入一条学生记录至 stuRec

1.3 将 strRec 中的记录按 GPA 降序排列的次序插入链表对象 graduateList 中：

1.3.1 在链表中从头到尾查找第一个 GPA 小于 stuRec.GPA 的节点，若找到，则转 1.3.2；否则，转 1.3.3

1.3.2 将 strRec 中的记录插入所找到的节点之前，转 1.4

1.3.3 将 strRec 中的记录插入链表的尾端，转 1.4

1.4 若文件 stuRecords.dat 中还有未读入的学生记录，则转 1.2；

否则，关闭该文件并转 2.1

2.1 若链表 graduateList 为空，则给出提示并结束程序；否则定位到 graduateList 的表头并打开文件 sortedGraduate.dat

2.2 若链表中有尚未处理的节点，则将当前节点中的学号、姓名、GPA 等内容输出到文件 sortedGraduate.dat 并转 2.3；否则，关闭文件 sortedGraduate.dat 并转 3.1

2.3 若当前节点记录的 GPA<2.0，则删除该节点（同时移动到下一节点）并转 2.2；否则，移动到下一节点并转 2.2

3.1 打开文件 noAttend.dat

3.2 从文件 noAttend.dat 中读入一个学号至 stuNum

3.3 在链表 graduateList 中查找学号等于 stuNum 的节点，若找到，则删除该节点；否则，给出错误提示

3.4 若文件 noAttend.dat 中还有未读入的学号，则转 3.2；否则，关闭该文件并转 4.1

4.1 若链表 graduateList 为空，则给出提示并结束程序；否则，定位到 graduateList 的表头

4.2 将节点中的学号、姓名输出到文件 commAttend.dat

4.3 如果当前位置不是表尾，则移动到下一节点并转 4.2；否则，关闭文件 commAttend.dat，程序结束

考虑到链表是一种常用的数据结构，为了提高其可重用性，可以将链表类设计为模板类。因此程序代码包括三个文件：主程序 graduate.cpp，链表模板的头文件 genericLList.h 及其实现文件 genericLList.cpp。

程序代码

```
// ************************************************************
// graduate.cpp
// 功能：根据给定的毕业班学生记录文件（stuRecords.dat）及不能参加
// 毕业典礼的学生名单文件（noAttend.dat），生成按 GPA 降序排列的学生
// 记录文件（sortedStuRec.dat）以及参加毕业典礼的学生名单文件
// （commAttend.dat）
// ************************************************************

#include "genericLList.h"
```

```
#include <iostream>
#include <fstream>
#include <string>

using namespace std;

struct studentRec{
    string stuNumber; // 学号
    string name;      // 姓名
    float gpa;        // GPA
};

int main()
{
    LinkedList<studentRec> graduateList;    // 学生链表
    studentRec stuRec;                      // 学生记录
    ifstream inFile; // 输入文件
    ofstream outFile; // 输出文件

    // 打开输入文件 stuRecords.dat
    inFile.open("stuRecords.dat");
    if (!inFile) {
        cout << "can not open file: stuRecords.dat" << endl;
        return 1;
    }

    // 从文件 stuRecords.dat 中读入学生记录,
    // 按 GPA 降序排列的次序插入到链表对象 graduateList 中
    while (inFile >> stuRec.stuNumber >> stuRec.name >> stuRec.gpa) {
        // 在链表中查找第一个 GPA 值小于 stuRec.gpa 的节点
        try {
            graduateList.reset(); // 从链表头节点开始查找
            while (!graduateList.isEnd()) {
                if (graduateList.data().gpa < stuRec.gpa)
                    break;   // 结束查找
                else
                    graduateList.next();  // 移动到下一节点
            }
        }
        catch (logic_error e) {
            cout << e.what() << endl;
            return 1;
        }

        try {
            if (!graduateList.isEnd())
                // 找到了第一个 GPA 值小于 stuRec.gpa 的节点
                // 将 stuRec 插入到该节点之前 graduateList.insertAt(stuRec);
            else
                // 将 stuRec 插入到链表尾端 graduateList.insertRear(stuRec);
        }
        catch (bad_alloc e) {
            cout << e.what() << endl;
            return 1;
        }
    }

    inFile.close();  // 关闭文件 stuRecords.dat

    if (graduateList.isEmpty()) {  // 链表为空
        cout << "no student record in file stuRecords.dat!" << endl;
        return 1;
    }

    // 打开输出文件 sortedGraduate.dat
    outFile.open("sortedGraduate.dat");
    if (!outFile) {
        cout << "can not open file: sortedGraduate.dat" << endl;
        return 1;
    }
```

```
// 将链表 graduateList 的内容输出到文件 sortedGraduate.dat
// 并从链表 graduateList 中删除不能毕业（GPA<2.0）的学生记录
try {
    graduateList.reset(); // 定位到链表头端
    while (!graduateList.isEnd()) {
        // 将当前节点记录写至输出文件
        outFile << graduateList.data().stuNumber << "\t"
                << graduateList.data().name << "\t"
                << graduateList.data().gpa << endl;
        if (graduateList.data().gpa < 2.0)
            graduateList.deleteAt();  // 删除 GPA<2.0 的节点
                                      // 并将下一节点置为当前节点
        else
            graduateList.next();      // 移动到下一节点
    }
}
catch (logic_error e) {
    cout << e.what() << endl;
    return 1;
}

outFile.close(); // 关闭文件 sortedGraduate.dat

inFile.clear();  // 重置 inFile 为有效状态
inFile.open("noAttend.dat"); // 打开输入文件 noAttend.dat

if (!inFile) {
    cout << "can not open file: noAttend.dat" << endl;
    return 1;
}

// 从链表 graduateList 中删除不能参加毕业典礼的毕业生记录
string stuNum;
try {
    while (inFile >> stuNum) {
        graduateList.reset(); // 定位到链表头端
        // 在链表中查找学号等于 stuNum 的学生记录
        while (!graduateList.isEnd() &&
               graduateList.data().stuNumber != stuNum)
            graduateList.next();  // 移动到下一节点

        if (!graduateList.isEnd())
            graduateList.deleteAt();
        else {
            cout << "can not find the student whose number is "
                 << stuNum << endl;
        }
    }
}
catch (logic_error e) {
    cout << e.what() << endl;
    return 1;
}

inFile.close();        // 关闭输入文件 noAttend.dat

outFile.clear();       // 重置 outFile 为有效状态
outFile.open("commAttend.dat");    // 打开输出文件 commAttend.dat

if (!outFile) {
    cout << "can not open file: commAttend.dat" << endl;
    return 1;
}

if (graduateList.isEmpty()) {
    cout << "No graduate can attend the commencement!" << endl;
    return 1;
}

// 将链表 graduateList 的内容输出到文件 commAttend.dat
try {
```

```
        graduateList.reset(); // 定位到链表头端
        while (!graduateList.isEnd()) {
            outFile << graduateList.data().stuNumber << "\t"
                    << graduateList.data().name << endl;
            graduateList.next();
        }
    }
    catch (logic_error e) {
        cout << e.what() << endl;
        return 1;
    }

    outFile.close(); // 关闭输出文件 commAttend.dat

    return 0;
}

// ****************************************************************
// genericLList.h
// 功能: 定义链表类模板 LinkedList
// ****************************************************************

#ifndef GLINKEDLIST_H
#define GLINKEDLIST_H

#include <new>                     // 使用其中的 bad_alloc 类
#include <stdexcept>               // 使用其中的 logic_error 类

// 链表类模板的定义
template <typename ElementType>
class LinkedList {
public:
    // 构造函数
    LinkedList();
    // 创建空链表对象
    // 后置条件:
    //      对象的数据成员 front, rear, prevPtr, currPtr 置为 NULL(空指针);
    //      size 置为 0, position 置为-1

    // 复制构造函数
    LinkedList(const LinkedList<ElementType> &l);
    // 复制链表 l 创建当前链表对象
    // 前置条件:
    //      l 为已存在链表
    // 后置条件:
    //      当前链表对象为链表 L 的副本(状态与链表 l 相同)

    // 析构函数
    ~LinkedList();
    // 释放链表节点所占用的内存

    // 重载的赋值操作符
    LinkedList<ElementType>& operator = (const
                                      LinkedList<ElementType> &l);
    // 使用链表 l 对当前链表进行赋值
    // 前置条件:
    //      l 为已存在链表
    // 后置条件:
    //      当前链表对象为链表 l 的副本(状态与链表 l 相同)

    // 链表操作
    int getSize() const;
    // 返回链表中节点(元素)的数目
    // 后置条件:
    //      函数返回数据成员 size 的值

    bool isEmpty() const;
    // 判断链表是否为空
    // 后置条件:
    //      如果链表为空, 则函数返回值为 true
    //      否则函数返回值为 false
```

```
void reset(int pos = 0) throw(std::logic_error);
// 将链表的当前位置置为 pos
// 前置条件:
//     pos >= 0 && pos < size
// 后置条件:
//     数据成员 position 置为 pos
//     currPtr 指向位置为 pos 的节点
//     prevPtr 指向位置为 pos 的节点的前一节点

void next();
// 将链表的当前位置推进到下一节点
// 后置条件:
//     若@currPtr != NULL, 则
//     position = @position + 1
//     currPtr 和 prevPtr 向后移动一个节点

bool isEnd() const;
// 判断整个链表是否已遍历完毕
//(即, 当前位置是否为链表中最后一个节点的下一位置)
// 后置条件:
//     如果链表为空, 或者链表非空&&currPtr == NULL, 则函数返回值为 true
//     否则函数返回值为 false

int currPosition() const;
// 返回链表的当前位置
// 后置条件:
//     函数返回数据成员 position 的值

void insertFront(const ElementType& item) throw (std::bad_alloc);
// 在表头增加新节点
// 前置条件:
//     item 已赋值
// 后置条件:
//     size = @size + 1
//     position = 0
//     currPtr 指向新节点
//      prevPtr = NULL
//     front 指向新节点
//     若原链表为空, 则 rear 指向新节点

void insertRear(const ElementType& item) throw (std::bad_alloc);
// 在表尾增加新节点
// 前置条件:
//     item 已赋值
// 后置条件:
//     size = @size + 1
//     position = @size
//     currPtr 指向新节点
//     prevPtr 指向新节点的前一节点
//     rear 指向新节点
//     若原链表为空, 则 front 指向新节点

void insertAt(const ElementType& item) throw (std::bad_alloc);
// 在当前位置插入新节点(新节点放在当前节点之前)
// 前置条件:
//     item 已赋值
// 后置条件:
//     size = @size + 1
//     currPtr 指向新节点
//     prevPtr 指向新节点的前一节点
//     若新节点是表头节点, 则 front 指向新节点
//     若新节点是表尾节点, 则 rear 指向新节点
//     若原链表为空, 则 position 置为 0

void insertAfter(const ElementType& item) throw (std::bad_alloc);
// 在当前位置之后插入新节点(新节点放在当前节点之后)
// 前置条件:
//     item 已赋值
// 后置条件:
//     size = @size + 1
```

```
    //     position = @position + 1
    //     currPtr 指向新节点
    //     prevPtr 指向新节点的前一节点
    //     若新节点是表头节点，则 front 指向新节点
    //     若新节点是表尾节点，则 rear 指向新节点

    void deleteFront() throw(std::logic_error);
    // 删除链表中第一个节点
    // 前置条件:
    //     链表非空
    // 后置条件:
    //     size = @size - 1
    //     position = (@position == 0 ? 0 : @positon - 1)
    //     若@position == 0,则 currPtr 指向新的表头节点
    //     front 指向被删除节点的下一节点
    //     若被删除的是链表中最后一个节点,则 rear = NULL 且 position = -1

    void deleteAt() throw(std::logic_error);
    // 删除当前位置处的节点
    // 前置条件:
    //     链表非空
    // 后置条件:
    //     size = @size - 1
    //     currPtr 指向被删除节点的下一节点
    //     若被删除的是表头节点,则 front 指向下一节点
    //     若被删除的是表尾节点,则 rear 指向前一节点
    //     且 position = @position - 1

    ElementType& data() throw(std::logic_error);
    // 访问/修改当前节点的数据
    // 前置条件:
    //     currPtr != NULL
    // 后置条件:
    //     函数返回 currPtr 所指向的节点（即当前节点）

    void clear();
    // 清空链表
    // 后置条件:
    //     链表中的所有节点被删除
    //     size = 0
    //     position = -1
    //     front = rear = currPtr = prevPtr = NULL

private:
    // 链表节点类型
    struct Node {
        ElementType element;        // 节点中存放的元素
        Node* next;                 // 指向下一节点的指针
    };

    int size;                       // 链表中节点的数目
    int position;                   // 链表中的当前位置
    Node *front, *rear;             // 指向表头和表尾的指针
    Node *currPtr, *prevPtr;        // 指向当前位置节点及其前一节点的指针

    Node* createNode(const ElementType& item) throw(std::bad_alloc)
    // 根据给定数据 item 动态创建一个节点
    // 前置条件:
    //     item 已赋值
    // 后置条件:
    //     若创建节点成功，函数返回指向新节点的指针
    //     否则,函数抛出 std::bad_alloc 异常
    {
        Node *tempPtr;                      // 指向新创建节点的指针

        try {
            tempPtr = new Node;             // 创建一个新节点
            tempPtr -> element = item;      // 新节点的元素赋值
            tempPtr -> next = NULL;         // 新节点中的指针为 NULL
            return tempPtr;
        }
```

```
        catch (std::bad_alloc e) {          // 内存分配失败时进行异常处理
            throw;                          // 重新抛出异常
        }
    }

    void copyFrom(const LinkedList<ElementType>& l);
    // 将链表 l 复制到空的当前链表对象
    // 前置条件:
    //      l 是已存在的链表
    // 后置条件:
    //      当前链表对象为链表 l 的副本（状态与链表 l 相同）
};

#include "genericLList.cpp"    // 包含实现文件

#endif

// ***************************************************************
// genericLList.cpp
// 功能: 实现链表类模板 LinkedList
// ***************************************************************

// 构造函数
template <typename ElementType>
LinkedList<ElementType>::LinkedList(): size(0), position(-1),
        front(NULL), rear(NULL), currPtr(NULL), prevPtr(NULL)
// 创建空链表对象
{ }

// 复制构造函数
template <typename ElementType>
LinkedList<ElementType>::LinkedList(const LinkedList<ElementType> &l):
        size(0), position(-1),front(NULL), rear(NULL),
        currPtr(NULL), prevPtr(NULL)
// 复制链表 l 创建当前链表对象
{
    // 将链表 l 复制到当前为空的链表对象
    copyFrom(l);
}

// 析构函数
template <typename ElementType>
LinkedList<ElementType>::~LinkedList()
// 释放链表节点所占用的内存
{
    Node *ptr, *tempPtr;

    ptr = front;
    while (ptr != NULL) {
        tempPtr = ptr -> next;
        delete(ptr);
        ptr = tempPtr;
    }
}

// 重载的赋值操作符
template <typename ElementType>
LinkedList<ElementType>& LinkedList<ElementType>::operator =
                (const LinkedList<ElementType> &l)
// 使用链表 l 对当前链表进行赋值
{
    clear(); // 清空当前链表

    // 将链表 l 复制到当前为空的链表对象
    copyFrom(l);
    return *this;
}

// 链表操作
template <typename ElementType>
int LinkedList<ElementType>::getSize() const
```

```
// 返回链表中节点（元素）的数目
{
    return size;
}

template <typename ElementType>
bool LinkedList<ElementType>::isEmpty() const
// 判断链表是否为空
{
    return size == 0;
}

template <typename ElementType>
void LinkedList<ElementType>::reset(int pos) throw(std::logic_error)
// 将链表的当前位置置为 pos
{
    if (size == 0)                       // 链表为空
        return;

    if (pos < 0 || pos > size - 1) // 位置非法
        throw std::logic_error("reset: invalid position");

    // 遍历链表重置当前位置
    if (pos == 0) {
        // 置当前位置为表头
        position = 0;
        currPtr = front;
        prevPtr = NULL;
    }
    else {
        currPtr = front -> next;
        prevPtr = front;

        // 指针向后移动，直至 position ==pos
        for (position = 1; position != pos; position++) {
            prevPtr = currPtr;
            currPtr = currPtr -> next;
        }
    }
}

template <typename ElementType>
void LinkedList<ElementType>::next()
// 将链表的当前位置推进到下一节点
{
    if (currPtr != NULL) { // 链表不空且未到表尾
        // 将两个指针后移一个节点
        prevPtr = currPtr;
        currPtr = currPtr -> next;
        position++;  // 当前位置加 1
    }
}

template <typename ElementType>
bool LinkedList<ElementType>::isEnd() const
// 判断整个链表是否已遍历完毕（即，当前位置是否为链表中最后一个节点的下一位置）
{
    if (size != 0)   // 链表非空
        return currPtr == NULL;
    else
        return true;
}

template <typename ElementType>
int LinkedList<ElementType>::currPosition() const
// 返回链表的当前位置
{
    return position;
}

template <typename ElementType>
```

```
void LinkedList<ElementType>::insertFront(const ElementType& item)
                            throw (std::bad_alloc)
// 在表头增加新节点
{
    Node *ptr;              // 指向新节点的指针

    try {
        ptr = createNode(item);          // 创建新节点
    }
    catch (std::bad_alloc) {
        throw;                           // 重新抛出异常
    }

    if (rear == NULL)                    // 原链表为空
        rear = ptr;                      // rear 指向新节点

    // 将新节点插入到表头位置
    ptr -> next = front;

    // 修改链表属性
    size++;
    position = 0;
    currPtr = ptr;
    prevPtr = NULL;
    front = ptr;
}

template <typename ElementType>
void LinkedList<ElementType>::insertRear(const ElementType& item)
                            throw (std::bad_alloc)
// 在表尾增加新节点
{
    Node *ptr;                           // 指向新节点的指针

    try {
        ptr = createNode(item);          // 创建新节点
    }
    catch (std::bad_alloc) {
        throw;                           // 重新抛出异常
    }

    prevPtr = rear;                      // prevPtr 指向原来的表尾

    if (front == NULL) {                 // 原链表为空
        front = ptr;                     // front 指向新节点
    }
    else {
        // 将新节点插入到表尾位置
        rear -> next = ptr;

    }

    // 修改链表属性
    rear = ptr;
    size++;
    currPtr = ptr;
    position = size - 1;
}

template <typename ElementType>
void LinkedList<ElementType>::insertAt(const ElementType& item)
                            throw (std::bad_alloc)
// 在当前位置插入新节点(新节点放在当前节点之前)
{
    Node *ptr;                           // 指向新节点的指针

    try {
        ptr = createNode(item);          // 创建新节点
    }
    catch (std::bad_alloc) {
        throw;                           // 重新抛出异常
```

```
    }

    if (prevPtr == NULL) {                // 插入位置在表头
        ptr -> next = front;
        front = ptr;
    }
    else {
        prevPtr -> next = ptr;
        ptr -> next = currPtr;
    }

    if (prevPtr == rear) {    // 往空表中插入
        rear = ptr;
        position = 0;
    }

    currPtr = ptr;
    size++;
}

template <typename ElementType>
void LinkedList<ElementType>::insertAfter(const ElementType& item)
                                throw (std::bad_alloc)
// 在当前位置之后插入新节点(新节点放在当前节点之后)
{
    Node *ptr;                            // 指向新节点的指针

    try {
        ptr = createNode(item);           // 创建新节点
    }
    catch (std::bad_alloc) {
        throw;                            // 重新抛出异常
    }

    if (currPtr == NULL) {                // 往空表中插入
        front = ptr;
    }
    else {
        ptr -> next = currPtr -> next;
        currPtr -> next = ptr;
    }

    if (currPtr == rear) { // 插入位置在表尾
        rear = ptr;
    }

    prevPtr = currPtr;
    currPtr = ptr;
    size++;
    position++;
}

template <typename ElementType>
void LinkedList<ElementType>::deleteFront() throw(std::logic_error)
// 删除链表中第一个节点
{
    Node *ptr;

    if (size == 0) { // 链表为空
        throw std::logic_error("delete from empty list");
    }

    ptr = front;
    front = front -> next;

    delete ptr;

    if (position != 0)
        position--;
    else
        currPtr = front;
```

```
    if (size == 1) {  // 删除的是表尾节点（即，原链表中只有一个节点）
        rear = NULL;
        position = -1;
    }

    size--;
}

template <typename ElementType>
void LinkedList<ElementType>::deleteAt() throw(std::logic_error)
// 删除当前位置处的节点
{
    if (currPtr == NULL) {  // 链表为空或已遍历到表尾
        throw std::logic_error("invalid deletion");
    }

    Node *ptr;
    if (prevPtr == NULL) {     // 被删除的是头节点
        ptr = front;
        front = front -> next;
    }
    else {   // 被删除的是 prevPtr 所指节点之后的节点（非头节点）
        ptr = currPtr;
        prevPtr -> next = currPtr -> next;
    }

    if (ptr == rear) {          // 被删除的是表尾节点
        rear = prevPtr;
        position--;
    }

    currPtr = ptr -> next;     // currPtr 指向下一节点
                               // 若 ptr 指向表中最后一个节点，则 currPtr 为 NULL

    // 释放节点并将链表的 size 减 1
    delete ptr;
    size--;
}

template <typename ElementType>
ElementType& LinkedList<ElementType>::data() throw(std::logic_error)
// 访问/修改当前节点的数据
{
    if (currPtr == NULL) {     // 链表为空或已遍历到表尾
        throw std::logic_error("invalid reference");
    }

    return currPtr -> element;
}

template <typename ElementType>
void LinkedList<ElementType>::clear()
// 清空链表
{
    Node *currPos, *nextPos;

    currPos = front;
    while (currPos != NULL) {
        nextPos = currPos -> next;     // 保存下一节点的指针
        delete currPos;                // 删除当前节点
        currPos = nextPos;             // 移动到下一节点
    }

    // 修改链表属性
    front = rear = prevPtr = currPtr = NULL;
    size = 0;
    position = -1;
}

template <typename ElementType>
```

```
void LinkedList<ElementType>::copyFrom(const LinkedList<ElementType>& l)
// 将链表 l 复制到空的当前链表对象
{
    Node *ptr;          // 用于遍历链表 l 的指针

    ptr = l.front;

    while (ptr != NULL) {
        // 将链表 l 的每个元素插入到当前链表的尾端
        insertRear(ptr -> element);
        ptr = ptr -> next;
    }

    position = l.position;    // 将当前链表的 position 设置为与链表 l 的相同

    if (position != -1) { // 当前链表不为空
        // 设置当前链表的 prevPtr 和 currPtr
        prevPtr = NULL;
        currPtr = front;
        for (int pos = 0; pos != position; pos++) {
            prevPtr = currPtr;
            currPtr = currPtr -> next;
        }
    }
}
```

讨论：

类模板 LinkedList 中使用了动态内存分配，因此需要提供复制构造函数、析构函数和重载的赋值操作符。

仅就本实例程序而言，类模板 LinkedList 中有些操作（如 insertAfter 等）并没有被使用，看似多余，其实不然：设计类模板的一个重要目的是在不同的应用中可以重用，所以必须考虑得周到一些，将类模板设计得尽可能完善，以便可以适应不同应用的需要。

C++语言的标准库中已经提供了许多类模板（如 vector，list 等），我们这个编程实例问题也可以直接使用标准库中的类模板（如 list）来解决，而且尽可能使用标准库的内容也是我们推荐的一种更合适的方式,此处给出类模板 LinkedList 的设计及实现只是为了例示类模板的定义及使用而已。同时该实例中也例示了 C++语言中异常处理的方式，读者可以回顾上一章的内容进一步加以领会。

为了简化代码，本程序实例中没有检查输入数据的合法性，读者可进一步完善该代码。

习　题

13-1 什么是函数模板？什么是类模板？

13-2 编写一个函数模板返回形参的绝对值，然后编一程序用不同类型的值调用该函数模板。

13-3 编写一个函数模板返回两个形参中的较小者。

13-4 编写一个函数模板，该模板带有一个一维数组形参并返回该数组的长度。

13-5 什么是模板的实例化？在何时进行？

13-6 给定函数模板

```
template <class T1, class T2, class T3> T1 funTemp(T2, T3);
```

及变量声明

```
char cval1, cval2;    float fval1, fval2;   double dval1, dval2;
```

下面的函数调用正确吗？如果有错，指出错在哪里。

```
(a) funTemp(dval1, dval2);
(b) funTemp<double, double, double>(fval1, fval2);
(c) funTemp<int>(cval1, cval2);
(d) funTemp<double, ,double>(fval2, dval2);
```

13-7 下面的程序编译不能通过，错在哪里？

```
#include <iostream>
using namespace std;

class Demo {
public:
    Demo (int x) : value(x) { }
private:
    int value;
};

template <typename T>
class TempDemo {
public:
    TempDemo(T v1, T v2)
    {
        member = (v1 >= v2);
    }
private:
    bool member;
};

int main()
{
    Demo dobj1(8), dobj2(12);
    TempDemo<Demo> tobj(dobj1, dobj2);

    // ...使用 dobj 和 tobj 的代码略

    return 0;
}
```

13-8 假设你给一位数学老师做助教，他交给你如下任务：

对他所任教班级的期末考试成绩进行分析处理。

原始成绩已由另一位助教整理好，形成了如下格式的文件：

```
06376001 张明    95
06376002 李勇    74
06376003 李诚    98
06376004 王力    58
…
```

每行一个记录，包括学号、姓名、百分制分数。

需要你对其进行分析，给出如下信息：

全班最高分、最低分及其学号；全班平均分数；成绩分布柱状图；并且可以通过输入学号对任意学生的成绩进行查询。

利用本章编程实例中给出的类模板 LinkedList，编一程序完成该任务。

13-9 利用本章编程实例中给出的类模板 LinkedList 编一程序，利用链表实现学生某门课程考试成绩的分析处理。

假定每位学生的资料包含两个部分：学号（正整数）、一门课程的成绩（带一位小数的浮点数）。程序要求如下：

（1）从键盘输入学生的学号和成绩，建立一个链表（从文件输入）；

（2）输出已经建立好的链表中的学生资料（将统计结果输出到文件）；

（3）从键盘输入要删除的学生的学号，然后在链表中删除具有同样学号学生的节点；当输入学号为 0 时，结束删除操作；

（4）从键盘输入要插入的学生的资料（学号或者成绩），生成一个新的节点，然后在链表中插入该学生的资料。当输入学号为 0 时，结束插入操作。

13-10 进一步完善 13.3.1 小节中定义的类模板 Stack，为其增加复制构造函数及重载的赋值操作符。

13-11 设计并实现一个表示集合的类模板 Set（集合可以用于存放不同类型的对象，集合中的元素不能重复且没有顺序）。

第 14 章 标准模板库[1]

重用是面向对象程序设计中的一个重要概念，也是面向对象程序设计方法的一大优点。面向对象程序设计中的继承、多态和模板等机制都可以支持重用，但它们所提供的重用在形式上有所区别：继承机制支持派生类重用基类的代码；多态机制使得一个继承层次中的所有派生类可以重用在抽象基类中定义的纯虚函数的接口；模板机制使得可以重用函数定义或类定义来处理不同类型的数据。

C++标准中定义了一个标准库以支持重用。标准库内容丰富，包括语言支持（主要用于支持内存分配与异常处理）、诊断（提供一致的错误报告框架，包括预定义的异常类）、通用设施（提供对标准库中其他元素的支持）、字符串、本地化组件（提供对文本处理的国际化支持）、**容器（container）**、**迭代器（iterator）**、**算法（algorithm）**、数值处理、输入/输出。其中，容器、迭代器和算法提供对常用数据结构和算法的支持，三者构成了一个基于模板机制的库的主体，通常称为**标准模板库（Standard Template Library，STL）**。标准库的内容极其丰富，本书限于篇幅无法面面俱到，只能介绍标准库中最为常用的一些内容，希望对读者进一步学习和使用标准库起到一个导引的作用。本书第 7 章介绍了标准库中的字符串类 string，第 10 章介绍了标准库中的输入/输出库，本章将介绍 STL。

14.1 概　　述

STL 包括三个主要部分：容器、迭代器和算法。所谓“容器”，是指包含数据的数据结构。例如，第 13 章所介绍的堆栈和链表都是典型的容器数据结构。在面向对象程序设计中，容器就是包含对象的对象。例如，一个整数堆栈就是一个包含整数对象的对象，也就是一个整数对象的容器。容器中包含的对象称为“元素”，元素对象既可以是内置类型的，也可以是类类型的。“迭代器”用来访问容器中的元素对象，相当于指向元素对象的指针。“算法”是一些能在各种容器中通用的标准算法，例如排序、插入等。算法使用迭代器在容器上进行操作。

STL 是基于模板的，因此可以很好地支持重用。程序员通过对 STL 中提供的类模板进行实例化，可以很容易地生成用于存放不同类型对象的容器，然后利用相关的迭代器和算法即可对容器中的元素对象进行不同的处理，从而可以节省大量的时间和精力，提高应用程序的开发效率；除此之外，STL 中提供的标准化组件已经得到了很多开发人员的使用及验证，因此比程序员自己编写的代码更具可靠性，从而基于 STL 进行开发可以提高应用程序的质量。

[1] C++标准中已不再使用“标准模板库”这一名词，容器、迭代器和算法分别对应着标准库中的容器库、迭代器库和算法库。为了与其他教材一致，此处仍沿用“标准模板库”。

14.2　迭　代　器

标准库中的容器和算法都涉及迭代器的使用，因此我们首先简要介绍标准库中的迭代器。

迭代器是类似于指针的一个概念。通过迭代器可以（遍历）访问序列中的元素。这个序列可以是容器中的元素序列，也可以是与输入/输出流对应的输入序列或输出序列。事实上，迭代器就是指针的抽象，也就是一般化的指针（可称为泛型指针），标准库中的迭代器以类模板的方式定义，使得可以在不同的数据结构上体现统一的行为方式。也就是说，我们可以使用迭代器以基本相同的方式遍历容器中的元素，而无须关注底层的数据结构到底是顺序存储的 vector 还是链式存储的 list。

标准库中定义的迭代器可以分为五种类别（category），不同类别的迭代器有不同的功能，提供不同的操作，见表 14-1。

表 14-1　　标准库迭代器的类别

迭代器的类别	功能	支持的操作	备注
输入迭代器（input iterator）	读	*、->、=、++、==、!=	输入迭代器的解引用（*）操作的结果只能作为右值[1]使用
输出迭代器（output iterator）	写	*、++、=	输出迭代器的解引用（*）操作的结果只能作为左值[2]使用
正向迭代器（forward iterator）	读/写	输入和输出迭代器所支持的所有操作	正向迭代器的解引用（*）操作的结果既可作为左值使用也可作为右值使用
双向迭代器（bidirectional iterator）	读/写	正向迭代器所支持的所有操作以及：--	所有标准库容器所提供的迭代器都至少达到双向迭代器的要求
随机访问迭代器（random access iterator）	读/写	双向迭代器所支持的所有操作以及： 两个迭代器之间的比较操作<、<=、>、>= 迭代器对象与整型值 *n* 之间的+、+=、-、-= 两个迭代器对象相减（-） 下标操作（[]）	当两个迭代器是同一容器中的迭代器时，比较操作才有意义； 下标操作 iter[n]等价于*(iter+n)

迭代器操作的含义基本类似于指针类型的相应操作。

提示

当两个迭代器对象指向同一容器中的同一元素，或者当二者都指向同一容器中最后一个元素的下一位置（称为“超出末端（off-the-end）位置”）时，两个迭代器相等。

迭代器是一种数据类型，就像指针是一种数据类型一样；同时迭代器又有许多具体的类型，就像指针有基类型不同的许多指针类型一样（例如，指向 int 型对象的指针与指向 string 型对象的指针就属于基类型不同的指针类型）。标准库中的每一种容器都定义了自己的迭代器类型（见表 14-4）。

标准库中定义的不同容器类型中所定义的迭代器类型（type）属于不同的迭代器类别。

[1] 右值出现在赋值操作符的右边。
[2] 左值出现在赋值操作符的左边。

- vector 容器和 deque 容器的迭代器是随机访问迭代器；
- list 容器的迭代器是双向迭代器；
- 所有关联容器的迭代器都是双向迭代器；
- 容器适配器不支持迭代器。

此外，标准库中定义的 istream_iterator 类型是输入迭代器，ostream_iterator 类型是输出迭代器，这两个类型也都是模板类型。

标准库中提供的不同算法通常对作为参数的迭代器的类别有不同的要求。

迭代器最典型的使用是与容器或算法结合使用，但限于篇幅，此处不对迭代器进行详细介绍。

14.3 容　　器

STL 中的容器分为三类：**顺序容器（sequential container）**、**关联容器（associative container）**和**容器适配器（container adaptor）**。顺序容器中的元素按照元素在容器中的相对位置进行存储，并通过位置顺序进行访问。关联容器中的元素则按**键（key，**又称**关键字）**排序。而容器适配器则可以使某种容器以另一种抽象类型的方式工作。精心设计的 STL 使不同容器类具有公共的接口，提供类似的功能，从而使得 STL 易学易用。

本节将对这三类容器分别加以介绍。

C++语言规定：容器元素所属的类型必须支持复制及赋值操作。作出这一规定的原因是，对象放入容器中时，需要生成对象的副本作为容器的元素。因此，程序员需要注意，如果某一自定义类类型将要作为容器元素类型使用，则在必要的情况下（也就是该类包含指针型数据成员的情况下）应该为该类提供复制构造函数及重载的赋值操作符。

引用类型不支持赋值操作，因此不能用作容器元素类型；I/O 库类型不支持赋值和复制操作，因此也不能用作容器元素类型。

14.3.1 顺序容器

标准库中定义了三种顺序容器类，见表 14-2。

其中，deque 是 double-ended queue 的简写，即双端队列，读音为“deck”。

三种顺序容器所提供的操作基本类似，因此本节按类别介绍容器的各种操作；同时，本节中未加特殊说明的操作对三种顺序容器都适用。

表 14-2　标准库顺序容器类

类　名	说　明	所在头文件
vector	在尾端插入和删除支持随机访问	<vector>
list	双链表，可在任意位置快速插入和删除	<list>
deque	在头端和尾端快速插入和删除支持随机访问	<deque>

1. 容器对象的定义及初始化

容器类都是模板类，因此定义容器对象需要首先对相应的类模板进行实例化（详见 13.3.2 小节）。当然，在此之前还需要包含相关的头文件。例如：

```
vector<int> ivec;      // 定义 vector 对象 ivec，用于存放 int 型元素
list<double> dlist;    // 定义 list 对象 dlist，用于存放 double 型元素
deque<string> sdeq;    // 定义 deque 对象 sdeq，用于存放 string 型元素
```

上述代码使用顺序容器类型的默认构造函数创建容器对象，被创建的是空的容器对象。顺序容器类还提供一些其他的构造函数（见表 14-3），以便程序员用不同的方式对容器对象进行初始化。

表 14-3　　顺序容器的构造函数

函数使用形式	说　明
C<T> c;	创建空容器
C<T> c(cx);	创建容器 c 作为 cx 的副本。 c 和 cx 必须是同类型且元素类型也相同的容器
C<T> c(b, e);	创建 c，并用迭代器 b 和 e 所标示范围[1]内的元素对 c 进行初始化（c 中存放 b 和 e 范围内元素的副本）
C<T> c(n, t);	创建 c，并在其中存放 *n* 个值为 t 的元素 t 必须是 T 类型的值，或者可以转换为 T 类型的值
C<T> c(n);	创建 c，并在其中存放 *n* 个元素。每个元素都是 T 类型的值初始化元素

关于表 14-3 说明如下：

- C 为容器类模板的名字（如 vector，list 等），T 为容器中元素的类型，c 为被创建的容器对象。本章中其余部分也采用这种表示，不再赘述。
- 前三个构造函数适用于所有容器，后两个只适用于顺序容器。
- 所谓**值初始化**（value initialization），是指在没有指定初始值的情况下，由标准库自动生成初始值来进行元素的初始化。如元素类型为内置类型（详见 2.1.2 小节），则标准库使用 0 值作为元素的初始值；如果元素类型为类类型，则标准库使用该类的默认构造函数[2]来对元素进行初始化。

如果元素类型为类类型，且该类有自定义的构造函数但没有默认构造函数，则不能使用表 14-3 中列出的最后一种构造函数来创建容器对象。

因为标准库中类模板的定义都比较复杂，而且一个类模板的定义中往往会使用到一些其他的标准库类型，为了便于理解，本章叙述相关操作时不给出操作的接口（函数原型），而是使用实例加以说明。

下面以 vector 容器为例，给出使用上述构造函数定义和初始化顺序容器的实例。

（1）分配指定数目的元素，并对这些元素进行值初始化：

```
vector<int> ivec1(10);// ivec1 包含 10 个 0 值元素
```

（2）分配指定数目的元素，并将这些元素初始化为指定值：

```
vector<int> ivec2(10, 1);// ivec2 包含 10 个值为 1 的元素
```

（3）将 vector 对象初始化为一段元素的副本：

```
int ia[10] = {0, 1, 2, 3, 4, 5, 6, 7, 8, 9};
vector<int> ivec3(ia, ia+10);// ivec3 包含 10 个元素，
                             // 值分别为 0~9
```

此例中使用数组的名字 ia（相当于一个常量指针）对迭代器进行初始化。因为指针就是迭代器，所以可以给需要一对迭代器的构造函数传递一对指针实参。

[1] 迭代器 b 和 e 所标示的范围是一个半开区间[b, e)，迭代器 e 通常用作处理的结束标记。

[2] 默认构造函数是不带形参的构造函数，可能是自定义的，也可能是编译器自动提供的。

使用迭代器参数时，容器类型可以不同（例如内置数组与 vector 就是不同的容器），而且容器中元素的类型也只需兼容即可，不必相同。

（4）将一个 vector 对象初始化为另一 vector 对象的副本：

```
vector<int> ivec4(ivec3); // ivec4 包含值为 0~9 的元素（与 ivec3 相同）
```

2. 容器中定义的类型别名

为了定义和使用的方便性，标准库中的容器类型都提供如表 14-4 所示的类型别名。这些类型别名的定义一般都与容器中的元素类型相关，主要用于在容器类中声明变量、成员函数的形参、成员函数的返回值等，因此，了解这些类型别名对使用 STL 进行编程非常有用。

表 14-4　容器类中定义的类型别名

类型别名	说　明
iterator	指向元素的迭代器的类型
const_iterator	指向元素的常量迭代器的类型 这种迭代器只能用于读取容器中的元素
reverse_iterator	指向元素的逆向迭代器的类型 这种迭代器用于按逆序寻址元素
const_reverse_iterator	指向元素的常量逆序迭代器的类型 这种迭代器只能用于逆序读取容器中的元素
difference_type	存储两个迭代器差值的有符号整型
value_type	元素类型
reference	元素的左值类型，等价于 value_type&
const_reference	元素的常量左值类型等价于 const value_type&
size_type	无符号整型。用于计算容器中的元素数目，也可用于对除 list 之外的顺序容器进行检索

使用容器类中定义的类型别名时，别忘了在别名前加上容器类名限定。例如，要使用存放 int 型元素的 vector 容器中定义的类型别名 iterator，应该表示为：vector<int>::iterator。

3. 访问元素

访问容器中的元素有两种途径：一是使用容器类所提供的访问操作，二是通过容器的迭代器。表 14-5 列出了顺序容器所提供的元素访问操作。

表 14-5　顺序容器的元素访问操作

使用形式	形式参数	返 回 值	备　注
c.back()	无	容器 c 中最后一个元素的引用	若容器为空，则该操作的行为没有定义
c.front()	无	容器 c 中第一个元素的引用	若容器为空，则该操作的行为没有定义
c[index]	index 为元素的下标（元素在容器中序号）	返回下标为 index 的元素的引用	list 容器不提供该操作；若下标越界（即小于 0 或大于元素数−1），则该操作的行为没有定义
c.at(index)	index 为元素的下标	返回下标为 index 的元素的引用	list 容器不提供该操作；若下标越界，则该操作的行为没有定义

下面以 vector 容器为例，说明如何访问顺序容器中的元素。

```
// ***********************************************************
// elementAccessDemo.cpp
```

```
// 功能: 演示在顺序容器中访问元素的操作
// ****************************************************************
#include <iostream>
#include <vector>

using namespace std;

int main()
{
    int ia[10] = {0, 1, 2, 3, 4, 5, 6, 7, 8, 9};
    vector<int> ivec(ia, ia+10);// ivec 包含 10 个元素，值分别为 0~9

    // 将第一个元素修改为 100
    ivec.front() = 100;
    // 输出第一个元素的值
    cout << "the first element: " << ivec[0] << endl;

    // 将第二、第三个元素修改为 102、103
    ivec[1] = 102;
    ivec.at(2) = 103;
    // 输出第二、第三个元素的值
    cout << "the second element: " << ivec.at(1) << endl;
    cout << "the third element: " << ivec[2] << endl;

    // 将最后一个元素修改为 999
    ivec.back() = 999;
    // 输出最后一个元素的值
    cout << "the last element: " << ivec[9] << endl;

    return 0;
}
```

运行该程序，将得到如下输出：

```
the first element: 100
the second element: 102
the third element: 103
the last element: 999
```

另一种访问容器元素的途径是通过容器的迭代器。这就需要用到与迭代器相关的容器操作见表 14-6。

表 14-6　获取迭代器的容器操作

使用形式	返 回 值	备　注
c.begin()	迭代器指向容器 c 中第一个元素	此表中的每个操作都有两个版本：一个是 const 成员，另一个是非 const 成员；若容器 c 为 const 对象，则这些操作返回的迭代器的类型为带 const_前缀的类型（这样的迭代器是只读迭代器，只能用于读取元素，不能用于修改元素）；否则，返回读写迭代器
c.end()	迭代器指向容器 c 中最后一个元素的下一位置	
c.rbegin()	逆向迭代器指向容器 c 中最后一个元素	
c.rend	逆向迭代器指向容器 c 中第一个元素的前一位置	

下面给出一个通过迭代器访问容器元素的程序例子。

```
// ****************************************************************
// accessElementByIterator.cpp
// 功能: 演示通过迭代器访问顺序容器中的元素
// ****************************************************************
#include <iostream>
#include <vector>

using namespace std;

int main()
{
    vector<int> ivec(10, 2);                  // 创建含 10 个值为 2 的元素的 vector 容器
    vector<int>::iterator iter;               // 声明迭代器对象
    vector<int>::reverse_iterator riter;      // 声明逆向迭代器对象
```

```
    iter = ivec.begin();                        // 获取指向第一个元素的迭代器
    *iter += 10;                                // 将第一个元素的值加 10

    riter = ivec.rend();                        // riter 指向第一个元素的前一位置
    *(riter-1) += 10;                           // 将第一个元素的值加 10

    iter = ivec.end();                          // iter 指向最后一个元素的下一位置
    *(iter-1) = 100;                            // 将最后一个元素的值改为 100

    riter = ivec.rbegin();                      // riter 指向最后一个元素
    *riter -= 20;                               // 将最后一个元素的值减 20

    // 输出容器中的所有元素
    for(vector<int>::iterator it = ivec.begin();
                              it != ivec.end(); it++) {
        cout << *it << " ";
    }

    return 0;
}
```

上述程序的输出结果如下：

```
22 2 2 2 2 2 2 2 2 80
```

注意：逆向迭代器做加操作，则迭代器向容器的头端移动；而做减操作，则迭代器向容器的尾端移动。

4. 增加元素

一个容器对象在创建之后，应该允许向其中增加元素。每种容器都提供相应的操作（成员函数）完成在容器中增加元素的功能，在顺序容器中增加元素的操作见表 14-7。

表 14-7　顺序容器的增加元素操作

使用形式	形式参数	返 回 值	操作效果
c.insert(iter, t)	iter 为迭代器，t 为元素值	指向新插入元素的迭代器	在 iter 所指元素之前插入值为 t 的元素
c.insert(iter, n, t)	iter 为迭代器，t 为元素值	无	在 iter 所指元素之前插入 *n* 个值为 t 的元素
c.insert(iter, b, e)	iter，b，e 均为迭代器	无	在 iter 所指元素之前插入 b、e 所指范围内的元素（不包括 e 所指向的元素）
c.push_back(t)	t 为元素值	无	在 c 的尾端增加值为 t 的元素
c.push_front(t)	t 为元素值	无	在 c 的头端增加值为 t 的元素

上表中 c 表示容器对象。vector 容器不提供 push_front 操作。

下面给出一个程序实例说明如何使用相关操作在顺序容器中增加元素。

```
// ******************************************************************
// addElementsDemo.cpp
// 功能：演示在顺序容器中增加元素的操作
// ******************************************************************
#include <iostream>
#include <vector>
#include <deque>
#include <string>
```

```
using namespace std;

int main()
{
    vector<int> ivec; // 创建空的 vector 容器，用于存放 int 型对象
    deque<string> sdeq;    // 创建空的 deque 容器，用于存放 string 型对象
    int iarr[] = {100, 100, 100};

    // 在 vector 容器中增加元素
    for (int i = 1; i < 11; i++) { // 在尾端增加 10 个元素：值为 1~10
        ivec.push_back(i);
    }

    // 在 vector 容器头端再增加一个元素，值为 20
    ivec.insert(ivec.begin(), 20);

    // 在 vector 容器的第四个元素后再增加两个元素，值均为 30
    ivec.insert(ivec.begin() + 4, 2, 30);

    // 将数组 iarr 中的元素增加到 vector 容器尾端
    // 注意：被插入的元素不包括第三个参数所指向的元素
    // 因此，要插入 iarr 中的所有元素，第三个参数应该为 iarr 加 3
    ivec.insert(ivec.end(), iarr, iarr + 3);

    // 在 deque 容器中增加元素
    sdeq.push_back("is");
    sdeq.push_front("this");
    sdeq.insert(sdeq.end(), "a");
    sdeq.insert(sdeq.end(), "example");

    // 输出 vector 容器中的元素
    cout << "vector:" << endl;
    for(vector<int>::iterator it = ivec.begin();
                                 it != ivec.end(); it++)
        cout << *it << ' ';
    cout << endl;

    // 输出 deque 容器中的元素
    cout << "double-ended queue:" << endl;
    for(deque<string>::iterator it = sdeq.begin();
                            it != sdeq.end(); it++)
        cout << *it << ' ';

    return 0;
}
```

上述程序的运行结果如下：

```
vector:
20 1 2 3 30 30 4 5 6 7 8 9 10 100 100 100
double-ended queue:
this is a example
```

知识点：容器类型与操作的效率

一般而言，程序员在使用标准库时无需了解其内部实现方式，因为标准库对内部实现机制的复杂性进行了封装并为程序员提供相对简单的使用接口。但对于容器而言，其实现方式与其使用接口是有关联的，具体就是，容器元素在内存空间中的存储方式影响着容器操作的效率。因此，我们有必要对容器的实现有所了解。

vector 容器基于数组实现，其元素在内存中连续存放，因此元素的随机访问效率很高；同时也因为元素连续存放，vector 容器除了容器尾部之外，在其他任意位置插入或删除元素时，都需要移动该元素后面（右边）的所有元素，效率较低。

list 容器采用双向链表结构实现，其元素不是连续存放的，因此进行元素的插入和删除时无需移动其他元素，只需修改链表指针即可。所以，list 容器在任意位置进行插入和删除操作

都非常高效；同时也因为元素不连续存放，list 容器不支持快速随机访问，要访问某个特定元素需要正向或逆向遍历所涉及的其他元素，效率较低。

deque 容器也是基于数组实现的，但采用了更为复杂的数据结构（其中利用了指针数组以采用非连续的内存布局），使得在容器的两端插入和删除元素的效率都很高，但在容器的中间位置进行插入或删除操作效率就不如 list 容器了。因为 deque 容器基于数组实现，所以对元素进行随机访问的效率也较高。

综上所述，在利用容器编程时，应根据应用的特点（需要经常插入/删除元素还是需要经常随机访问元素？）选用不同类型的容器，从而提高程序的执行速度。

知识点：容器类型与“容量”概念

对于元素连续存放的容器而言，除了“大小”的概念之外，还有一个“容量”的概念。所谓“容量”，是指容器目前所占有的内存块中可以存储的元素的数目。

像 vector 这样的容器为了实现对元素的快速随机访问，将元素在内存中连续存放。这样一来，只要指定元素的存储位置（下标）就可以很快地找到相应元素。但是相应地，在容器中插入和删除元素时因为需要移动相关元素（在所插入元素右边的所有元素），操作会比较慢，这也是在 vector 容器中增加元素最好用 push_back 操作的原因，在尾端增加元素无须移动其他元素。

然而，如果在增加元素时，vector 容器已经满了，也就是说容器所分配到的内存已经用完了，这时就必须为容器重新分配内存空间以容纳全部元素。一般而言，这包括四个步骤：分配新内存块、复制元素、插入元素、释放原来的内存块。如果每增加一个元素都要经过这四步，容器的操作性能将慢得让人难以接受。因此，标准库在实现时通常会使用内存预分配策略：创建容器时分配一定量的存储单元（其中包括一些预留的额外空间，准备存放新增加的元素）；当容器满了以后，如果还需要增加元素，就再次分配一定量的存储单元。这样一来，就不必每增加一个元素就进行一次内存分配，从而可以大大提高容器的操作性能。

C++标准中并没有规定预留内存的具体数量，标准库的实现者可以决定每次分配多少内存。但 C++标准中规定，vector 容器的实现必须提供 capacity 和 reserve 操作，用于对容器的容量进行操作。

采用内存预分配策略实际上就是以空间换时间，牺牲一些内存空间来缩短操作时间以提高容器的时间性能。

而对于不连续存储元素的容器，不存在这样的内存分配问题。例如，在 list 容器中增加一个元素，标准库只需创建一个新元素，然后将该新元素链接到已存在的链表中，不需要重新分配存储空间，也不必复制任何已存在的元素。所以，这类容器不需要支持“容量”的概念。

5. 删除元素

对于已经建立并包含元素的容器，允许删除其中的元素。顺序容器所提供的删除操作见表 14-8。

表 14-8　顺序容器提供的删除元素操作

使用形式	形式参数	返回值	操作效果	备　注
`c.clear()`	无	无	删除容器中的所有元素	
`c.erase(iter)`	iter 为迭代器	迭代器 指向被删除元素的下一元素	删除 iter 所指向的元素	若 iter 等于 c.end()，则该操作的行为没有定义

续表

使用形式	形式参数	返回值	操作效果	备　注
c.erase(b, e)	b，e 为迭代器	迭代器 指向被删除元素段的下一元素	删除 b，e 所指范围内的所有元素（不包括 e 所指向的元素）	
c.pop_back()	无	无	删除容器中的最后一个元素	若容器为空，则该操作的行为没有定义
c.pop_front(t)	无	无	删除容器中的第一个元素	若容器为空，则该操作的行为没有定义，vector 容器不提供该操作

下面给出一个使用删除操作的程序实例。

```
// *************************************************************
// elementDeleteDemo.cpp
// 功能： 演示顺序容器的元素删除操作
// *************************************************************
#include <iostream>
#include <deque>

using namespace std;

int main()
{
    int iarr[] = {1, 2, 3, 4, 5, 6, 7, 8, 9, 10};
    deque<int> ideq(iarr, iarr+10);
    deque<int>::iterator iter;

    // 输出删除操作之前 deque 容器中的所有元素
    cout << "before delete:" << endl;
    for (iter = ideq.begin(); iter != ideq.end(); iter++) {
        cout << *iter << " ";
    }

    // 删除容器中的第一个及最后一个元素
    ideq.pop_front();
    ideq.pop_back();

    // 输出删除操作之后 list 容器中的所有元素
    cout << endl << "the first and last element are deleted:"
         << endl;
    for (iter = ideq.begin(); iter != ideq.end(); iter++) {
        cout << *iter << " ";
    }

    iter = ideq.begin();  // iter 指向 ideq 中现存的第一个元素
    // 删除 ideq 中现存的第二、第三个元素
    ideq.erase(ideq.erase(iter + 1));

    // 输出删除操作之后 list 容器中的所有元素
    cout << endl << "the second and third element are deleted:"
         << endl;
    for (iter = ideq.begin(); iter != ideq.end(); iter++) {
        cout << *iter << " ";
    }

    // 删除容器中现存的前三个元素
    ideq.erase(ideq.begin(), ideq.begin() + 3);

    // 输出删除操作之后 list 容器中的所有元素
    cout << endl << "three elements at front are deleted:"
         << endl;
    for (iter = ideq.begin(); iter != ideq.end(); iter++) {
        cout << *iter << " ";
    }
```

```
    // 删除剩余的所有元素
    ideq.clear();

    cout << endl << "after clear:" << endl;
    if (ideq.empty()) // 容器为空
        cout << "no element in double-ended queue" << endl;

    return 0;
}
```

代码 ideq.erase(ideq.erase(iter + 1))表示调用 erase 函数两次，以第一次调用的返回值作为第二次调用的实际参数，从而删除两个相邻元素。

不是所有容器的迭代器都支持 + 操作。例如如果 ideq 为 list 容器，则上述 erase 操作的调用将导致编译错误，因为 list 容器的迭代器不支持 + 操作。

执行上述程序将得到如下输出结果：

```
before delete:
1 2 3 4 5 6 7 8 9 10
the first and last element are deleted:
2 3 4 5 6 7 8 9
the second and third element are deleted:
2 5 6 7 8 9
three elements at front are deleted:
7 8 9
after clear:
no element in double-ended queue
```

6. 容器的比较

每一种容器类型都支持比较操作，比较操作使用关系操作符：== != < <= > >=。

两个容器对象可以进行比较的前提是：容器类型相同，容器中元素的类型也相同。例如，list<int>容器可以与 list<int>容器比较，但既不能与 vector<int>容器比较，也不能与 list<double>容器比较。

容器的比较结果取决于容器中元素的比较结果，这一点类似于 sring 对象的比较（事实上，string 类型也支持大多数的顺序容器操作。从这个角度而言，可以将 string 类型视为字符容器）。

如果容器的元素类型不支持某个关系操作符，则此类容器就不能进行相应的比较。

假定 c1 和 c2 是两个可以比较的容器，则二者的比较操作见表 14-9。

表 14-9　容器比较操作

比较操作	比较结果
==	若两个容器中的元素个数相同且对应位置上的每个元素都相等，则比较结果为 true，否则为 false
!=	结果与==操作相反
< <= > >=	若一个容器中的所有元素与另一容器中开头一段元素对应相等，则较短的容器小于另一容器；否则，两个容器中第一对不相等元素的比较结果就是容器的比较结果

下面给出一个程序例子，说明容器比较操作的使用。

```
// ***************************************************************
// containerCompare.cpp
// 功能：演示顺序容器的比较操作
// ***************************************************************
#include <iostream>
#include <list>
#include <string>
```

```
using namespace std;

int main()
{
    int iarr[] = {1, 2, 3, 4, 5, 6, 7, 8, 9, 10};
    list<int> ilist1(iarr, iarr+10);
    list<int> ilist2(iarr, iarr+5);
    list<int> ilist3(ilist2);
    list<int> ilist4(ilist2);

    ilist4.push_back(12);
    ilist4.push_back(7);

    list<int>::iterator iter, ibegin, iend;
    string name;
    // 输出四个 list 对象
    for (int i = 1; i < 5; i++) {
        // 设置 list 对象的名字和迭代器范围[ibegin, iend)
        switch (i) {
            case 1:
                name = "list1";
                ibegin = ilist1.begin();
                iend = ilist1.end();
                break;
            case 2:
                name = "list2";
                ibegin = ilist2.begin();
                iend = ilist2.end();
                break;
            case 3:
                name = "list3";
                ibegin = ilist3.begin();
                iend = ilist3.end();
                break;
            case 4:
                name = "list4";
                ibegin = ilist4.begin();
                iend = ilist4.end();
                break;
        }

        // 输出 list 对象
        cout << name << ": ";
        for (iter = ibegin; iter != iend; iter++)
            cout << *iter << ' ';
        cout << endl;
    }

    cout << endl;
    // 比较 list 对象并输出结果
    cout << "ilist2 == ilist3 : ";
    if (ilist2 == ilist3)
        cout << "true" << endl;
    else
        cout << "false" << endl;

    cout << "ilist1 < ilist2 : ";
    if (ilist1 < ilist2)
        cout << "true" << endl;
    else
        cout << "false" << endl;

    cout << "ilist3 > ilist4 : ";
    if (ilist3 > ilist4)
        cout << "true" << endl;
    else
        cout << "false" << endl;

    cout << "ilist1 < ilist4 : ";
    if (ilist1 < ilist4)
```

```
        cout << "true" << endl;
    else
        cout << "false" << endl;

    cout << "ilist2 != ilist4 : ";
    if (ilist2 != ilist4)
        cout << "true" << endl;
    else
        cout << "false" << endl;
}
```

运行上述程序则得到如下输出结果：

```
list1: 1 2 3 4 5 6 7 8 9 10
list2: 1 2 3 4 5
list3: 1 2 3 4 5
list4: 1 2 3 4 5 12 7

ilist2 == ilist3 : true
ilist1 < ilist2 : false
ilist3 > ilist4 : false
ilist1 < ilist4 : true
ilist2 != ilist4 : true
```

7. 有关容器大小的操作

容器大小（size）指的是容器中当前存放元素的数目。每一种容器都提供了表 14-10 所列出的相关操作。

表 14-10　与容器大小相关的操作

使用形式	形式参数	返回值	操作效果
c.empty()	无	若容器为空，则返回 true；否则返回 false	
c.size()	无	返回容器中目前所存放的元素的数目 类型为 C::size_type	
c.max_size()	无	返回容器中可存放元素的最大数目 类型为 C::size_type	
c.resize(n)	*n* 为元素数目	无	将容器的大小调整为可存放 *n* 个元素 若 *n* < c.size()，则删除多余元素；否则，在尾端增加相应数目的新元素，新元素均采用值初始化
c.resize(n, t)	*n* 为元素数目 t 为元素值	无	新增元素取值为 t 其余效果同 c.resize(n)

8. 容器的赋值与交换

容器的赋值与交换作用于整个容器，相关操作见表 14-11。

表 14-11　容器的赋值与交换操作

使用形式	形式参数	操作效果	备注
c1 = c2	c2 为容器	首先删除 c1 中的所有元素，然后将 c2 中的元素复制给 c1	c1 和 c2 必须是同类型容器且其元素类型也必须相同
c.assign(b, e)	b, e 为一对迭代器	首先删除 c 中的所有元素，然后将迭代器 b，e 所指范围内的元素复制到 c 中	b 和 e 不能指向 c 中的元素 b，e 所指范围内元素的类型不必与 c 的元素类型相同，只需类型兼容即可

续表

使用形式	形式参数	操作效果	备　注
`c.assign(n, t)`	*n* 为元素数目 t 为元素值	首先删除 c 中的所有元素，然后在 c 中存放 *n* 个值为 t 的元素	
`c1.swap(c2)`	c2 为容器	交换 c1 和 c2 的所有元素	c1 和 c2 必须是同类型容器且其元素类型也必须相同

值得注意的是，swap 操作不会进行删除和插入元素的操作，事实上 swap 操作不会移动任何元素，所以 swap 操作的执行速度通常比赋值快，而且该操作不会导致迭代器失效。我们可以想象，swap 操作只是使得两个容器交换了名字而已，原来名叫 c1 的容器现在名叫 c2。

知识点：容器操作对容器迭代器的影响

某些容器操作会对元素的数量或位置产生影响，从而有可能使得容器中的某些迭代器失效。例如，在增加/删除元素的前后，容器的 end 操作所返回的迭代器所指向的位置应该不同；再如，对 vector 容器进行 resize 操作之后，容器中的所有迭代器都有可能失效（因为 resize 操作有可能导致重新分配内存）。所以，在使用容器迭代器时，要特别注意迭代器是否有效（也就是说，迭代器所指向的元素位置是否我们真正要访问的元素所在的位置），这一点极大地影响着程序的正确性。通常避免出错的办法是，不要对 begin，end 等操作所返回的迭代器进行存储然后重复利用，而应该在每次需要这些迭代器时都利用相关操作来获取。

14.3.2　关联容器

关联容器是标准库中定义的另一类容器，与顺序容器的区别在于，关联容器不是通过位置顺序存储和访问元素，而是通过键（key）对元素进行存储和访问。但是，对于顺序容器所提供的大部分操作，关联容器也能够支持，包括：

表 14-3 中列出的前三个构造函数；

表 14-6 中列出的所有操作（begin 等）；

表 14-7 中列出的 insert 操作；

表 14-8 中列出的 clear 和 erase 操作；

表 14-9 中列出的关系操作；

表 14-10 中列出的有关容器大小的操作（resize 操作除外）；

表 14-11 中列出的赋值和交换操作（assign 操作除外）。

除了上述操作外，关联容器还提供一些自己特有的操作。需要注意的是，**对于上述操作，关联容器中的定义一般有所不同**，这主要是因为关联容器中使用了键。

此外，关联容器中也定义了表 14-4 所列出的类型别名。

标准库中提供了四种关联容器，见表 14-12。

表 14-12　　　　标准库关联容器类

类　名	说　明	所在头文件
map	通过键进行元素存取的关联数组	<map>
multimap	支持重复键的关联数组	<map>
set	键的集合（集合的元素就是键）	<set>
multiset	支持重复键的集合	<set>

下面分别介绍每一种关联容器。

1. pair 类型

map 和 multimap 容器类中使用 pair 类型作为元素类型。因此，在介绍 map 和 multimap 容器之前，我们首先来介绍标准库中定义的 pair 类型。

pair 类型也是一个模板类，在头文件 utility 中定义。

一个 pair 对象包含两个数据成员：first 和 second，这两个成员都是公有成员，因此可以直接通过 pair 对象访问。除此之外，与 pair 类型相关的操作（包括 pair 类中提供的成员函数和标准库提供的其他函数）在表 14-13 和表 14-14 中列出。

表 14-13　　　　创建 pair 对象的操作

使用形式	说　明
`pair<T1, T2> p`	创建空的 pair 对象 p，p 的两个数据成员的类型分别为 T1 和 T2，均采用值初始化
`pair<T1, T2> p(v1, v2)`	创建 pair 对象 p，p 的两个数据成员的类型分别为 T1 和 T2，成员 first 初始化为 v1，成员 second 初始化为 v2
`make_pair(v1, v2)`	标准库函数。使用值 v1 和 v2 创建 pair 对象

表 14-14　　　　pair 对象的比较操作

使用形式	说　明	备　注
`p1 < p2`	若 p1.first < p2.first 或!(p1.first < p2.first) && p1.second < p2.second，则比较结果为 true，否则为 false	pair 对象的比较使用其元素类型提供的相应比较操作
`p1 == p2`	若 p1.first == p2.first && p1.second == p2.second，则比较结果为 true，否则为 false	

2. map 容器

map 容器也用于表示集合，与 set 容器不同的是，map 容器不是键的集合，而是**键-值对**（**key-value pair**）的集合，通常称为**关联数组**（**associative array**）。所谓“关联”，是指元素的值与键之间的关联：通过键来访问值。

map 对象的定义及初始化

map 容器类提供了三个构造函数，见表 14-15。

表 14-15　　　　map 容器的构造函数

函数使用形式	说　明
map<K, T> m	创建空的 map 容器 m，其键类型为 K，值类型为 T
map< K, T> m(mx)	创建 map 容器 m 作为 mx 的副本 m 和 mx 的键类型和值类型都必须相同
map< K, T> m(b, e)	创建 map 容器 m，并用迭代器 b 和 e 所标示范围内的元素对 m 进行初始化（m 中存放 b 和 e 范围内元素的副本）

这三个构造函数与表 14-3 中列出的前三个函数类似，只不过定义对象 m 时需要指定两个模板类型实参。需要注意的是，所使用的键类型必须提供 <（小于）操作符。因此，如果用自定义的类类型作键的类型，则该类类型必须对 < 操作符进行重载（有关操作符重载的内容详见 9.3 节）。

map 类中定义的类型别名

除了表 14-4 中所列出的类型别名外，map 类还定义了下表中所列出的类型别名。

表 14-16　　map 类定义的类型别名

类型别名	说　明
key_type	元素（pair 对象）中键的类型
mapped_type	元素中键所关联的值的类型
value_type	元素的类型，是一个 pair 类型，其中 first 成员的类型为 const map<K, T>::key_type，second 成员的类型为 map<K, T>::mapped_type

map 类中的 value_type 是 pair 类型，它的 first 成员是 const 类型的。也就是说，map 容器中元素的键不能修改。

若需要修改容器中某元素的键，只能用间接的方式：首先删除该元素，再插入一个新元素，新元素的键设置为所需要的键。

访问 map 容器中的元素

可以使用元素下标或指向元素的迭代器来访问 map 容器中的元素。使用下标操作时需要注意如下两点。

（1）容器的元素下标可以像内置数组那样是整型，也可以是其他类型（例如 string 类型），而且后者更常见，因为这里的下标是作为键（关键字）使用的。

（2）使用下标访问元素时，如果该元素存在，则返回元素中的值（也就是键所对应的值）；如果指定的元素不存在，将会导致**在容器中增加一个新元素**，该元素中“键”的取值就是所给定的下标值，该元素中的“值”采用值初始化。

map 容器下标操作的返回值类型为 map 容器中定义的 mapped_type 类型，而容器的迭代器的解引用（*）操作的返回值类型则为容器中定义的 value_type 类型。

在 map 容器中增加元素

给容器增加元素就是在容器中加入键-值对，有两种方法可以完成这一工作。

- 使用 insert 操作。
- 使用下标获取元素，然后给获取的元素赋值（事实上只是给元素中的“值”部分赋值，因为“键”是不能修改的）。

map 容器所提供的 insert 操作见表 14-17。

表 14-17　　map 类的 insert 操作

使用形式	形式参数	返 回 值	操作效果
m.insert(e)	e 为元素值（一个 pair 对象）	一个 pair 对象（其 first 成员是一个指向被插入元素的迭代器，其 second 成员是一个 bool 对象，表示是否插入了元素）	若键 e.first 不在容器 m 中，则插入元素 e；否则，m 保持不变
m.insert(iter, e)	iter 为迭代器，表示搜索新元素存储位置的起点 e 为元素值	一个迭代器，指向键为 e.first 的元素	在 iter 所指元素之后插入元素 e（若键 e.first 已在容器 m 中，则 m 保持不变）
m.insert(begin, end)	begin，end 均为迭代器，表示要插入的元素的范围	无	将 begin，end 所指范围内的元素（不包括 end 所指向的元素）插入 m 中（若某元素的键在 m 中已存在，则不插入该元素）

map 容器不提供 push_back 和 push_front 操作。而且，如果想要插入的元素所对应的键已在容器中存在，则 insert 将不做任何操作。

在 map 容器中查找元素

对于内置数组我们一般通过下标来获取对应的元素，map 容器虽然称为关联数组，但要注意该容器的下标操作是有副作用的：若指定键（即下标）对应的元素在 map 容器中不存在，则下标操作会导致在 map 容器中插入新元素（新元素以指定的下标为键）。如果我们仅仅想检查某个键在 map 容器中是否存在而不希望插入元素，则可以使用 find 和 count 操作，见表 14-18。

表 14-18　map 容器的查询操作

使用形式	形式参数	返 回 值
m.find(k)	k 为要查找的键	若容器 m 中存在与 k 对应的元素，则返回指向该元素的迭代器；否则，返回指向 m 中最后一个元素的下一位置的迭代器
m.count(k)	k 为要查找的键	k 在容器 m 中的出现次数

从 map 容器中删除元素

可以使用 erase 操作从 map 容器中删除元素，见表 14-19。

表 14-19　map 容器的删除操作

使用形式	形式参数	返回值	操作效果	备　注
m.erase(k)	k 为要删除元素的键	被删除元素的个数，其类型为 map 容器中定义的 size_type	若容器m中存在键为k的元素，则删除该元素	若返回值为 0，表示要删除的元素不存在
m.erase(iter)	iter 为指向要删除元素的迭代器	无	删除 iter 所指向的元素	若 iter 等于 c.end()，则该操作的行为没有定义
m.erase(b, e)	b，e 为迭代器，表示要删除元素的范围	无	删除 b, e 所指范围内的所有元素（不包括 e 所指向的元素）	要么 b 和 e 相等（此时删除范围为空，不删除任何元素）；要么 b 所指向的元素出现在e所指向的元素之前

下面给出一个实例说明 map 容器的使用。

该程序实现一个电话号码本，电话号码本中的条目按姓名排列（假设没有重名的条目）。运行该程序允许用户创建并维护一个电话号码本：可以往电话号码本中添加条目、可以删除指定条目、可以指定姓名查询电话号码等。

```
// ****************************************************************
// phoneNumberBook.cpp
// 功能：利用 map 容器类实现电话号码本
// 电话号码本中的条目按姓名排列（假设没有重名的条目）
// 程序支持用户创建并维护一个电话号码本：
// 可以往电话号码本中添加条目、可以删除指定条目、
// 可以修改指定条目中的电话号码、
// 可以指定姓名查询电话号码、可以显示电话号码本的内容。
// ****************************************************************
#include <iostream>
#include <map>
#include <string>
#include <utility>           // 使用其中的 make_pair()

using namespace std;
```

```
void printMenu();
int main()
{
    map<string, string> phoneNumBook;  // 电话号码本
    string name; // 姓名
    string endName;  // 要删除的最后一个姓名
    string phoneNumber;   // 电话号码
    // 用于访问容器中元素的迭代器
    map<string, string>::iterator iter, beginIter, endIter;
    int choice = 1;

    while (choice != 0) {
        // 显示菜单
        printMenu();

        // 获取用户选择
        cout << "Enter your choice:";
        cin >> choice;

        // 根据用户选择分别进行处理
        switch (choice) {
            case 1: // 插入条目
                cout << "Enter the name you want to insert: ";
                cin >> name;
                cout << "Enter the phone number(s) : ";
                cin >> phoneNumber;
                phoneNumBook.insert(make_pair(name, phoneNumber));
                break;
            case 2: // 删除一个条目
                cout << "Enter the name you want to delete: ";
                cin >> name;
                phoneNumBook.erase(name);
                break;
            case 3: // 根据名字查找号码
                cout << "Enter the name you want to search: ";
                cin >> name;
                iter = phoneNumBook.find(name);
                if (iter == phoneNumBook.end())
                    cout << "No such name in the phone number book."
                         << endl;
                else
                    cout << "The phone number of " << name << " is "
                         << (*iter).second << endl;
                break;
            case 4: // 删除多个条目
                cout << "Enter the first name you want to delete: ";
                cin >> name;
                cout << "Enter the last name you want to delete: ";
                cin >> endName;

                // 保证 name < endName，
                // 从而保证 beginIter 所指元素在 endIter 所指元素之前
                // （否则，erase 操作将不删除任何元素）
                if (endName < name) {
                    string tempStr;
                    tempStr = name;
                    name = endName;
                    endName = tempStr;
                }

                beginIter = phoneNumBook.find(name);
                endIter = phoneNumBook.find(endName);
                // erase 操作不删除第二个迭代器所指向的元素，所以
                // 先将迭代器向后移动一个元素
                endIter++;
                phoneNumBook.erase(beginIter, endIter);
                break;
            case 5: // 修改指定条目中的电话号码
                cout << "Enter the item you want to modify: ";
                cin >> name;
                if (phoneNumBook.count(
```

```
                static_cast<const string>(name)) == 0) {
            cout << "No such name in the phone number book!"
                << endl;
            break;
        }
        cout << "Enter the new phone number:";
        cin >> phoneNumber;
        phoneNumBook[static_cast<const string>(name)]
                = phoneNumber;
        break;
    case 6:  // 列出电话号码本的内容
        cout << "content of the phone number book: " << endl;
        for (iter = phoneNumBook.begin();
                iter != phoneNumBook.end(); iter++)
            cout << (*iter).first << "\t"
                << (*iter).second << endl;
        break;
    case 0:  // 退出
        break;
    }
    }

    return 0;
}

void printMenu()
// 功能：输出选择菜单
{
    cout << endl;
    cout << "*******************************************" << endl;
    cout << "  1--insert      2--delete a item" << endl;
    cout << "  3--search      4--delete some items" << endl;
    cout << "  5--modify      6--display" << endl;
    cout << "  0--quit" << endl;
    cout << "*******************************************" << endl;
}
```

3. multimap 容器

multimap 容器与 map 容器非常类似，唯一区别在于：multimap 容器中的键可以重复，即可以有多个元素中包含相同的键。因为 multimap 容器中一个键可能与多个值相关联，所以 multimap 类不支持下标操作。除此之外，map 所支持的操作，multimap 也都支持，但操作的具体实现细节会有所不同，因为 multimap 中的键不要求唯一。下面列举出 multimap 操作不同于 map 操作的一些地方。

- insert 操作每调用一次都会增加新的元素（multimap 容器中，键相同的元素相邻存放）。
- 以键值为参数的 erase 操作删除该键所关联的所有元素，并返回被删除元素的数目。
- count 操作返回指定键的出现次数。
- find 操作返回的迭代器指向与被查找键相关联的第一个元素。

基于上述操作特点，如果需要依次访问 multimap 容器中与特定键关联的所有元素，可以结合使用 count 和 find 操作。此外，也可以使用表 14-20 中列出的操作来完成这一工作。

表 14-20　获取与指定键关联的元素迭代器的操作

使用形式	说　明	备　注
m.lower_bound(k)	该操作返回一个迭代器，指向容器 m 中第一个键 >= k 的元素	若键 k 在容器中不存在，则这两个操作所返回的迭代器相同：都指向 k 应该插入的位置
m.upper_bound(k)	该操作返回一个迭代器，指向容器 m 中第一个键 > k 的元素	
m.equal_range(k)	该操作返回包含一对迭代器的 pair 对象，其 first 成员等价于 m.lower_bound(k)，其 second 成员则等价于 m.upper_bound(k)	

提示

表 14-20 中列出的操作同样适用于其他关联容器。

4. set 容器

set 容器用于表示集合，该集合中的元素不能重复。set 容器的元素就是键本身。

set 容器与 map 容器非常类似，只不过 map 容器中存放由键以及与键相关联的值构成的 pair 对象，而 set 容器中只存储键而已。因此 map 容器所支持的操作，set 容器也基本上都支持。仅有以下区别：

- set 容器不支持下标操作。
- set 容器类中没有定义 mapped_type 类型。
- set 容器中定义的 value_type 类型不是 pair 类型，而是与 key_type 相同，指的都是 set 中元素的类型。

下面给出一个使用 set 容器的程序实例。

```
// ****************************************************************
// setDemo.cpp
// 功能： 演示 set 容器类的使用
// ****************************************************************
#include <iostream>
#include <set>

using namespace std;

int main()
{
    int iarr[] = {1, 1, 2, 3, 3};
    double darr[] = {4.4, 5.6, 2.1, 7.8, 8.8, 9.8, 1.1};
    set<int> iset(iarr, iarr + 5);      // 用内置数组 iarr 的所有元素对 set
                                        // 对象 iset 进行初始化：iset 中将
                                        // 仅包含 3 个元素：1， 2， 3
    set<double> dset;                   // 创建空的 set 对象

    // 输出 set 对象 iset 中的元素
    cout << "content of the integer set container:" << endl;
    for (set<int>::iterator iter = iset.begin();
                          iter != iset.end(); iter++)
        cout << *iter << " ";
    cout << endl;

    // 在 iset 对象中查找特定元素
    if (iset.find(2) != iset.end())
        cout << "2 is a element in the integer set container" << endl;
    else
        cout << "2 is not a element in the integer set container"
            << endl;
    if (iset.find(6) != iset.end())
        cout << "6 is a element in the integer set container" << endl;
    else
        cout << "6 is not a element in the integer set container"
            << endl;
    cout << endl;

    // 向 set 对象 dset 中插入元素
    dset.insert(1.2);
    dset.insert(3.4);
    dset.insert(3.4);
    dset.insert(darr, darr + 7);

    // 输出 set 对象 dset 中的元素
    cout << "content of the double set container:" << endl;
    for (set<double>::iterator iter = dset.begin();
                               iter != dset.end(); iter++)
```

```
        cout << *iter << " ";
    cout << endl << endl;

    // 删除dset对象中的元素1.1
    dset.erase(1.1);
    // 删除dset对象中大于等于3.4且小于7.8的所有元素
    dset.erase(dset.find(3.4), dset.find(7.8));

    // 输出set对象dset中的元素
    cout << "content of the double set container(after delete):"
        << endl;
    for (set<double>::iterator iter = dset.begin();
                                iter != dset.end(); iter++)
        cout << *iter << " ";
    cout << endl ;

    return 0;
}
```

运行该程序将得到如下输出：

```
content of the integer set container:
1 2 3
2 is a element in the integer set container
6 is not a element in the integer set container

content of the double set container:
1.1 1.2 2.1 3.4 4.4 5.6 7.8 8.8 9.8

content of the double set container(after delete):
1.2 2.1 7.8 8.8 9.8
```

调用带两个迭代器参数的erase操作时，第一个参数必须：要么等于end()[此时第二个参数也必须等于 end()]，要么指向容器中存在的元素（此时第二个参数必须也指向同一元素或指向另一位于其后的元素）。例如上述程序中，如果将 dset.find(3.4)改为dset.find(10)将出现运行时错误。

5. multiset容器

multiset容器与set容器非常类似，唯一区别在于：multiset容器中的键可以重复，即可以存放重复的元素。因为multiset容器与set容器之间的异同类似于multimap容器与map容器之间的异同，故此处不再赘述，读者可参照multimap容器学习multiset容器的使用。

14.3.3 容器适配器

所谓“适配器”，是指使某一事物的行为类似于另一事物的行为的一种机制。例如，容器适配器可以使某种容器（如list）以另一种抽象类型（如stack）的方式工作，也就是说使list表现得像堆栈一样（堆栈的典型特征是**后进先出（last in first out，LIFO）**。标准库中提供了三种容器适配器见表14-21。

表14-21 标准库容器适配器类

类　名	说　明	所在头文件
stack	堆栈 元素的插入和删除只在栈顶进行 支持后进先出（LIFO）的元素访问	<stack>
queue	队列 在尾端插入元素，在头端删除元素 支持先进先出（FIFO）的元素访问	<queue>

续表

类　名	说　明	所在头文件
priority_queue	带优先级管理的队列 元素按优先级从高到低排列 使用元素类型的 < 操作确定优先级	<queue>

适配器类都基于某种已存在的类而实现。实际上，适配器就是通过在其基础类上定义一个新的接口而使得某个类表现出不同的行为特征。因此，容器适配器类本身并不提供对存放元素的实际数据结构的实现，它们只是调用基础类（顺序容器类）所提供的相关操作来实现自己的操作接口。

标准库中定义的容器适配器都是基于顺序容器建立的，程序员在创建适配器对象时可以选择相应的基础容器类。其中，stack 适配器可以建立在 vector，list 或 deque 容器上，而 queue 适配器只能建立在 list 或 deque 容器上，priority_queue 适配器只能建立在 vector 或 list 容器上。如果创建适配器对象时不指定基础容器，则 stack 和 queue 默认采用 deque 实现，而 priority_queue 则默认采用 vector 实现。

每种适配器中都定义了如下三种类型别名。

- size_type：表示适配器对象大小的类型。
- value_type：元素类型。
- container_type：基础容器的类型。

每种适配器都定义了两个构造函数。

- 不带参数的构造函数：用于创建空的适配器对象。
- 带一个容器参数的构造函数：用于根据基础容器创建适配器对象并进行初始化。形如：A a(c)（其中，A 为适配器类型，a 为所创建的适配器对象，c 为基础容器对象）。

每种适配器都支持六种关系操作：<、<=、>、>=、==、!=，前提是元素类型要支持 ==和 < 操作。两个适配器对象的比较由元素的依次比较而实现，其结果取决于两个适配器中第一对不相等的元素。

每种适配器根据其对应的抽象类型不同，定义了一些不同的操作，分别见表 14-22 ~ 表 14-24。

表 14-22　　stack 适配器支持的操作

操　作	操作效果	实现方式
`push(item)`	将值为 item 的新元素压入栈顶 无返回值	调用基础容器的 push_back 操作实现
`pop()`	删除栈顶元素 无返回值	调用基础容器的 pop_back 操作实现
`top()`	返回栈顶元素的值	调用基础容器的 back 操作实现
`empty()`	若栈为空，则返回 true；否则，返回 false	调用基础容器的 empty 操作实现
`size()`	返回栈中元素的数目	调用基础容器的 size 操作实现

表 14-23　　queue 适配器支持的操作

操　作	操作效果	实现方式
`push(item)`	将值为 item 的新元素插入队尾 无返回值	调用基础容器的 push_back 操作实现
`pop()`	删除队首元素 无返回值	调用基础容器的 pop_front 操作实现
`front()`	返回队首元素的值	调用基础容器的 front 操作实现

续表

操　作	操作效果	实现方式
back()	返回队尾元素的值	调用基础容器的 back 操作实现
empty()	若队列为空，则返回 true；否则，返回 false	调用基础容器的 empty 操作实现
size()	返回队列中元素的数目	调用基础容器的 size 操作实现

表 14-24　priority_queue 适配器支持的操作

操　作	操作效果	实现方式
push(item)	按优先级顺序将值为 item 的新元素插入到队列中适当位置 无返回值	首先调用基础容器的 push_back 操作，然后调用堆排序算法 push_heap 对元素进行重新排列
pop()	删除队首元素（优先级最高的元素） 无返回值	首先调用堆操作算法 pop_heap 删除堆顶元素，然后调用基础容器的 pop_back 操作
top()	返回队首元素的值	调用基础容器的 front 操作实现
empty()	若优先级队列为空，则返回 true；否则，返回 false	调用基础容器的 empty 操作实现
size()	返回优先级队列中元素的数目	调用基础容器的 size 操作实现

堆（heap）是一种数据结构，在堆中，最值（最高优先级）元素总是放在最前面（称为堆顶）。

下面以 stack 为例，说明容器适配器的使用。

```
// ***************************************************************
// palindrome.cpp
// 功能： 判断给定文本是否回文（正读反读都一样的文本）
//       演示 stack 适配器的使用
// ***************************************************************
#include <iostream>
#include <stack>
#include <string>
#include <cctype>// 使用其中的 tolower()

using namespace std;

bool palindrome(const string& text);

int main()
{
    string text;

    while (true) {
        // 输入文本
        cout << "Enter the text(\"quit\" to end program):" << endl;
        getline(cin, text);

        if (text == "quit")
            break;

        if (palindrome(text)) // 是回文
            cout << "The text you typed is a palindrome." << endl;
        else// 不是回文
            cout << "The text you typed is NOT a palindrome." << endl;
    }

    return 0;
}
```

```
bool palindrome(const string& text)
// 功能：判断文本 text 是否为回文
// 后置条件：
//         若 text 为回文，则返回值为 true；否则返回值为 false
{
    stack<char> cstack;
    size_t length = text.size();

    // 将文本 text 的前半部分压入堆栈 cstack
    for (size_t i = 0; i < length/2; i++)
        cstack.push(text[i]);

    // 将文本 text 的后半部分逐个字符与前半部分的对应字符进行比较
    size_t comparePos;   // 比较位置
    // 设定比较起点
    if (length % 2 == 0)
        comparePos = length / 2;
    else
        comparePos = length / 2 + 1;

    // 比较对应字符
    while (!cstack.empty()) {
        if (text[comparePos] != cstack.top())   // 对应字符不相同
            break;
        cstack.pop();// 对应字符出栈
        comparePos++;// 比较位置后移一个字符
    }

    if (cstack.empty())   // 所有对应字符都相同
        return true;
    else
        return false;
}
```

14.4　泛型算法

14.4.1　算法简介

标准库中定义的每种容器都定义了一些相关操作，使用这些操作能完成基本的元素操作功能，如插入元素、删除元素、访问元素等。但是，有时我们还需要对容器中的元素进行一些其他处理。例如，对于用户输入的一系列字符串（假设表示姓名），我们可以使用 vector 容器来存放。但是，如果我们还需要将这些姓名按字典顺序列出，则使用 vector 容器提供的操作无法完成。这时我们需要对顺序容器中的元素进行排序；此外，我们也可能需要在顺序容器查找某个特定元素。例如，查找某个姓名是否被输入了等。这样的操作具有一般性，因此标准库中定义了一些**泛型算法**（**generic algorithm**）来实现诸如此类的操作。

所谓“泛型”，是指这些算法与具体的容器类型无关，而且一般也不依赖于元素的类型（除了要求元素类型必须支持比较操作之外）。标准库中的算法[①]与容器是分开的，算法定义为名字空间 std 中的全局函数，并通过迭代器来处理元素序列，因此同一算法可以应用于不同的容器类型以及内置数组，甚至是程序员自定义类型的元素序列（当然前提是自定义类型能够满足算法的要求）。

标准库中定义的泛型算法十分丰富，可分为四大类。

- 不修改序列的算法（non-modifying sequence algorithm）
- 变更序列的算法（mutating-sequence algorithm）
- 排序及相关算法（sorting and related algorithm）

[①] 本章所讨论的算法都是泛型算法，因此有时也以“算法”一词作为“泛型算法”的简称。

- 泛化算术算法（generalized numeric algorithm）

其中，前三类算法都在头文件<algorithm>中定义，泛化算术算法[1]在头文件<numeric>中定义。具体算法的简要介绍见附录 5。

泛型算法都定义为函数模板。为了提高可理解性，标准库中的算法使用统一的形参规范及命名规范。

1. 算法形参规范

一般而言，大多数泛型算法都表示对元素序列的操作，因此都带有表示元素范围的一对迭代器参数，这对迭代器所表示的范围可称为“输入范围”，表示该算法所要处理的“输入”。根据算法所表示的操作特点，有些算法还带有表示结果元素（即算法的“输出”）存储位置的参数，这通常是一个迭代器参数，或者是由一对迭代器构成的元素范围。因此，标准库中的大多数算法都具有如下四种形式之一。

```
alg (first, last, otherParms);
alg (first, last, result, otherParms);
alg (first, last, first2, otherParms);
alg (first, last, first2, last2, otherParms);
```

其中，alg 是算法的名字，first，last，result，first2 和 last2 均为迭代器，first 和 last 指定算法所操作的元素范围，result 指定输出元素的存储位置，first2 和 last2 指定算法所操作的第二段元素的范围，otherParms 指定算法所需要的其他形参（有的算法中没有 otherParms）。

使用带 result 形参的算法时要保证目标容器足以存储输出数据，或者使用插入迭代器作为实参；使用只带有 first2 形参的算法时要保证从 first2 开始的序列与 first 和 last 所指定的序列一样大；否则将导致运行时错误，因为算法本身不会进行此类检查。

由迭代器对（如 first 和 last）所表示的元素范围是一个左闭合区间（如[first, last]），在算法中 last 通常用作处理结束的控制条件。

对于算法所需要的其他形参（otherParms），最常见的有三种。

- value　元素类型的值

例如，count(first, last, value)，该算法返回在迭代器范围[first, last）内，值为 value 的元素出现的次数。

- comp　表示比较关系的函数

例如，sort(first, last, comp)，该算法对迭代器范围[first, last）内的元素进行排序，排序时使用函数 comp 对元素进行比较。comp 是一个函数名，该函数必须接受两个形参（形参类型必须与元素类型相同），返回可作为条件检测的值（通常为 bool 类型）。

- pred　　表示测试条件的函数

例如，count_if(first, last, pred)，该算法返回在迭代器范围[first, last）内，使得测试函数 pred 返回非 0 值的元素出现的次数。此处的 pred 是一个函数名，该函数接受一个[2]形参（形参类型必须与元素类型相同），返回可作为条件检测的值（通常为 bool 类型）。

2. 使用插入迭代器调用算法

插入迭代器是标准库中预定义的迭代器类型（在头文件<iterator>中定义），这种迭代器与容

[1] 在 C++标准中，泛化算术算法归于算术库（numerics library）中。

[2] 有的算法中，pred 函数接受两个元素类型的形参。

器绑定在一起，用以实现在容器中插入元素的功能。插入迭代器通过调用容器的相关操作在容器中插入元素。根据插入元素的位置不同（其实是插入元素时所使用的容器操作不同），标准库中预定义了三种具体的插入迭代器类型。

- insert_iterator　　调用容器的 insert 操作实现元素插入
- front_insert_iterator　　调用容器的 push_front 操作实现元素插入
- back_insert_iterator　　调用容器的 push_back 操作实现元素插入

同时，标准库中还提供了三个函数，用于从容器创建相应类型的插入迭代器对象：

- inserter　　接受一个容器参数和一个指向插入起始位置的迭代器，返回一个 insert_iterator 对象，用于在指定容器中从指定位置开始插入元素
- front_inserter　　接受一个容器参数和一个指向插入起始位置的迭代器，返回一个 front_insert_iterator 对象，用于在指定容器的头端插入元素
- back_inserter　　接受一个容器参数和一个指向插入起始位置的迭代器，返回一个 back_insert_iterator 对象，用于在指定容器的尾端插入元素

使用带 result 形参的算法时，需要注意保证目标容器足以存储输出数据。如果**使用某种类型的插入迭代器作实参，则程序员无须考虑目标容器的容量问题**，因为插入元素的操作会自动调整容器的容量。插入迭代器的使用实例请参见 14.5 节中 CustomerManager::find()的实现。

3. 使用函数对象调用算法

算法形参 comp 和 pred 所对应的函数，其形参个数有严格限制：comp 函数接受两个形参，pred 函数接受一个或两个形参（由算法要求而定）。有时候，我们可能需要使用接受更多形参的测试函数，这时如果使用函数名作实参，就无法达到目的。例如，count_if 算法要求的 pred 形参是只接受一个形参的函数，如果我们需要计算取值在某个范围内（如大于 3 且小于 5）的元素个数，使用函数名作实参就无法做到（除非将 3 和 5 这两个值固化在测试函数的代码中，但是不将 3 和 5 这样的值用作参数而是固化在代码中，将使得程序很不灵活）。

那么，有没有办法在满足算法要求的同时使得程序具有灵活性呢？答案是肯定的，使用函数对象即可。

所谓"**函数对象**（function object）"，就是某个重载了函数调用操作符的类的对象。例如，如果我们想要使用 count_if 算法来统计某个 int 型元素序列中值大于 3 且小于 5 的元素的个数，就可以这样实现：

首先定义一个类 BetweenCls：

```
class BetweenCls {
public:
    BetweenCls(int ival1, int ival2):
            lowerBound(ival1), upperBound(ival2)
    {
    }

    bool operator() (const int& ival)//重载函数调用操作符
    {
        return (ival > lowerBound && ival < upperBound);
    }

private:
    int lowerBound, upperBound;
};
```

然后以这种方式来调用 count_if 算法：

```
count_if(ivec.begin(), ivec.end(), BetweenCls(3, 5));
    (ivec 为包含 int 型元素的 vector 容器)
```

注意，第三个参数是一个 BetweenCls 类的临时对象，以 3 和 5 对该对象的数据成员进行初始

化。如果在程序中的另一处，我们需要统计另一 int 型元素序列中值大于 8 且小于 13 的元素的个数，只需创建另一临时对象来调用 count_if 算法：

```
count_if(ivec2.begin(), ivec2.end(), BetweenCls(8, 13));
    (ivec2 为包含 int 型元素的 vector 容器)
```

而无须定义另一个用于测试的函数，从而使程序具有一定的灵活性。

函数对象所属的类中，重载的（）操作符的形参个数与算法要求其 pred 形参所带的形参个数一样。需要使用的其他参数以类的数据成员的形式存在，需要多使用几个参数，就为类设计几个数据成员即可。

4. 算法命名规范

标准库中的算法通常按操作功能命名，例如排序算法命名为 sort，元素计数算法命名为 count，对于功能大体相同，但处理细节有所不同的操作，则采用三种常见的命名方式。

- 加_if 后缀

带_if 后缀的算法使用程序员提供的比较或测试函数，不带_if 后缀的同类算法则采用默认关系操作 < 或 == 进行比较或测试。

例如：

count_if(first, last, pred)，该算法返回在迭代器范围[first, last）内，使得测试函数 pred 返回非 0 值的元素出现的次数。

count(first, last, value)，该算法返回在迭代器范围[first, last）内，与 value 相等（==）的元素出现的次数。

- 加_copy 后缀

带_copy 后缀的算法对元素进行复制。

例如：

remove(first, last, value)，该算法将迭代器范围[first, last）内与 value 相等的元素去掉。

remove_copy(first, last, result, value)，该算法将迭代器范围[first, last）内的元素复制到迭代器 result 所指向的位置（去掉其中与 value 相等的元素）。迭代器范围[first, last]内的元素将保持不变。

- 若同类算法的不同版本能够在形参个数上有所区别，则采用相同的名字（构成函数重载）

例如：

sort(first, last)，该算法对迭代器范围[first, last）内的元素进行升序排列（使用 < 操作进行元素比较）。

sort(first, last, comp)，该算法对迭代器范围[first, last）内的元素进行排序，排序时使用函数 comp 进行元素比较。

虽然关联容器的迭代器都是双向迭代器，但关联容器不能使用对元素进行写操作的算法，因为关联容器的键是 const 对象。

14.4.2 算法举例

标准库中的算法数目繁多，限于本书篇幅，无法在此一一介绍。下面给出一个程序实例，对本节中提及的一些算法加以应用并结束本节。关于其他算法，读者可参照 C++标准文本或其他介绍标准库算法的书籍。

```
// *************************************************************
// scoresAnalysis.cpp
// 功能：  对用户从键盘输入的一系列考试分数进行排序，按升序输出排序
```

```
//       之后的所有分数，对优秀（90~100），中等（70~79），
//       不及格（59 以下）分数段中的分数进行计数并输出计数结果
// ***************************************************************
#include <iostream>
#include <algorithm>
#include <vector>

using namespace std;

class BetweenCls {
public:
    BetweenCls(int ival1, int ival2):
        lowerBound(ival1), upperBound(ival2)
    {
    }

    bool operator() (const int& ival)
    {
        return (ival > lowerBound && ival < upperBound);
    }

private:
    int lowerBound, upperBound;
};

int main()
{
    vector<int> scores;
    int score;
    // 输入要处理的分数，并存储在 vector 容器中
    cout << "Enter scores you want to analy(Ctrl-Z to end):" << endl;
    while (cin >> score) {
        // 检查分数的合法性
        if (score < 0 || score >100) {
            continue;    // 舍弃无效分数
        }
        scores.push_back(score);
    }

    // 对容器中的元素序列进行排序
    sort(scores.begin(), scores.end());

    // 输出升序排列的分数序列
    cout << "Sorted scores:" << endl;
    for (vector<int>::iterator iter = scores.begin();
                                iter != scores.end(); iter++) {
        cout << *iter << '\t';
    }
    cout << endl << "Number of effective scores: "
        << scores.size() << endl;

    // 输出各分数段中分数的计数结果
    cout << "Number of excellence:" << '\t'
         << count_if(scores.begin(), scores.end(),
                     BetweenCls(89, 101)) << endl;
    cout << "Number of middle:" << '\t'
         << count_if(scores.begin(), scores.end(),
                     BetweenCls(69, 80)) << endl;
    cout << "Number of fail:" << '\t'
         << count_if(scores.begin(), scores.end(),
                     BetweenCls(-1, 60)) << endl;

    return 0;
}
```

注意，此处为了节省篇幅将 BetweenCls 类的定义与 main 函数放在了同一文件中。

14.5 应用举例

问题

某人是一企业的营销代表，经常需要与许多客户打交道，最初他将客户资料记在记事本上，可是随着客户逐渐增多，查找客户资料变得非常麻烦而低效。请开发一个程序，帮助他进行客户资料管理。每个客户的相关信息包括：客户名称、地址、电话、联系人。

分析与设计

要对客户资料进行有效管理，首先需要长期保存客户资料，可以将客户资料存放在文件中[①]，当程序开始运行时，可将客户资料从文件中读入内存，然后根据用户要求对客户资料进行相关操作。当用户选择结束操作时，在退出程序前可将内存中的客户资料写入文件中。除此之外，程序要为用户提供灵活的管理功能，包括对客户资料进行增加、删除、修改、查询等操作。

程序的运行逻辑如图 14-1 所示。

可设计一个类 CustomerManager 来实现客户资料管理功能。

该类包含一个 map<string, vector<string> >类型的容器对象作为数据成员，用来存储所有客户的资料，以客户 ID 为键。此 map 容器中的每个元素表示一个客户，元素（键-值对）的“值”部分是一个 vector 容器对象，包含四个元素，分别用以存放该客户的名称、地址、联系人、电话。选择 map 容器，可以方便地按关键字（ID）插入、删除和查找客户信息；选择 vector 容器，是因为每个客户的信息都包含固定的四项，采用顺序存放的 vector 容器，既不需要对每个客户将“名称”、“地址”等关键字重复存放，又便于根据这些关键字对客户信息进行查找和修改。

CustomerManager 类提供 add，remove，modify，find 等成员函数，分别用来对客户资料进行增加、删除、修改、查询等操作，这些操作可以利用容器操作或泛型算法来实现。

CustomerManager 类提供成员函数 readFile 和 writeFile，分别对客户资料文件进行读写。

书写 map<string, vector<string> >这样的类型时，两个 > 必须用空格隔开，否则编译器将认为是一个>>操作符，而不是模板形参表的右尖括号，从而导致编译错误。

程序代码

```
// ****************************************************************
// CustomerInfoManager.cpp
// 功能： 对客户资料进行管理
// ****************************************************************
#include "CustomerManager.h"
#include <iostream>
#include <string>
#include <fstream>
#include <set>

using namespace std;

void printMainMenu();
void printSearchMenu();
void printModifyMenu();
void printQueryResult(const CustomerManager::CustomerContainer&);
void inputCustInfo(string&, string&, string&, string&, string&);
bool openOutputFile(const string&, ofstream&);
```

① 更好的办法是将客户资料存放在数据库中，但因为数据库的使用不属于标准 C++编程的内容，因此本书不加讨论。

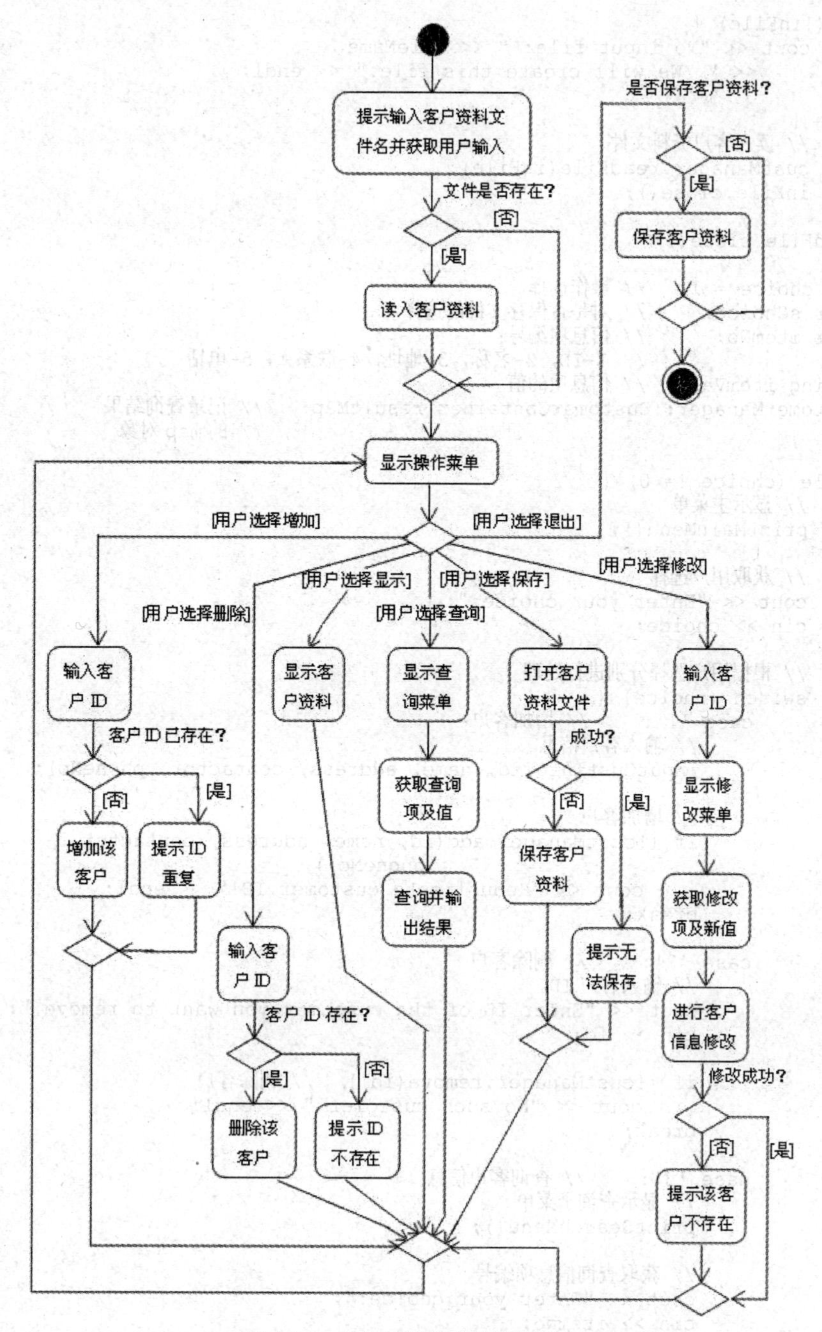

图 14-1　客户资料管理程序的活动图

```
int main()
{
    CustomerManager   custManager; // 空的 CustomerManager 对象
    string id, name, address, contactor, phoneNo; // 客户信息
    string fileName; // 文件名
    ifstream inFile; // 输入文件
    ofstream outFile;// 输出文件

    // 输入客户资料文件名
    cout << "Enter the name of customer information file:" << endl;
    cin >> fileName;

    // 打开客户资料文件
    inFile.open(fileName.c_str());
```

```
if (!inFile) {
    cout << "No input file: " << fileName
        << ". We will create this file." << endl;
}
else {
    // 读入客户资料文件
    custManager.readFile(inFile);
    inFile.close();
}
//inFile.close();

int choice = 1;   // 操作选择
char sChoice;     // 对是否保存文件的选择
char itemNo;      // 信息项编号:
                  // 1-ID, 2-名称, 3-地址, 4-联系人, 5-电话
string itemVal;   // 信息项的值
CustomerManager::CustomerContainer resultMap;   // 记录查询结果
                                                 // 的map对象

while (choice != 0) {
    // 显示主菜单
    printMainMenu();

    // 获取用户选择
    cout << "Enter your choice:";
    cin >> choice;

    // 根据用户选择分别进行处理
    switch (choice) {
        case '1':    // 增加客户
            // 输入客户信息
            inputCustInfo(id, name, address, contactor, phoneNo);

            // 增加客户
            if (!custManager.add(id, name, address, contactor,
                                 phoneNo))
                cout << "Reduplicate customer ID!" << endl;
            break;

        case '2':    // 删除客户
            // 输入客户ID
            cout << "Enter ID of the customer you want to remove:";
            cin >> id;

            if (!custManager.remove(id))   // 删除客户
                cout << "No such customer!" << endl;
            break;

        case '3':    // 查询客户信息
            // 显示查询子菜单
            printSearchMenu();

            // 获取查询信息项编号
            cout << "Enter your choice:";
            cin >> itemNo;

            if (itemNo < 0 || itemNo > 5) {
                cout << "Invalid choice!";
                break;
            }

            if (itemNo == 0) // 选择quit
                break;

            // 输入该信息项的值
            cout << "Enter item value you want to find:";
            cin.ignore(1); // 跳过换行符以免读入空串
            getline(cin, itemVal);

            // 清空查询结果容器
            resultMap.clear();
```

```
            // 进行相关查询
            custManager.find(itemNo, itemVal, resultMap);

            // 输出查询结果
            printQueryResult(resultMap);
            break;

        case '4':       // 修改客户信息
            cout << "Enter ID of the customer you want to modify:" ;
            cin >> id;

            // 显示修改子菜单
            printModifyMenu();

            // 获取修改信息项编号
            cout << "Enter your choice:";
            cin >> itemNo;

            if (itemNo < 0 || itemNo > 5 || itemNo == 1) {
                cout << "Invalid choice!";
                break;
            }

            if (itemNo == 0)  // 选择 quit
                break;

            // 输入该信息项的新值
            cout << "Enter new value:";
            cin.ignore(1);     // 跳过换行符以免读入空串
            getline(cin, itemVal);
            // 进行相关修改
            if (!custManager.modify(id, itemNo, itemVal))
                cout << "No such customer ID: " << id << endl;
            break;

        case '5':       // 显示所有客户
            cout << "List of all customers:" << endl;
            custManager.display();
            break;
        case '6':       // 保存客户资料
            if (openOutputFile(fileName, outFile)) {
               custManager.writeFile(outFile);
               outFile.close();
            }
            else
                cout << "Failed to save file!" << endl;
            break;

        case '0':       // 退出
            cout << "Save?(y/n)" << endl;
            cin >> sChoice;
            if ((sChoice == 'y' || sChoice == 'Y')) {
                if (openOutputFile(fileName, outFile)) {
                    custManager.writeFile(outFile); // 保存客户资料
                    outFile.close();
                }
                else
                    cout << "Failed to save file!" << endl;
            }
            break;
        }
    }

    return 0;
}

void printMainMenu()
// 功能：输出主菜单
```

```
{
    cout << endl;
    cout << "*******************************************" << endl;
    cout << "  1--add       2--delete" << endl;
    cout << "  3--search        4--modify" << endl;
    cout << "  5--display       6--save" << endl;
    cout << "  0--quit" << endl;
    cout << "*******************************************" << endl;
}

void printSearchMenu()
// 功能：输出查询子菜单
{
    cout << endl;
    cout << "**************************************************"
        << endl;
    cout << "  1--search by ID       2--search by name" << endl;
    cout << "  3--search by address         4--search by contactor"
        << endl;
    cout << "  5--search by phone number    0--quit" << endl;
    cout << "**************************************************"
        << endl;
}

void printModifyMenu()
// 功能：输出修改子菜单
{
    cout << endl;
    cout << "*******************************************"
        << endl;
    cout << "  2--modify name 3--modify address" << endl;
    cout << "  4--modify contactor 5--modify phone number" << endl;
    cout << "  0--quit" << endl;
    cout << "*******************************************"
        << endl;
}

void inputCustInfo(string& id, string& name, string& address,
                   string& contactor, string& phoneNo)
// 从键盘读入客户信息
// 后置条件：
//     id, name, address, contactor, phoneNo 分别置为用户从键盘输入的相
//     应字符串，分别表示某客户的 ID、名字、地址、联系人、联系电话
{
   cout << "Enter customer information you want to add:" << endl;
    // 因为 getline()从当前输入位置开始读入一行文本，
    // 所以用 ignore 跳过一个换行符，以免读入空串
    cin.ignore(1);
    cout << "ID:";
    getline(cin, id);
    cout << "name:";
    getline(cin, name);
    cout << "address:";
    getline(cin, address);
    cout << "contactor:";
    getline(cin, contactor);
    cout << "phone number:";
    getline(cin, phoneNo);
}

bool openOutputFile(const string& fileName, ofstream& outFile)
// 将 ostream 对象 outFile 关联到名为 fileName 的文件
// 后置条件：
//      若文件打开成功，则返回值为 true；否则返回值为 false
{
    outFile.open(fileName.c_str());
    if (!outFile) {
        cout << "Can't open output file: " << fileName << endl;
        return false;
    }
    else
```

```
        return true;
 }

 void printQueryResult(const CustomerManager::CustomerContainer& customers)
 // 显示查询结果
 {
     if (customers.empty()) {
         cout << "No data!" << endl;
         return;
     }

     for (CustomerManager::CustomerContainer::const_iterator
         iter = customers.begin(); iter != customers.end(); iter++) {
         cout << "ID:\t\t" << iter -> first << endl;
         cout << "NAME:\t\t" << (iter -> second)[0] << endl;
         cout << "ADDRESS:\t" << (iter -> second)[1] << endl;
         cout << "CANTACTOR:\t" << (iter -> second)[2] << endl;
         cout << "PHONENO:\t" << (iter -> second)[3] << endl;
         cout << endl;
     }
 }

 // ****************************************************************
 // CustomerManager.h
 // 功能: CustomerManager类的头文件
 // ****************************************************************

 #ifndef CUSTOMER_MANAGER_H
 #define CUSTOMER_MANAGER_H

 #include <map>
 #include <algorithm>
 #include <vector>
 #include <fstream>
 #include <utility>
 #include <string>

 using namespace std;

 class NoMatch {
 public:
     NoMatch(const int item, const string& value):itemNo(item),
             itemValue(value)
     {
     }

     bool operator() ( map<string, vector<string> >::value_type&
                       customer)
     // 测试customer中编号为itemNo的信息项的值是否不等于itemValue
     {
         if ((customer.second)[itemNo-2] != itemValue)
             return true;
         else
             return false;
     }

 private:
     int itemNo;  // 信息项编号: 1-ID, 2-名称, 3-地址, 4-联系人, 5-电话
     string itemValue; // 信息项取值
 };

 class CustomerManager {
 public:
     // 类型别名定义
     // 客户容器类型
     typedef map<string, vector<string> > CustomerContainer;
     // 客户类型(ID、名称、地址、联系人、电话)
     typedef  map<string, vector<string> >::value_type Customer;
     // 客户信息类型(名称、地址、联系人、电话)
     typedef  vector<string> CustomerInfo;
```

```
    bool add(const string& id, const string& name,
            const string& address, const string& contactor,
            const string& phoneNo);
    // 增加客户
    // 后置条件:
    //     将存储客户信息(id, name, address, contactor, phoneNo)的
    //     新元素插入当前对象的数据成员 customerMap 中
    //     若插入成功，则返回 true；否则，返回 false

    bool remove(const string& id);
    // 删除 ID 为 id 的客户
    // 后置条件:
    //     当前对象的数据成员 customerMap 中,不再存在键为 id 的元素
    //     若实际删除了元素，则返回 true；否则，返回 false

    bool modify(const string& id, const int itemNo,
                                const string& newValue);
    // 将 ID 为 id 的客户的 itemNo 信息项的值修改为 newValue
    // 后置条件:
    //     若当前对象的数据成员 customerMap 中,键为 id 的元素存在，则将该元素
    //     中对应于 itemNo 的信息项值修改为 newValue 并返回 true 值;
    //     否则，返回 false 值

    void find(int itemNo, const string& value, CustomerContainer&
            customers);
    // 查找编号为 itemNo 的信息项的值为 value 的客户的信息
    // 后置条件:
    //     map 对象 customers 中包含所有符合条件的客户，也就是当前对象
    //      的数据成员 customerMap 中,itemNo 信息项的值为 value 的元素的副本

    void display();
    // 显示所有客户资料

    void readFile(ifstream& inFile);
    // 将客户资料文件 inFile 的内容读入内存
    // 后置条件:
    //     读入客户资料文件 inFile 的内容，在当前对象的数据成员
    //     customerMap 中插入相应元素

    void writeFile(ofstream& outFile);
    // 将客户资料写入文件 outFile 中
    // 后置条件:
    //     当前对象的数据成员 customerMap 中的所有元素
    //     被写至客户资料文件 outFile

private:
    CustomerContainer customerMap;
};

#endif

// ****************************************************************
// CustomerManager.cpp
// 功能: 实现 CustomerManager 类
// ****************************************************************

#include "CustomerManager.h"
#include <iostream>

bool CustomerManager::add(const string& id, const string& name,
                        const string& address, const string&
                        contactor, const string& phoneNo)
// 增加客户
//     将存储客户信息(id, name, address, contactor, phoneNo)的
//     新元素插入当前对象的数据成员 customerMap 中
//     若插入成功，则返回 true；否则，返回 false
{
    if (customerMap.count(id) == 1)    // 此 id 已存在
        return false;
    else {
```

```
        vector<string> svec;
        svec.push_back(name);
        svec.push_back(address);
        svec.push_back(contactor);
        svec.push_back(phoneNo);
        return (customerMap.insert(make_pair(id, svec))).second;
    }
}

bool CustomerManager::remove(const string& id)
// 删除ID为id的客户
// 后置条件:
//     当前对象的数据成员customerMap中,不再存在键为id的元素
//     若实际删除了元素，则返回true；否则，返回false
{
    if (!customerMap.erase(id)) // 被删除的元素个数为0
        return false;
    else
        return true;
}

bool CustomerManager::modify(const string& id, const int itemNo, const string&
newValue)
// 将ID为id的客户的itemNo信息项的值修改为newValue
// 后置条件:
//     若当前对象的数据成员customerMap中,键为id的元素存在，则将该元素中
//     对应于itemNo的信息项值修改为newValue并返回true值;
//     否则，返回false值
{
    CustomerContainer::iterator iter;
    iter = customerMap.find(id);
    if (iter == customerMap.end())
        return false;
    else {
        (iter -> second)[itemNo-2] = newValue;
        return true;
    }
}


void CustomerManager::find(int itemNo, const string& value, CustomerContainer&
                                                                    resultMap)
// 查找编号为itemNo信息项的值为value的客户的信息
// 后置条件:
//     map对象resultMap中包含所有符合条件的客户，也就是
//     当前对象的数据成员customerMap中,
//     itemNo信息项的值为value的元素的副本
{
    if (itemNo == 1) {     // 根据客户ID查询
        CustomerContainer::const_iterator iter =
                                    customerMap.find(value);
        if (iter != customerMap.end()) // 找到相应元素
         resultMap.insert(*iter); // 插入到查询结果中
    }
    else { // 根据其他四个信息项查询
        // 使用泛型算法remove_copy_if,
        // 将customerMap中的元素复制到resultMap,
        // 复制时去掉不符合条件的元素
        // 注意: 算法的第三个实参是一个插入迭代器，第四个实参是一个函数对象
        remove_copy_if(customerMap.begin(),customerMap.end(),
                       inserter(resultMap, resultMap.begin()),
                       NoMatch(itemNo, value));
    }
}

void CustomerManager::display()
// 显示所有客户资料
{
    if (customerMap.empty()) {
        cout << "No any customer information!" << endl;
        return;
```

```
    }

    for (CustomerContainer::iterator iter = customerMap.begin();
                                   iter != customerMap.end(); iter++) {
        cout << "ID:\t" << iter -> first << endl;
        cout << "NAME:\t" << (iter -> second)[0] << endl;
        cout << "ADDRESS:\t" << (iter -> second)[1] << endl;
        cout << "CANTACTOR:\t" << (iter -> second)[2] << endl;
        cout << "PHONENO:\t" << (iter -> second)[3] << endl;
        cout << endl;
    }
}

void CustomerManager::readFile(ifstream& inFile)
// 将客户资料文件inFile的内容读入内存
// 后置条件:
//     读入客户资料文件inFile的内容，在当前对象的数据成员
//     customerMap中插入相应元素
{
    string id, name, address, contactor, phoneNo;

    while (inFile) {
        getline(inFile, id);
        getline(inFile, name);
        getline(inFile, address);
        getline(inFile, contactor);
        getline(inFile, phoneNo);
        if (!inFile)
            continue;

        vector<string> svec;
        svec.push_back(name);
        svec.push_back(address);
        svec.push_back(contactor);
        svec.push_back(phoneNo);

        customerMap.insert(make_pair(id, svec));
    }
}

void CustomerManager::writeFile(ofstream& outFile)
// 将客户资料写入文件outFile中
// 后置条件:
//     当前对象的数据成员customerMap中的所有元素
//     被写至客户资料文件outFile
{
    for (CustomerManager::CustomerContainer::iterator iter =
         customerMap.begin(); iter != customerMap.end(); iter++) {
       outFile << iter -> first << endl;
       outFile << (iter -> second)[0] << endl;
       outFile << (iter -> second)[1] << endl;
       outFile << (iter -> second)[2] << endl;
       outFile << (iter -> second)[3] << endl;
    }
}
```

习　题

14-1 判断下列说法是否正确：

(a) 迭代器是指针的抽象形式。

(b) STL算法可用于处理内置数组中的元素序列。

(c) STL算法被定义成各容器类的成员函数。

14-2 编一程序对用户从键盘输入的字符串进行加密：根据用户输入的字符串，输出加密后的字符串。(提示：密码转换表给出明文字符和密文字符的对应关系，可放在一个文件中，由主函数

读入该文件并在内存中建立密码转换表）。

14-3 编一程序模拟邮件服务系统中对垃圾邮件的处理：首先根据用户输入的发件人邮件地址建立垃圾邮件发件人地址的集合，然后使用该集合根据用户输入的邮件发件人地址判断该邮件是否为垃圾邮件。

14-4 编一程序研究你所使用的开发工具实现 vector 容器所采用的内存分配策略。（提示：考虑创建空容器时的内存分配量、创建非空容器时的内存分配量、容量用完时再次分配的内存量等因素）。

14-5 仿照本章应用举例中给出的客户管理程序，编一个地产中介使用的房源管理程序：该程序对地产中介目前所拥有的房源信息进行管理，能根据客户的租房要求进行查询，为客户提供合适的房源资料。

14-6 编一企业订单管理程序，该程序对客户的订单进行管理，具有增添订单、修改订单、删除订单、订单查询等功能。请自行设计订单的内容项目。

14-7 对本章应用举例中的客户管理程序进行扩充，增加如下功能：

客户 ID 自动生成功能（使得在增加客户时不需要输入客户 ID）；

批量删除功能（例如当用户给定关键词“客户名称”和“计算机”时，可以将名称中包含“计算机”字样的客户都删除掉）；

模糊查询（即当用户给定查询词“客户名称”和“计算机”时，能将客户名称中包含“计算机”字样的客户都查出来）。

14-8 编一文本分析程序，统计指定文本中特定单词的出现次数（文本存放在文件中，由用户输入该文件的文件名，要统计的单词也由用户从键盘输入）。

14-9 编一学生成绩管理程序，从文件 scoresRec.dat 中读入学生数据（包括学号、姓名以及数学、英语、政治三门课程的考试成绩），然后计算每个学生的平均成绩，按平均成绩降序将排序后的结果（包括学号、姓名以及平均成绩）输出到文件 result.dat 中，并对所有学生的平均成绩进行分段统计[优秀（90-100），良好（ ），中等（70~79），及格（ ），不及格（59 以下）]，然后在屏幕上输出统计结果。

附录A C++保留字表①

asm	auto	bool	break	case	catch
char	class	const	const_cast	continue	default
delete	do	double	dynamic_cast	else	enum
explicit	export	extern	false	float	for
friend	goto	if	inline	int	long
mutable	namespace	new	operator	private	protected
public	register	reinterpret_cast		return	short
signed	sizeof	static	static_cast	struct	switch
template	this	throw	true	try	typedef
typeid	typename	union	unsigned	using	virtual
void	volatile	wchar_t	while		

① 附录A、D引自ISO/IEC 14882:1998(E)。

附录 B 标准 ASCII 代码表

十六进制	十进制	字符	十六进制	十进制	字符	十六进制	十进制	字符	十六进制	十进制	字符
0	0	NUL	20	32	空格	40	64	@	60	96	`
1	1	SOH	21	33	!	41	65	A	61	97	a
2	2	STX	22	34	"	42	66	B	62	98	b
3	3	ETX	23	35	#	43	67	C	63	99	c
4	4	EOF	24	36	$	44	68	D	64	100	d
5	5	ENQ	25	37	%	45	69	E	65	101	e
6	6	ACK	26	38	&	46	70	F	66	102	f
7	7	BEL	27	39	'	47	71	G	67	103	g
8	8	BS	28	40	(	48	72	H	68	104	h
9	9	HT	29	41	)	49	73	I	69	105	i
A	10	LF	2A	42	*	4A	74	J	6A	106	j
B	11	VT	2B	43	+	4B	75	K	6B	107	k
C	12	FF	2C	44	,	4C	76	L	6C	108	l
D	13	CR	2D	45	-	4D	77	M	6D	109	m
E	14	SO	2E	46	.	4E	78	N	6E	110	n
F	15	SI	2F	47	/	4F	79	O	6F	111	o
10	16	DLE	30	48	0	50	80	P	70	112	p
11	17	DC1	31	49	1	51	81	Q	71	113	q
12	18	DC2	32	50	2	52	82	R	72	114	r
13	19	DC3	33	51	3	53	83	S	73	115	s
14	20	DC4	34	52	4	54	84	T	74	116	t
15	21	NAK	35	53	5	55	85	U	75	117	u
16	22	SYN	36	54	6	56	86	V	76	118	v
17	23	ETB	37	55	7	57	87	W	77	119	w
18	24	CAN	38	56	8	58	88	X	78	120	x
19	25	EM	39	57	9	59	89	Y	79	121	y
1A	26	SUB	3A	58	:	5A	90	Z	7A	122	z
1B	27	ESC	3B	59	;	5B	91	[	7B	123	{
1C	28	FS	3C	60	<	5C	92	\	7C	124	|
1D	29	GS	3D	61	=	5D	93	]	7D	125	}
1E	30	RS	3E	62	>	5E	94	^	7E	126	~
1F	31	US	3F	63	?	5F	95	_	7F	127	DEL

注：标准 ASCII 代码是 7 位二进制编码（字节最高位均为 0）。其中编码为十六进制数 0～1F 的字符称为设备控制码，其他字符为可显示字符。

附录C 常用数学函数

函数调用形式	返回值
sin(x) //x 是弧度	double, x 的正弦值
cos(x) //x 是弧度	double, x 的余弦值
tan(x) //x 是弧度	double, x 的 tangent 值
asin(x) // $-1.0 \le x \le 1.0$	double, x 的 Arc 正弦值$[-\pi/2, \pi/2]$
acos(x) // $-1.0 \le x \le 1.0$	double, x 的 Arc 余弦值$[0.0, \pi]$
atan(x)	double, x 的 Arc tangent 值$[-\pi/2, \pi/2]$
fabs(x)	double, x 的绝对值,
ceil(x)	double, 大于或等于 x 的最小整数
floor(x)	double, 小于或等于 x 的最大整数
log(x)	double, x 的自然对数
log10(x)	double, $\log_{10} x$
pow(x,y)	double, x^y
sqrt(x) $x \geqslant 0.0$	double, $\sqrt{x}$

注：这些函数的原型放在标准库头文件 cmath 中。

附录 D C++标准库头文件

C++标准库提供如下 32 个 C++头文件：

```
<algorithm>    <iomanip>     <list>      <ostream>     <streambuf>
<bitset>       <ios>         <locale>    <queue>       <string>
<complex>      <iosfwd>      <map>       <set>         <typeinfo>
<deque>        <iostream>    <memory>    <sstream>     <utility>
<exception>    <istream>     <new>       <stack>       <valarray>
<fstream>      <iterator>    <numeric>   <stdexcept>   <vector>
<functional>   <limits>
```

除此之外，为了与 C 语言兼容，C++标准库还提供如下 18 个对应 C 标准库的头文件：

```
<cassert> <ciso646> <csetjmp> <cstdio>  <ctime>
<cctype>  <climits> <csignal> <cstdlib> <cwchar>
<cerrno>  <clocale> <cstdarg> <cstring> <cwctype>
<cfloat>  <cmath>   <cstddef>
```

附录E 标准库泛型算法简介

注：下述算法中出现的 pred 即谓词，也就是检测函数，该函数的形参类型为输入范围（例如[first, last]）中元素的类型，并且返回类型是可以用作条件的类型（例如 bool 类型）。unaryPred 为一元谓词，接受一个参数；binaryPred 为二元谓词，接受两个参数。

1. 不修改序列的算法

```
for_each(first, last, f)
```

对范围[first, last）中的每个元素应用函数 f。first 和 last 均为输入迭代器，f 不能写元素。

```
find(first, last, value)
```

在迭代器范围[first, last）中查找等于 value 的元素，返回第一个匹配元素的迭代器，如果不存在匹配元素就返回 last。

```
find_if(first, last, unaryPred)
```

在迭代器范围[first, last）中查找使 unaryPred 为真的元素，返回第一个匹配元素的迭代器，如果不存在匹配元素就返回 last。

```
find_last(first1, last1, first2, last2)
```

在迭代器范围[first1, last1）中查找这样的元素 e：迭代器范围[first2, last2）中存在与 e 相同的元素。如果找到，则返回迭代器范围[first1, last1）中最后一个这种元素 e 的迭代器，如果找不到匹配元素就返回 last1。

```
find_last(first1, last1, first2, last2, binaryPred)
```

在迭代器范围[first1, last1）中查找这样的元素 e：当对 e 和迭代器范围[first2, last2）中的某个元素应用 binaryPred 的时候，binaryPred 为真。如果找到，则返回迭代器范围[first1, last1）中最后一个这种元素 e 的迭代器，如果找不到匹配元素就返回 last1。

```
find_first_of(first1, last1, first2, last2)
```

在迭代器范围[first1, last1）中查找这样的元素 e：迭代器范围[first2, last2）中存在与 e 相同的元素。如果找到，则返回第一个这种元素 e 的迭代器，如果找不到匹配元素就返回 last1。

```
find_first_of(first1, last1, first2, last2, binaryPred)
```

在迭代器范围[first1, last1）中查找这样的元素 e：当对 e 和迭代器范围[first2, last2）中的某个元素应用 binaryPred 的时候，binaryPred 为真。如果找到，则返回第一个这种元素 e 的迭代器，如果找不到匹配元素就返回 last1。

```
adjacent_find(first, last)
```

在迭代器范围[first, last）中查找第一对相邻的重复元素，如果找到，则返回该对元素中第一个元素的迭代器，否则，返回 last。

```
adjacent_find(first, last, binaryPred)
```

在迭代器范围[first, last]中查找第一对使 binaryPred 为真的相邻元素，如果找到，则返回该对元素中第一个元素的迭代器；否则，返回 last。

```
count(first, last, value)
```

返回迭代器范围[first, last）中值为 value 的元素的数目。

```
count_if(first, last, unaryPred)
```

返回迭代器范围[first, last）中使 unaryPred 为真的元素的数目。

mismatch(first1, last1, first2)

比较两个序列中的元素，返回一对迭代器，分别对应两个序列中的第一个不相等元素。如果所有元素都相等，则返回的迭代器对包括这样两个迭代器：last1，以及序列 2 中偏移量为第一个序列长度的迭代器。

mismatch(first1, last1, first2, binaryPred)

比较两个序列中的元素，返回一对迭代器，分别对应两个序列中第一个使 binaryPred 不为真的元素。如果所有元素都匹配，则返回的迭代器对包括这样两个迭代器：last1，以及序列 2 中偏移量为第一个序列长度的迭代器。

equal(first1, last1, first2)

确定两个序列是否相等。如果迭代器范围[first1, last1]中的每个元素都与从 first2 开始的序列中的对应元素相等，就返回 true；否则，返回 false。

equal(first1, last1, first2, binaryPred)

如果迭代器范围[first1, last1]中的每个元素与从 first2 开始的序列中的对应元素，都使得 binaryPred 为真，就返回 true；否则，返回 false。

search(first1, last1, first2, last2)

如果在迭代器范围[first1, last1）所标识的序列中，能够找到与[first2, last2）所标识的序列相同的子序列，则返回对应子序列第一次出现位置的迭代器；否则，返回 last1。

search(first1, last1, first2, last2, binaryPred)

在迭代器范围[first1, last1）所标识的序列中，查找这样的子序列：该子序列中的每个元素与[first2, last2）所标识的序列中的对应元素使得 binaryPred 为真。如果找到这样的子序列，则返回对应子序列第一次出现位置的迭代器；否则，返回 last1。

search_n(first, last, count, value)

在迭代器范围[first, last）所标识的序列中，查找包含 count 个值为 value 的元素的子序列。如果找到，则返回对应子序列第一次出现位置的迭代器；否则，返回 last。

search_n(first, last, count, value, binaryPred)

在迭代器范围[first, last）所标识的序列中，查找包含 count 个这种元素的子序列：子序列中的每个元素和 value 使得 binaryPred 为真。如果找到，则返回对应子序列第一次出现位置的迭代器；否则，返回 last。

2. 变更序列的算法

copy(first, last, result)

将迭代器范围[first, last）所标识的序列复制到从迭代器 result 开始的序列。返回 result(result 在复制完成后指向被复制的最后一个元素的下一位置)。

copy_backward(first, last, result)

按元素逆序将迭代器范围[first, last）所标识的序列复制到从迭代器 result 开始的序列。返回 result(result 在复制完成后指向被复制的最后一个元素的下一位置)。

swap(a, b)

交换位置 a 和位置 b 所存储的值。即交换变量（对象）的值。

swap_ranges(first1, last1, first2)

用开始于 first2 的第二个序列中的元素交换迭代器范围[first, last）中的元素。两个范围必须不重叠，且程序员必须保证第二个序列至少与第一个序列一样大。返回 first2(first2 在交换后指向被交换的最后一个元素的下一位置)。

iter_swap(iter1, iter2)

交换两迭代器所指向的元素的值。

transform(first, last, result, unaryOp)

对始于 result 的结果序列中的元素进行这样的赋值：所赋的值是对迭代器范围[first, last）中的对应元素应用 unaryOp 的结果。

transform(first1, last1, first2, result, binaryOp)

对始于 result 的结果序列中的元素进行这样的赋值：所赋的值是对迭代器范围[first1, last1）

及从 first2 开始的序列中的对应元素应用 binaryOp 的结果。

```
replace(first, last, old_value, new_value)
```

将迭代器范围[first, last）中每个值为 old_value 的元素的值改为 new_value。

```
replace_if(first, last, unaryPred, new_value)
```

将迭代器范围[first, last）中每个使 unaryPred 为真的元素的值改为 new_value。

```
replace_copy(first, last, result, old_value, new_value)
```

将迭代器范围[first, last）中每个元素复制到 result，且将值为 old_value 的元素用 new_value 代替。

```
replace_copy_if(first, last, result, unaryPred, new_value)
```

将迭代器范围[first, last）中每个元素复制到 result，且将使 unaryPred 为真的元素用 new_value 代替。

```
fill(first, last, value)
```

将迭代器范围[first, last）中每个元素赋值为 value。

```
fill_n(result, n, value)
```

将 *n* 个 value 值写到从 result 开始的序列。

```
generate(first, last, gen)
```

将迭代器范围[first, last）中每个元素赋新值。执行 gen()来创建新值，gen()不接受参数。

```
generate_n(result, n, gen)
```

将 *n* 个值写到从 result 开始的序列。执行 gen()来创建每个值。

```
remove(first, last, value)
```

通过用要保存的元素重写元素而从序列[first, last)中“移去”元素。被移去的元素是值为 value 的元素。返回一个迭代器，该迭代器指向未移去的最后一个元素的下一位置。

```
remove_if(first, last, unaryPred)
```

与 remove 类似，只不过被移去的元素是使 unaryPred 为真的那些元素。

```
remove_copy(first, last, result, value)
```

将迭代器范围[first, last）中值不为 value 的元素复制到结果序列 result。

```
remove_copy_if(first, last, result, unaryPred)
```

将迭代器范围[first, last）中使 unaryPred 为假的元素复制到结果序列 result。

```
unique(first, last)
```

对迭代器范围[first, last）中连续出现的元素，只保留其中第一个，其他的去掉。返回一个迭代器，该迭代器指向最后一个单一元素的下一位置。

```
unique(first, last, binaryPred)
```

对迭代器范围[first, last）中使 binaryPred 为真的连续出现的元素，只保留其中第一个，其他的去掉。返回一个迭代器，该迭代器指向最后一个单一元素的下一位置。

```
unique_copy(first, last, result)
```

将迭代器范围[first, last）中的单一元素（非连续出现元素）复制到结果序列 result。

```
unique_copy(first, last, result, binaryPred)
```

将迭代器范围[first, last）中的单一元素（不存在使 binaryPred 为真的连续元素）复制到结果序列 result。

```
reverse(first, last)
```

使迭代器范围[first, last）中的元素顺序颠倒。

```
reverse_copy(first, last, result)
```

将迭代器范围[first, last）中的元素按逆序复制到结果序列 result。返回一个迭代器，该迭代器指向复制到目的地的最后一个元素的下一位置。

```
rotate(first, middle, last)
```

将迭代器范围[first, last）中的元素，围绕迭代器 middle 所对应的元素进行元素旋转：middle 处的元素成为第一个元素，[middle+1, last)范围的元素其次，后面是[first, middle-1]范围的元素。

```
rotate_copy(first, middle, last, result)
```

除了保持输入序列不变并将旋转后的序列写至结果序列 result 之外，其他与 rotate 类似。

```
random_shuffle(first, last)
```

打乱迭代器范围[first, last）中的元素。

```
random_shuffle(first, last, rand)
```

打乱迭代器范围[first, last）中的元素。rand 是随机数发生器函数，该函数必须接受并返回迭代器的 difference_type 值。

```
partition(first, last, unaryPred)
```

使用 unaryPred 划分序列[first, last）。使 unaryPred 为真的元素放在序列开头，使 unaryPred 为假的元素放在序列末尾。返回一个迭代器，该迭代器指向使 unaryPred 为真的最后元素的下一位置。

```
stable_partition(first, last, unaryPred)
```

除了在两类元素中保持元素的相对次序不变之外，其余与 partition 相同。

3. 排序及相关算法

下列大多数算法都有两个同名版本：不带参数 comp 的版本和带参数 comp 的版本。二者基本相同，除了前者使用元素类型的 < 操作符决定元素顺序（或大小），后者使用 comp 函数决定元素顺序（或大小）。

```
sort(first, last)
sort(first, last, comp)
stable_sort(first, last)
stable_sort(first, last, comp)
```

对范围[first, last）中的元素进行排序。stable 版本使得等价元素的相对次序保持不变。

```
partial_sort(first, middle, last)
partial_sort(first, middle, last, comp)
```

将范围[first, last）所对应的有序序列中前 middle-first 个元素放在[first, middle)的位置。完成之后，[first, middle)范围内的元素是有序的，已排序范围内没有元素大于 middle 之后的元素。未排序元素之间的次序是未指定的。

```
partial_sort_copy(first, last, result_first, result_last)
partial_sort_copy(first, last, result_first, result_last, comp)
```

将范围[first, last）中适当数目的元素排序后放入范围[result_first, result_last)中。如果目的地范围大于或等于输入范围，则将整个输入范围排序并复制到从 result_first 开始的范围；否则，只复制 result_last - result_first 个有序元素。返回目的地中的迭代器，指向已排序的最后一个元素之后。

```
nth_element(first, nth, last)
nth_element(first, nth, last, comp)
```

实参 nth 必须是一个迭代器，定位范围[first, last）中的一个元素。执行算法 nth_element 之后，nth 对应的元素就是这个元素：如果整个序列是已排序的，这个位置上应放置的元素。容器中的元素也围绕 nth 划分：nth 之前的元素都小于或等于 nth 所对应的元素，nth 之后的元素都大于或等于 nth 所对应的元素。

```
lower_bound(first, last, value)
lower_bound(first, last, value, comp)
```

返回范围[first, last）中第一个这种位置的迭代器：可以将 value 插入该位置而仍然保持元素是有序的。

```
upper_bound(first, last, value)
upper_bound(first, last, value, comp)
```

返回最后一个这种位置的迭代器：可以将 value 插入该位置而仍然保持元素是有序的。

```
equal_range(first, last, value)
equal_range(first, last, value, comp)
```

返回一个迭代器 pair，对应这样的最大子范围：可以将 value 插入该子范围中任意位置而仍然保持元素是有序的。

```
binary_search(first, last, value)
```

返回一个 bool 值，表示范围[first, last）中是否包含与 value 相等的元素（如果 x < y 和 x > y 都为 false，就认为两个值 x 和 y 相等）。

```
binary_search(first, last, value, comp)
```

返回一个 bool 值，表示范围[first, last）中是否包含这样的元素 e，使得：comp(e, value)和 comp(value, e)的值均为 false。

```
merge(first1, last1, first2, last2, result)
merge(first1, last1, first2, last2, result, comp)
```

两个范围[first1, last1）和[first2, last2)对应的序列都必须是已排序的。将合并后的序列写至result 对应的序列。

```
inplace_merge(first, middle, last)
inplace_merge(first, middle, last, comp)
```

将同一序列中的两个相邻子序列合并为一个有序序列：将范围[first, middle）和[middle, last）对应的子序列合并为范围[first, last）对应的有序序列。

```
includes(first, last, first2, last2)
includes(first, last, first2, last2, comp)
```

如果范围[first, last)对应的序列包含序列[first2, last2)中的每个元素，就返回 true；否则，返回false。

```
set_union(first, last, first2, last2, result)
set_union(first, last, first2, last2, result)
```

创建一个有序序列，该序列中的元素来自序列[first1, last1)或序列[first2, last2)。将结果存储在result 对应的序列中。两个序列中都存在的元素在结果序列中将只出现一次。

```
set_intersection(first, last, first2, last2, result)
set_intersection(first, last, first2, last2, result, comp)
```

创建一个有序序列，该序列由在序列[first1, last1)和序列[first2, last2)中同时存在的元素构成。将结果存储在 result 对应的序列中。

```
set_difference(first, last, first2, last2, result)
set_difference(first, last, first2, last2, result, comp)
```

创建一个有序序列，该序列由在序列[first1, last1)中存在，但在序列[first2, last2)中不存在的元素构成。将结果存储在 result 对应的序列中。

```
set_symmetric_difference(first, last, first2, last2, result)
set_symmetric_difference(first, last, first2, last2, result, comp)
```

创建一个有序序列，该序列由在序列[first1, last1)中存在，或在序列[first2, last2)中存在，但不在两个序列中同时存在的元素构成。将结果存储在 result 对应的序列中。

```
push_heap(first, last)
push_heap(first, last, comp)
```

在范围[first, last - 1)构成的堆上增加迭代器 last - 1 所对应的元素，使得范围[first, last)构成一个堆。

```
pop_heap(first, last)
pop_heap(first, last, comp)
```

在范围[first, last)构成的堆上，交换第一个元素和最后一个元素，并使得范围[first, last - 1)构成一个堆。

```
make_heap(first, last)
make_heap(first, last, comp)
```

使范围[first, last)内的元素构成一个堆。

```
sort_heap(first, last)
sort_heap(first, last, comp)
```

对范围[first, last)对应的堆中的元素进行排序。

```
min(value1, value2)
min(value1, value2, comp)
max(value1, value2)
max(value1, value2, comp)
```

返回 value1 和 value2 中的小值/大值。实参必须是完全相同的类型。实参和返回类型都是 const 引用。

```
min_element(first, last)
min_element(first, last, comp)
max_element(first, last)
max_element(first, last, comp)
```

返回一个迭代器，指向序列[first, last)中的最小/最大元素。

```
lexicographical_compare(first1, last1, first2, last2)
lexicographical_compare(first1, last1, first2, last2, comp)
```

对序列[first1, last1)和序列[first2, last2)中的元素进行逐个比较。如果第一个序列在字典次序上小于第二个序列，就返回 true；否则，返回 false。

```
next_permutation(first, last)
next_permutation(first, last, comp)
```

将序列[first, last)转换成按字典顺序的下一排列。如果下一排列存在，则返回 true；否则，将序列[first, last)转换成按字典顺序的第一个排列，并返回 false。

```
prev_permutation(first, last)
prev_permutation(first, last, comp)
```

将序列[first, last)转换成按字典顺序的前一排列。如果前一排列存在，则返回 true；否则，将序列[first, last]转换成按字典顺序的最后一个排列，并返回 false。

4. 泛化算术算法

```
accumulate(first, last, init)
accumulate(first, last, init, binaryOp)
```

返回范围[first, last)中所有元素的总和值。求和从指定的初始值 init 开始。返回类型与 init 的类型相同。第一个版本应用元素类型的 + 操作符，第二个版本应用指定的二元操作符 binaryOp。

```
inner_product(first1, last1, first2, last2, init)
```

将序列[first1, last1)和[first2, last2)中对应元素相乘，将相乘的结果求和，返回该总和值。由 init 指定和的初值，返回类型与 init 的类型相同。

```
inner_product(first1, last1, first2, last2, init, binaryOp1, binaryOp2)
```

假设 acc 表示总和，e1 和 e2 分别表示序列[first1, last1)和[first2, last2)中的对应元素，则该算法针对两个序列中的每一对对应元素按顺序进行如下计算：acc = binaryOp1(acc, binaryOp2(e1, e2)) 并返回 acc。acc 的初值由 init 指定，返回类型与 init 的类型相同。

```
partial_sum(first, last, result)
partial_sum(first, last, result, binaryOp)
```

将新序列写至 result 开始的位置，其中每个新元素的值，表示范围[first, last)中在它的位置之前（包括它的位置）的所有元素的总和。第一个版本使用元素类型的 + 操作符，第二个版本应用二元操作符 binaryOp。返回 result。

```
adjacent_difference(first, last, result)
adjacent_difference(first, last, result, binaryOp)
```

将新序列写至 result 开始的位置，其中除了第一个之外的每个新元素表示范围[first, last)中对应位置元素与其前一元素的差（新序列的第一个元素是原序列第一个元素的副本）。第一个版本使用元素类型的 - 操作符，第二个版本应用二元操作符 binaryOp。

附录F 主要术语英汉对照表

A

Abstract data type: 抽象数据类型
Abstract class: 抽象类
Address：地址
Aggregate operation: 集合操作（整体操作）
Algorithm: 算法
Anonymous structure: 匿名结构
Argument: 实际参数
Argument list: 实参表
Arithmetic and logic unit (ALU): 算术逻辑单元
Array: 数组
Array member(component): 数组元素
Assembly language: 汇编语言
Assembly program: 汇编程序
Assignment: 赋值
Assignment expression: 赋值表达式
Assignment statement: 赋值语句
Associative container: 关联容器
Associativity: 结合性
Atomic data type：原子（不可再分的）数据类型
Automatic variable: 自动变量

B

Base class (super class): 基类（超类）
Bidirectional iterator: 双向迭代器
Binary operator: 二元运算符
Bitwise operator: 位操作符
Block: 块
Built-in data type: 内置数据类型

C

C-style string: C 风格字符串
Central processing unit (CPU): 中央处理单元
Class: 类
Class member: 类成员
Class object (class instance): 类对象（类实例）
Class template: 类模板
Class type: 类类型
Collection of algorithm: 算法集
Collection of data: 数据集
Comment: 注释
Compiled language: 编译型语言
Compiler: 编译器
Compound statement: 复合语句
Compound type: 复合数据类型
Computer: 计算机
Const member function: 常量成员函数
Constant: 常量
Constructor: 构造函数
Container: 容器
Container adaptor: 容器适配器
Container data structure: 容器数据结构
Control abstraction: 控制抽象
Control structure: 控制结构
Copy-constructor: 复制构造函数
Correctness: 正确性
Count-controlled loop: 计数控制循环

D

Dangling-else: 悬垂 else
Data abstraction: 数据抽象
Data member: 数据成员
Data type: 数据类型
Debug: 调试
Declaration: 声明
Declaration statement: 声明语句
Deep copy: 深复制
Default argument: 缺省参数（默认实参）
Derived class (subclass): 派生类（子类）
Destructor: 析构函数
Direct access: 直接访问
Dynamic allocation: 动态分配
Dynamic binding: 动态绑定
Dynamic type: 动态类型

E

Early binding: 早期绑定，又称为静态绑定（static binding）
Element: 元素
Embedded object: 嵌入对象
Encapsulation: 封装
End-of-file-controlled loop: 文件结束控制循环
Entity: 实体
Enumeration type: 枚举类型
Enumerator: 枚举元素
Event-controlled loop: 事件控制式循环
Exception class: 异常类
Exception handler: 异常处理代码
Exception handling: 异常处理
Executable code file: 可执行代码文件
Executable program: 可执行程序
Explicit type conversion: 显式类型转换，又称强制类型转换 (type cast)
Expression: 表达式
Expression statement: 表达式语句
Extern variable: 外部变量
Event-controlled loop: 事件控制循环

F

Flag-controlled loop: 标志控制循环
File: 文件
Flow of control: 控制流
Forward iterator: 正向迭代器
Friend: 友元
Function: 函数
Function body：函数体
Function call (function invocation): 函数调用
Function caller: 函数调用者
Function declaration: 函数声明
Function definition: 函数定义
Function heading：函数首部
Function object: 函数对象
Function pointer：函数指针
Function prototype: 函数原型
Function template: 函数模板
Function try block: 函数 try 块
Fundamental type: 基本数据类型

G

Generic algorithm: 泛型算法
Generic class: 泛型类
Generic programming: 泛型编程
Global scope: 全局作用域

H

Handler: 处理代码
Hardware: 硬件
Heterogeneous data structure: 异质数据结构
Hierarchical structure: 层次结构
High-level language: 高级语言

I

Identifier: 标识符
Implementation file: 实现文件
Implicit type conversion: 隐式类型转换
Inclusion compilation model: 包含编译模式
Index: 下标
Indirect access: 间接访问
Information hiding: 信息隐藏

Inheritance: 继承
Inheritance hierarchy: 继承层次
Initializer list: 初始化列表
Input iterator: 输入迭代器
Input/output (I/O) devices: 输入/输出设备
Input/output (I/O) library: 输入/输出库
Instance: 实例
Instantiation: 实例化
Interface: 界面（接口）
Interpreted language: 解释型语言
Interpreter: 解释器
I/O stream: I/O 流
Iteration: 迭代
Iteration or loop statement: 迭代/循环语句
Iterator: 迭代器

J

Jump statement: 转移语句

K

Key: 键

L

Labeled-statement: 带标号语句
Last-in/first-out，LIFO: 后进先出
Late binding: 晚期绑定，又称为动态绑定（dynamic binding）
Lifetime: 生命期
Literal constant: 字面常量
Literal value: 字面值
Local scope: 局部作用域
Local variable: 局部变量
Logical expression: 逻辑表达式
Loop: 循环
Low-level language: 低级语言

M

Machine code: 机器代码
Machine language: 机器语言
Main Function: 主函数
Member function: 成员函数
Memory leak: 内存泄漏
Modular programming: 模块化编程

N

Namespace: 名字空间
Named constant (symbolic constant): 命名常量（符号常量）
Nested-if statement: 嵌套的 if 语句
Non-type template parameter: 非类型模板形参
Null statezment: 空语句
Null-terminated char array: 以空字符 null（'\0'）结束的字符数组

O

Object: 对象
Object-oriented design (OOD): 面向对象设计
Object-oriented programming (OOP): 面向对象程序设计
Objective code file: 目标代码文件
Objective program: 目标程序
One-dimensional array: 一维数组
Operand: 操作数
Operation: 操作
Operator: 操作符
Output iterator: 输出迭代器
Overloading: 重载
Overriding: 重定义

P

Parameter: 形式参数
Parameterized class: 参数化类
Peripheral device: 外围设备
Pointer: 指针
Polymorphic array: 多态数组
Polymorphic class: 多态类
Polymorphic data structure: 多态数据结构
Polymorphism: 多态性
Postcondition: 后置条件
Precedence: 优先级
Precondition: 前置条件
Preprocessing directive: 预处理指示，又称为预处理指令
Private member: 私有成员
Privilege instructions: 特权指令
Problem domain: 问题域
Procedure: 过程
Procedure-oriented: 面向过程
Program: 程序
Programming: 程序设计（编程）
Programming language: 程序设计语言
Project: 项目，又称工程
Public member: 公有成员
Pure virtual function: 纯虚函数

R

Random access iterator: 随机访问迭代器
Reference: 引用
Reference parameter: 引用形参
Relational expression: 关系表达式
Reliability: 可靠性
Reserved word: 保留字
Reuse: 重用
Robustness: 健壮性
Routine：例程
RTTI（Run-Time Type Identification）：运行时类型识别

S

Scope: 作用域
Scope rule: 作用域规则
Selection or branch statement: 选择/分支语句
Sentinel-controlled loop: 哨兵控制循环
Separate compilation model: 分离编译模式
Sequential container: 顺序容器
Shallow copy: 浅复制
Simple (atomic) data type: 简单（原子）数据类型
Software: 软件
Source code: 源代码
Source code file: 源代码文件
Source program: 源程序
Specification file: 说明文件
Stack unwinding: 堆栈展开
Standard library: 标准库
Statement: 语句
Static binding: 静态绑定
Static data member: 静态数据成员
Static global variable: 静态全局变量
Static local variable: 静态局部变量
Static member function: 静态成员函数
Static type: 静态类型
Static variable: 静态变量
Stream: 流
Stream class: 流类
String: 字符串
Structured data type: 构造式数据类型
Structured design: 结构化设计
Structured (procedural) programming: 结构化（过程式）程序设计
Structure type: 结构类型
Subprogram: 子程序
Syntax: 语法
System call: 系统调用

T

Template: 模板
Template argument deduction: 模板实参推断
Template class: 模板类
Template function: 模板函数
Template parameter: 模板形参
Template parameter list: 模板形参表
Text file: 文本文件
Throw statement: throw 语句
Token 记号
Top-down design, stepwise refinement: 自上而下，逐步求精
Try block: try 块
Two-dimensional array: 二维数组
Type casting: 强制类型转换
Type coercion: 隐式类型转换
Type conversion function: 类型转换函数

U

Unary operator: 一元操作符
using declaration: using 声明
using directive: using 指示

V

Value initialization: 值初始化
Value parameter: 值形参
Value-returning function: 带返回值的函数
Variable: 变量
Variable declaration: 变量声明
Virtual function: 虚函数
Void function (procedure): 无返回值函数（过程）

参考文献

[1] Stanley B. Lippman, Josée Lajoie, Barbara E. Moo. C++ Primer (Fourth Edition). Addison Wesley Professional, 2005.

[2] Nell Dale and Chip Weems. Programming In C++ (Third Edition). Jones and Bartlett Publishers, Inc, 2005.

[3] 李师贤等. 面向对象程序设计基础（第二版）.北京：高等教育出版社，2005.

[4] 陈家骏，郑滔. 程序设计教程——用C++语言编程. 北京：机械工业出版社，2005.

[5] Bruce Eckel, Chuck Allison. Thinking In C++--Volume 2: Practical Programming. Pearson Education, Inc., 2004.

[6] 谭浩强. C++程序设计. 北京：清华大学出版社，2004 年.

[7] 祁亨年等. 计算机导论. 北京：清华大学出版社、北方交通大学出版社，2003.

[8] Harvey M. Deitel, Paul James Deitel 著，邱仲潘等译. C++大学教程（第二版）. 北京：电子工业出版社，2001.

[9] 周晓聪等. 面向对象程序设计实践与提高. 北京：高等教育出版社，2001.

[10] 周蔼如，林伟健. C++程序设计基础. 北京：电子工业出版社，2001.

[11] 谭浩强. C 程序设计（第二版）. 北京：清华大学出版社，1999.

[12] International Standard ISO/IEC 14882. Programming languages —— C++. 1998.

[13] 刘卫东，沈官林译. 数据结构——C++语言描述. 北京：清华大学出版社，1998.

[14] 谭浩强. C 程序设计. 北京：清华大学出版社，1991 年.

[15] 李雄，张友生. 程序设计方法的演化及极限：结构化程序设计[2006-06-26]http://se.csai.cn/ExpertEyes/200606261311341302.htm. 2006.